4th Edition

무기체계

4th Edition

무기체계

2013년　2월 15일　초판 발행
2015년　2월　5일　제2판 발행
2017년　2월 10일　제3판 발행
2018년 12월 25일　제4판 발행

지은이 ｜ 이진호 · 김우람
펴낸이 ｜ 이찬규
펴낸곳 ｜ 북코리아
등록번호 ｜ 제03-01240호
주소 ｜ 13209 경기도 성남시 중원구 사기막골로 45번길 14
　　　우림2차 A동 1007호
전화 ｜ 02) 704-7840
팩스 ｜ 02) 704-7848
이메일 ｜ sunhaksa@korea.com
홈페이지 ｜ www.북코리아.kr
ISBN ｜ 978-89-6324-639-0 (93390)

값 35,000원

4th Edition

무기체계

이진호 · 김우람 지음

북코리아

머리말

무기체계의 발전은 전쟁의 패러다임의 변화와 궤를 함께한다. 제2, 3차 세계대전에서는 재래식 무기에 의한 대량학살이 가능한 무기체계가 강조되었다. 그러나 오늘날 현대전쟁은 적의 중심을 신속·정확하게 타격하는 효과 중심의 전략이 대두되어 첨단 과학기술의 도움 없이는 전쟁에서 승리할 수 없는 시대가 되었다. 특히, 2003년 이라크전쟁에서는 첨단 정밀유도무기가 속속 등장하여 그 위력을 발휘하였다. 뿐만 아니라 현대전쟁은 점차 복잡하고 불확실한 안보환경의 변화에 따라 기계로서의 무기, 이를 조작 운용하는 인간, 그리고 사이버 공간과 우주공간이 포함된 작전환경을 고려해야 하는 상황에 직면하고 있다.

한편, 우리 군은 2010년 천안함 폭침 등 북한의 도발을 계기로 무기체계의 획득전략에 변화가 있었다. 그중에서 우리 군은 효과 중심의 교육훈련과 임무 중심의 부대편성, 그리고 비용대 효과를 고려한 무기체계 획득 등의 분야에 대한 노력을 집중시키고 있다. 특히, 육·해·공군의 전력을 효과적으로 통합하여 운용함으로써 전투력의 상승효과를 극대화시켜 전승을 보장하기 위한 합동성 강화에 역점을 두고 있다.

이러한 변화 속에서도 국내에는 육·해·공군의 무기체계를 모두 수록한 무기체계 교재가 거의 없는 실정이다. 이 때문에 대부분의 무기체계 교재는 해당 군에 관한 무기체계 위주로 소개하고 있어서 합동성 강화를 위한 교육에 많은 어려움이 있었다. 그리하여 우리 저자들은 미래의 합동전력을 효과적으로 운용해야 할 핵심요원이 될 사관생도 및 장교후보생을 위해 합동성 강화를 위한《무기체계》를 집필하게 되었다.

이 책의 특징은 현대 무기체계뿐만 아니라 미래 무기체계까지 무기체계의 특성 및 원리 위주로 서술하였다는 점이다. 아울러 국방부에서 분류한 8가지 무기체계 대분류를 전투수행기능별로 묶어 서술함으로써 타 군을 체계적으로 이해할 수 있도록 하였다. 또한 책의 구성은 전투력을 효과적으로 발휘하는 데 필요한 전투수행기능을 토대로, 1장 현대 무기체계의 개요, 2장 기동, 3장 화력, 4장 방호, 5장 정보 및 지휘통제, 6장 작전지속지원으로 구성하였다.

특히 무기체계는 제4차 산업혁명 시대에 진입하면서 발전속도가 급격히 가속화되고 있다. 이러한 특성을 고려하여 격년제로 최신 자료를 추가한 개정판을 출간하고 있다. 따라서 독자들이 재래식 무기뿐만 아니라 최첨단 무기까지 이 책을 통해 알 수 있도록 노력하고 있다.

끝으로 이 책이 우리 군의 전투력 발전에 조금이라도 보탬이 되었으면 하는 마음이 간절하며, 제4판 출간을 위해 도움을 주신 북코리아 이찬규 사장님께 감사드린다.

2018년 12월
충성대에서 대표저자 이진호 드림

차례

제3장 화력

제6장 작전지속지원

부록

표 차례

1

현대 무기체계 개요

1.1 서론

과거의 전쟁과는 다르게 현대전의 승패는 첨단무기체계에 의하여 좌우된다. 특히 각국의 이해관계가 첨예하게 대립하고 있는 현대의 안보상황에서 세계 각국은 표면적으로 군비 축소라는 명목하에 무기의 수와 군대의 규모를 감축하고 있다. 그러나 실제로는 자국의 무기를 현대화하고 적의 핵심을 마비시킬 수 있는 전략 무기체계에 대한 국방예산은 오히려 증가시키고 있다.

현재 세계에서 가장 많은 국방비를 사용하고 있는 미국의 국방비는 2014년을 기준으로 연간 5,812억 달러(한화 645조 원, 우리나라 국가 예산의 약 17배)이다. 이 중 약 절반가량이 무기체계의 조달비와 연구개발비로 사용되고 있다. 이렇게 천문학적인 금액을 무기체계에 투자하는 미국의 저력은 실전에서 유감없이 발휘되고 있다. 2001년부터 시작된 아프가니스탄전쟁과 2003년 이라크전쟁 등에서 보여준 미군의 전투력이 그 대표적인 사례이다. 당시 이라크군의 핵심시설은 이미 군사위성과 U-2 고공정찰기, 고고도 무인정찰기 글로벌호크와 같은 첩보기에 의하여 모두 파악되어 있었다. 그리고 이라크 영토의 인근 해상에서 발사되는 미군의 토마호크 순항미사일과 미 본토에서 이륙한 B-2 스텔스 폭격기는 이라크군의 방공망과 지상군을 초토화시켰다. 반면 이라크군의 전투기는 조기경보기와 각종 전자전기의 지원을 받는 미군의 전투기에 의하여 이륙조차 제대로 해보지 못하고 파괴되었다. 이후 증강된 4개 사단 규모의 미 지상군은 막강한 전차와 공중지원을 받으며 진격하여 불과 며칠 만에 이라크의 수도 바그다드를 점령하고 전쟁을 빠르게 종결지었다.

이러한 무기체계의 중요성은 과거의 전장에서도 쉽게 찾아볼 수 있다. 세계를 제패한 로마의 군대는 짧은 양날 단검을 이용하였다. 이 양날 단검은 베기와 찌르기가 용이하여 근접전투에서 위력을 발휘하였다. 또한 제2차 세계대전 당시의 독일군은 전차라는 무기체계로 아르덴 산림지대를 우회하여 프랑스와 영국 연합군을 공격하였다. 결국 허를 찔린 프랑스와 영국은 초기 전쟁의 주도권을 독일군에게 내어주었고, 그 결과 프랑스는 독일에 점령당하게 된다. 특히 제2차 세계대전은 인류가 그 전까지 경험하지 못한 가공할 만한 원자폭탄이라는 무기체계에 의해서 마무리되었다.

우리나라의 경우 임진왜란 당시 육군은 왜군의 조총에 대응하지 못하여 패전을 면치 못하였지만 해전에서 충무공 이순신 장군이 왜군보다 우수한 판옥선과 거북선을 이용해 왜군을 크게 격파하여 전쟁의 전세를 바꾸어놓기도 하였다.

1950년 6 · 25전쟁 당시에는 북한군의 러시아제 T-34를 저지할 만한 무기체계의 부재로 육탄전으로 전차에 대항해야만 했고, 3일 만에 서울이 함락되는 수모를 겪어야 했다. 반면에 현대에 이르러서는 강력한 해상무기체계로 무장된 우리해군은 1999년 제1차 연평해전에서 압도적인 승리를 거두면서 강인한 해군의 저력을 보여주기도 하였다. 이처럼 무기체계는 과거와 현대의 전장에서 핵심적인 역할을 수행해왔으며 미래에도 그 역할은 변함이 없을 것이다.

1.2 군사전문가의 구비조건

대부분의 군사 전문가들은 현대전에서 무기체계가 전쟁의 승패를 좌우하는 핵심요소라는 것에 대하여 이견이 없다. 또한 그 중요성은 앞으로 더욱 증대될 것이라고 예상된다. 이러한 점을 살펴볼 때 현대 전장의 실상을 제대로 이해하려면 무기체계에 대한 이해가 선행되어야 하는 것은 당연한 논리이다. 특히 군의 지휘관이 될 장교 양성과정의 교육생은 최신 무기체계의 종류와 특성을 정확히 알고 있어야 한다. 이러한 전문성은 더 이상 선택사항이 아니며 장교로서 반드시 갖추어야 하는 자격요건이다. 예를 들어 전차와 함께 보전 협동전투를 수행하게 될 보병 장교들은 보병부대의 편제화기 이외에도 전차의 특성과 제한사항을 알고 있어야 한다. 또한 보병장교는 화력지원을 담당할 포병의 무기체계에도 능통해야 한다. 아군의 무기체계에 대한 정확한 이해를 바탕으로 적의 보유 장비와 전술을 정확히 분석하고 전장환경에 비추어 정확한 판단을 할 수 있어야만 실제 전장에서 승리할 수 있는 것이다.

이는 단순히 특정 군(육·해·공군)에 종사하는 군인들이 보유하고 있는 해당 군 무기체계의 특성을 이해하는 것에만 국한되는 것은 아니다. 예를 들어 전차대대에 근무하는 작전장교는 근접항공지원(CAS, Close Air Support)[1]을 위해 공군의 무기체계를 정확히 이해하고 있어야 한다. 초계함에 근무하는 장교는 유사시 항공전력의 도움을 효과적으로 요청하기 위하여 공군이 보유한 항공기의 성능과 제한사항을 알고 있어야 한다. 또한 해군장교는 해군의 화력과 전투력 투사능력을 더욱 효과적으로 운용하기 위하여 지상전이 어떻게 이루어지고 있는지 이해하고 있어야 한다. 반대로 공군 조종사 역시 지상군 작전이나 해군 작전이 어떻게 이루어지고 어떠한 전술적 환경 속에서 자신이 타 군과 효과적으로 작전을 할 수 있는지 명확한 밑그림을 그리고 있어야 한다. 이러한 사항들은 최근 우리 군이 추구하고 있는 합동성 강화와도 일맥상통하는 것들이다. 우리가 타 군을 가장 잘 이해하려면 각 군에서 운용 중인 다양한 무기체계의 특성과 전술적 지식을 습득해야 한다.

1.3 전투수행기능과 무기체계

일반적으로 전투를 효과적으로 수행하려면 기동(maneuver)[2], 화력, 정보, 방호, 지휘통제(Command and Control)[3], 작전지속지원(Operational Sustainment Support)[4]의 6가지의 전장기능(Functional Area, Battlefield Function)[5]이 잘 갖추어져야 한다. 비록 육·해·공군의 물리

---

1   근접항공지원(CAS, Close Air Support) : 지상군 및 해군의 작전을 지원하기 위하여 아군과 근접하여 대치하고 있는 적을 항공전력으로 제압하기 위하여 실시하는 작전을 뜻한다.

2   기동(Maneuver) : 임무달성을 목적으로 이동과 화력을 결합함으로써 적보다 유리한 위치를 점하기 위한 전투력의 운용. 기동은 지휘관이 전투력을 집중시켜 기습, 충격, 기세 및 우위를 달성하는 수단이다.

3   지휘통제(Command and Control) : 적법하게 임명된 지휘관이 임무를 달성하기 위해 예·배속부대에 대해 행사하는 권한 및 지시. 지휘통제 기능은 임무완수를 위해 작전을 계획, 지시, 협조하고 부대를 통제함에 있어 지휘관이 운용하는 인원, 장비, 통신, 시설 그리고 절차 등을 조정하는 과정을 통해 수행된다.

4   작전지속지원(Operational Sustainment Support) : 전술 및 전략에 포함되지 않는 군사 면의 제반 지원, 즉 행정 및 군수 분야 활동으로서 전투, 전투지원, 전투근무지원 부대에 대하여 임무수행에 필요한 모든 지원, 즉 인원, 장비, 물자, 시설 및 자금을 통제관리 및 제반 근무를 제공하는 것을 말한다.

5   전장기능(Functional Area, Battlefield Function) : 전장에서 전력 발휘의 효과를 극대화시키기 위한 긴요한 군사적 역할과 활동을 의미하며, 이는 전장에서 통합된 제 전장요소에 대한 통제를 용이하게 하고 전력소요 도출의 기초를 제공한다.

적 전장이 다르기는 하지만 전투라는 공통분모로 인해 전장의 6대 기능은 모든 군에 적용이 가능한 요소이다. 그러므로 각 군의 무기체계는 각각의 전장환경에서 이 기능들을 효과적으로 수행할 수 있도록 운용되고 전장기능별로 분류될 수 있다.

물론 무기체계를 반드시 전투수행기능의 틀에 맞추어 분류해야만 하는 것은 아니다. 예를 들어 해군의 이지스함은 이러한 6대 기능을 모두 포함하고 있는 종합체계의 성격이 강하다. 공군의 전투기 역시 최근에는 공대공 및 공대지 전투는 물론 전자전(Electronic Warfare)[6]까지 수행할 수 있도록 진화하고 있기 때문에 이러한 분류가 오히려 올바른 이해를 저해할 수 있는 것도 사실이다. 하지만 이지스함이나 전투기 역시 세부적인 하부체계를 나누어 생각해보면 각각의 하부체계들이 전투수행기능을 수행하기 위하여 존재한다는 사실을 발견할 수 있다. 이지스함은 거대한 선체와 강력한 엔진으로 때로는 대양의 거친 파도를 헤치며 수천 km 밖에 떨어진 군사목표에 물리력을 투사할 수도 있다. 또한 우수한 공대공 레이더와 대공미사일을 이용하여 함대에 대한 대공방어도 실시할 수 있다. 뿐만 아니라 우수한 통신 장비와 전투지휘 장비를 이용하여 함대에 속한 수많은 함정들의 전투력을 효율적으로 분배하고 통제하는 지휘함의 임무도 수행할 수 있다. 때로는 적국의 탄도미사일 실험 간 첩보 및 정보를 획득하는 정보함정으로서의 역할도 수행할 수 있다.

육군의 경우 기계화보병사단에서 기동은 전차와 장갑차에 의해 주로 수행되고, 화력은 예하에 편제된 포병부대의 자주포가, 방호는 방공부대에 편성된 자주대공포 및 대공미사일에 의해서 수행된다. 정보의 기능은 각종 인간정보 및 무인정찰기, 그리고 전투를 수행 중인 접적부대에 의해서 수행되고, 지휘통제는 사단이 보유한 통신체계와 각종 무기체계에 장착된 전술데이터링크에 의해 수행될 수 있다.

공군은 동일한 무기체계에 여러 원칙을 적용할 수도 있지만 비교적 분화된 특정 무기체계가 특정 기능을 담당한다. 예를 들어 전투기는 가장 중요한 공대공 전투를 수행하면서 기동의 기능을 주로 발휘하고, 여기에 장착되는 각종 공대공 및 공대지 (함) 미사일은 화력의 기능을 수행한다. 미국과 러시아 등 강대국들은 폭격기를 이용하여 화력을 적극 발휘하기도 하지만 대부분의 중소 국가는 전투기가 화력의 기능도

---

6 전자전(Electronic Warfare) : 적을 공격하거나, 전자기 스펙트럼을 통제하기 위한 전자기 및 지향성 에너지의 활용과 관련된 모든 군사활동. 전자전은 전자공격, 전자방어 및 전자보안으로 구성된다.

함께 수행하고 있다. 또한 적의 각종 공중공격에 대비하여 중고도 이상에 대한 방호는 공대공미사일이 전담하고 있다. 물론 육군도 자신의 예하부대에 최소한의 방호를 보장하기 위하여 대공포와 단거리 대공미사일을 운용하지만 보다 큰 규모의 방공임무는 공군의 패트리어트 미사일과 같은 중거리 지대공미사일에 의해서 수행된다. 또한 공군은 지휘통제와 전장감시(Battlefield Surveillance)[7] 기능을 수행하기 위하여 공중조기경보통제기를 운용하며, 각종 수송기와 공중급유기를 이용하여 전투지원 임무도 수행한다.

모든 무기체계를 전장 기능별로 분류하는 것은 쉬운 일이 아니나 대부분의 무기체계는 특정 기능을 발휘하도록 설계되며 이러한 기능을 전장 기능별로 나누어보면 조금 더 이해하기가 쉽다.

1.4 무기체계의 정의

무기체계(Weapon System)는 '무기'(Weapon)와 '체계'(System)라는 단어를 합한 것이다. 사전적 의미에서 무기란 '적을 공격하거나 방어하는 데 쓰이는 온갖 도구'로 일반적으로 고대에는 사용되던 칼, 활, 창 등의 무기들을 일컫기도 하는데, 현대에는 그 종류와 역할이 복잡하고 다양해져 지상군의 전차, 해군의 이지스 무기체계(Aegis Weapon System)[8], 공군의 전투기, 때로는 지휘·통신시설 등을 포함하는 넓은 의미로 확장되었다. 이 과정에서 단순히 무기라고만 정의해도 되었던 것들이 이제는 체계라는 단어가 필요에 의해 추가된 것으로 볼 수 있다. 체계란 '어떤 공통목표를 지향하여 상호유기적으로 기능을 수행하는 구성품들의 집합'으로 정의할 수 있다. 즉, 전투를 위해

---

7   전장감시(Battlefield Surveillance): 전투정보를 위한 첩보를 적시에 제공하기 위하여 전투지역을 계속적이며 조직적으로 감시하는 것으로서 레이더, 망원경, 육안, 항공, 정찰 등에 의하여 주야 날씨 여하를 막론하고 조직적으로 계속해서 수행되는 전투지역을 감시하는 것을 뜻한다.
8   이지스 무기체계(Aegis Weapon System): 함정 컴퓨터, 레이더, 미사일을 종합한 무기체계로서 공중 및 수상 표적에 대한 탐지, 추적, 격파를 자동으로 실시할 수 있는 공중, 육상 발사무기체계이다.

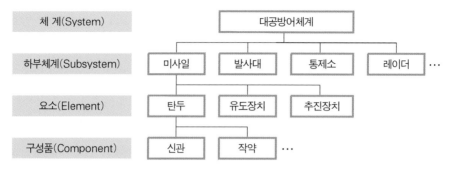

체계(System)　　　　　　　　대공방어체계

하부체계(Subsystem)　　미사일　　발사대　　통제소　　레이더　…

요소(Element)　　　　탄두　　유도장치　　추진장치

구성품(Component)　　신관　　작약　…

그림 1.2 대공방어체계의 구성 예

만들어진 무기들도 공격, 방어 혹은 기타 목적을 위해 일정한 규칙과 구조 속에서 서로 복합적이고 유기적인 역할을 수행함을 알 수 있다.

　　예를 들어, 적 항공기나 미사일을 탐지하여 격추하는 '대공방어체계'의 경우 레이더, 통제소, 발사대, 미사일로 구성된다. 최상위의 대공방어체계를 제외한 구성요소들은 하부체계로서 각각이 수행하는 기능과 역할은 서로 유기적으로 연계되어 있다. 즉, 레이더는 적 항공기를 탐지하는 기능을 수행하고, 통제소는 발사대를 통제하여 미사일이 발사되도록 하는 기능을 가진다. 그리고 이들이 지향하는 공통목표는 '대공방어 임무수행'으로 동일하다. 따라서 이들을 통합하면 '대공방어체계'라는 커다란 체계가 구성된다. 이렇게 체계를 구성하는 이유는 현대 전장의 복잡성도 있지만 하나의 체계가 발휘하는 힘이 각각의 하부체계가 발휘하는 능력을 합한 것보다 더 큰 이유에서다.

　　일반적인 체계구성은 '체계(System)-하부체계(Subsystem)-요소(Element)-구성품(Component)'의 관계로 이루어지는데, 하부체계 중 하나인 미사일은 탄두, 유도장치, 추진장치라는 요소들로 구성된다. 또한, 탄두라는 요소는 신관과 작약이라는 구성품으로 구성됨을 알 수 있다. 이러한 구성은 관점에 따라 다른 것으로 만약 미사일 담당자의 입장이라면 미사일이 체계가 되고, 탄두, 유도장치, 추진장치는 하부체계가 되는 것이다. 이러한 체계구성은 물론 이점도 있지만, 앞서 설명한 합동성과 전투수행기능들의 유기적인 기능수행처럼 상·하부체계 및 구성품들 중 어느 하나라도 제 기능을 발휘하지 못하면 원하는 목표달성이 어렵다는 특성이 있다.

　　그렇다면 무기체계는 물리적인 의미의 무기를 체계적으로 구성한 것을 말하는

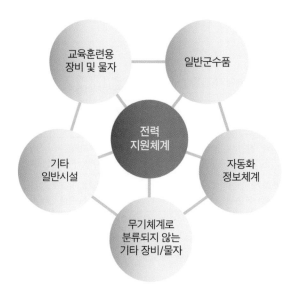

<그림 1.3> 전력지원체계의 주요 요소

것인가? 우리 국방부의 국방전력발전업무훈령(제1388호, 2012. 2. 3)에 의하면 무기체계란 '유도무기·항공기·함정 등 전장에서 전투력을 발휘하기 위한 무기와 이를 운영하는 데 필요한 장비·부품·시설·소프트웨어 등 제반요소를 통합한 것'으로 정의한다. 또한 전력지원체계를 '무기체계 외의 장비, 부품, 시설, 소프트웨어, 그 밖의 물품 등 제반요소'로 정의하였다. 이때 좁은 의미의 무기체계는 무기자체를 뜻하지만 넓은 의미에서는 무기를 운용하는 데 필요한 인적 요소와 물적 요소를 포함하는 것이다. 예를 들어, 현대 지상전에서 대표적인 무기인 전차를 운용하기 위해서는 전차장을 비롯한 포수, 탄약수들의 인적요소와 연료, 탄약 등의 물적 요소를 무기체계의 범주에 포함시킨다. 더 나아가 전차를 운용하기 위해 병력을 교육시키는 데 필요한 훈련장비와 일반군수품을 전력지원체계로 분류할 수 있지만 넓은 의미에서는 무기체계로 구분할 수 있다.

국방부는 무기체계의 운용목적과 용도에 따라 크게 8가지의 대분류로 나누는데 기동무기체계는 주로 육군의 무기를 포함하고, 해·공군에만 해당하는 것은 함정, 항공기 무기체계로 따로 분류하고 있다.

표 1.1 무기체계의 세부분류

대분류	중분류	소분류
지휘통제 · 통신	지휘통제체계, 통신장비 및 체계	합동지휘통제체계, 전술통신체계, 지상 · 해상 · 공중지휘통제체계, 유 · 무선장비 등
감시 · 정찰	전자전장비, 레이더장비, GOP 과학화경계시스템 등	전자지원 · 공격 · 보호 장비, 레이더, 전자광학장비, 열상감시장비, 음향탐지기 등
기동	전차, 장갑차, 전투차량, 기동/대기동 지원장비 등	(전투 · 지휘통제 · 전투지원용) 전차, 장갑차, 전술차량, 전투공병장비, 지뢰극복장비 등
화력	소화기, 대전차화기, 화포, 탄약, 유도 · 특수무기 등	개인화기, 박격포, 야포, 함포, 지상탄약, 항공탄약, 지상 · 해상 · 공중발사유도무기 등
방호	방공, 화생방	대공포, 대공유도무기, 방공레이더, 화생방보, 화생방 정찰 · 제독 등
함정	수상함, 잠수함(정), 함정전투체계, 전투지원장비 등	전투함, 기뢰전함, 상륙함, 수송정, 상륙지원정, 함정항법장치 등
항공기	고정익 항공기, 회전익기, 무인항공기, 항공전투 지원장비	전투기, 폭격기, 공격기, 수송기, 훈련기, 기동 · 공격 · 정찰 헬기, 정밀폭격장비 등
기타 무기체계	전투필수시설, 국방 M&S, 중요시설 경계시스템	작전지휘시설, 통신시설, 전투진지 워게임모델(훈련 · 분석 · 획득용) 등

1.5 현대무기체계의 특성

재래식 무기로 전투를 했던 과거의 전쟁과는 달리 제2차 세계대전은 첨단과학기술의 결정체인 원자폭탄으로 종결되었고, 걸프전쟁과 이라크전쟁에서는 최신 전차를 비롯한 정밀유도무기가 그 위력을 유감없이 보여주었다. 이들 현대무기체계는 고도의 과학기술이 고스란히 집약된 것임을 보여주고 있다. 더욱이 이들 무기체계가 사용될 전투공간은 더욱더 복잡하고 불확실하여 기계로서의 무기, 이를 조작하는 병사, 그리고 3차원적인 작전환경 등을 고려해야 하는 복합적인 공간이 되었다. 변화하는 전쟁양상을 바탕으로 끊임없이 진화하고 있는 현대 무기체계의 일반적인 특성은 크게 5가지로 볼 수 있다.

1.5.1 무기체계의 다양성

　과거의 무기는 한 가지 고유임무만을 수행할 수 있도록 연구 개발되었다. 따라서 주어진 목표를 타격할 경우 '어떤 화력무기를 사용해야 할 것인가?'는 깊게 생각할 필요가 없었다. 그러나 최근 급속하게 발달해온 과학기술 덕분에 무기체계의 기능과 역할이 다양화되고, 특정한 임무를 수행할 수 있는 대체 무기체계의 수가 현저히 증가되었다. 이러한 특성을 무기체계의 다양성이라고 한다. 예를 들면 어떤 목표를 타격할 경우 과거에는 주로 화포에 의존했지만 현재는 헬기로 공격하거나 미사일에 의한 공격도 가능하여 특정 임무를 수행할 수 있는 무기체계의 수가 증가되었다.

1.5.2 무기체계의 복잡성

　과학기술의 발전은 무기체계의 성능향상에 일대 혁신을 가져왔다. 무기의 사거리, 정확도, 파괴력이 향상되자 이에 대응하는 무기체계는 계속 추가적인 장치를 부가시킴으로써 체계를 확장시키고 복잡하게 만들었다. 이들 무기체계의 복잡성은 특히 항공기, 미사일, 핵무기, 전자통신 및 전장감시장비 등의 분야에서 획기적으로 증가하였다. 예를 들면 방공무기의 발달로 항공기(전투기, 폭격기, 정찰기 등)의 피격확률이 높아지자 이를 회피하기 위하여 항공기는 전자공격(EA, Electronic Attack)[9] 장치를 발전시켰고, 방공무기가 더욱 성능을 향상시키자 이에 대응하여 항공기는 열 추적 미사일을 방어하기 위한 적외선 섬광탄(Flare) 등 전자방호(EP, Electronic Protection) 장치를 추가함으로써 무기체계가 복잡하게 되었다. 또한 전자기술의 비약적인 발전으로 표적획득장치, 피아식별장치, GOP경계시스템 등 과거 병력에 의해 수행되던 임무도 자동화함에 따라 무기체계가 더욱더 복잡해지고 있다.

9　전자공격(EA, Electronic Attack): 적 전투력을 저하, 무력화, 파괴할 목적으로 적의 인원, 시설 혹은 장비를 공격하는 데 사용되는 전자기 에너지, 지향성 에너지, 대방사선 무기와 관련된 전자전의 한 부분으로 일종의 화력으로 간주되기도 한다. 전자공격에는 전파방해 및 전자기만과 같은 적의 효과적인 전자기 스펙트럼 사용을 방해 혹은 감소시키기 위한 조치와 주요 파괴체계(레이저, 무선 주파수, 무기, 입자 빔 등)로 전자기 또는 지향성 에너지를 사용하는 무기들의 운용이 포함된다.

1.5.3 무기체계의 고가성

현대 무기체계는 그 구조가 매우 복잡하고 성능이 계속 향상되고 있어 무기 및 부수장비 획득비용, 시설투자비용, 운영유지비용, 조작요원의 훈련비용 등이 급격히 증가하고 있다. 예를 들어 신형 K9 자주포는 약 40억 원, K2 전차는 약 79억 원, 해군의 세종대왕함은 약 1조 원(연간 유지비 350억 원), 그리고 공군의 F-15K 전투기는 약 1,300억 원이다. 이처럼 상상을 초월하는 무기 가격은 우리가 왜 전쟁예방과 평화정착에 힘써야 하는지를 잘 말해주고 있다. 일반적으로 무기체계의 가격이 상승하는 이유는 전자장비의 가격이 비싸기 때문인데, 예를 들어 전투기의 경우 전체 비용 중 37%는 기체, 20%는 엔진의 비용인 반면 레이더, 사격통제장치(Fire Control System)[10], 피아식별장치 등 첨단전자장비가 차지하는 비용은 전투기 가격의 43%에 이르고 있다.

1.5.4 무기체계의 가속적 진부화

지식정보화 시대의 무기체계는 평균수명이 크게 단축되고 있는데, 그 이유는 과학기술의 가속적인 발전 속도 때문이다. 극단적인 경우 어떤 무기체계는 연구되어 야전에 배치되기까지 많은 시간과 비용이 투입되었으나, 신기술의 도입으로 불과 수개월 만에 퇴역하거나 개발 도중에 포기되는 예도 있다. 이는 잠재적 적국의 군사기술 수준을 제대로 예측하지 못한 것에서 비롯되는 것이 대부분이다. 또한 기술의 발전 속도를 제대로 예측하지 못해서이기도 한데, 이러한 현상은 마이크로칩과 같은 전자부품들이 포함되는 첨단 무기체계의 경우 더욱 두드러진다. 마이크로칩의 기술 발전 속도에 관한 무어의 법칙(Moore's law)은 칩의 가격을 고정 했을 때 마이크로칩에 저장할 수 있는 데이터량은 매 18개월마다 2배로 증가한다는 것이다. 따라서 이와 관

10 　사격통제장치(Fire Control System) : 목표의 현재위치를 레이더 등으로 포착해서 컴퓨터에 의해 목표의 이동방향이나 속도 등을 계산하고 화포의 성능에 대응하는 미래위치를 예측하여 화포를 그 방향으로 지향 및 조준하는 장치이다. 목표를 사람 눈으로 보고 조준하던 것을 레이더와 컴퓨터 등의 도입으로 자동화되어 항공기와 같은 고속의 이동목표에도 유효한 사격이 가능해졌다. 기관총, 대공포, 전차포와 같은 직사포도 화기에서는 탄도계산기와 화포구동장치가 통합되어 사격통제장치를 구성하며, 야포와 같은 곡사화기에서는 사표제원, 지도상의 목표위치, 화포위치, 기상제원 등을 계산기에 입력해서 사격제원을 구하는 사격통제장치를 사용한다. 또한 미사일도 유도방식에 따라 여러 사격통제장치가 시스템으로 기능을 다하고 있다.

런한 무기체계의 경우 소요제기에서 부터 개발 및 양산, 전력화시기까지 기간을 충분히 고려하여 기술발전 수준을 예측해야 한다.

1.5.5 무기체계의 비밀성

무기를 개발하는 목적은 적을 격멸시키기 위한 것이다. 따라서 적에게 기습적 충격효과를 가할 수 있어야 하며, 그러기 위해서는 무기체계의 개발구상으로부터 배치에 이르기까지 비밀이 유지되어야 한다. 제2차 세계대전을 종식시킨 원자폭탄은 'Manhattan 계획'이라는 비밀에 쌓여 일본 히로시마에 투하될 때까지 직접 개발에 참여한 사람을 제외하고는 아무도 그 위력을 몰랐었다고 한다. 이 비밀의 유지는 적에게 뿐만 아니라 동맹국에게까지도 적용하는 경우가 많다. 하나의 군사기술이 실용화되면 다른 국가에 의해 쉽게 모방되는데, 이를 방지하기 위한 각국에서는 다양한 정책을 시행하고 있다. 예를 들어 전 세계의 무기시장을 석권하고 있는 미군은 F-22 전투기를 포함한 주요 무기에 판매금지법을 제정하여 자국의 핵심기술의 유출을 방지하고 있다.

1.6 무기체계의 효과요소

그림 1.4 무기체계의 효과요소

지휘관들은 전쟁의 승패는 '화력, 기동성, 생존성'에 달려 있다고 말한다. 이들 3가지 요소에 지휘통신능력, 가용성 및 신뢰성을 덧붙여 무기체계의 능력을 결정하는 효과요소라고 한다. 중요한 것은 이들 효과요소들이 어느 하나에만 치우치지 않고, 균형이 있게 조화되어 기대하는 전투효과를 얻을 수 있도록 통합하는 노력을 해야 한다는 것이다.

첫째, 화력(fire power)은 기동성과 함께 전투에서 핵심적인 요소이다. 일반적으로 전차 대 전차전에서 주포의 화력은 전투에서 승리의 주요인이 된다. 통상 주포의 화력은 구경에 비례한다. 이것에 대한 예는 6·25전쟁에서 찾을 수 있다. 6·25전쟁에서 적의 인해전술은 아군의 화력에 의해서 저지되었다. 또한 적의 야포의 수는 아군보다 우세하였으나, 아군 야포의 발사속도가 6~10배 빨라서 전체적으로 화력이 약 2배 정도 우세하였던 것이다. 화력의 절대량이 크면 적의 사상자수가 많고, 반대로 화력이 약하면 아군의 사상자수가 늘어나게 되는 것은 상식적인 내용이다.

둘째, 기동성(mobility)은 화력과 함께 무기의 가장 기본적인 효과요소이다. 특히 기동성은 병력집중 및 분산의 기본수단이기 때문에 전투에서 매우 중요하다. 일반적으로 기동성이 없는 군대는 화력이 월등하게 우세하지 않는 한 기동성이 우수한 군대에게 패하기 마련이다.

셋째, 무기는 극한적 상황에서 적을 격멸하기 위한 도구이기 때문에, 적을 격멸하기에 앞서서 자신을 방호하지 못하면 전쟁에서 패하고 만다. 따라서 모든 무기는 절대성능과 함께 생존성(survivability)을 고려하여 개발하고 운용하여야 한다. 기사의 갑옷과 방패, 보병의 방탄헬멧, 전차의 장갑, 그리고 항공기의 전자공격(EA)장비 등이 모두 자신을 방호하기 위한 수단이다.

넷째, 현대전쟁은 입체전으로 해저에서는 잠수함, 해상에서는 전함 및 기동함대(Task Fleet), 육상에서는 전차 및 야포로 장비된 기동부대, 공중에서는 헬기, 공중기동부대 및 공수부대, 그리고 전투기와 폭격기가 비행하며 수륙양용 전차가 바다에서 육지로 기어오르는 3차원 공간에서의 전투이다. 이처럼 막대한 장비와 부대를 포함하는 입체적 전투에서 모든 병력과 장비를 효과적으로 지휘·통솔하는 수단이 바로 지휘통신(command and communication)이다.

다섯째, 무기체계는 일단 개발이 완료된 후 실전배치단계에서는 개선이 어렵기 때문에 무기개발 초기에 가용성[11] 및 신뢰성(availability and reliability)을 고려해야 한다. 무기체계가 화력이 월등하고, 기동성이 우수하며, 통신능력이 양호하고, 생존성이 높

---

[11] 가용성(Availability): 임무를 수행하는 데 사용할 수 있는 인원, 장비, 시설의 량을 말한다. 또는 항공기가 임무 가능한 시간비율을 가리키며, 기간에 대한 소수점 혹은 일별시간, 월별일수 등으로 표현되기도 한다.

도록 설계되었다 하더라도 주어진 성능을 제대로 발휘하지 못하고 고장빈도가 높다거나, 수리시간이 많이 소요되어 사용할 수 있는 시간이 제한된다면 우수한 무기라고 말할 수 없다. 즉 정비시간이 많이 소요되면 무기의 가용성에 제한을 받으며, 고장빈도가 높으면 임무수행 시 실패할 확률이 높아 신뢰성이 떨어진다.

1.7 무기체계의 획득과정

각 군이 무기체계를 도입하는 제반활동을 '획득'이라고 한다. 그 방법과 절차는 방위사업법 및 시행령에 명시되어 있다. 관련 부서 및 주체도 다양하여 국방부, 합동참모부(합참), 육·해·공군 및 해병대, 방위사업청, 국방과학연구소(ADD), 국방연구원(KIDA), 방위산업체 등이 있다.

먼저 소요군(육·해·공군 및 해병대)은 필요로 하는 무기체계의 필요성, 운영개념, 작전운용에 요구되는 능력, 그 밖에 소요 및 전력화 지원요소의 판단을 위한 자료를 '소요제기서'를 통하여 합참에 제기한다. 합참은 소요군으로부터 제출받은 소요제기서를 기초로 하여 '전력소요서안'을 작성한다. 전력소요서에는 무기체계의 필요성, 운영개념, 전력화 시기, 소요량, 작전운용성능(ROC, Required Operational Capability), 전력화지원요소 등이 포함된다.

방위사업청은 무기체계의 소요가 결정된 경우에는 당해 무기체계에 대한 연구개발의 가능성·소요시기 및 소요량, 국방과학기술 수준, 방위산업 육성효과, 기술적·경제적 타당성, 비용대비 효과 등에 대한 조사·분석을 한 선행연구를 실시하고, '사업추진의 기본전략'을 수립한다. 사업추진의 기본전략에는 연구개발 또는 구매 결정에 관한 검토내용, 연구개발의 형태 또는 구매의 방법 등에 관한 사항, 연구개발 또는 구매에 따른 세부 추진방향, 시험평가 방안, 사업추진 일정, 무기체계의 전체 수명주기에 대한 관리방안 등이 포함된다. 또한 방사청은 사업추진 기본전략을 토대로 국방중기계획요구서를 작성하고 이를 국방부에 제출한다. 국방부는 대통령의 승인

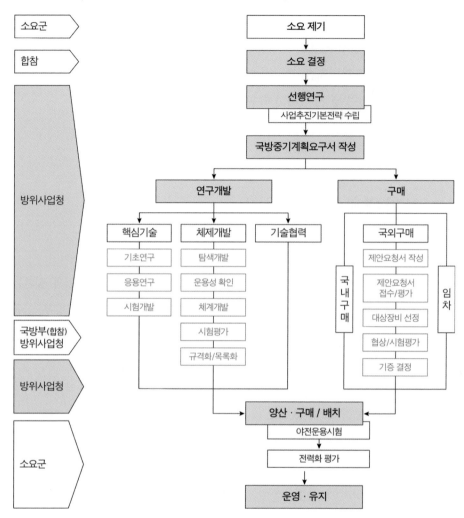

그림 1.5 우리나라의 무기체계 획득절차(방위사업법 시행규칙)

을 얻어 국방중기계획을 수립한다. 이때 무기체계 등에 대한 소요의 적절성을 다시 검증한다.

방위사업법에 명시된 방위력 개선사업의 수행원칙은 다음과 같다.

① 국방과학기술 발전을 통한 자주국방의 달성을 위한 무기체계의 연구개발 및 국산화 추진

② 각 군이 요구하는 최적의 성능을 가진 무기체계를 적기에 획득함으로써 전투

력 발휘의 극대화 추진

③ 무기체계의 효율적인 운영을 위한 안정적인 종합군수지원책의 강구

④ 방위력 개선사업을 추진하는 전 과정의 투명성 및 전문성 확보

⑤ 국가과학기술과 국방과학기술의 상호 유기적인 보완 · 발전 추진

⑥ 연구개발의 효율성을 높이기 위한 국제적인 협조체제의 구축

무기체계의 획득방법은 크게 '연구개발'과 '구매'로 구분한다. 연구개발의 종류는 크게 핵심기술, 체계개발, 기술협력이 있다. 핵심기술 개발은 기초연구단계, 응용연구단계 및 시험개발단계로 구분하여 수행하며, 체계개발은 탐색개발, 운용성 확인, 체계개발, 시험평가, 규격화/목록화 단계로 수행된다. 연구개발은 외국자본 참여 여부에 따라 국내 연구개발과 국제공동 연구개발로 구분되고, 투자 주체에 따라 정부투자 연구개발, 업체투자 연구개발, 공동투자 연구개발로 구분된다. 또한, 수행 주체에 따라 국과연주관 연구개발사업과 업체주관 연구개발사업으로 구분되기도 한다. 연구개발은 국가과학기술력 및 국방기술 발전에는 긍정적인 영향을 끼치지만 개발이 장기화되거나 실패할 경우 전력 개선에 막대한 지장을 초래한다.

구매의 종류에는 '국내구매', '국외구매', '임차'가 있다. 국내구매의 경우 구매계획 수립, 입찰공고, 시험평가, 적격심사, 구매계약 체결의 과정을 거치고, 국외 구매의 경우 구매계획 수립, 입찰공고, 제안서 접수 및 평가, 시험평가 대상 선정, 시험평가 및 협상, 기종결정 등의 과정을 거친다. 미국에서 무기체계를 구매할 경우 대외군사

표 1.2 무기체계 획득방법별 장단점

획득방법	장 점	단 점
연구개발	• 국가과학기술력 및 국방기술 발전 • 방위산업 육성 및 수출 가능 • 성능개량이 용이함 • 군의 요구조건을 최대한 반영 가능	• 획득기간 장기화 • 개발비용 상승 가능 • 개발 실패의 가능성 내포
구매	• 획득기간 단축 • 신뢰성이 확보된 무기구매 가능	• 기술발전이 제한됨 • 국외 구매의 경우 종합군수지원이 제한될 수 있음 • 군의 요구에 완전히 부합되기 어려움

판매제도(FMS, Foreign Military Sales)를 주로 이용하게 된다. FMS는 미국 정부가 무기수출통제법 등 미국의 관련 법규에 의거 우방국 또는 국제기구에 무기체계를 유상 판매하는 제도이다. 국외구매를 실시할 경우 '절충교역'과 '기술이전'을 통하여 최대한 국내 방위산업을 보호하여야 한다.

양산 및 구매가 완료된 무기체계는 소요군에서 야전운용시험과 전력화 평가를 거치고 운영된다.

연 습 문 제

1. 현대전쟁에서 특정한 무기체계의 보유 여부에 따라 전장의 승패가 크게 좌우된 경우의 예를 설명하시오.

2. 전투수행기능요소를 육군의 대표적인 무기체계인 전차, 해군의 이지스함, 공군의 전투기의 주요 기능과 비교하여 설명하시오.

3. 작전지속지원(Operational Sustainment Support)과 전력지원체계란 무엇이며, 그 중요성에 대해 설명하시오.

4. 무기체계의 정의와 방공무기체계 중 패트리어트 미사일의 체계구성과 주요 기능에 대하여 설명하시오.

5. 무기체계와 전력지원체계의 차이점을 설명하고 전력지원체계의 주요 요소에 대하여 설명하시오.

6. 현대 무기체계의 주요 특성 다양성, 복잡성, 가속적 진부성에 대한 의미와 실제 사례를 설명하시오.

7. 무기체계의 효과요소에 대해 간단히 설명하시오.

8. 무기체계의 소요제기부터 예산집행단계까지 획득과정에 대해 절차 및 관련 부서에 대하여 설명하시오. 그리고 효율적인 예산활용 방안에 대하여 설명하시오.

9. 작전운용 요구성능(Required Operational Capability)에 대하여 설명하시오.

10. 무기체계 획득방법에 따른 각각의 장점과 단점을 비교하고 최근의 국가적으로 추진 중인
    대규모 무기체계 획득사업과 비교하여 설명하시오.

11. 대외군사판매제도란 무엇이며, 실제 이 제도를 활용한 무기체계 획득사례를 설명하시오.

2

기동

2.1 서론

사전적 의미의 기동은 차후작전에 유리한 상황을 조성하기 위해 적보다 유리한 위치로 병력, 장비, 물자 등을 이동하는 것[1]이다. 이는 단순하게 한 지점에서 다른 지점으로 병력, 장비, 물자를 이동하는 것과는 구별된다. 미국의 경우도 전쟁의 원칙(Principles of war)을 통해 "아군 전투력의 유연한 적용을 통하여 적을 불리한 곳에 위치시키는 것" 또는 "전술적으로 적보다 상대적으로 유리한 위치를 차지하기 위하여 아군 부대를 이동시키는 것"이라고 설명한다. 실제로 지금까지의 전쟁양상은 기동을 통하여 적의 전투중심을 와해시키고, 전장에서 아군행동의 자유보장과 아군의 취약점을 감소시키는 방향으로 전개되어왔다.

현대적 무기체계를 이용하여 기동의 원칙을 가장 완벽에 가깝게 수행한 경우는 제2차 세계대전 당시 구데리안(Heinz Guderian) 장군이 수행한 전격전(電擊戰, blitzkrieg)[2]을 예로 들 수 있다.

그림 2.1 독일의 기계화부대와 전격전의 창시자인 하인츠 구데리안

---

1   군사용어사전, 2010 육군교육사령부.

2   전격전(電擊戰, Blitzkrieg): 제1차 세계대전 후 풀러(Fuller)와 리델하트(Liddel Hart)에 의해 후티어전술의 문제점을 분쇄하기 위한 기습적인 기동으로써 공격을 실시하며 적을 격파하는 경이적인 급속작전. 이는 속전속결의 근본목적을 달성하기 위하여 기동과 기습을 최대로 이용한 전법이다.

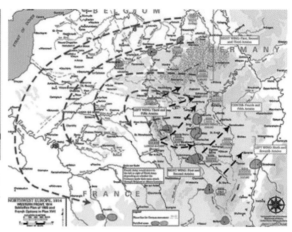

그림 2.2 Ju-87 수투카(Stuka)
급강하폭격기와 아르덴 산림으로 우
회하는 프랑스 침공계획

　당시 독일은 프랑스와의 국경에 위치한 마지노선(Maginot Line)이라는 요새지역으로 인하여 직접 이 지역을 돌파하기가 불가능함을 간파하고 있었다. 프랑스 또한 마지노선을 과신하였고, 독일이 절대 아르덴 산림지대를 통과할 수 없다고 굳게 믿고 있었다. 하지만 독일은 철저한 기습을 달성하기 위하여 프랑스 북쪽의 아르덴 산림지대로 우회하여 벨기에를 먼저 침공하는 계획을 수립했다. 독일은 프랑스와 영국군에게 효과적으로 기습을 달성함과 동시에 단숨에 프랑스 내부로 진격하여 프랑스가 미처 대응할 수 없도록 하기 위해 기동무기들을 앞세워 마지노선을 우회하는 전격전을 구상한 것이다. 전격전을 수행하는 독일군은 급강하폭격기(Ju-87 수투카)와 공수부대를 이용하여 적의 주요 거점을 신속히 무력화시켰다. 또한 포병의 지원을 받는 전차 및 기계화보병 부대가 전투력을 집중하여 전선을 돌파하고 적국의 종심으로 기동하였다. 이후 차량화된 보병이 후속하여 잔적을 소탕함으로써 이전의 전쟁보다 빠른 속도의 작전을 수행하였다. 결과적으로 벨기에는 쉽게 함락되었고, 허를 찔린 프랑스와 영국 연합군은 패배하였으며, 영국군은 치욕적인 덩케르크 철수를 감행한다. 이러한 독일의 전격전의 바탕은 전차와 급강하폭격기 등 우수한 무기체계의 기동성이었다.

　현대에 이르러 세계 각국의 군대는 군사혁신을 감행하고 있다. 2003년 발발한 이라크전쟁은 이러한 군사혁신의 결과로 기존의 전쟁양상과 크게 다른 전쟁을 수행한 대표적인 경우이다. 당시 미군 전력은 제1기갑사단, 제82공수사단, 제101공중강습

이라크전쟁 당시 미군의 M2A3 브래들리 장갑차(좌)와 M1A1 전차(우)

사단, 제4보병사단, 해병 제1원정대 등으로 이루어진 약 12만 명 규모의 비교적 소규모 병력이었지만 3배 이상의 병력을 보유한 이라크군을 괴멸시키고 수도 바그다드를 함락하기까지는 단 26일밖에 걸리지 않았다. 특히 주목할 점은 미국은 이라크로부터 수만 km나 떨어진 곳에서 파견된 원정군이었다는 것이다. 전통적으로 원정군은 신장된 보급로로 필요한 장비 및 물자를 확보하기 어려워 전쟁지속 능력이 떨어진다. 미국도 예외는 아니었으며 이를 극복하기 위하여 군 수뇌부는 과거의 전면전이 아닌 상대국가의 중요지점을 확보하여 중심을 와해시키는 새로운 전략을 수립했다.

당시 미군은 병력의 열세와 원정군이라는 불리한 점에도 불구하고 수많은 최첨단 감시자산을 이용하여 적의 중요시설의 위치와 주요 부대의 움직임을 속속히 파악하고 있었다. 이에 더불어 적이 대응하기 전에 신속하게 병력을 전개하고 전투를 수행할 수 있는 다양한 기동무기체계를 운용하고 있었다.

이라크전쟁 당시에 미군은 UH-60 헬기를 주요 병력 수송수단으로 활용하고 AH-64D 공격헬기를 운용하는 제101공중강습 사단을 운용하고 있었다. 또한 그들은 M1A1 에이브람스 전차, M2A3 브래들리 장갑차를 운용하여 이라크 주요 부대를 신속히 돌파할 수 있었다. 이 외에도 미군은 전투기, 함정, 토마호크 순항미사일 등 이라크군에 비해 엄청난 화력지원(Fire Support)[3]이 가능하여 전장에서 작전주도권을 장악하였다.

---

3   화력지원(Fire Support): 박격포, 야전포병, 근접항공지원, 함포사격 등 전투(기동)계획을 지원하기 위하여 운용하는 지원화력의 통칭이다.

앞서 제2차 세계대전 초기의 전격전과 이라크전쟁에서 살펴본 바와 같이 현대 전장에서의 기동의 원칙은 무기체계와 매우 밀접한 관계가 있다. 이번 장에서는 육·해·공군의 최신 기동무기체계를 자세히 살펴보고 앞으로의 발전 방향에 대하여 알아본다.

2.2 육군 기동무기체계

육군의 기동무기는 전차, 보병전투장갑차와 같이 장갑의 보호를 받아 적의 직사 및 곡사화력에 대하여 상당한 방호력을 보유하고, 지형적 제한사항을 극복하고 신속히 움직일 수 있는 기동성을 보유하며, 가공할 위력의 화력으로 무장한 장비를 주로 일컫는다. 그 외에도 육군에는 육군항공에서 운용하는 헬리콥터가 있다.

2.2.1 전차

2.2.1.1 전차의 기원

전차의 기원은 제1차 세계대전으로 거슬러 올라간다. 탱크(Tank)라는 이름은 제1차 세계대전 당시 영국군이 전차(戰車)에 부여한 암호였으며, 이후 전차를 지칭하는 고유명사가 되었다. 인류 최초로 1915년경에 개발된 영국의 Mark I 전차는 전투중량 28톤의 강철차체에 원동기를 사용하였다. 이 전차는 차제 좌·우측에 57mm 2문과 기관총 4정의 무장을 장착하였으나 포탑은 장착되지 않았다. 최고속도는 보병의 이동속도와 거의 비슷한 시속 6km 정도였고, 총 8명의 승무원이 탑승하였다.

제1차 세계대전 당시 유럽 전역에는 소모적인 참호전이 진행되고 있었다. 당시 참전국들은 보병이 적 진지를 돌파하기 위하여 후방의 포병으로부터 엄청난 양의 화력을 지원받은 후 포병의 화망을 따라 적진지로 돌격하는 전술을 주로 구사하였다. 당시의 전투는 방어부대가 공격부대의 포병사격이 지원되는 동안 요새화된 진지에

Mark I 전차와 전투를 위하여 방어진지에 대기 중인 보병들

몸을 숨기고 있다가 포격이 종료되면 진지에 위치하여 기관총으로 공격부대를 격퇴시키는 지루한 소모전이었다. 이러한 전투에서는 공격부대의 피해가 매우 컸으므로 어느 측도 모두 섣불리 참호 밖으로 나오려고 하지 않았고, 전선은 자연히 고착[4]되었다. 1916년 솜므(Somme) 전투에서 영국은 참호전에서 적 방어진지를 돌파할 수 있는 49대의 Mark I 을 최초로 투입하였다. 하지만 당시에 전선에 투입된 전차들은 잦은 고장으로 신뢰성의 한계를 노출하였고, 고착된 전선에서 전세를 역전시킬 수 있는 절대적 역할을 수행하지는 못하였다. 이후 전차가 본격적으로 사용되기 시작한 것은 제2차 세계대전이 발발하면서 부터이다. 당시 대표적인 전차는 독일의 타이거(Tiger) 전차, 미국의 M4 셔먼(Sherman) 전차와 러시아의 T-34 전차가 있었다.

독일의 타이거 전차는 1942년부터 종전까지 약 1,300여 대가 생산되었는데 경사장갑과 88mm 중포, MG42 기관총 2정 등 강력한 무장을 탑재하였다. 당시 소련군이 타이거 전차 1대를 격파하기 위하여 10대 이상의 T-34 전차를 희생하여야 했을 정도로 독일의 타이거 전차는 뛰어난 성능을 자랑했다. 서부전선의 미군의 경우 이 타이거 전차와 조우할 경우 무조건 교전을 피하라는 지시가 내려졌으며, 타이거 전차에 의하여 공격받을 경우 전선을 이탈하여도 좋다는 명령이 내려질 정도로 공포의 대상

---

4   고착(固着, Fix Lock On): 적이 한 지역에서 부대의 어느 부분을 타 지역에 사용할 목적으로 전환하는 것을 방지하는 것을 뜻한다. 참고로 고착부대(Fixing Force)란 기동방어 시 조기 경고, 방어, 지연, 적 기만 및 와해, 그리고 지연진지를 점령함으로써 적의 병력을 집결시켜 적으로 하여금 아군 역습에 취약하게 하기 위하여 전방 방어지역에서 운용되는 비교적 경장비로 무장한 부대를 말한다.

그림 2.5 독일의 타이거 전차의 전기형(좌)과 후기형(우)

이었다. 하지만 타이거 전차의 경우 당시의 발달된 독일의 공학기술을 총동원하여 설계된 산물이었지만 생산성이 매우 낮았다. 또한 전투 이외의 정비소요가 대량 발생하여 실제 작전에서 운용된 수는 다른 참전국들의 전차에 비하여 매우 적었다. 만약 독일이 이 타이거 전차를 대량으로 운용할 수 있었다면 미국과 소련의 전차부대에 큰 위협이 되었을 것이며, 전쟁의 판도를 뒤엎을 수 있을 정도로 우수한 무기체계로 인정받았을 것이다.

타이거 전차와 달리 미국의 셔먼 전차는 약 5만 대 정도가 생산되어 세계 각국에 공여되었으며, 1940년부터 1955년까지 세계 각국의 수많은 전장을 누볐다. 주목할 점은 독일의 타이거 전차가 당시의 최신 기술을 모두 접목시킨 혁신적인 전차였다면, 미국의 셔먼은 대량 생산과 신뢰성을 중시하여 증명된 기술을 이용한 평범한 전차였

그림 2.6 미국의 M4 셔먼 전차와 6·25전쟁 당시 참전 모습

표 2.1 제2차 세계대전 주력전차의 제원 비교

구 분	타이거 중(重)전차 (독일)	셔먼 중(中)전차 (미국)	T-34 중(中)전차 (구 소련)
전투중량	68.5ton	30.3ton	26.5ton
주 무 장	88mm KwK43(80발)	75mm M3(90발)	76.2mm F-34(90발)
관통력(사거리)	148mm(1,500m)	90mm(500m)	61mm(1,000m)
톤당 마력수	10.07hp/ton	13.2hp/ton	18.87hp/ton
엔진출력(기관)	690hp(가솔린)	400hp(가솔린)	500hp(디젤)
최고속도(야지)	41.5km/h(20km/h)	48km/h(25km/h)	53km/h(33km/h)
기관총(구경)	MG42(7.92mm)	M2HB(12.7mm)	DT(7.62mm)
승무원	5명	5명	4명
최초 생산연도	1943년	1940년	1940년

다는 것이다. 하지만 당시 독일군은 군수지원 분야에서 연료공급의 부족을 겪고 있었으며, 타이거 전차는 중량이 70톤에 육박해 당시의 교량이 견딜 수 없을 만큼 무거웠다. 또한 생산성이 극히 낮아 결과적으로 독일이 1대의 타이거를 생산할 동안 미국은 수십 대의 셔먼을 생산하여 전장에 배치시켰으며, 전장에 투입되는 전차 수에서 압도당한 독일은 결국 셔먼 전차의 공격으로부터 상당한 피해를 입었다.

한편 1950년 6 · 25전쟁 당시 북한군이 운용한 전차로 잘 알려진 소련의 T-34는 미국의 셔먼 전차의 생산성을 능가하는 전차였다. 당시 낙후된 소련의 공업기술로 전차를 생산하기 위하여 소련은 최대한 단순하게 전차를 설계하였고, 생산성을 높이

그림 2.7 박물관에 전시된 소련의 T-34 전차와 6 · 25전쟁 당시 참전 모습

기 위하여 모든 볼트를 하나의 규격으로 만들 정도로 공통된 부품을 사용하였다. T-34 전차의 가장 큰 특징은 높은 신뢰성에 있었다. 수많은 T-34 전차가 제2차 세계대전 중에 생산되어 배치되었으며, 짧은 기간의 훈련을 마친 러시아의 전차병들도 쉽게 운용할 수 있을 정도로 전차의 조작이 쉬웠다. 러시아보다 상대적으로 높은 기술력을 가지고 있던 독일은 T-34와 정반대의 정교한 타이거 전차를 배치하였지만 그 수가 턱없이 부족하였다. 결국 러시아의 T-34에 비하여 독일의 타이거 전차는 수적인 열세를 극복하지 못하고 동부전선에서 러시아에게 패하고 만다.

2.2.1.2 전차의 세대구분

전차의 세대를 구분하는 기준은 보는 시각에 따라 약간의 차이가 있으나 일반적으로 전차의 개발 시기, 무장, 장갑기술, 사격통제장치 등에 따라 제1세대에서 제4세대(3.5세대)까지 구분할 수 있다.

먼저 1세대 전차들은 2차 세계대전 직후 생산된 전차들이다. 이들 제1세대 전차의 특징을 살펴보면, 주포는 90~100mm 강선포가 일반적으로 사용되고 망원렌즈에 의한 육안 조준장치를 탑재하였다. 이들 전차는 주조방식으로 제작된 단일장갑이었으며 스테레오식 거리측정기와 단순한 탄도계산기를 장착하였다. 이러한 특징을 갖는 1세대 전차에는 미국의 M-47 패튼(Patton) 전차와 소련의 T-55 등이 있다.

이후 1960~70년대 초까지 점차 증가하는 전차의 장갑을 관통하기 위하여 주포는 105~115mm가 일반적이었다. 일부 전차들은 적외선 탐조등 방식의 야간조준경을 장착하기 시작했다. 적외선 방식의 야간조준경은 사람의 육안으로 탐지가 불가능한 적외선을 비추고 적외선 필터를 적용한 조준경으로 반사파를 탐지하는 장치이다. 하지만 적외선 탐조등의 가장 큰 단점은 적이 동일한 방식의 조준경을 사용할 시 쉽게 전차의 위치가 적에게 노출되고 악천후 시에는 관측이 불가능하다는 것이었다. 미국의 M-60, 소련의 T-62, 독일의 레오파트 I 등이 대표적인 제2세대 전차의 범주에 속한다.

현대적인 전차의 특징은 제3세대 전차에 이르러 거의 완성된다. 세계의 주요 제3세대 전차들은 120~125mm의 주포를 사용하며, 레이저 거리측정기와 디지털화된 탄도계산컴퓨터를 도입하여 신속한 사격이 가능하게 되었다. 사격통제장치는 2축으

표 2.2 주력전차의 세대별 특징

구 분		1세대	2세대	3세대	3.5세대, 4세대
개발 시기		2차 세계대전 직후	1950~1970년대	1980~2000년대	2010년~현재

주요 기종		• M47, 48(미국)
		• T-54, 55(소련)
		• 센추리온(영국)
			• M60(미국)
			• 레오파트 I(독일)
			• T-62, 64, 72(소련)
			• 치프틴(영국)
			• AMX-30, 40(프랑스)
			• 메르카바 Mk.1, 2
			  (이스라엘)
			• 74식(일본)
				• 챌린저 I, II(영국)
				• M1, M1A1(미국)
				• K1A1(대한민국)
				• T80, 90(러시아)
				• 메르카바 Mk.3
				  (이스라엘)
				• 90식(일본)
					• M1A2 SEP(미국)
					• 레오파드 II A7(독일)
					• 메르카바 Mk.4(이스라엘)
					• K2 흑표(대한민국)
					• 10식(일본)
					• 알타이(터키)

주요 특징	기동력	• 디젤
		• 600마력
			• 디젤, 가솔린
			• 600~1,000마력
			• 토션바 현수장치
			• 파워팩(엔진과 변속기
			  결합체)
				• 디젤, 가스터빈
				• 1,200~1,500마력
				• 토션바 및 유기압
				  현수장치
					• 디젤, 가스터빈
					• 1,200~1,800마력
					• 능동제어 유기압 현수장치
					• GPS 및 관성항법장치

	화력	• 90~100mm
		• 스테레오식
		  거리측정기
		• 아날로그식
		  탄도계산기
			• 105~115mm
			• 적외선 야간 조준경
			• 스테레오식 거리측정기
			• 아날로그식 및
			  디지털 탄도계산기
				• 120~125mm
				• 레이저 거리측정기
				• 기동간 사격
				• 열영상 조준경
				• 디지털 탄도계산기
					• 120~125mm
					  (구경장 증대)
					• 기동간 사격
					• 표적 자동탐지 및 추적
					• 지능형 유도포탄 발사
					• 사격통제장치와 연동된
					  포병 화력 유도 기능

	방어력	• 단일 주조장갑+
		  경사장갑
			• 단일 주조장갑 및
			  균질압연강+반응장갑
				• 복합장갑+반응장갑
				• 화생방 방어장치
					• 복합장갑
					• 비활성폭발반응장갑
					• 능동방어체계
					• 승무원실 장갑 격실화
					• 집단 화생방 방어장치

	지휘
	및
	통신
		• 무전기 및
		  차내전화
			• 무전기 및 차내전화	• 무전기 및 차내전화
				• 초보단계 전술
				  네트워크
					• 무전기 및 차내 전화
					• 전술 네트워크에 의한
					  실시간 정보 공유
					• 피아식별장치

로 안정화되어 있어 기동하면서 정확한 조준 및 사격이 가능하다. 특히 발전된 재료공학기술을 적극 도입하여 열화우라늄이나 텅스텐합금을 운동에너지탄의 탄자(관통자)로 사용하여 장갑에 대한 관통력이 크게 증대되었다. 또한 복합장갑이라는 신개념의 장갑이 도입되어 기존의 주조장갑을 대체함으로써 방어력이 향상되었다. 복합장갑(Composite Armor)[5]은 외부와 내부의 균질압연장갑(RHA강철) 사이에 세라믹과 열화우라

---

5   복합장갑(Composite Armor) : 종전의 강이나 알루미늄을 주체로 하는 균질장갑을 보강세라믹스, 나일론, 티타늄 등 비철재료를 조합한 장갑으로 앞뒤의 방탄강판 사이에 각종 재료를 끼워 놓은 것이다. 특히 열 충격에 강해

늄 같은 고경도 물질을 특수구조로 적층시키는 장갑이다. 복합장갑은 기존의 장갑보다 효과적으로 적의 운동에너지탄 및 화학에너지탄을 막아낼 수 있다. 또한 복합장갑 위에 반응장갑(Reactive Armor)[6]을 추가적으로 부착하기도 하는데 반응장갑은 얇은 판 사이에 장약을 주입하는 구조로 제작된다. 만약 전차가 적의 화학에너지탄에 피탄될 시 반응장갑은 내부 장약이 폭발하면서 외부 장갑판을 적 방향으로 비산시켜 적의 화학에너지탄을 분산시키는 역할을 한다. 제3세대 전차는 1,200~1,500마력의 디젤 또는 가스터빈엔진을 사용하여 기존보다 기동성이 비약적으로 증가된다. 이러한 고출력엔진은 엔진과 변속기를 하나로 묶어 파워팩(power pack)화해 야전에서 쉽게 교체가 가능하며 전투 시 전차의 실질적 가동률을 높이는 데 크게 기여하였다.

최근에는 이러한 제3세대 전차를 개량하여 C^4I 및 대전차 능동방어시스템 등을 장착한 제3.5세대 전차들이 등장하기 시작하였으며, 주포의 구경장을 증가시켜 탄자의 포구속도를 증가시키는 한편 주포에서 발사가 가능하고 발사 후 유도가 가능한 신개념의 대전차미사일 등이 실전에 배치되고 있다. 제3.5세대 전차에는 프랑스의 AMX-56 르끌레르, 미국의 M1A2 SEP(System Enhancement Package), 독일의 레오파트 II A7, 이스라엘의 메르카바 MK.4, 대한민국의 K2 흑표전차 등이 있다.

2.2.1.3 전차의 특징

흔히 전차를 '지상전의 왕자'라고 한다. 이러한 별칭은 화력, 기동성, 방어력을 모두 보유한 육군 무기체계로서의 막강한 위력을 잘 표현하는 말이다. 본 절에서는 2010년대에 각국이 실전에 배치할 것으로 예상되는 전차에 대해 알아보자.

1 화력

전차는 비교적 근거리(포병을 기준으로)에서 적을 직접 조준하여 사격하는 기동무기체계의 핵심이다. 화력은 전차가 탑재한 주포와 탄약 그리고 이를 정확히 사격하는 데 필요한 사격통제장치와 적을 신속하게 탐지할 수 있는 주간 및 야간 조준경에 의

대전차미사일의 성형작약탄두에 대항하기 위해 개발된 특수장갑이다.

6　반응장갑(Reactive Armor): 성형작약탄의 고압의 금속제트에 대항하여 역진하는 화약에너지를 이용해 관통을 억제하는 특수장갑이다.

그림 2.8 동시에 사격 중인 한국의 K1 전차 소대

하여 결정된다.

3세대 전차의 주포는 포신 내에 강선이 없는 활강포(Smooth-Bore Gun)이다. 활강포가 전차의 주포로 채택된 가장 큰 이유는, 탄체와 포신 사이에 강선이 없어 마찰로 인한 에너지 손실이 적으므로, 탄자의 포구속도를 증가시키기 용이하기 때문이다. 활강포와 반대로 강선포는 임의로 포신 내에 나선형의 홈을 파서 탄을 회전시키기 때문에 에너지 손실이 많지만 탄의 직진성을 향상시킨다. 마치 빠르게 도는 팽이를 발로 걷어차도 팽이가 계속 꼿꼿하게 서서 도는 것처럼 탄자 역시 회전을 시키면 탄자의

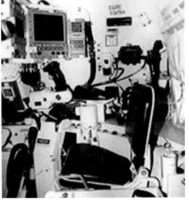

그림 2.9 미국의 M1A2 전차의 열영상조준경과 전차장석 사격통제장치

진행방향을 계속 유지하려 하는 것이다.

반면 활강포는 강선이 없기 때문에 대기 중에서 탄도의 안정성을 확보하기가 쉽지 않다. 따라서 강선포의 탄자보다 대기 상태의 영향을 더 많이 받기 때문에 사거리가 늘어날수록 탄의 공산오차[7] 범위가 클 수밖에 없다.

하지만 이러한 단점은 활강포로 포구속도를 증가시켜 대기를 비행하는 시간을 단축함으로써 어느 정도 해결할 수 있다. 활강포의 강점을 극대화하고 단점을 보완하기 위하여 디지털 탄도계산기가 도입되었다. 전차의 포탑에 장착된 센서는 대기의 상태(풍속, 습도, 온도 등)와 포신 및 탄약의 온도 등을 자동으로 탄도계산기로 전송한다. 탄도계산기는 입력받은 정보에 기초하여 정확히 전차포탄의 탄도곡선을 예측하고 포에 초고각[8]을 부여한다. 또한 탄자 자체의 안정성을 확보하기 위하여 탄자의 후미에는 날개가 부착되어 있다. 날개는 강선포에서 탄이 회전하여 안정성을 확보하는 역할을 대신한다.

제3세대 전차가 운용하는 탄약은 크게 운동에너지탄과 화학에너지탄으로 분류할 수 있다. 운동에너지탄은 소위 '날개안정분리철갑탄' 또는 '날탄'으로 불리며 높은 포구속도와 탄자의 무게를 이용하여 적 전차의 장갑을 관통한다. 최신형 날탄은 관통력을 높이기 위하여 탄자의 직경 대 길이의 비율(L/D)을 점차적으로 증대시키고 있으며, 〈그림 2.10〉과 같이 끝이 뾰족한 화살과 같은 형상을 갖도록 설계되었다. 특히 날탄은 그 형상으로 인하여 매우 불안정한 탄도곡선을 갖는다. 일반적으로 날탄의 탄자를 안정화시키는 데에는 기존의 강선포의 회전보다 탄 후미에 부착된 날개가 더 유리하다. 즉, 날탄은 활강포에서 발사되기에 더 적합한 탄인 것이다. 그리고 관통자의 재료는 대부분의 국가에서 텅스텐 합금을 사용하지만 미국과 러시아에서는 열화우라늄을 사용한다.

반면 화학에너지탄은 탄두 내부에 원뿔처럼 생긴 라이너를 중심으로 작약이 충

---

7 공산오차(PE, Probable Error) : 동일한 제원으로 사격하여 형성된 하나의 사탄 산포 형태에서 탄착 중심을 기준으로 어느 지점을 초과하는 발수와 초과하지 않는 발수가 동일할 때 탄착 중심으로부터 그 지점까지의 거리 또는 시간. 탄착 중심으로부터 사거리 상의 사탄 분포를 사거리 공산오차, 편의상의 사탄 분포를 편의 공산오차라고 하며 공중 파열 시 파열시간, 파열고, 파열거리 공산오차가 있음.

8 초고각: 지구 중력으로 인하여 탄환이 비행하는 동안에 자유낙하를 하는 각도를 보충하기 위하여 방공포술에 있어서 추가해주는 양각으로 탄환 및 미사일이 비행하는 동안 탄도의 만곡효과를 보상하기 위하여 포구를 미래경사거리 위로 지향하는 데 필요로 하는 각.

그림 2.10 운동에너지를 이용하여 장갑을 관통하는 날개안정분리철갑탄

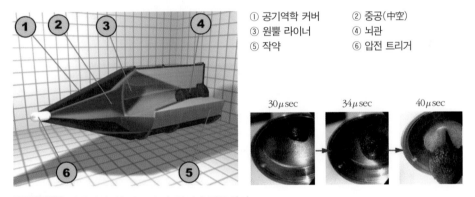

① 공기역학 커버　② 중공(中空)
③ 원뿔 라이너　④ 뇌관
⑤ 작약　⑥ 압전 트리거

그림 2.11 성형작약탄(HEAT)의 구조와 작동원리

진되어 있다. 탄이 표적에 접촉하면 전기신호로 탄두의 후미에서부터 작약이 점화되어 라이너가 발사 방향으로 끝이 뾰족하게 성형되면서 폭발한다. 이때 작약과 라이너가 고온의 메탈제트(metal jet)를 형성하면서 장갑을 관통한다. 이를 먼로효과(Munroe effect)라고도 하며, 전차탄약 이외에도 보병의 휴대용 대전차로켓 및 미사일, 그리고 대전차 지뢰 등에도 동일한 원리를 적용한 대전차 성형작약탄(HEAT, High-Explosive Anti-Tank)이 사용된다. 화학에너지탄은 사거리의 증대에 높은 잔류 운동에너지를 요구하지 않으므로 2km 이상의 적전차를 파괴하는 데 효과적이며, 최근에는 장갑 관통과 더불어 대인살상과 강화된 거점에 대한 공격도 수행할 수 있는 다목적 대전차고폭탄(HEAT-MP)이 주로 사용되고 있다.

　최근의 유도탄 기술의 발전은 전차의 탄약까지 변화시키고 있다. 포구에서 발사

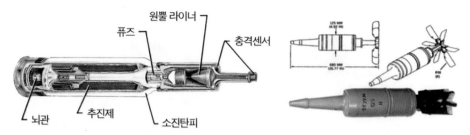
그림 2.12 성형작약을 이용하여 장갑을 관통하는 다목적 대전차고폭탄
좌: 120mm(M830, 미국), 우: 125mm(B3BK29, 러시아)

그림 2.13 이스라엘군의 메르카바 MK.4의 주포에서 발사되는 LAHAT 미사일

그림 2.14 미군의 FCS에 사용될 예정인 XM-111 포구발사 미사일

되는 대전차미사일은 전차포를 이용하여 기존의 전차에서 별다른 개량 없이 발사가 가능하며 직사화기인 전차포가 갖는 근본적인 한계를 극복할 수 있다. 예를 들어 현재 이스라엘군이 실전에 배치한 레이저호밍 대전차미사일(LAHAT, Laser Homing Anti-Tank missile)의 경우 120mm 전차포탄의 유효사거리인 3.5km보다 긴 8km까지 정확히 사격할 수 있으며, 헬리콥터나 저공으로 비행하는 저속항공기를 격추할 수 있는 특징이 있다. 미국 역시 육군 미래전투체계(FCS, Future Combat System)에 탑재하기 위하여 XM-111탄을 개발 중이다.

2 기동성

현대 전차의 고기동성은 무한궤도와 1,200~1,500마력급 엔진, 그리고 우수한 현수장치의 조합으로 구현된다. 보통 일상에서 사용하는 중형 자동차의 최신형 엔진이 150마력 내외인 것을 감안하면 그보다 10배 정도의 힘을 발휘할 수 있는 전차 엔진의 위력이 얼마나 강한지 짐작할 수 있다. 흔히 전차의 기동성을 판단하는 가장 손쉬운 방법은 톤당 마력수[9]라는 개념이다. 톤당 마력수는 전차의 엔진출력을 전차의 전투중량(ton)으로 나눈 값을 의미하고, 통상 제3세대 전차는 25~30hp/ton 정도의 값을 갖는다.

전차의 동력장치는 엔진과 변속기를 하나로 결합한 파워팩(power pack)으로 구성되

그림 2.15 현존하는 최고 디젤엔진인 독일의 MTU-883(1,500마력)과 파워팩 교체 모습

그림 2.16 미군의 가스터빈엔진인 AGT-1500(1,500마력)과 파워팩 교체 모습

---

9   톤당 마력수: 전차의 기동성을 비교하는 지표로서 톤당 마력수는 전차의 엔진출력(hp)을 전차의 무게(ton)로 나눈 값이다. 톤당 마력수가 크면 생존성보다는 기동성이 우수하고 톤당 마력이 작으면 기동성보다는 생존성이 우수한 것으로 평가한다.

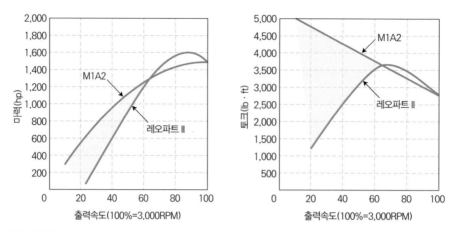

그림 2.17 미국 AGT-1500(M1A2 엔진)과 독일 MTU-883(레오파트 II 엔진)과의 성능비교

며 이는 급박한 전투상황에서 고장 난 동력장치 모듈 전체를 신속히 교체하여 전차의 정비성 및 가동률을 높일 수 있다. 3~4차 중동전쟁 당시 이스라엘군이 피격된 전차를 파워팩만 교체하여 신속히 전장에 다시 투입한 사례를 통하여 그 효용성이 증명되었다.

독일을 비롯한 세계 대부분의 국가에서는 전차의 엔진으로 디젤엔진을 채택하고 있다. 하지만 미국과 러시아는 자국의 디젤엔진 기술 부족으로 항공기에 사용되는 것과 비슷한 가스터빈엔진을 채택하고 있다. 각각의 엔진은 서로 장단점을 가지고 있는데 디젤엔진은 토크가 우수하고, 연비가 좋으며 야전에서 운용 시 신뢰성이 우수하다. 하지만 복잡한 구조로 인하여 제작이 어렵고 가격이 비싸며 전차의 공간을 많이 차지한다. 이에 비해 가스터빈엔진은 순간가속력이 좋고, 비교적 단순한 구조이지만 연비가 디젤엔진보다 현저히 떨어지고, 다량의 유입공기가 필요하여 공기유입과 관련된 추가적인 장치를 요구한다. 미국의 경우 우수한 군수지원체계를 바탕으로 가스터빈을 전차의 엔진으로 사용해오고 있지만, 세계의 대부분의 국가에서는 군수지원체계와 예산문제 때문에 전차부대와 지원부대를 항상 함께 기동시키기에 제약이 많으므로 디젤엔진을 더 선호한다.

우리나라의 K2 전차도 독일의 파워팩과 동등한 1,500마력급 디젤엔진을 장착하고 있다. 이를 국산화하기 위하여 업체주도로 수년간 많은 국방예산을 투입하여 개발을 시도하였으나, 최종 성능시험에서 일부 요구성능을 충족하지 못하였다. 이에

그림 2.18 우수한 엔진과 현수
장치로 전차의 기동성을 극단적
으로 보여주고 있는 T-80 전차

최초 양산되는 K2 전차에는 독일 MTU-883 디젤엔진이 장착될 것이다. 향후 전차의
수출과 자주국방 달성을 위해서는 파워팩의 국산화가 절실하게 요구되지만 대부분
의 선진국이 자국산 파워팩 개발에 실패하고 독일산 파워팩을 사용하는 현실을 고려
해볼 때 앞으로 해결해야 할 과제가 많이 남아 있다.

엔진과 변속기뿐만 아니라 전차는 지표면으로부터 전해져오는 충격을 완화하기
위해 우수한 현수장치를 장착한다. 이를 이용하여 기동 간 지면으로부터 전해져오는
충격을 효과적으로 분산하여 사격안정성을 증대시키고, 전차에 탑재된 전자장비들
과 승무원을 보호할 수 있다. 2013년부터 실전에 배치될 한국군의 K2 전차에 경우 종
전의 K1A1 전차보다 발전된 능동형 유기압 현수장치를 장착하여 현수장치의 강도를
조절할 수 있으며, 앞뒤 · 좌우로 자유롭게 차체의 자세제어가 가능하다. 이러한 K2
전차의 자세제어기능은 저각 사격 및 측방 경사로 상에서의 사격에 도움을 주어 산악
지역이 많은 우리나라에서 전차를 운용하는 데 많은 전술적 이점을 제공할 것으로 기
대된다.

그림 2.19 유기압 현수장치와(좌) K2 전차의 앞뒤 자세제어(우)

③ 방어력

전차의 방어력은 전통적으로 장갑의 두께에 의존했다. 하지만 제2차 세계대전 당시 러시아의 T-34 전차는 적극적으로 경사장갑을 채용함으로써 가벼운 전투중량에도 불구하고 다른 전차들에 비하여 우수한 방어력을 보유하였다. 이러한 경사장갑의 원리는 동일한 부피의 장갑재료를 경사지게 설치하면 탄자의 관통두께를 증가시킬 수 있다는 단순한 원리에 기초한다.

또한 날개안정분리철갑탄에 대응하기 위해 공간장갑을 채용하기도 한다. 즉, 두 장갑판 사이에 일정한 공간을 두는 것으로 100mm 두께의 장갑 1장보다는 40mm 장갑 사이에 10mm 정도의 공간을 두면 방어력을 더욱 높일 수 있다는 착안으로 개발된 장갑이다. 관통자가 최초의 장갑물질을 통과할 때 운동에너지는 급격히 감소하고 공간을 지나면서 탄자의 편각이 발생하여 두 번째 장갑을 뚫지 못하는 것이다. 공간

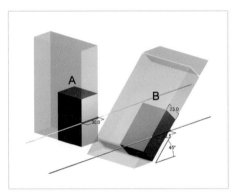

그림 2.20 경사장갑의 원리와 이를 적극 채용한 독일의 레오파트 II A6 전차

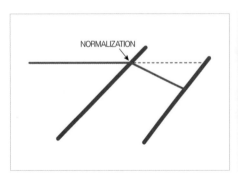

그림 2.21 공간장갑의 원리와 경사 및 공간장갑을 활용한 레오파트 II 전차의 부가장갑 모듈

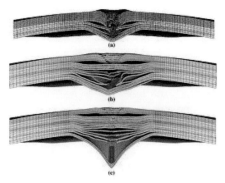

그림 2.22 탄자의 복합장갑 관통 모습과 이를 최초로 적용한 영국의 챌린저 II 전차

장갑은 대전차 성형작약탄(HEAT)에도 일부 효과가 있는 것으로 알려졌다.

최근에 실전에 배치되고 있는 세계 대부분의 전차들은 효율이 높은 경사장갑은 물론 공간장갑에서 보다 발전된 복합장갑을 채용하고 있다. 복합장갑은 장갑의 외부와 내부는 특수 균질압연강(RHA강)으로 보호하고 빈 공간에 세라믹과 같은 특수재료를 적층하는 장갑구조인데, 영국의 초밤(Chobham)연구소에서 최초로 개발되어 초밤장갑으로도 불린다. 세라믹과 같은 특수재료는 대전차 성형작약탄에서 발생하는 고온 고압의 메탈제트를 저지하는 효과를 내어 전차를 보호한다. 참고로 미국은 세라믹 대신 자국의 운동에너지탄의 관통자의 재료로도 사용되는 열화우라늄을 사용한다. 또한 1973년에 있었던 제4차 중동전쟁 이후 이스라엘군은 전차에 폭발반응장갑을 장착하였다. 이스라엘군의 반응장갑은 당시에 최신무기였던 RPG-7의 성형작약탄두에 이스라엘 전차들이 대량 파괴되면서 화학에너지탄에 대한 전차의 방어력을 상승시키고자 개발되었다. 반응장갑은 2개의 금속판재 사이에 폭발작약을 충진하는 구조로 되어 있다. 적의 화학에너지탄의 메탈제트가 반응장갑의 외피를 통과하면 내부 작약이 폭발하여 외부판을 메탈제트 방향으로 날려 보낸다. 이때 외부 금속판이 메탈제트를 분쇄시켜 관통력을 감소시키게 된다. 반응장갑은 경사면에 장착되어 금속판재의 여러 부분이 메탈제트와 접촉하도록 설계되었으며, 중량에 비하여 높은 방어효과를 달성하였다. 하지만 초기의 반응장갑은 보병의 소화기 공격에도 쉽게 반응하여 전차와 함께 작전 중인 아군 보병에게 피해를 입히기도 하였다. 또한 반응장갑은 운동에너지탄에 대해서는 큰 방어효과가 없는데, 세계 각국은 이를 보완하여 외

그림 2.23 반응장갑의 원리와 반응장갑을 장착시킨 러시아의 T-80 전차

부 금속판재를 특수재료로 개량하고 작은 외부충격에는 둔감한 반응장갑을 새로 배치하였다.

장갑을 이용한 방어 외에도 대부분의 전차는 자체 연막탄을 사용하여 적의 직접 조준사격을 방해한다. 기존의 연막탄은 가시광선 영역만 차장이 가능했지만 최근에 배치되고 있는 연막탄은 적외선도 차장이 가능하여 적 전차의 열영상 조준기도 방해할 수 있다.

앞서 살펴본 여러 장갑기술과 연막차장 기술에도 불구하고 최신 대전차 탄의 탄두기술은 계속 발전하고 있다. 한때는 보병의 휴대용 대전차미사일의 등장으로 인하

그림 2.24 적외선 차장용 연막탄을 발사하고 있는 K1 전차

탐지　　　　　차단　　　　　차단효과

그림 2.25 적 대전차미사일의 탐지단계에서 요격까지의 능동방어시스템의 작동원리

여 전차 무용론이 대두되기도 하였다. 하지만 세계 각국의 전차 개발자들은 좀 더 적극적인 개념의 능동형 방어시스템을 개발하여 전차에 대한 회의적인 시각을 종식시켰다. 능동형 방어시스템은 전차에 탑재된 센서(레이더 및 열영상 탐지기)가 적의 공격을 탐지하면 그 방향으로 대응탄이 신속히 발사되어 파편 및 폭풍을 적의 미사일이나 로켓 방향으로 지향하여 무력화시키는 시스템이다.

우리나라는 2013년 K2 전차에 탑재를 목표로 이러한 기능을 가진 한국형 능동파괴체계를 개발하였다. 이와 유사한 시스템은 러시아의 아레나시스템과 이스라엘의 트로피시스템 등이 있다.

또한 전차는 전면전 상황에서 적의 핵공격 상황하에서도 운용이 가능한 우수한

그림 2.26 K2 전차의 탐지레이더 및 대전차미사일 요격 시험

무기체계이다. 이를 위하여 전차는 기본적으로 화생방(NBC, Nuclear Biological and Chemical) 방호력이 갖추어져 있다. 전차의 차체는 적의 핵공격 시 방사선이 통과하지 못하도록 내부장갑에 특수금속층이 코팅되어 있다. 또한 화학 및 생물학 무기로 오염된 외부 공기가 차체 내부로 들어오지 못하도록 양압장치를 이용한 집단보호장치를 장착하고 있다. 우리나라의 경우에도 K1 및 K1A1 계열의 전차는 승무원이 개별적으로 방독면을 착용하고 화생방 상황하에서 임무를 수행하였지만, K2 전차에는 양압장치와 특수장갑층을 적용하여 적의 화생방 공격에 대한 방호력을 향상시켰다.

4 지휘통신(C⁴I체계)[10]

앞서 살펴본 전차의 화력, 기동성, 방어력 이외에 최근 주목을 받고 있는 요소는 지휘통신체계이다. 미국의 경우 이미 M1A2 전차에 대대급 부대에서 연동되는 C⁴I시스템을 장착하여 실전에서 운용하고 있으며, 전차장의 전술모니터에는 현재의 전장 상황과 아군과 적의 위치 등이 상세하게 시현된다. 만약 대대의 전차 중 1대가 적의 위치를 발견하고 사격통제장치의 레이저 거리측정기로 위치를 측정하면 해당 아군 전차의 위치가 자동으로 대대본부에 보고된다. 이를 바탕으로 적 전차의 좌표까지 실시간으로 전송되어 대대 전체가 적에 대한 정보를 공유하게 된다.

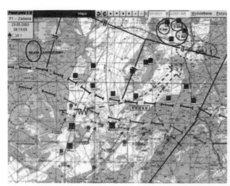 

그림 2.27 미군이 운용 중인 전술 C⁴I체계 영상과 피아식별판을 부착한 M1A2 전차 열영상

---

10 C⁴I체계(Command, Control, Communications, Computers and Intelligence Systems): C⁴체계와 정보체계를 유기적으로 연동·통합시켜 자동화된 정보 또는 정보체계를 운용하여 지휘관이 임무 달성을 위하여 부대를 계획하고, 지휘 및 통제할 수 있도록 지원하는 체계이다.

그림 2.28 미국의 M1A2 SEP 전차의 세부 구성요소

이러한 C^4I의 발달은 전투수행에 필요한 의사결정을 효율적이고 신속하게 할 수 있도록 도와주며, 명확한 피아식별을 통하여 전장에서의 오인사격의 위험도 감소시킨다. 전장에서는 대부분 피아가 뒤섞여 혼란과 공황 속에서 전투가 이루어진다. 1991년 걸프전 당시 미군 전차 4대가 격파될 때 이라크 전차는 1,800여 대가 격파되었는데, 이는 대부분 아군에 의한 오인사격으로 발생한 피해였다.

현재 우리나라도 이러한 피아식별장치 및 C^4I체계의 중요성을 인식하고 발전된 정보통신기술을 적극 활용하여, 최신 K2 전차에 전술 C^4I체계와 피아식별장치를 탑재하고 있다. 뿐만 아니라 기존의 K계열 전차에도 창정비 시 이러한 장비들을 장착하여 개량함으로써 미래 전쟁에 대비하고 있다.

2.2.2 보병전투장갑차

보병전투장갑차(IFV, Infantry Fighting Vehicle) 또는 기계화보병 전투차량(MICV, Mechanized Infantry Fighting Vehicle)은 전장에서 보병을 수송하고 동시에 보병에게 화력을 지원할 수 있는 장갑화된 차량을 의미한다. 흔히 장갑차로 알려진 과거의 병력수송장갑차(APC,

그림 2.29 세계 최초로 보병전투장갑차의 개념을 도입한 독일의 SPz 12-3

Armoured Personnel Carriers)가 1개 분대 규모의 병력을 탑승시켜 주로 병력의 수송을 담당하였던 반면 보병전투장갑차는 보다 개량된 장갑을 장착하고 20~40mm 기관포 및 대전차미사일(ATGM, Anti-Tank Guided Missile)로 무장하여 보병에게 보다 적극적인 사격지원을 제공한다. 최근 개발되고 있는 보병전투장갑차는 대전차미사일은 물론 지대공미사일까지 장착되어 있어 보다 적극적인 임무수행이 가능할 것으로 판단된다.

　　역사 속에서 최초로 보병전투장갑차를 운용한 국가는 기계화전술을 선도한 독일이었다. 독일은 1958년부터 SPz 12-3(Schützenpanzer 12-3, 독일어로 보병의 전차를 의미)을 대량생산하여 1980대 초반까지 운용하였다. SPz 12-3은 20mm 기관포와 포탑을 장착하였고, 30mm 전면장갑에 3명의 승무원과 5명의 무장보병을 태우고 58km/h로 기동할 수 있었다.

그림 2.30 소련의 BMP-1 보병전투장갑차

또한 비슷한 시기에 소련은 BMP-1 장갑차를 대량생산하여 운용하였다. 소련은 1967년에 BMP-1을 퍼레이드에 최초로 공개하였는데, 당시 BMP-1은 73mm 저압활강포와 9M14(AT-3A Sugger) 대전차미사일을 장착하였고 부무장으로 7.62mm 기관총을 장착하였다. BMP-1은 3명의 승무원과 8명의 무장보병을 탑승시키고 65km/h로 기동이 가능하였다.

이후 미국을 비롯한 대부분의 군사 강국들은 앞다투어 독자적인 보병전투장갑차를 개발하기 시작한다. 이들 보병전투장갑차에는 미국의 M2 브래들리, 영국의 워리어, 독일의 마더 및 퓨마, 프랑스의 AMX-10, 스웨덴의 CV-90 시리즈 등이 있으며, 지속적인 개량을 통하여 미래에도 계속 사용될 예정이다.

2.2.2.1 보병전투장갑차의 특징

전통적으로 보병전투장갑차는 기계화부대[11]의 보전협동작전(Infantry Tank Combined Arms Operation)을 더욱 효과적으로 수행하기 위하여 개발된 무기체계이다. 특히 과거의 병력수송용 장갑차들이 단순히 전차를 후속해서 보병을 하차시키는 '전장의 버스' 역할을 수행했다면, 보병전투장갑차는 전차와 함께 더욱 적극적인 기계화전을 수행할 수 있는 '전장의 싸움꾼'으로 변화된 것이다. 현대의 보병전투장갑차는 기본적으로 전통적인 기계화부대의 임무를 수행하기 위하여 증가된 방어력, 화력, 기동성을 보유하고 있다. 최근에는 전차와 동등한 수준의 사격통제장치를 탑재하여 기동 간에도 주무장인 기관포를 정확히 발사할 수 있는 기능까지 갖추었다. 하지만 기계화부대의 일부로서 보병전투장갑차량이 수행하는 임무 이외에도 최근에 대두되고 있는 비대칭 전력, 도시지역 전투, 저강도 지역분쟁 등 변화된 전장환경에 맞추어 보병전투장갑차의 중요성은 더욱 증대되고 있다. 보병전투장갑차의 가장 큰 장점은 기동성과 방어력 그리고 화력의 3요소가 새로운 전장의 패러다임에 적합하게 조화를 이루고 있다는 것이다. 예를 들어 전차의 경우 전면전 상황에서는 지상군의 전력에 반드시 필요한 무기체계이지만 소규모 분쟁이나 평화유지활동과 같은 저강도 지역분쟁에 필요한 임무수행에 사용하기에는 너무 과도한 성능을 가지고 있다. 또한 이스라엘의

---

11 기계화부대(Mechanization Unit): 장갑차 및 차량으로 기동화된 보병부대가 전투력의 주체가 되어 전차, 포병, 공병 및 기타 제 병과부대로 편성된 부대이다.

메르카바 시리즈 전차를 제외하면 전차에는 보병이 단 1명도 탑승하지 못하므로 다양한 임무수행을 위한 유연성이 보병전투장갑차보다 크게 떨어진다. 따라서 보병전투장갑차량은 미래에 그 중요성이 더욱 증대되고 있으며 그 특징은 다음과 같다.

1 기동성

현대 보병전투장갑차는 주로 전차와 비슷한 무한궤도로 움직인다. 무한궤도의 장점은 차륜형 차량이 기동할 수 없는 야지에서의 기동성이 뛰어나다는 점이다. 그리고 보병전투장갑차는 전차보다 훨씬 더 요구되는 전투중량이 가볍다. 이 때문에 보병전투차량은 전차보다 얇은 무한궤도를 사용하거나 아예 특수 고무재질의 무한궤도를 사용하기도 한다.

한편 최신 보병전투장갑차는 전차와 편조[12]되어 함께 작전을 수행해야 하기 때문에 거의 대부분이 무한궤도로 움직이는 궤도형 차량이다. 하지만 최근 일부 서방국가들은 저강도 지역분쟁이나 평화유지활동에 더 적합한 차륜형 차량을 선호하기도 한다. 미국의 스트라이커 장갑차, 프랑스의 VBCI, 한국군이 2018년부터 배치 중인 차륜형 전투차량 등이 대표적인 예이다.

우리나라는 K21 보병전투장갑차를 실전에 배치하고 있다. K21은 대부분의 서방국가들의 보병전차장갑차가 보유하지 못한 자체 수상도하능력을 보유하고 있다. 한반도의 지형은 산악지형이 많고 수많은 강과 하천이 존재하기 때문에 미래의 기동전에 대비하기 위하여 우리나라에 특화된 보병전투장갑차를 개발하게 된 것이다. 전통적으로 전차의 잠수도하와 장갑차량의 수상도하능력을 중요하게 고려한 러시아도 BMP-3에 도하기능을 채택하고 있다. BMP-3의 경우 전투중량이 18.7톤으로 다른 나라의 보병전투장갑차와 비교해보면 상당히 가벼운 편이며, 충분한 자체 부력으로 별다른 부수장비 없이 물에 뜰 수 있다. 우리나라의 K21은 전투중량이 27톤에 이르기 때문에 이론적으로 물에 뜰 수 없지만 한국군의 작전운용성능(ROC, Required Operational Capability)을 모두 충족하면서 수상도하능력을 보유하기 위해 차체 측면에 부양용 에어

12　편조(Task Organization) : 지휘관이 전투편성을 실시함에 있어서 하나의 특정임무 또는 과업을 달성하기 위하여
　　특수하게 계획된 부대를 구성하는 것. 전투부대, 전투지원부대, 전투근무지원부대를 본래의 예속부대와 관계없이
　　상급 및 인접부대에 일부를 배속, 작전통제 또는 지원 형태로 지휘관계를 설정해주는 것.

그림 2.31 한국의 K21 보병전투장갑차와 러시아의 BMP-3 보병전투장갑차

그림 2.32 미국의 M1126 스트라이커 보병전투차량과 M1134 대전차미사일 차량

백을 장착하였다.

한편, 궤도로 기동하는 보병전투장갑차와 달리 바퀴로 기동하는 차륜형 전투차량은 분쟁지역의 도시지역작전에 적합하도록 기동성을 극대화한 무기체계이다. 도로가 잘 발달된 지역에서 대침투작전이나 소규모 국지도발 상황에서 초기에 신속하게 병력을 전개시키거나 도발을 대응하기 위한 것으로 최고속력 100km/h 이상으로 기동할 수 있다. 미국의 경우 신속대응군으로 분쟁지역에서 활용되는 스트라이커 모델을 개발하였다. 이는 일반 보병부대도 기계화부대에 버금가는 기동성을 갖추도록 한 것으로 세계 각국에서 다양한 모델들이 개발되고 있다. 우리나라도 2013년부터 차세대 차륜형 전투차량을 개발하였으며 2018년부터 전력화 중이다.

② 방어력

대부분의 보병전투장갑차는 공통적으로 적 보병전투장갑차의 주무장인 기관포

그림 2.33 반응장갑을 부착한 미국의 M2A3 브래들리와 부가장갑을 부착한 독일의 푸마

에 대한 전면장갑방어력을 요구한다. 보병전투장갑차의 전면장갑 설계기준은 세계적으로 표준무장이 되어버린 30mm 기관포에 대한 방호가 가능하고, 적의 곡사화력(자주포 및 박격포)에 대해서는 파편에 대한 방어력을 갖도록 하는 것이다. 현대의 보병전투장갑차들은 전차와는 반대로(이스라엘의 메르카바 시리즈는 전면에 엔진 장착) 대부분 전면에 엔진을 장착하고 있다. 이는 적의 직사화기에 대한 탑승 보병들의 생존성을 향상시키고, 보병의 승하차를 용이하게 하기 위함이다. 보통의 장갑차와 달리 러시아의 BMP-3 장갑차의 경우 차체 후방에 엔진을 장착하였는데 이로 인해 보병의 승하차 환경이 극도로 열악하고 작전지속능력이 떨어진다.

최근에는 보병전투장갑차의 화력과 기동성이 더욱 향상되고 시가전에 투입되는 경우가 증가하고 있다. 이에 따라 기존에 적 보병전투장갑차에 대한 위협보다 적 보병의 대전차로켓 매복이나 대전차미사일 등에 대한 위협이 증대되고 있다. 이러한 위협에 능동적으로 대처하기 위하여 미국 등 서방국가들은 보병전투장갑차에도 전차에 부착되는 반응장갑을 장착하고 있다. 대표적인 예가 미국의 M2A3 브래들리 장갑차이다. 하지만 반응장갑은 장갑차의 전투중량을 증가시켜 기동성을 현저히 저하시킨다. 보병전투장갑차의 자체 도하능력을 중요시하는 한국군이나 러시아의 경우에는 무작정 반응장갑을 장착할 수 없기 때문에 군사전문가들과 엔지니어들 사이에서도 보병전투장갑차의 장갑방어력 수준에 대한 논의가 계속 진행 중이다.

우리나라의 K21의 경우 미국의 브래들리 장갑차보다 훨씬 발전된 장갑기술을 채택하고 있으며, 특히 복합장갑기술과 특수합금을 이용하여 차체의 중량과 장갑방호력의 최적화 설계로 높은 방탄효율을 갖고 있다. 하지만 더욱 발전하고 있는 적 대전차 화기에 대한 방호력을 고려할 때 자체 도하능력을 유지하면서 부가적인 장갑을 장착하는 것은 매우 어려울 것으로 예상된다. 장갑 개량과 관련된 융통성이 적다는 사실은 분명한 단점으로, 향후 이와 관련한 연구가 충분히 이루어질 필요가 있다.

③ 화력

최근 보병전투장갑차의 화력을 증가시키는 배경은 2가지 측면에서 살펴볼 수 있다. 먼저 기존의 보병장갑차의 주된 임무는 보병의 대한 수송과 화력지원에 있었다. 화력지원의 주요 개념은 하차한 보병이 전투를 수행할 때 보병전투장갑차의 탑승조는 적의 강화된 벙커나 진지에 대하여 기관총과 기관포 등을 이용하여 화력지원을 제공함으로써 아군의 보병이 수월하게 목표를 확보할 수 있도록 지원하는 것이다. 하지만 공학기술의 발전과 적의 위협의 증대, 전장환경의 변화 등으로 인하여 보병전투장갑차는 기존의 화력지원 임무는 물론 직접 적 전차와 교전할 수 있는 좀 더 적극적인 임무까지 부여받고 있다. 이러한 측면에서 가장 주목되는 발전은 대전차 유도무기의 장착이다. 미국의 브래들리 장갑차는 포탑 측면에 2발의 토우(TOW) 미사일을 장착하고 있다. 토우 미사일은 주로 원거리에서 적전차를 격파하기 위하여 보병 연대급에서 사용하는 무기체계로 이를 장착함으로써 보병전투장갑차도 본격적으로 전차와의 교전이 가능해진 것이다.

우리나라 K21 보병전투장갑차의 화력과 관련된 작전요구성능(ROC)은 다음과 같이 5가지로 요약할 수 있다. 첫째, 40mm 70구경장 강선포 및 2세대 전차의 전면장갑을 관통할 수 있는 APFSDS-T탄을 사용할 수 있어야 한다. 둘째, 한국형 중거리 대전

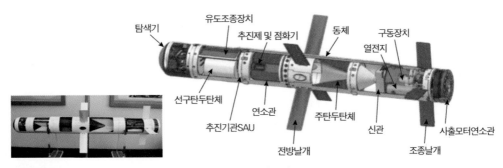

그림 2.34 한국의 K21에 탑재될 보병용 중거리 유도미사일

차미사일을 장착할 수 있어야 한다. 셋째, 주포와 연동된 7.62mm 공축기관총이 장착되어야 한다. 넷째, 포탑 구동장치는 전기모터 구동방식을 적용해야 한다. 다섯째, 이중송탄 및 탄종 선택이 가능한 자동송탄장치가 장착되어야 한다.

한편, K21은 전체적으로 세계적 보병전투장갑차의 표준을 채택하고 있으며, 주포는 세계적 추세인 30mm보다 강력한 40mm를 장착하고 있다. 시험사격 시 K21의 40mm 날개안정분리철갑탄은 표적인 M-48 전차의 장갑을 관통하였다. 화력만 비교해볼 때 K21의 40mm 포는 제2세대 전차와는 근거리 교전이 가능할 것으로 판단된다.

2.2.3 차륜형 장갑차

현대전에 있어서는 전투의 형태가 세밀하고 정교해질수록 기습적·국지적 교전이 발생한다. 기술의 발전을 통해 무기의 성능은 좋아지고 무기의 크기와 운용 병력은 더욱 작게 가져갈 수 있게 되면서 소규모 병력만으로도 적에게 치명상을 입힐 수 있게 되었다. 또한 최근 국방개혁의 일환으로 기존 보병사단이 담당해야 할 작전지역이 더욱 넓어짐에 따라 이들의 기동성을 향상시킬 방안으로 차륜형 장갑차가 개발되었다.

표 2.3 차륜형 장갑차 K806 및 K808의 주요 제원

구분	병력수송형 K806	보병전투형 K808
전투중량	16t	17.5t
탑승인원	승무원 2명 + 승차보병 9명	승무원 2명 + 승차보병 10명
전장	6.6m	7.2m
전폭	2.7m	2.7m
전고	2.1m	2.1m
엔진	HMC(400hp)	HMC(420hp)
무장	K12 x1	K4 고속유탄발사기 x1, K6 중기관총 x1
최고속력	지상 시속 100km, 수상 시속 10km	
등판능력	종경사 60%, 횡경사 30%	

그림 2.35 기동 중인
K808과 K806

　차륜형 장갑차는 포장된 도로에서 궤도형 차량보다 빠른 기동이 가능하고, 정비
소요도 적다. 차륜형 장갑차는 크게 병력수송형과 보병전투형으로 구분되는데, 병력
수송형은 후방에서, 보병전투형은 전방에서 운용될 예정이다. 두 종류 모두 수상도
하가 가능하며 항속거리도 600km에 달해 신속하게 먼 거리를 움직일 수 있다. 신형
차륜형 장갑차는 최고속도 100km, 60% 종경사 및 30% 횡경사 등판력, 1.5m 참호 통
과 능력 등을 충족하여, 우수한 기동성을 보유하고 있다.

2.2.4 기동지원장비

　육군의 기동지원은 주로 공병 병과에서 담당하고 있다. 기동지원 임무에 사용되
는 공병장비에는 굴삭기, 불도저와 같이 민간에서도 사용되는 장비와 장갑공병차량
(AEV, Armoured Engineering Vehicle), 장갑불도저(ACM, Armoured Combat Earthmover), 전투개척차량
(CBV, Combat Breaching Vehicle), 교량차량(AVLB, Armoured Vehicle Launched Bridge) 등과 같이 군용
으로 특수 제작된 장비가 있다.

　특히 공격작전 중 전차와 장갑차의 원활한 기동을 지원하기 위한 장비로는 개척
차량과 교량차량이 대표적이다. 우리나라의 경우 주 전투장비인 전차와 보병전투장
갑차 확보에 우선순위를 두고 육군의 전력을 증강하였지만, 최근 선진국의 전투 사
례를 분석해보면 기동지원장비의 중요성이 매우 큼을 알 수 있다. 특히 미군은 이라
크전쟁에서 급조폭발물(IED, Improvised Explosive Device)에 의해 많은 피해를 입었으며, 이

그림 2.36 미국에 의해 개발되어 세계 각국이 운용 중인 M9 ACE와 영국의 FV180 CET

것으로 인하여 최신 공병차량의 필요성을 다시 한 번 깨닫게 되었다.

우리나라가 야전에서 주력으로 운용하고 있는 전투공병장비는 M9 ACE와 K1 AVLB와 같이 매우 기본적인 장비가 주를 이루고 있다. 이 중 M9 ACE는 전투장갑 불도저로 분류되며 가장 기본적인 전투공병장비로 세계 각국의 육군에 의해 운용되고 있다. M9 ACE는 공격작전(Offensive Operations)[13]과 방어작전(Defensive Operations)[14]에서 모두 사용된다. 공격작전 시에는 도로상의 장애물을 제거하거나 통로를 개척하는 데 사용되고, 방어작전 시에는 전차 등 주요 장비의 사격진지를 구축하거나 대전차참호를 만드는 데 사용된다. 또한 도하작전에 필요한 접근로를 정비하는 데 사용되기도 하는데 비슷한 개념의 장비로 영군의 FV180 CET(Combat Engineer Tractor)가 있다.

교량전차는 주로 아군의 전차나 장갑차가 적이 구축한 대전차참호나 폭 20m 내외의 구덩이를 극복하기 위하여 운용된다. 이러한 교량전차의 특징은 기계화부대와 함께 기동하면서 임무를 수행하기 위해 주력전차와 동일한 차체를 이용한다는 것이다. 또한 설치한 반대쪽에서 교량을 쉽게 회수할 수 있기 때문에 전진 중인 기계화부대와 계속 기동하면서 임무를 수행할 수 있다.

13　공격작전(Offensive Operations): 적의 전투의지를 파괴하기 위하여 가용한 수단과 방법을 사용하여 전투를 적 방향으로 이끌어나가는 작전을 말하며 궁극적인 목적은 적의 전투의지를 파괴하는 데 있다. 부가적으로 중요지형의 확보, 유리한 상황조성, 적 고착 및 교란, 적 자원의 탈취 및 파괴, 적 기만 및 주의전환, 첩보획득 중 하나 또는 그 이상의 목적을 달성하기 위하여 실시한다.

14　방어작전(Defensive Operations): 가용한 모든 수단과 방법을 사용하여 적의 공격을 방해, 저지, 격퇴 및 격멸하는 작전을 뜻한다. 방어작전은 적의 공격에 대응하기 위해 실시하거나 공격능력의 저하로 공격을 계속할 수 없게 되어 공격을 재개하기 위한 유리한 조건이 조성될 때까지 일시적으로 실시하나 경우에 따라서는 공격능력을 보유하고 있더라도 타 지역에서 공격여건을 조성하거나, 적을 기만하기 위하여 의도적으로 제한된 기간 동안 특정지역에서 방어작전을 실시할 수도 있다.

그림 2.37 미국의 M104 울버린 교량전차와 한국의 K1 교량전차

그림 2.38 미국의 그리즐리 공병 전투개척차량

　앞서 설명한 전투장갑 불도저와 교량전차 외에도 다양한 종류의 공병차량들이 주요 부대의 기동을 보장하기 위해 개발되었다. 그중 특히 주목을 받고 있는 차량은 미군의 그리즐리(GRIZZLY) 전투개척차량이다. 이 차량은 종전의 모델보다 적극적인 개념으로 장애물지대를 극복할 수 있다. 그리즐리는 M1 전차의 차체를 이용하여 전차와 동등한 기동성을 확보하였고 각종 센서로 전방의 지뢰와 장애물을 탐지한다. 이후 차체 전면의 블레이드와 굴삭기를 이용하여 지뢰를 제거하거나 미클릭(MCLC, Mine-Clearing Line Charge) 등을 이용하여 통로를 개척한다.

　미클릭은 다양한 종류의 차량에서 운용될 수 있는데, 1991년 걸프전쟁에서 미군은 적의 참호진지까지 돌격한 후 미클릭을 이용하여 참호 안에 엄폐 중인 이라크군을 소탕하기도 하였다. 우리나라는 주로 M9 ACE로 발사대를 견인하고 미클릭을 발사하여 통로를 개척하는 데 사용한다. 하지만 주력전차보다 장갑방호력이 약한 M9 ACE가 적과 교전 중인 지역까지 이동하기에는 생존성이 취약하므로 우리나라 역시

그림 2.39 다양한 차량에서 발사되고 있는 미클릭

미국과 같이 주력전차의 차체를 이용하는 강력한 공병개척차량을 개발하였다.

　K600 장애물 개척전차는 차체 앞부분의 지뢰 제거용 대형 쟁기를 지면에 박아 땅을 갈아엎어 대인지뢰는 물론 대전차지뢰까지 제거할 수 있다. 또한, 자기감응지뢰 무능화 장비로 매설된 지뢰를 폭파시킬 수도 있다.

2.2.5 헬리콥터

2.2.5.1 헬리콥터의 역사

　육군의 기동무기체계 중 빼놓을 수 없는 것이 바로 헬리콥터이다. 인류가 최초로 회전익 항공기를 상상한 것은 이미 오래전이다. 천재 예술가이자 과학자로 후세에 잘 알려진 레오나르도 다 빈치는 15세기 말 회전하는 날개를 갖는 항공기의 상상도를 그렸다. 약 4세기 이후인 1907년 프랑스의 폴 코뉴(Paul Cornu)는 인류 최초의 회전익 항공기인 코뉴 헬리콥터를 창안했다.

　제1차 세계대전이 끝나고 메인로터(Main Rotor)를 앞으로 경사지게 하여 헬리콥터가 전진하도록 하는 피치 컨트롤(Pitch Control)이 고안되었다. 그러나 메인로터가 발생시키는 토크 문제와 헬리콥터가 전지하면서 생기는 좌우측 균형에 관한 문제는 해결되지 않았다.

　메인로터가 회전할 때 메인로터와 공기 사이에 마찰로 인하여 항력이 발생하고 로터가 회전하는 반대 방향으로 동체에 회전력이 작용하게 되는데 이를 토크(torque)

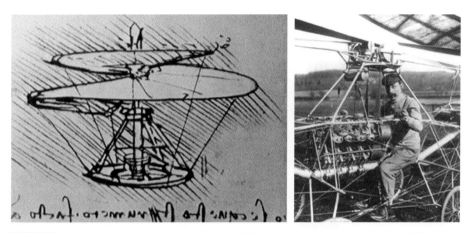

그림 2.40 레오나르도 다 빈치가 그린 최초의 헬리콥터 상상도(15세기 말)와 프랑스의 폴 코뉴의 최초의 헬리콥터(1907)

라고 한다. 토크는 회전익 항공기의 안정성을 저하시키므로 적절한 방법으로 토크를 제거하는 것은 매우 중요하다. 토크는 2가지 방법에 의해서 상쇄될 수 있는데, 첫째로 반대방향으로 회전하는 동일한 사이즈의 메인로터를 장착하여 한 로터에서 생성되는 토크가 다른 로터에서 생성되는 토크에 의해 상쇄되도록 하는 것이다. 다른 방법은 헬리콥터의 꼬리 부분에 테일로터(Tail rotor)를 장착하여 토크 반대 방향으로 양력과 같은 원리의 힘을 발생시켜 토크를 상쇄시키는 것이다. 전자의 경우 미국의 CH-47 치누크(Chinook)와 러시아의 Ka-50 계열의 공격 헬리콥터가 사용하고 있으며, 나머지 대부분의 헬리콥터는 후자의 경우를 채택하고 있다.

또한 헬리콥터가 빠른 속도로 전진하면 로터의 중심을 기준으로 한쪽은 로터의

그림 2.41 러시아의 Ka-50 헬리콥터와 미국의 CH-47 헬리콥터

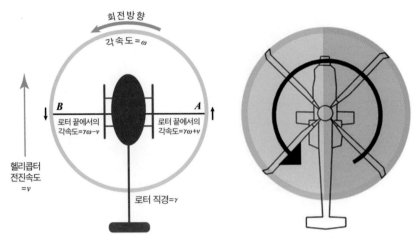

그림 2.42 헬리콥터의 전진에 의해 발생되는 좌우 양력 불균형 현상

회전방향이 헬리콥터의 전진 방향과 같고 다른 한쪽은 헬리콥터의 진행 방향과 다를 것이다. 이는 로터에 상대적 속도차이를 발생시키며, 메인로터가 모두 동일한 받음 각을 가지고 회전하고 있다면 메인로터 좌우측에 다른 양력이 형성된다. 결과적으로 헬리콥터는 전진하면서 동시에 좌우측 한쪽 방향으로 기울게 되는데 이러한 현상을 양력 불균형(Dissymmetry of lift)이라고 한다. 테일로터를 장착한 헬리콥터의 경우에는 이러한 양력 불균형을 해소하기 위해 메인로터에 회전 및 균형 표시기(Turn and balance indicator)와 연동된 플래핑 힌지 로터(Flapping Hinge Rotor)를 장착하여 이 문제를 해결하고 있다.

　제2차 세계대전을 겪으면서 헬리콥터는 본격적인 상용 및 군용 장비로 생산된다. 독일은 1937년 Fw-61을 개발하여 당시까지 헬리콥터와 관련된 모든 비행기록을 갈아치웠다. Fw-61은 동체 좌우에 길게 뻗은 트러스 구조 위에 서로 반대로 회전하는 한 쌍의 로터를 가지고 있었다. 하지만 제2차 세계대전 당시 미국의 폭격으로 인하여 공장이 다수 파괴되어 헬리콥터를 대량으로 운용하지는 못했으며, 소규모의 헬리콥터를 의료 및 수송 등 지원임무로 운용하였다. 미국의 헬리콥터 개발은 소련에서 미국으로 이민한 공학자 이고르 시코르스키(Iror Sikorsky)가 1923년 시코르스키 항공 회사를 설립하면서 본격적으로 진행되었다. 그는 1939년 실험용 기체인 VS-300을 처음으로 선보였다. VS-300은 기존의 독일의 Fw-61과 달리 하나의 메인로터와 테일로터를 가

그림 2.43 독일의 Fw-61(좌)과 미국의 VS-300(우)

지고 있었고, 이러한 VS-300의 형상은 지금까지도 헬리콥터의 기본 형상으로 사용되고 있다.

이후 헬리콥터는 6·25전쟁 당시 미군에 의해 사용되면서 산악지형이 대부분인 한국에서 의무수송 및 연락임무 용으로 주로 사용되었다. 이 시기를 기점으로 헬리콥터는 병력수송용으로 사용 가능한 무기체계로서의 잠재력을 보여주었고, 이를 본격적으로 전장에서 활용한 것은 베트남전쟁이었다. 베트남은 국토의 대부분이 울창한 정글과 산악으로 이루어져 지상병력이 도보로 목표지점까지 이동할 때 지형에 의한 비전투손실이 많았다. 이러한 지형적 특성을 극복하고자 미국은 벨(BELL)사가 개발한 UH-1 휴이(Huey)를 이용하여 병력 및 군수품을 수송하였다. 미국의 헬기 분류법에 의

표 2.4 우리나라 육군의 주요 헬리콥터 제원 비교

구분	UH-1(벨)	UH-60(시코르스키)	수리온
개발국(연도)	미국(1959)	미국(1979)	대한민국(2010)
최대속도	222km/h	295km/h	260km/h 이상
순항속도	201km/h	278km/h	259km/h
항속거리	511km	592km	450km
톤당 마력수	591hp/ton	784hp/ton	770hp/ton
최대출력	1,400hp	1,890hp(×2)	1,855hp(×2)
탑승인원	14명(승무원 3, 보병 11)	14명(승무원 3, 보병 11)	13명(승무원 4, 보병 9)
최대이륙중량	4,309kg	10,660kg	8,709kg
자체중량	2,365kg	4,819kg	4,817kg

다목적 헬리콥터인 UH-1 휴이와 최초의 공격헬리콥터인 AH-1 코브라

하면 UH는 'Utility Helicopter'의 약자로 다목적 헬리콥터를 의미한다. 비슷한 예로 AH는 공격용 헬리콥터(Attack Helicopter)를 CH는 수송용 헬리콥터(Cargo Helicopter)를 의미한다.

미국은 대단히 성공적인 무기체계로 평가받고 있었던 UH-1 헬리콥터의 생존성을 보장하기 위하여 공중에서 UH-1을 호위하고 지상군에게 화력지원을 할 수 있는 새로운 개념의 헬리콥터를 개발하는데 이것이 바로 AH-1 코브라(Cobra)이다. AH-1 코브라는 기존의 다목적형인 UH-1 휴이가 보유하지 못한 20mm 기관포와 이를 통제하는 사격통제장치, 전방목표탐지센서 등을 추가적으로 장착하였다.

2.2.5.2 공격용 헬리콥터

육군의 무기체계 중 헬리콥터는 지형요소를 획기적으로 극복할 수 있다는 점 외에도 여러 가지 장점을 갖는다. 그중 하나는 헬리콥터의 비행 특성에 기인한다. 회전익 기체인 헬리콥터는 고정익 항공기보다 비교적 저속으로 공중에 지속적으로 머물 수 있어 지상군에 대한 화력지원을 더욱 용이하게 해준다. 예를 들어 작전 중인 지상부대가 공군에서 운용하는 고정익 항공기를 통하여 근접항공지원(CAS, Close Air Support)을 요청할 경우를 생각해보자. 먼저 지상에 대기 중인 유도병력이 항공기를 대기지점에서 교전지역까지 유도하고 전술항공통제팀(TACP, Tactical Air Control Team)[15]과 같은

---

15 전술항공통제팀(TACP, Tactical Air Control Team): 지상부대에 대하여 전술항공지원을 효과적으로 협조, 통제, 수행하는 데 필요한 장비 및 공군요원으로 구성된 팀으로서 항공지원작전의 협조를 용이하게 하기 위하여 사단, 여단(연대), 대대에 각각 배속되며 전술항공 요청망을 조작하고 유지하는 임무를 수행한다.

그림 2.45 AH-64D 롱보우 아파치와 전방에 장착된 TAD/PNVS 표적획득 및 야간비행 시스템

공군 소속 지상파견부대가 항공기를 최종목표까지 정밀 유도해야 한다. 이 경우 고정익 항공기는 일반적으로 작전지역 상공에 장시간 머물 수 없고 재보급을 위하여 활주로가 있는 공군기지까지 돌아가야 하기 때문에 지속적인 화력지원이 어렵다. 반면 헬리콥터는 회전익기의 특성을 최대한 살려 지형을 이용한 정밀 비행이 가능하며, 제자리 비행(hovering) 및 수직 이착륙이 가능하기 때문에 지상군에 대해 긴밀하고 지속적인 화력지원을 할 수 있다.

현재 세계 각국에서 운용 중인 대표적인 공격용 헬리콥터로는 미국의 AH-64D 아파치 및 AH-1Z, 유로콥터사의 타이거, 러시아의 Ka-50/52 및 Mi-24/28, 이탈리아의 A129 망구스타 등이 있다.

미국의 AH-64D 롱보우 아파치의 이전 모델인 AH-64A는 1991년 걸프전쟁에서 수많은 이라크 전차를 격파함으로써 공격헬리콥터가 실전에서 얼마나 유용하게 사용될 수 있는지 증명하였다. AH-64A를 더욱 계량한 AH-64D는 밀리미터파 레이더인 AN/APG-78 롱보우 레이더를 장착하여 헬파이어 미사일 발사에 필요한 표적 정보를 더욱 먼 거리에서 보다 정확하게 획득할 수 있다. 특히 주목할 점은 과거의 공격헬리콥터들이 주로 열영상이나 적외선영상을 탐지하는 광학센서를 통하여 전방감시와 표적획득을 실시한 것과 달리, 신형 롱보우 아파치는 밀리미터파 레이더를 이용하여 기상과 상관없이 먼거리의 지상표적을 탐지할 수 있다는 것이다. 또한 헬파이어 미사일의 발사 후 망각(Fire and forget) 능력과 결합하여 전장에서의 생존성을 극대화

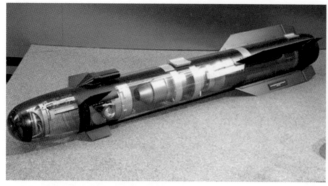

그림 2.46 AGM-114L 헬파이어 미사일과 아파치에 장착된 모습

하였다.

　아파치의 주무장인 헬파이어 미사일(AGM-114 Hellfire: HELicopter Launched FIRE-and-forget)은 그 이름에 잘 나타나 있듯이 '지옥의 불'이라는 별칭을 가지고 있다. 헬파이어는 미국의 록히드마틴사에 의해 개발되어 1982년부터 실전에 배치되었으며, 주로 전차를 파괴할 목적으로 사용된다. 헬파이어는 아파치 헬리콥터를 비롯하여 각종 무인항공기 등 현존하는 거의 모든 미국의 지상공격용 항공무기체계에 탑재된다.

　아파치 헬리콥터를 비롯한 코브라, 프레데터 무인공격기 등에 장착되는 AGM-114 헬파이어 미사일은 다양한 버전이 존재하는데, 그중에서도 가장 최신형인 AGM-114L은 밀리미터파 레이더 탐색기를 이용하는 방식으로 미사일의 유효사거리는 500m~8km이며 악천후나 안개 등 기상에 관계없이 정확한 공격이 가능하다.

그림 2.47 아파치 헬리콥터 동체 하부에 장착된 30mm 기관포와 송탄장치

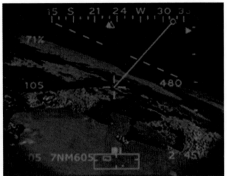

그림 2.48 통합 헬멧시현기 IHADSS를 착용한 아파치 조종사와 시현된 외부 영상

아파치 헬리콥터의 기본무장인 30mm 기관포는 동체 하부에 장착되어 조종사의 통합헬멧 시현기(IHADSS , Integrated Helmet And Display Sight System) 및 표적 획득 및 유도/야간 비행시스템(TAD/PNVS, Target Acquisition and Designation Sights / Pilot Night Vision System)과 연동되어 조종사가 바라보는 곳으로 자동 조준된다. 기존의 항공기는 조종사가 계기판에 나타난 정보를 수시로 확인하거나 HUD(Head up display)에 시현되는 제한된 시계의 정보만을 확인할 수 있었다. 그러나 아파치 헬리콥터는 조종사가 바라보는 방향으로 함께 연동되는 TAD/PNVS로 획득된 영상을 IHADSS에 시현함은 물론 비행과 전투에 필요한 각종 정보를 함께 제공한다.

아파치 헬리콥터에 장착된 통합헬멧 시현기와 유사한 장비로 F-35에 장착된 HMD(Helmet Mounted Display)가 있다. 이는 좀 더 발전된 시스템으로 증강현실기술에 기

그림 2.49 F-35 스텔스 전투기에 장착된 HMD와 시현된 외부영상

그림 2.50 유도미사일인 AGM-114에 비해 비용대 효과가 뛰어난 히드라(Hydra) 로켓 포드

그림 2.51 AH-64D 롱보우에 장착된 채프/플레어 발사기 및 발사 장면

초하여 외부의 실제 영상과 항공기의 센서가 탐지한 영상을 오버랩(overlap)하여 조종
사의 헬멧에 시현한다.

아파치의 동체는 적의 대공포에 대하여 20mm 탄환을 방어할 수 있으며, 연료탱
크와 조종사 탑승 부분에는 케블라 등의 방탄소재를 부가적으로 장착하여 생존성을
극대화하고 있다. 적의 유도미사일에 대비하기 위하여 적외선 탐지/교란기와 채프
(Chaff) 및 플래어(Flare)를 탑재하였다.

우리나라의 경우 공격용 헬리콥터인 AH-1 코브라의 초기형 모델을 다수 운용 중
이다. 북한의 해상 고속침투수단인 공기부양정에 대한 대응 수단으로는 주한미군의
아파치 공격헬리콥터를 사용해왔으나 최근의 이라크와 아프가니스탄 전쟁으로 인하
여 현재 전력에 공백이 발생하고 있다. 이에 최신형 AH-64E 아파치 가디언 36대를
도입하였고, 추가 도입을 추진 중이다. 이와는 별개로 한국형 소형 무장 헬리콥터인

표 2.5 세계의 주요 공격용 헬리콥터 제원 비교

기종	AH-64D	AH-1Z	A129	Ka-52
개발국(연도)	미국(1997)	미국(2000)	이탈리아(1990)	러시아(1997)
최대속도	293km/h	300km/h 이상	278km/h	315km/h
순항속도	265km/h	296km/h	229km/h	270km/h
작전반경	476km	685km	510km	545km
최대출력	2,000hp(×2)	1,800hp(×2)	890hp(×2)	2,200hp(×2)
탑승인원	2명	2명	2명	2명/1명
최대이륙중량	8,000kg	8,390kg	4,600kg	10,800kg
자체중량	5,165kg	5,580kg	2,530kg	7,700kg
무장	30mm M230 기관포 Hydra 70mm AGM-114 hellfire AIM-92 stinger	20mm M197 기관포 Hydra 70mm AGM-114 hellfire AIM-9 sidewinder	20mm M197 기관포 81mm / 76mm 로켓 AGM-114 hellfire AIM-92 stinger	30mm 기관포 80mm / 120mm 로켓 9K121 Vikhr Kh-25

그림 2.52 LAH 예상도(출처: Military Factory)

LAH 사업을 진행 중이다. LAH는 최대이륙중량 4.9톤, 최고속도 324km/h, 최대 항속거리 906km, 최대 비행시간 4시간 40분 등의 비행성능을 갖추고, 20mm 기관포와 76mm 로켓, 대전차미사일 등을 무장으로 사용한다. LAH는 현재 사용 중인 500MD를 대체할 것이다.

2.3 해군 기동무기체계

해군의 무기체계는 육군이나 공군의 무기체계와 비교하여 훨씬 복잡하고 다양한 기능을 포함하는 종합체계의 성격이 강하다. 예를 들어 현대의 구축함은 수백 km 밖의 공중 위협을 탐지할 수 있는 고성능 3차원 대공레이더와 수상의 적 함정을 탐지할 수 있는 대함레이더, 수중의 잠수함을 탐지할 수 있는 음향탐지기인 소나(SONAR, Sound Navigation And Ranging)[16] 등 수없이 많은 다른 성격의 장비를 탑재하고 있다. 또한 다양한 적의 위협에 효과적으로 대처할 수 있는 화력수단으로는 대공 및 대함 미사일, 어뢰 및 대잠 로켓 등을 탑재하고 있으며, 이를 유도할 수 있는 부수 레이더와 전자장비를 다수 탑재한다. 적의 공격을 방어할 수 있는 요격체계로는 근거리 방어체계와 전자전 장비 및 기만체계 등을 탑재하고 있다. 최근에 진수되고 있는 구축함들은 이러한 체계들을 효과적으로 운용하기 위하여 자체적인 지휘통제시스템은 물론 다른 함정

표 2.6 전함의 분류기준

구분	만재배수량	주요 임무
항공모함	• 경함공모함: 20,000~50,000톤 • 중함공모함: 70,000~90,000톤	항공기지, 대양작전
순양함	10,000톤 내외	구축함 임무 및 대양작전(단독 함대작전 가능)
구축함	5,000~10,000톤	대함정작전, 대잠수함작전, 방공작전
호위함	3,000~4,000톤	대잠수함작전, 방공작전, 레이더 전초, 항공기 유도작전
초계함	1,000톤 내외	대잠수함작전 및 해상경계, 호위함 및 구축함 보조임무
고속정	• 연근해용: 200~250톤 • 연안용: 500톤 내외	해상감시 및 정찰

---

16 소나(SONAR, Sound Navigation And Ranging): 광의로는 신호탐지, 청음, 통신, 항해 등을 수행하기 위해 수중음향에너지를 이용하는 것 또는 그를 위한 기기를 말하며, 협의로는 수중 목표물의 거리 및 방위를 측정하는 음향탐지기 또는 수중청음기를 말한다. 소나는 멀리 떨어진 수중 목표물에 관한 정보를 획득하기 위해 송신기에서 음파를 멀리 발사 후 목표물에 반사된 음파신호를 수신하여 얻고 처리하는 능동형 소나와 멀리 떨어진 수중 목표물에서 발생시킨 음파를 수신하여 표적에 대한 정보사항을 입수하는 수동형 소나로 분류할 수 있다.

들을 지휘하고 지휘부와 실시간으로 연동되는 C⁴I시스템도 보유하고 있다. 또한, 장거리 지상 표적에 대한 타격을 위하여 함포 및 함대지 순항미사일을 다수 운용하며, 대잠헬기와 고속정까지 운용하는 물 위에 떠다니는 종합무기체계라고 할 수 있다.

이러한 해군의 무기체계의 특성상 하나의 무기체계가 단지 기동의 범주에만 속한다고 단정 지을 수는 없다. 하지만 육군의 기동무기체계와 마찬가지로 해상기동을 통하여 전투력을 이동시키고 주요 해상전투를 수행하는 무기체계인 구축함과 순양함, 잠수함, 항공모함 등은 그 특성으로 미루어볼 때 기동무기체계의 범주에 포함시킬 수 있다.

2.3.1 구축함과 순양함

대부분의 군사전문가에게 해군의 수상 무기체계 중 가장 대표적인 기동무기체계를 꼽으라면 가장 먼저 순양함(Cruiser)[17]과 구축함(Destroyer)[18]을 선택할 것이다. 해군에서는 전통적으로 장거리 기동이 가능하고, 비교적 근거리에 있는 소규모의 적 위협에 대하여 함대를 호위하고 보호하는 임무를 부여받은 전투함을 구축함으로 정의하고 있다. 제2차 세계대전 이전까지 구축함은 주로 어뢰정 구축함(TBD, Torpedo Boat Destroyer)이라는 이름으로 불렸다. 초기의 임무는 주로 적의 어뢰정을 격침시키는 것으로 제한되었으나, 점차 함의 규모가 대형화되었고, 그 명칭 역시 구축함으로 통일되기 시작했다. 제2차 세계대전을 겪으면서 구축함은 대양에서 독자적으로 임무를 수행할 수 있는 전투함으로 인식되기 시작하였다. 냉전시대에 이르러서는 발전된 전자공학기술과 각종 유도무기의 탑재로 인하여 본연의 대잠임무는 물론 함대의 방공까지 담당하고, 적 전투함에 대하여 함대함 전투까지 가능한 전천후 만능 함정으로 다시 태어난다. 순양함은 전통적으로 대양을 항해하면서 독자적인 임무를 수행할 수 있는 전투

---

17 순양함(Cruiser) : 전함(battleship)과 구축함(destroyer)의 중간급이라고 할 수 있는 다목적 전투함이다. 순양함은 순항거리가 길고 속력이 고속인 것이 특징이며, 적의 수상함 및 항공기의 공격으로부터 아군의 주력 함정을 보호하는 호위함 역할과 지상전을 위한 함포지원 역할을 수행한다.

18 구축함(Destroyer) : 대양에서 독자적으로 작전할 수 있는 수상함정으로 순양함보다는 크기가 작다. 구축함은 무장도 적게 장착하고 있으며, 항속거리도 짧다. 주요 기능은 전투, 선단 호송, 함포 지원 등 다양한 임무를 수행하며, 대잠, 대함, 대공방어가 가능하다. 호위함은 설계 및 기능에 있어 1가지 임무를 수행하게끔 크기가 작은 데 비해 구축함은 다양한 임무를 수행한다.

미국의 이지스 순양함인 타이콘데로가급 CG-73과 SPY-1B 이지스 전투상황실

함을 의미했지만 구축함의 크기와 기능, 화력이 증강되면서 현대에 이르러서는 구축함보다 약간 큰 전투함 정도로 인식되고 있다.

최근에는 국가마다 그 정의에 있어서 다소 차이가 있지만 함대에 대한 지역 방공을 제공할 수 있는 범용 함정을 미사일구축함이라고 정의한다. 미국의 알레이버그급(Arleigh Burke class)과 러시아의 소브레메니급(Sovremenny class), 영국의 42형급(Type 42 class), 우리나라의 이순신급과 세종대왕급이 대표적인 미사일구축함의 범주에 속한다. 이들 중 현존하는 가장 강력한 구축함은 미국의 록히드마틴사가 개발한 SPY-1 계열의 위상배열레이더를 장착한 소위 '이지스(Aegis)함'으로 불리는 함정이다. 이지스(Aegis)라는 이름은 그리스 신화에 나오는 제우스 신의 방패에서 그 명칭을 따왔다. 이지스 시스템은 구축함에만 탑재되는 것이 아니라 순양함과 호위함에도 장착될 수 있다. 미국은 냉전 시절 최초의 이지스함인 타이콘데로가급(Ticonderoga-class Aegis guided missile cruiser)을 실전에 배치했는데, 당시 구축함보다 대형함으로 인식되고 있던 순양함은 전통적으로 강대국의 대양 해군의 상징이었다. 미국과 러시아는 다른 중소국가들과는 달리 최근까지도 냉전시절에 배치된 순양함을 운용하고 있는데 구축함과의 역할 구분은 점점 더 모호해져가고 있다. 더욱이 미국은 차세대 구축함의 배수량을 더욱 늘려 오히려 구축함의 크기가 순양함을 능가하는 지경에 이르렀다. 아직까지도 미국은 20여 척의 타이콘데로가급을 운용 중이다.

냉전 시절 소련은 미국의 항모전단을 공격하기 위하여 폭격기와 전투기, 전투함 등을 이용하여 동시에 수백 기의 대함미사일을 발사하는 전술을 구상한다. 소련의

그림 2.54 미국의 이지스 구축함인 DDG-67 콜(Cole)함과 내부 전투상황실

입장에서 가장 큰 해상 위협은 미국이 보유한 막강한 항모전단이었다. 소련이 항모 전단을 건설하여 미국에 대응하기에는 이미 격차가 너무 컸기 때문에 소련은 비대칭 전력을 구상한 것이다. 이러한 소련의 공격으로부터 항모전단을 방어하기 위하여 미 해군은 지역방공함에 탑재할 방공시스템으로 이지스 시스템을 개발하게 된다. 함대 방공의 핵심은 미국 록히드마틴사에서 개발한 SPY-1 계열의 위상배열레이더와 SM-2 계열의 중거리 대공미사일이 담당한다.

이지스 전투시스템은 대공, 대잠, 함대함 전투를 모두 동시에 총괄하여 통제할 수 있다. 미 해군의 경우 대공방어는 SPY-1 레이더가 400km 내에서 대공표적을 탐지 하면 지휘결정(C&D, command and decision) 시스템에서 교전방식을 선택하는 방식으로 이 루어진다. C&D에서는 구체적인 교전방법을 결정하여 무장통제시스템으로 표적에 대한 정보를 전송하고, 수직발사대인 Mk.41 VLS에 탑재된 SM-2(RIM-67) 대공미사일 을 발사하여 120~190km 사이에서 최초 요격을 시도한다. 최초 요격이 실패할 경우 ESSM(RIM-162 Evolved Sea Sparrow Missile)을 통해 50km 이내에서 다시 요격을 시도한다.

이마저도 실패하여 더욱 접근하는 대공 표적에 대해서는 근접방어체계(CIWS, Close In Weapon System)[19]인 팰랭크스(Phalanx)와 RAM(RIM-116, Rolling Airframe Missile)을 이용하여 최

---

19 근접방어체계(CIWS, Closed In Weapon System) : 근거리에 있어서의 대함미사일 방어화기를 말하며, 장거리 혹은 중거리의 함대공미사일이 요격에 실패한 대함미사일에 대한 최후의 방어시스템이다. 현재까지 고속의 대량발 사 기관포가 주류이던 이 분야에 미사일에 의한 요격시스템이 등장하였으며, 미국과 독일에서 합작하여 개발한 RAM(Rolling Airfraim Missile)이 대표적인 무기체계 중 하나이다.

그림 2.56 수직발사대인 Mk.41 VLS에서 발사되고 있는 SM-2(RIM-67)와 ESSM(RIM-162)

그림 2.57 근접대공방어체계 CIWS의 20mm 팰랭크스와 유도방식 미사일 RIM-116

종 요격을 시도한다.

또한 대함 위협에 대해서는 이지스함에 탑재된 2대의 시호크 헬리콥터(SH-60R)를 이용하여 대함미사일을 발사하거나, 이지스함에서 직접 RGM-84 하푼 대함미사일(SSM, Ship launched anti-Ship Missile)을 발사한다. 또한 사거리 24km의 127mm 함포를 이용하여 수상함을 공격할 수 있다.

적 잠수함에 대해서는 시호크 헬리콥터에서 운용하는 디핑소나(Dipping Sonar), 함수에 장착된 SQS-53 소나 또는 USQ-123 예인소나 등을 이용하여 탐지하고 대잠로켓과 어뢰를 이용하여 공격할 수 있다. 또한 적의 레이더를 교란하기 위한 전자전 장비

그림 2.58 사거리 120km의 RGM-84 하푼 대함미사일과 사거리 24km의 Mk45 mod4 함포

(ECM, Electronic Counter Measures)를 보유하고 있고 위성과 주변 함정들로부터 전투에 필요한 정보를 실시간으로 전달받을 수 있는 데이터링크와 통신시스템도 탑재하고 있다.

이렇게 복잡한 전투 시스템을 통합하여 가장 효과적으로 전투를 수행할 수 있게 해주는 것이 바로 이지스 전투시스템인 것이다. 이지스함의 경우 전투함의 총 건조비용은 약 1조 2,000억 원 정도이고 이 중 7,000억 원 이상이 이지스 전투시스템의 가격이다. 이렇게 비싼 건조비용과 복잡한 시스템 때문에 해군에서 '꿈의 전투함'이라고 불리는 이지스함은 세계적으로 5개국 정도만이 보유하고 있다. 우리나라도 세종대왕급을 시작으로 3척의 함을 건조하였다. 이지스함의 배치 현황을 살펴보면 세계적으로 약 100여 척이 실전에서 운용 중이며, 이 중 80여 척이 미 해군의 이지스함이다.

참고로 〈표 2.7〉은 현재 운용 중인 한국, 미국, 일본, 스페인, 호주의 이지스함의 현황을 나타낸 것이다. 표에서 보는 바와 같이 미국은 80여 척의 이지스함을 운용 중에 있으며, 일본은 6척, 스페인과 노르웨이는 5척, 그리고 한국과 호주는 각각 3척을 운용 중에 있다. 향후 각국에서는 움직이는 미사일 기지 기능을 할 수 있는 이지스함정의 전력화는 점차 확대될 전망이다.

〈표 2.8〉은 한국형 구축함의 주요 제원을 비교한 것이다. 표에서 보는바와 같이 한국은 KD-I 사업, KD-II 사업, KD-III 사업을 계획하여 추진해왔다. 특히 KD-II, III 사업에서는 레이더 신호 감소기술, 적외선 신호 감소기술, 전자기 신호 감소기술, 수중방사소음 감소기술 등 첨단화된 기술을 적용하였다.

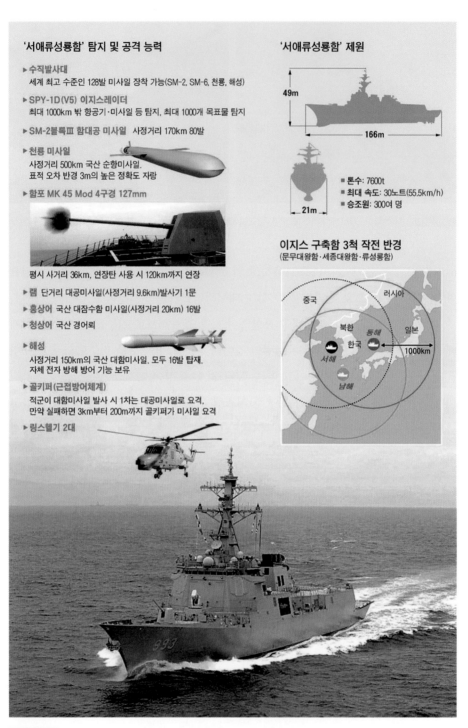

'서애류성룡함' 탐지 및 공격 능력

▶ 수직발사대
세계 최고 수준인 128발 미사일 장착 가능(SM-2, SM-6, 천룡, 해성)

▶ SPY-1D(V5) 이지스레이더
최대 1000km 밖 항공기·미사일 등 탐지, 최대 1000개 목표물 탐지

▶ SM-2블록Ⅲ 함대공 미사일   사정거리 170km 80발

▶ 천룡 미사일
사정거리 500km 국산 순항미사일.
표적 오차 반경 3m의 높은 정확도 자랑

▶ 함포 MK 45 Mod 4구경 127mm

평시 사거리 36km, 연장탄 사용 시 120km까지 연장

▶ 램 단거리 대공미사일(사정거리 9.6km)발사기 1문

▶ 홍상어 국산 대잠수함 미사일(사정거리 20km) 16발

▶ 청상어 국산 경어뢰

▶ 해성
사정거리 150km의 국산 대함미사일. 모두 16발 탑재.
자체 전자 방해 방어 기능 보유

▶ 골키퍼(근접방어체계)
적군이 대함미사일 발사 시 1차는 대공미사일로 요격,
만약 실패하면 3km부터 200m까지 골키퍼가 미사일 요격

▶ 링스헬기 2대

'서애류성룡함' 제원

49m
166m

■ 톤수: 7600t
■ 최대 속도: 30노트(55.5km/h)
■ 승조원: 300여 명

21m

이지스 구축함 3척 작전 반경
(문무대왕함·세종대왕함·류성룡함)

중국
러시아
북한
동해
일본
한국
1000km
서해
남해

그림 2.55 한국형 이지스 구축함의 세 번째 함인 서애 유성룡함의 무장

표 2.7 주요 국가의 이지스함 전력화 현황(2018년 기준)

개발국가	함명(초도함)	척수(계획)	취역 연도
미국	알레이버그급	62〔76〕	1998~현재
	타이콘데로가급	22	1980~1994
일본	콩고급	4	1990~1998
	아타고급	2	2004~2008
	마야급	〔2〕	2017~현재
한국	세종대왕급	3	2007~2012
	세종대왕급 개량형	〔3〕	미정
스페인	알베로 드 바잔급	5	2002~2012
	F110	〔5〕	2017~현재
호주	하버트급	3	2009~현재
	헌터	〔9〕	2009~현재
노르웨이	난센급	5	2004~2011

표 2.8 한국형 구축함 주요 제원 비교(2018년 기준)

구분		KD-I 사업	KD-II 사업	KD-III 사업
함명		광개토대왕함 등 3척	충무공이순신함 등 6척	세종대왕함 등 3척
선체 제원	길이	135.4m	149.5m	167.9m
	폭	14.2m	17.4m	21.4m
	배수량	3,885톤	5,520톤	11,200톤
	최고속도	30노트	29노트	30노트
	순항거리	4,500마일	5,500마일	5,500마일
	승무원	286명	280명	300명
주요 무장	탑재헬기	MK99A 슈퍼링스 2대	MK99A 슈퍼링스 2대	MK99A 슈퍼링스 2대
	함포	5인치 54구경 OTO Compact Mount	5인치 함포 (KMK 45 Mod 4)	5인치 함포 (KMK 45 Mod 4)
	근접방어체계	골키퍼 2문	골키퍼 1문 21연장 RAM Block I 발사기 1문	골키퍼 1문 21연장 RAM Block I 발사기 1문
	대함미사일	하푼(4연장) 발사기 2기	• 전기형: 하푼(4연장) 발사기 2기 • 후기형: 해성(4연장) 발사기 2기	해성(4연장) 발사기 4기

주요 무장	대공미사일	시스패로(RIM-7P) 16기	SM-2 Blocks IIIA/IIIB 32기	SM-2 Blocks IIIA/IIIB 32기
	대잠수함무기	청상어(324mm) 어뢰 3연장 발사관 2문	청상어 어뢰 (3연장) 발사관 2문 홍상어 어뢰 16발	청상어 어뢰 (3연장) 발사관 2문 홍상어 어뢰 16발
	대공레이더	AN/SPS-49(V)5	AN/SPS-49(V)5	AN/SPY-1D(V) 이지스 레이더
	레이더/적외선 교란장치	채프/플레어 발사기 4기	채프/플레어 발사기 4기	채프/플레어 발사기 4기
	가스터빈	58,200마력 2개	58,200마력 2개	58,200마력 4개
	함대지미사일	-	-	천룡 순항미사일 (현무3 해상 발사형)

또한 대한민국 해군은 2020년 중반 건조를 목표로 성능이 더욱 향상된 차기 이지스함 건조를 진행 중이다. 차기 이지스함은 탄도탄을 요격할 수 있는 'SM-3' 함대공 요격미사일이 탑재될 것으로 예상되며, 이를 위하여 이지스 시스템도 개량된 베이스라이 9가 탑재될 것이다.

이지스 시스템에서 또 한 가지 주목할 점은 미국이 전 세계적으로 구상 중인 전구미사일방어(TMD, Theater Missile Defence)이다. 현재 미국은 대륙간탄도미사일을 정확히 요격하기 위하여 지상과 해상 그리고 공중 및 우주공간에 이르는 광범위한 지역에서 단계적으로 적국의 대륙간탄도미사일(ICBM)을 요격하는 통합방위시스템을 구축 중이

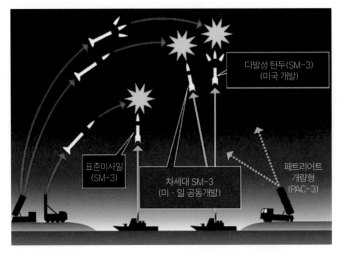

그림 2.59 SM-3 신형 함대공미사일을 이용한 미국의 미사일 방어체계의 일부

그림 2.60 미국의 알레이버크급과 동일한 AN/SPY-1D 레이더를 장착한 세종대왕함

그림 2.61 미국의 차세대 미사일구축함인 DDG-100 줌왈트급의 상상도

다. 전구미사일방어에는 현재 실전에 배치된 무기체계도 있고 전술레이저와 같이 앞으로 개발될 무기체계도 포함된다. 현 시점에서 해상에서 운용되는 플랫폼 중 이지스함보다 강력한 대공탐지능력을 지닌 무기체계는 없다. 이에 따라 미국은 이지스함에 개량된 SM-3 미사일을 탑재하여 해상에서의 미사일방어를 완성한다는 계획을 구상 중이다.

이지스함의 성능은 현재의 시점에서는 부족함이 전혀 없지만 미 해군은 여기에 만족하지 않고 이지스함을 더욱 개량한 DDG-1000 줌왈트급(Zumwalt class destroyer)을 계획하고 있다. 제너럴 다이나믹(General Dynamic)사에 의해 건조 중인 이 신형 함정은 신형 이지스 레이더인 AN/SPY-3(Active Electronically Scanned Array)을 장착하고 스텔스 형상을 적극 도입하였다. 그 결과 기존의 이지스함보다 40% 더 대형화되었으나 적 레이더에 대한 피탐지율은 오히려 감소하였다.

줌왈트급은 예산획득의 어려움으로 1척이 건조되었고 2척만이 추가 건조 중이지만 향후 추가 건조될 경우 미국의 해군력은 비약적으로 향상될 것으로 기대된다.

2.3.2 잠수함

해군의 무기체계 중 잠수함만큼 은밀한 작전을 수행할 수 있는 무기체계도 없다. 잠수함이 물속으로 잠수하고 부상하는 원리는 부력탱크(ballast tank) 내의 물의 양에 따라 전체적인 부력을 조정하는 것이다. 또한 잠수함의 후미에 장착된 방향타는 비행기가 비행 중 방향을 전환하는 원리와 비슷하게 잠수함의 자세를 제어할 수 있으며, 좀 더 신속하게 잠수함의 부상을 돕거나 방향을 바꾸는 데 사용된다.

현대의 잠수함은 그 추진계통에 따라 크게 디젤잠수함과 핵추진잠수함(핵잠수함)으로 분류된다. 디젤 추진장치는 1,000~3,000톤 내외의 비교적 소형 잠수함의 추진체계로 주로 사용된다. 하지만 잠항 시에는 디젤엔진을 가동하기 위한 공기를 얻을 수 없다. 따라서 디젤잠수함은 부상 시 배터리를 충전시키고 잠수 시에는 전기모터를 구동시켜 추진력을 얻는다. 디젤잠수함은 잠항 시 그 소음이 매우 적어서 소나로 탐지하기가 어렵다. 하지만 3~4일 간격으로 충전을 위해 수면으로 부상해야 하고 배터리를 위한 부가적인 공간이 필요하여 작전지속능력은 핵잠수함보다 많이 떨어진다. 이를 보완하기 위하여 무급기 추진체계(AIP, Air Independent Propulsion system) 기관이 고안되었다. 즉, 산소가 없어도 디젤잠수함의 추진이 가능하도록 한 것으로 연료전지

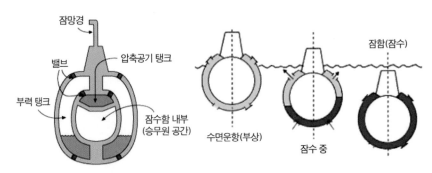

잠망경 · 밸브 · 압축공기 탱크 · 부력 탱크 · 잠수함 내부(승무원 공간) · 수면운항(부상) · 잠수 중 · 잠함(잠수)

그림 2.62 잠수함의 단면도와 부력탱크를 이용한 잠함 및 부상

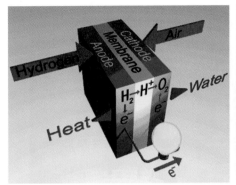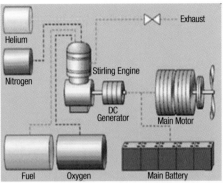

그림 2.63 연료전지의 원리와 스털링 기관의 구성요소

(Fuel-cell)와 스털링엔진(Stirling engines)[20]이 대표적으로 적용되고 있다. 연료전지의 원리는 수소와 산소가 결합할 때 생기는 잉여 전자로 전류를 흐르게 하여 전기모터를 구동하는 방식으로 소음이 전혀 없기 때문에 잠수함의 추진체계로 주목받고 있다. 하지만 연료전지를 작동시키기 위해서는 압축수소와 산소가 다량 필요하기 때문에 이를 저장하기 위한 견고한 용기가 필수적이다.

스털링 엔진은 액체산소를 이용하여 디젤엔진을 작동하는 방식이 일반 잠수함과 동일하다. 그러나 스털링 기관은 디젤엔진에서 얻어진 열로 작동 유체의 열교환을 통하여 스털링 기관을 움직인다는 점에서 일반적인 내연기관과 다르다. 그리고 스털링 기관은 원리가 복잡하고 기관 자체를 제작하기가 쉽지 않다. 스털링 기관의 가장 큰 특징은 내연기관이 피스톤을 움직이기 위해 사용하는 가스를 외부로 배출하는 것과 달리 한번 충전한 기체를 빼내지 않아도 되기 때문에 잠수함에서 사용하기에 유리하다는 것이다.

연료전지 방식은 주로 독일에 의해 연구되었고 HDW사의 U−212 및 U−214급에서 실용화되었다. 스털링 방식은 스웨덴에 의해 실용화되어 자국의 고틀란드급(Gotland class)과 일본의 소류급에 탑재되었다. 연료전지와 스털링 기관은 일부 국가에서 작동 효율을 높이는 연구가 활발히 진행 중이다. 따라서 앞으로 이 기관을 장착한 재래식 디

20　스털링 엔진(Stirling engine): 닫힌 공간 안의 가스를 서로 다른 온도에서 압축・팽창시켜 열에너지를 운동에너지로 바꾸는 장치이다. 이 엔진은 열효율이 높으며, 가스를 연소시킬 때 폭발행정이 없기 때문에 진동과 소음이 작다. 또한, 외연기관이기 때문에 석탄 등의 화석연료뿐 아니라 석유, 천연가스 또는 공장에서 버리는 열이나 태양에너지 등 모든 열원을 사용할 수 있는 열기관이다.

그림 2.64 독일의 연료전지 기술이 집약된 U-212에 탑재되고 있는 수소 보관용기

젤잠수함의 성능은 더욱 향상될 것으로 예상된다.

중소국가의 잠수함은 디젤엔진을 기본 추진체계로 채택하고, AIP기관을 장착하여 수중작전 가능시간을 연장시키고 있는 추세이다. 반면에 미국, 러시아, 영국, 프랑스, 중국 등 강대국들은 보다 근본적인 해결방법을 선택하였다. 그것은 소형 원자로를 잠수함에 탑재하는 방법이다. 현재 미국의 최신형 30MW급 S9G 원자로는 연료봉 교체 없이 33년간 사용이 가능하여 잠수함의 운용 수명 동안 연료 재보급이 필요 없고, 4만 마력의 고출력을 낼 수 있다.

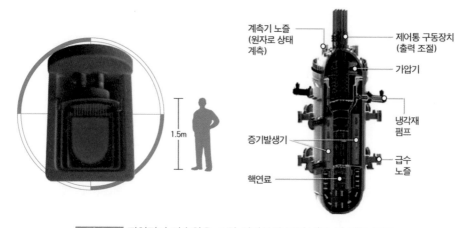

그림 2.65 전형적인 잠수함용 소형 원자로의 크기 비교 및 내부 구조

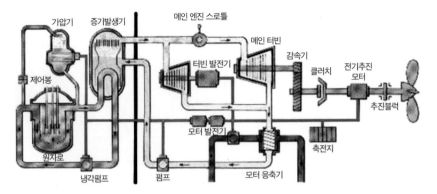

그림 2.66 일반적인 핵잠수함의 동력 계통도

하지만 핵잠수함은 소형화된 원자로에도 불구하고 증기 터빈과 부수적인 보호시설, 방음시설을 필요로 한다. 또한 터빈 작동 시 디젤잠수함보다 큰 소음이 발생하는 것으로 알려져 있다. 이러한 단점을 보완하기 위하여 핵잠수함 사용국은 새로운 소음방지 소재로 잠수함 선체를 코팅하거나 원자로를 비롯한 동력 계통을 철저하게 격리된 별도의 구획에 설치하였다. 이를 통해 소음을 일차적으로 차단하고, 원자로 자체도 더욱 소형화하려는 노력을 실시하고 있다. 핵잠수함은 한번 잠항을 시작하면 수개월 동안 수상으로 부상하지 않고 작전을 수행하며, 북극의 빙하 아래로도 항해가 가능하여 보통의 해군 함정들보다 신속히 분쟁지역으로 파견이 가능하다. 또한 항구를 떠나는 시점부터는 사실상 추적이 불가능하다.

잠수함은 수상함과는 달리 소나(SONAR)로 표적을 탐지하거나 해저 지형정보를 획득한다. 소나는 크게 능동형 소나와 수동형 소나로 나누어진다. 능동형 소나는 소나에서 음파를 발사하여 돌아오는 반사파를 분석하여 수중의 물체를 구분해낸다. 반면 수동형 소나는 음원을 발산하는 물체의 음파를 탐지하여 물체의 종류와 위치 등을 알아낸다. 능동형 소나의 경우 먼저 음원을 발사해야 하기 때문에 적의 소나에 탐지될 확률이 높아서 작전 시에는 사용이 상당히 제한되어 주로 기지 근처에서 정밀한 해저 지형을 파악하거나 적의 위협이 없는 곳에서 항해용으로 사용한다. 따라서 일반적인 잠수함은 주로 수동형 소나를 채택하고 있다. 미국의 최신 공격잠수함인 시울프급(Seawolf class)이나 버지니아급은 함수에 초대형 구(球)형 어레이 소나를 장착하여 수십 km 밖의 새우 울음소리도 탐지할 수 있을 정도의 고성능을 구비하였다. 하지만 음원

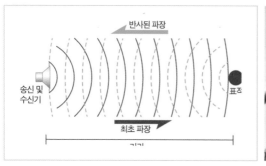

그림 2.67 능동형 소나의 작동원리와 시울프급의 AN/BSY-2 구(球)형 소나

을 탐지하는 것만으로 적 함정인지 여부를 판단할 수는 없으며, 정확한 피아식별을 위해서 평상시에 적 함정의 음향 특성과 소음을 데이터베이스화하여 잠수함이 보유하고 있어야 한다. 하드웨어는 물론 이러한 소프트웨어적인 면에서도 미 해군의 잠수함들은 세계 최고의 데이터를 보유하고 있다.

잠수함의 주무장은 수중 및 수상표적에 대한 공격을 위해 어뢰를 사용한다. 미국의 공격잠수함은 4~8개의 533mm 어뢰발사관을 이용하여 중(重, heavy)어뢰를 발사한다. 대표적인 미국의 중어뢰는 Mk.48 ADCAP(Advanced Capability)으로 이 어뢰는 냉전시절 엄청난 속도와 잠항심도를 자랑하는 소련의 신형 공격잠수함과 전략핵잠수함에 대비하여 개발되었는데 최근까지 개량을 거듭하여 사용되고 있다. 1발의 가격은 무려 4백만 달러(약 45억 원)를 호가한다. 주요 제원을 살펴보면 직경 533mm, 무게는 1,558kg, 최대속도는 102km/h에 유효사거리는 38km에 달한다.

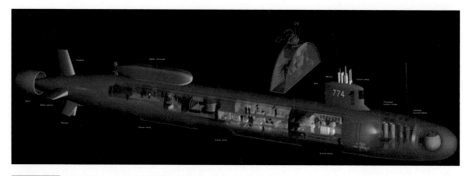

그림 2.68 현존하는 최신의 공격잠수함인 미국의 버지니아급

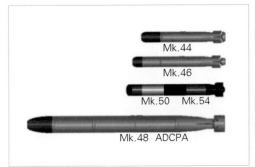

그림 2.69 미국에서 운용 중인 어뢰의 종류와 최강의 성능을 자랑하는 Mk.48 mod4 ADCAP

  이 외에도 수직발사관을 이용하여 1,000km 이상 떨어진 지상표적을 공격할 수 있는 토마호크 순항미사일을 탑재하며 멀리 떨어진 수상함정을 공격하기 위하여 잠수함 발사용 서브하픈을 탑재한다.

  핵 보복능력을 보유하기 위하여 핵탄두가 장착된 대륙간탄도미사일을 장착하는 전략핵잠수함은 미국의 오하이오급(Ohio Class)과 러시아의 타이푼급(Typoon class), 영국의 뱅가드급(Vanguard class) 프랑스의 르 트리옹팡급(Le Triomphant class)이 대표적이다. 이 중 러시아의 타이푼급은 냉전이 한창이던 1981년에 취역하였으며 길이 175m, 넓이 23m, 잠항 시 배수량이 3만 3,800~4만 8,000톤으로 웬만한 항공모함 크기를 능가한다. 이 핵잠수함의 주무장인 대륙간탄도미사일(ICBM, Inter Continental Ballistic Missile)은 사거리 8,300km의 RSM-52 SS-N-20 스터전(sturgeon)을 20발 탑재한다. 스터전 대륙간

그림 2.70 세계에서 가장 큰 잠수함인 러시아의 타이푼급

미국의 오하이오급에서 발사되는 트라이던트 대륙간탄도미사일

탄도미사일은 각각의 미사일에 10개의 핵탄두가 탑재되는데 핵탄두 하나의 위력은 100~200kT(TNT 10~20만 톤의 위력)이다. 히로시마와 나가사키에 투하된 원자폭탄의 위력이 20kT이었던 것을 감안한다면 단 1발로 1개의 중소국가를 괴멸시킬 수 있는 위력을 가지고 있는 것이다.

미국은 러시아에 대응하여 오하이오급(Ohio class)을 운용 중이다. 오하이오급은 길이 170m, 폭 13m, 잠항 시 배수량 1만 8,750톤으로 러시아의 타이푼급보다 작지만 탑재된 무장은 오히려 더 강력하다. 미국의 오하이오급에는 24발의 트라이던트 II 대륙간탄도미사일(Trident 2 C4 ICBM)이 탑재되는데 사거리가 무려 1만 1,300km에 이른다. 트라이던트는 그리스 신화에 등장하는 포세이돈(Poseidon, 바다의 신)의 번개를 형상화한 삼지창이다. 각각의 트라이턴트 미사일은 12개의 다중독립표적재진입체(MIRV, Multiple Independently targetable Re-entry Vehicle)를 보유한다. 이들 각각의 재진입체는 위력이 475kT에 달하는 W88 핵탄두를 지정된 표적에 투하할 수 있다. 이는 단 1발로 12개의 도시를 파괴할 수 있다는 것을 의미한다. 이러한 다중 탄두기술을 사용한 대륙간탄도미사일은 성층권에서 재진입 시 각각의 탄두를 분리하기 때문에 재진입 단계에서는 요격 자체가 사실상 거의 불가능하다.

하지만 미국은 기존의 전략핵잠수함이 인류의 평화에 너무 위협적이고 현재의 지역 분쟁과 같은 저강도 전쟁을 수행하는 데 부적합하다고 판단하였다. 오히려 현대의 저강도 분쟁을 수행하는 미군에게는 특수부대를 적국의 해안에 침투시키거나 정밀유도 순항미사일을 다량 탑재하여 필요시 언제든 사용할 수 있는 특수 잠수함이

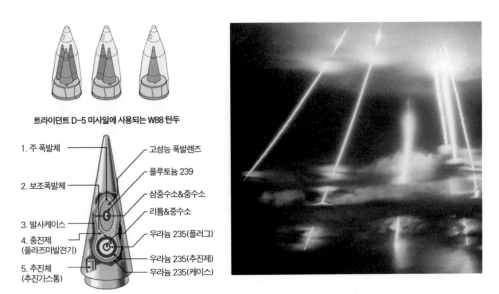

트라이던트 D-5 미사일에 사용되는 W88 탄두

1. 주 폭발체 ── ── 고성능 폭발렌즈
── 플루토늄 239
2. 보조폭발체 ── ── 삼중수소&중수소
── 리튬&중수소
3. 발사케이스 ── ── 우라늄 235(플러그)
4. 충진제 ── ── 우라늄 235(추진제)
(플라즈마발전기)
5. 추진체 ── ── 우라늄 235(케이스)
(추진가스통)

그림 2.72 트라이던트 미사일에 사용된 MIRV 및 성층권에서 재진입하는 W88 탄두(핵분열)

필요했던 것이다. 그리하여 수척의 오하이오급 전략핵잠수함이 특수전을 수행할 수 있는 형태로 개조되었고, 이를 통하여 세계의 어느 지역 해안으로도 네이비 씰(NAVY SEAL) 요원[21]들을 침투시킬 수 있도록 하였다.

최근 우리나라는 인도네시아에 1,500톤급 잠수함 3척을 수출하였으며, 총 18척

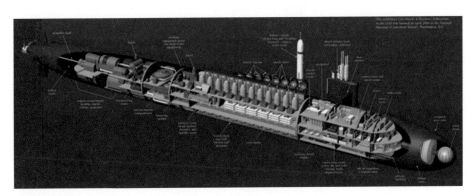

그림 2.73 ICBM을 26발 탑재한 기존의 오하이오급

---

21 씰 요원(SEAL, Sea Air and Land Team): 해군의 특수전을 수행하는 전술부대이다. 이 부대는 해상과 해안선 일대, 그리고 인접한 내륙과 해안에서 비정규전과 특수작전 임무를 수행할 수 있도록 훈련된 부대이다.

그림 2.74 ICBM 발사장치 대신 특수부대 거주장치 및 순항미사일을 장착한 개조된 오하이오급

의 U209급(장보고-I) 및 U214급(장보고-II) 잠수함을 독일에서 기술도입으로 국내 생산하여 운용 중이다. 최근 한국은 세계에서 12번째로 자국 기술로 설계한 잠수함을 진수했다. 3,000톤급 잠수함인 도산 안창호함(장보고-III)은 기존의 보유한 잠수함보다 더욱 긴 잠항이 가능하며, 수직미사일 발사대를 통하여 잠대지미사일을 다수 탑재할 예정이다.

그림 2.75 3,000톤급 도산 안창호함(장보고-III)

2.3.3 항공모함

항공모함[22](CV, Aircraft Carrier)은 주로 원자력으로 추진되며 세계의 바다를 떠다니는 해군 전투비행단의 기지이다. 해군의 항공모함은 공군이 공군기지가 있어야만 작전을 수행할 수 있는 것과는 마찬가지로 세계 어디든지 항공력을 투사할 수 있도록 기지기능을 하는 무기체계이다.

항공모함이 보유하고 있는 궁극의 기동성은 해상전투에서의 주도권 확보는 물론 세계 어느 곳이든 분쟁이 있는 곳에 대하여 공중우세(Air Superiority)[23]의 확보와 지상군에 대한 막강한 화력지원에 있다. 제2차 세계대전 이전부터 미국과 일본의 해군은 장차 해상전투에서 항공력이 매우 중요함을 미리 인식하고 항공기의 발달과 함께 항공모함을 개발하고 운용하였다.

항공모함은 주로 함대의 중추적인 역할을 수행하였으며 항모를 중심으로 전함, 순양함, 구축함, 잠수함, 지원함 등이 하나의 함대를 이루어 해상전투를 수행했다. 기

그림 2.76 제2차 세계대전 당시의 미국의 USS 호넷 CV-8 항공모함

---

22 항공모함(CV, Aircraft Carrier): 전투기를 탑재, 발진 및 착함시킬 수 있는 능력을 갖춤으로써 해군기동부대의 중심세력으로서의 역할을 수행하는 함정이다. 이 함정은 보이지 않는 먼 거리에서 신속히 적에게 접근, 항공기를 발진하여 공격하고 착함시켜 위치를 노출함이 없이 퇴각할 수 있다는 장점이 있다. 일반적으로 항공모함은 고속(30노트 이상) 항해가 가능하며, 장기 작전 능력 및 내해성, 항공기 탑재능력 및 단독 정비능력을 갖춘 것이 특징이다.

23 공중우세(Air Superiority): 공군력에 있어서 적보다 우세한 전투능력을 가지고 적 공군력의 대항에도 불구하고 주어진 시간과 장소에서 적의 간섭을 받지 않고 지상, 해상 및 공중작전이 허용되는 공중작전에서의 상대적인 우세정도를 뜻한다.

그림 2.77 제2차 세계대전 이전의 일본 항공모함과 영국의 아크 로열 항공모함

존까지의 해상전투는 전투함의 함포 사거리 내에서 누가 보다 강력한 화력을 집중하여 상대편의 함대를 먼저 침몰시키는가에 따라 승패가 갈렸다. 하지만 함대가 항공기를 운용하면서 항공기가 보유한 속도와 기동성에 바탕을 둔 강력한 화력으로 적 함대를 괴멸시킬 수 있게 되었다.

현대의 항공모함은 그 규모와 성능 그리고 탑재 항공기 등 여러 분야에서 비약적인 발전을 이루어냈다. 특히 미국의 정규항공모함과 이에 탑재된 함재기들은 웬만한 국가 전체의 항공력을 능가할 정도로 막강하다. 대표적인 예가 미국의 핵 항공모함

그림 2.78 함재기를 가득 탑재하고 항해 중인 니미츠급 항공모함

인 니미츠급(Nimitz class) 항공모함과 항모전단이다.

니미츠급 항공모함은 전 세계 해군무기체계 중 가장 대형으로 배수량은 10만 4,000톤(우리나라의 이지스함인 세종대왕함의 10배)이며 길이는 332.8m, 폭은 76m이다. 2기의 원자로에서 생성되는 열로 4기의 증기터빈을 가동하여 추진력을 얻으며 최고속도는 56km/h에 달한다. 항공모함에 거주하는 인원은 총 5,600여 명이며 이 중 2,400여 명이 항공기 운용과 관련된 인원이다. 한마디로 해상의 군사도시라고 할 수 있다. 이 항공모함은 자체 대공방어를 위한 20mm 팰랭크스(Phalanx)와 ESSM(RIM-162 Evolved Sea Sparrow Missile)을 탑재하며, 항공기 탑재용 순항미사일과 임무에 따라 전술핵탄두를 탑재하기도 한다. 더욱 놀라운 것은 항모에 탑재되는 함재기와 그 규모이다. 최신예 전투기로 알려진 F/A-18E/F형 수퍼호넷(Super Hornet) 48기, 전자전 전용기인 EA-6B 프라울러(Prowler) 6기, 공중조기경보기인 E-2C 호크아이(Hawkeye) 5기, SH-60F & HH-60H 시호크(Seahawk) 대잠헬기 8기, C-2 수송기 등 70여 기의 항공기가 탑재된다. 주력전투기인 F/A-18E/F 호넷과 조기경보기, 전자전기 등을 종합적으로 판단해 볼 때 항모에 탑재된 항공전력은 웬만한 중소국가의 공군력을 능가하는 수준으로 평가받는다.

니미츠급 항공모함은 함재기를 이륙시키기 위하여 고압으로 압축된 증기로 사출장치를 가속시켜 항공기를 강제로 밀어내는 장치인 항공기 사출(aircraft carrier catapult) 시스템을 사용한다. 항공모함이 처음 등장했을 당시에는 함재기 이륙을 위해 자체의 엔진출력과 항공모함이 최대속도로 항해할 때 생기는 항력을 이용하는 원시적인 방

그림 2.79 사출장치에서 이륙을 준비하는 수퍼호넷과 이륙 직후의 모습

그림 2.80 전자기장을 이용한 사출장치와 이를 이용해 이륙하는 수퍼호넷

법을 이용했었다. 하지만 제2차 세계대전을 치르며 전투기의 무장과 중량이 비약적으로 증대되면서 증기를 이용한 사출장치가 이륙 도우미로서의 역할을 충실히 수행했다. 대표적으로 미 해군의 주력 항공모함에 장착된 C-13 사출기는 35톤의 함재기를 76m 거리로 이동하는 동안 약 256km/h의 속도로 가속하여, 37초에 1대꼴로 함재기를 이륙시키는 능력을 가졌다.

하지만 현재의 증기식 사출장치는 공간을 많이 차지하고 에너지 효율이 떨어지기 때문에 전자기장을 이용한 신형 사출장치를 개발하였다. 자기부상열차에서 실용화된 기술을 그대로 이용한 것으로 이륙갑판 위에 전자석을 배치하고 전류를 흘려보내 생성된 전자기력으로 함재기를 공중에 띄우는 것이다. 니미치급 항공모함에 4기가 설치된 C-13 증기식 사출기는 무게가 1,500톤으로 항공모함 전체 배수량(9만 톤)에 비해 작은 무게일지 모르나 단일장비로는 차지하는 비중이 큰 것이 사실이다. 이에 비해 전자기장을 이용한 사출장치는 항공모함의 무게를 줄일 수 있을 뿐만 아니라 더 많은 무장과 함재기를 적재할 수 있고, 함재기의 부드러운 이착륙을 가능하게 해준다.

항공모함과 관련된 미국의 해군 전력을 살펴보면, 총 7개의 함대(fleet)를 운용 중이며, 함대는 11개의 항모전단(CVBG, carrier battle group)이 핵심이 되어 구성된다. 하나의 항모전단에는 1~2척의 항공모함과 2~4척의 이지스 구축함 또는 순양함, 2~4척의

전형적인 미국의 항모전단

범용 호위함, 2~3척의 공격핵잠수함, 2~3척의 군수지원함 등으로 임무에 따라 유동적으로 구성된다.

전체적으로 항모전단은 독자적으로 전략적인 임무를 수행할 수 있다. 최근의 이라크전쟁이나 각종 국제 분쟁에는 어김없이 미국의 항모전단이 최전방에서 임무를 수행하였다.

항공모함의 군사적 중요성은 이미 여러 차례에 걸쳐 증명되었지만 항모의 건조비용과 항모전단의 운용유지비는 웬만한 국가의 1년치 국방예산을 초과하기 때문에 미국을 제외하고 정규항모를 운용하는 나라는 프랑스와 러시아가 유일하다. 하지만 프랑스와 러시아의 항모는 미국의 니미츠급에 비해 배수량이 절반 이하이며, 그나마 1~2척만을 겨우 운용하고 있다. 중국은 러시아로부터 중고 항모를 도입하여 자국용

그림 2.82 스키점프대를 장착한 러시아의 항공모함과 Su-33전투기

으로 개조한 랴오닝호가 최근 취역했다. 프랑스는 신형 항공모함인 샤를 드골급 (Charlie DeGolly class)을 취역시켰으나 원자로 문제로 잦은 수리를 실시하였고 함재기인 라팔 전투기의 개발 및 배치가 지연되어 본격적인 임무수행이 제한되고 있다. 러시아는 구소련 시절 미국의 항모전단에 대응하고자 4척 규모의 항모를 운용하였으나 경제사정이 여의치 않아 그나마 보유하고 있는 항모도 퇴역시키거나 해외로 매각하고 1척만 운용하고 있다. 러시아 항공모함은 미국의 항공모함이 사출 시스템으로 짧은 이륙 거리를 극복하는 것과는 반대로 스키점프대 방식의 이륙갑판을 장착하였다.

2.4 공군 기동무기체계

공군의 작전은 기본적으로 3차원 공간에서 실시된다는 점에서 육군 및 해군의 작전과 대비된다. 물론 해군의 경우 제한된 3차원 공간을 활용하고 있기는 하지만 현대의 무기체계가 허락하는 수심은 채 1km도 되지 않는다. 반면 공군은 대기권은 물론 성층권과 우주공간까지를 전장으로 사용한다. 이러한 공군의 특성상 기동이라는 의미는 공군작전과 매우 밀접한 관련이 있다. 특히 공군은 공중우세권을 확보함으로써 공중에서 가해지는 육ㆍ해군에 대한 적의 위협을 근본적으로 제거하는 중요한 임무도 가지고 있다. 제공권을 확보하기 위한 공군의 핵심 기동무기체계가 바로 전투기이다.

전투기는 주로 적의 항공기와 공대공전투(Air to Air battle)를 수행하기 위하여 설계된 항공기로 폭격기(bombers), 공격기(attack aircraft)가 지상 표적을 공격하기 위한 것과 대비된다. 전투기의 크기는 다른 항공기에 비하여 작지만 어떤 항공기보다 민첩한 기동성을 보유하며, 매우 빠른 순간속도를 자랑한다. 이러한 전투기는 각 기종의 특성이 워낙 다양해 일반적인 기동성을 논하기가 제한되나 전투기의 시대별 구분으로 어느 정도 분류가 가능하다.

2.4.1 제1세대 전투기(1940년대~1950년대 중반)

　항공기가 전쟁의 주요 수단으로 사용되기 시작한 것은 제2차 세계대전부터이다. 그 당시 전투기는 강력한 왕복피스톤 엔진을 장착하고 아음속으로만 작전이 가능하였다. 하지만 제2차 세계대전이 한창이던 1942년 독일은 최초의 제트엔진을 장착한 Me-262 메서슈미트(Messerschmitt: 제비)를 개발하였다. 인류 최초로 2기의 융커점보 터보제트엔진(Junkers Jumo 004 B-1 turbo jets)을 장착한 이 항공기는 최대 속도가 900km/h에 달하는 고성능을 보유하였고 30mm 기관포와 55mm 로켓을 주무장으로 장착하였으며 2개의 500kg 고폭탄을 투하할 수 있었다. 하지만 단점도 있었는데 당시의 기술의 부족으로 최고속도는 탁월했지만 전투기로서 보유해야 하는 전술적인 기동성은 부족했다.

　독일이 제2차 세계대전 중 Me-262을 실전에 투입한 이후 세계 각국은 이에 대응

그림 2.83 1940년대 당시 Me-262와 2006년 복원된 Me-262

그림 2.84 미국의 P-80 슈팅스타와 소련의 MIG-15

하여 제트엔진을 사용하는 제1세대 전투기들을 실전에 배치하기 시작했다. 대표적인 제1세대 전투기에는 미국 록히드마틴사의 P-80 슈팅스타, 영국의 드 하빌랜드 뱀파이어(de Havilland Vampire), 그리고 소련의 MIG-15 등이 있다.

제1세대 전투기들의 가장 큰 특징은 왕복피스톤 엔진 대신 제트엔진을 사용하기 시작했다는 것이다. 이 외에 무장이나 운용적인 측면에는 큰 변화가 없었다.

2.4.2 제2세대 전투기(1950년대 중반~1960년대 초반)

제2세대 전투기의 개발은 1950년대의 기술 발달에 의해 가속화되었다. 6·25전쟁에서 얻어진 공중전의 교훈과 발전된 재료공학, 항공역학, 추진공학 및 전자공학 관련 기술은 제2세대 전투기를 개발하는 데 고스란히 녹아들어 갔다. 그중에서도 전자공학 기술의 발전은 전투기에 장착할 수 있을 정도로 작은 레이더 개발을 가능하게 하였고 가시선 밖에 위치한 적 전투기도 탐지할 수 있었다. 또한 새로 개발된 적외선 유도미사일은 기관총을 대신하여 전투기의 주무장으로 탑재되기 시작한다. 하지만 당시의 수동 유도방식의 적외선 유도미사일(passive-homing infrared-guided(IR) missiles)은 센서의 성능이 부족하여 회피하기 쉬웠다. 이후 전투기에 탑재된 레이더로 유도되는 반능동 레이더 유도미사일(semi-active radar homing missiles)의 개발로 가시선 밖(BVR, beyond-visual-range)의 중거리 및 장거리 공중전 시대를 맞이하게 된다.

제2세대 전투기가 개발되던 1950년대 중반에는 핵전쟁 수행능력이 대두되던 시기이다. 이에 따라 공중전을 주로 담당하는 제공전투기(interceptor)와 전투폭격 임무를

그림 2.85 대표적인 제2세대 제공전투기인 영국의 라이트닝과 소련의 MIG-21

담당하는 전폭기(fighter-bombers)가 따로 개발되었다. 대표적인 제공전투기는 영국의 라이트닝(lighting)과 소련의 MIG-21이 있고, 전폭기에는 미국의 F-105 선더치프 (Thunderchief)와 소련의 Su-7B가 있다.

2.4.3 제3세대 전투기(1960년대 초~1970년대)

제3세대 전투기에 이르러서는 제2세대 전투기들에 사용된 기술적인 혁신들이 더욱 성숙해졌다. 추력이 증대된 엔진과 항공역학의 발전은 전투기의 기동성과 무장탑 재량을 증가시켰다. 이 당시 개발된 영국의 수직 이착륙기 해리어 전폭기(AV-8B, Harrier) 는 추력 편향 기술과 같은 신기술이 집약된 전투기였다. 항법장치 분야도 발전을 이루었는데 아날로그식 관성항법장치가 항공기에 장착되어 임무수행이 수월해졌다.

또한 이스라엘의 독립과 중동전쟁 등을 통하여 초창기의 공대공 유도무기들이 공중전에 다수 사용되었다. 이러한 경험을 바탕으로 전투기 설계자들은 더 이상 전투기의 상호 근접전(Dog-fighting)은 없을 것이라고 예상하고 유도무기 개발에 총력을 기울인다. 그 결과 미국의 최신 전폭기인 F-4 팬텀(Phantom)은 아예 기관포조차 장착하지 않고 오로지 공대공미사일만 장착하였다가 베트남전에서 소련제 MIG-19 및 21 등 이전 세대 전투와의 근접전에서 많은 수가 격추당하게 된다.

하지만 F-4 팬텀이 이룩한 업적은 동시대의 어떠한 전투기보다 화려하다. F-4에 장착된 2기의 TF30-P-100 엔진은 후기연소장치(afterburner)를 사용할 경우 각각 111.65kN의 추력을 낼 수 있었으며, F-4는 제2차 세계대전 당시의 B-24 폭격기보다

그림 2.86 제3세대를 대표하는 미국의 F-4와 소련의 MIG-23 전투기

그림 2.87 F-4 팬텀 II에 장착된 화력통제 레이더와 조종석

많은 무장을 장착할 수 있었다. 이로 인하여 F-4 팬텀에게는 제공임무 외에 대지공격임무도 주어졌으며 최초의 다목적 전투기(multi-role fighter)라는 명칭이 부여된다. 베트남전에서 F-4는 격추도 많이 당했지만 280여 기의 적 항공기를 격추하는 기록적인 성과도 달성한다.

2.4.4 제4세대 전투기(1970년대~1990년대 중반)

제4세대 전투기는 F-4 팬텀이 보여준 잠재성을 계속 이어나가는 방향으로 발전하였다. 이 시대의 전투기 설계자들은 존 보이드(John Boyd) 대령에 의해서 창안된 에너지-기동(Energy-Maneuverability) 이론에 심대한 영향을 받았다. 존 보이드 대령은 전투기 조종사로 한국전에 참가한 경험과 1960년대 전투기 조종교관으로서의 훈련 경험을 바탕으로 전투기의 비에너지(aircraft specific energy)에 대한 중요성을 주장하였다. 여기서 비에너지란 운동에너지와 위치에너지의 합을 의미한다. 이 비에너지 값을 높게 유지하고, 두 에너지 간의 전환이 빠른 항공기가 공중전에서 우위를 차지한다는 것이 에너지-기동 이론의 핵심이다.

또한 그는 '우다 루프(OODA loop, Observation-Orientation-Decision-Action loop)'라는 의사결정 방식을 고안해냈는데, 고기동성을 바탕으로 적보다 먼저 판단하고 대응해야 공중전에서 우위를 점할 수 있다고 생각했다.

그의 이론을 달성하기 위하여 당시의 항공기는 속도, 고도, 방향전환을 신속하게

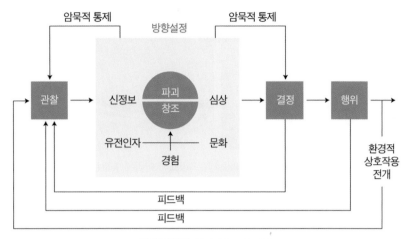

그림 2.88 우다 루프의 과정

할 수 있도록 설계되기 시작했다. 이전까지의 항공기가 오직 높은 속도만을 추구했던 것과 대조되는 설계사상의 전환이었다. 이러한 항공기 설계사상의 변화로 탄생된 첫 번째 전투기가 바로 유명한 F-15 이글(Eagle)이었다. F-15는 낮은 익면하중(wing loading, 날개 면적으로 항공기의 총 중량을 나눈 값)을 갖도록 설계되었고 강력한 엔진을 탑재하였으며, 당시의 기술이 총 집결된 최고의 레이더와 항공전자장비 그리고 무장을 탑재하였다.

F-15는 에너지-기동 이론에는 충실한 항공기였지만, 너무 낮은 익면하중과 대형화된 기체로 인하여 유연한 기동은 상당히 제한되었다. 또한, F-15는 당시의 최고의 기술과 무장을 탑재하여 모든 전투기를 능가하는 성능을 보유하였지만, 미 공군 입장에서는 높은 획득 가격으로 인하여 다수의 전투기를 배치하기가 곤란하였다.

그림 2.89 미국의 제4세대 전투기인 F-15 이글과 F-16 파이팅 팰콘

그림 2.90 러시아의 Su-27 플랭커(Flanker)와 프랑스의 미라지(Mirage) 2000 전투기

이에 절충안으로 탄생한 전투기가 바로 F-16 파이팅 팰콘(Fighting Falcon)이다. F-16은 설계 당시부터 좀 더 보완된 에너지-기동 이론에 기초하여 F-15가 갖지 못한 유연한 기동성을 확보하기 위하여 소형화와 슬림화된 형상을 추구했다. F-16 전투기의 가장 큰 특징은 조종사의 조종 부담을 경감시키기 위하여 세계 최초로 플라이 바이 와이어(FBW, fly by wire)[24]를 적용하였다는 것이다. 플라이 바이 와이어란, 조종사가 조종간을 직접 기계적으로 조종하는 것이 아니라, 조종간의 움직임을 컴퓨터가 인지하여 조종사가 기동하고자 하는 의도대로 항공기의 조종계통을 종합적으로 통제하는 방식의 디지털 조종시스템을 말한다.

전투시스템 부분에서는 최초로 HUD(head up display)가 설치되어 전투기의 비행 상태와 전투에 필요한 중요정보를 전방유리창에 시현하기 시작하였고, 다기능 모니터가 아날로그식 계기판을 대체하기 시작했다.

무장시스템으로 도플러 화력통제 레이더(pulse-Doppler fire-control radar)가 도입되었는데 이는 공중에서 운동 중인 비행체를 탐지하는 데 효과적이다. 도플러 레이더의 원리를 살펴보자. 이동 중인 물체는 마이크로파를 받으면 이동 방향으로는 최초에 받은 파장보다 짧은 파장을 반사하고 반대 방향으로는 더 긴 파장을 반사한다. 이를 도플러 효과(Doppler effect)라고 하는데 전투기와 같은 물체는 공중에서 빠른 속도로 이동하므로 다른 반사파와 확실히 구분되어 도플러 레이더로 쉽게 탐지할 수 있다.

이 외에도 제4세대 전투기들은 부품의 강도를 증가시키고 구성품의 신뢰성 향상

---

24 플라이 바이 와이어(FBW, Fly-by-wire): 조종사와 조종면 사이를 기계적 또는 유체기반시스템을 이용해서 연결해왔던 기존 방식을 대신하여 조종사와 조종면 사이를 컴퓨터를 이용해서 전기적인 신호로 연결해주는 비행제어시스템을 말한다.

그림 2.91 F-15C의 HUD와 공대지 공격형인 F-15E의 야간 적외선 HUD 영상

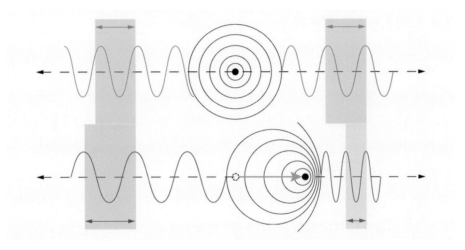

그림 2.92 도플러 효과의 원리(정지한 물체의 반사파와 우측으로 이동 중인 물체의 반사파)

을 통하여 정비시간이 크게 단축되었다. 단축된 정비시간은 전투기의 가용시간을 증가시켰다. 즉, 운용자들은 보다 적은 수의 전투기로도 기존과 비슷한 작전 상태를 유지할 수 있게 된 것이다.

　F-15는 여러 차례 실전에 투입되어 단 1기도 격추되지 않은 진기록을 세운다. 1980년대 이스라엘과 사우디 공군에 의하여 실전에서 운용되었으며, 1991년 걸프전쟁에서는 MIG-29를 포함한 수십여 기의 이라크 전투기를 공중전에서 격추하여 세계 최강임을 다시 한 번 입증하였다.

그림 2.93 초기 F-15의 아날로그식 콕핏과 기계식 APG-63 도플러 레이더

2.4.5 제4.5세대 전투기(1990년대 중반~현재)

제4세대 이후부터는 전투기의 세대를 명확히 나누기가 점점 더 모호해져 가고 있다. 제4.5세대 전투기들은 냉전이 끝난 이후 개발되거나 냉전에 개발된 기체들을 크게 개량한 전투기들이다. 새로 개발된 전투기들에는 영국, 독일, 이탈리아 등 유럽의 여러 나라들이 공동으로 개발한 EF-2000과 프랑스의 라팔(Rafale)이 대표적이고, 기존의 전투기에서 개량된 전투기들에는 미국의 F-15E, F/A-18E/F, 러시아의 Su-35, MIG-35 등이 대표적이다. 이들 제4.5세대 전투기들은 냉전 이후 줄어든 국방 예산에 의해서 개발에 타격을 받은 제5세대 전투기와 노후화되어가는 제4세대 전투기들의 공백을 메우는 목적으로 개발되었다. 제4.5세대 전투기들은 최초로 위상배열레이더를 장착하기 시작했으며, 1990년대 급속히 발달한 반도체 기술을 이용하여 무장통제 컴퓨터와 레이더 등 항공전자장비가 크게 개량되었다. 또한 이들은 예산을 절약

그림 2.94 유럽의 EF-2000과 프랑스의 라팔 전투기

그림 2.95 디지털 계기판의 F-15E의 조종석과 신형 APG-63(v) 위상배열레이더

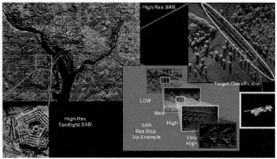

그림 2.96 F-35의 위상배열레이더인 APG-81과 실시간에 지상 표적에 대한 상세 이미지

하면서 다양한 현대 전장환경에 대응하기 위하여 제한된 스텔스 능력과 공대공과 공
대지 임무를 모두 수행할 수 있는 전천후 다목적(multi-role) 전투기로 개발된다.

　기존의 제4세 전투기로 개발된 F/A-18C 호넷과 F-15C 이글은 기체 내부 구조물
을 모두 재설계하고 티타늄 등 특수합금과 복합재료를 사용하여 기체를 더욱 견고히
하였으며, 엔진을 개량하여 항속거리를 크게 증가시켰다. 또한 최신의 전자기술을
대거 반영하여 기존의 기계식 레이더를 위상배열식 레이더(phase array radar)로 교체하
고, 조종석도 최신 디지털식으로 교체하였다.

　여기서 위상배열레이더란 기존의 기계식 레이더가 레이더 접시의 방향을 전환하
면서 좌우, 상하를 탐색하는 것과 달리, 수백 개의 레이더 단자들이 각각 독립적으로
신호를 발송하고 수신할 수 있는 방식의 레이더를 말한다. 위상배열레이더의 가장

 부분의 라벨:

JHMCS
(헬멧 장착 조준시스템)

디지털 전자전장비
-안테나
-송신기

APG-63(V)3
AESA 레이더

대응체 발사기

3세대 내비게이션

대응체 발사기

3세대 스나이퍼 표적탐색기

적외선 탐색장비

전자전 송신기

그림 2.97 신형 F-15의 주요 전자장비 개량사항

큰 장점은 정밀한 수색이 필요할 시에는 대부분의 레이더 단자들을 집중에서 운용하고, 평소에는 각각의 단자들을 독립적으로 제어해서 여러 가지 임무를 동시에 수행할 수 있다는 것이다. 예를 들어 이전의 기계식 레이더는 적의 공대공 위협이 있을 때 공대공 탐색모드만 운용이 가능하거나, 시간대를 분할하여 공대공 모드와 공대지 모드를 번갈아 사용해야 했다. 하지만 최신 위상배열레이더는 동시에 여러 임무를 수행할 수 있으며 단자의 수를 늘리면 레이더의 성능도 함께 증가시킬 수 있다.

　해군의 이지스함에 탑재되는 SPY-1 계열의 레이더가 대표적인 위상배열레이더이며, 공군의 지대공 무기체계인 패트리어트 미사일의 탐색레이더와 우리나라가 최근에 실전배치한 철매 II 중거리 지대공미사일에도 위상배열레이더가 사용된다. 모든 제4.5세대 전투기들이 이러한 위상배열레이더를 탑재하는 것은 아니지만 점차 위상배열레이더가 전투기의 표준 레이더로 자리 잡고 있다.

2.4.6 제5세대 전투기

제5세대 전투기들은 냉전시대부터 개발되기 시작했으나 군비 감축으로 인하여 대부분 실전에 배치되지 못했다. 하지만 미국은 F-22를 개발하여 2000년대 초부터 실전에 배치하였다. 하지만 높은 생산가와 너무 과도한 성능으로 인하여 최소 1,000대 이상 양산하여 F-15를 일대일로 교체하려던 계획을 철회하고 대신 F-35라는 저가형 제5세대 전투기를 개발하여 현재 양산 중이다.

이러한 F-22나 F-35와 같은 스텔스 전투기은 비록 제4.5세대 전투기와 동일한 시기에 개발되었지만 스텔스 기능은 물론이고, 다른 작전능력도 제4.5세대 전투기를 크게 뛰어넘는다. 중국과 미국의 새로운 군비경쟁과 러시아의 경제가 다시 회복되면서 그동안 중지되었던 제5세대 전투기의 개발과 배치가 진행 중이다.

현존하는 가장 강력한 전투기로 인정받고 있는 F-22를 살펴보자. 먼저 F-22는 출력 160kN의 F119엔진(Pratt & Whitney 사) 2기를 장착하여 후기연소장치 도움 없이 초음속으로 지속적인 비행이 가능하다. 이러한 기능을 수퍼크루즈(supercruise)라고 하는데, 일반적인 전투기들이 후기연소장치를 사용하여 아주 단시간 동안 초음속 비행이 가능한 것을 감안하면 F-22의 수퍼크루즈 기능은 전투기 운용상 매우 큰 장점이 될 수 있다. F-22는 수퍼크루즈 기능에 더하여 엔진의 추력 방향을 제어할 수 있는 추력편향노즐을 장착하였다. 이전까지의 전투기가 공중에서 방향을 전환하기 위하여 수

그림 2.98 현존하는 최강의 전투기인 F-22 랩터와 완전 디지털화된 F-22의 조종석

그림 2.99 F-22에 장착된 F119 엔진의 추력편향노즐과 실제 비행 모습

직 및 수평 날개를 제어한 것과 달리, F-22는 엔진의 추력방향 자체를 변경하여 보다 신속한 방향 전환이 가능하다.

또한 F-22의 AN/APG-77 능동형 위상배열(AESA, active electronically scanned array) 레이더는 약 2,200여 개의 송수신 모듈을 장착하고 있다. 이 레이더는 120°의 탐지각과 고해상도 지상 맵핑 기능 등을 이용하여 공대공 및 정밀 공대지 임무 모두를 완벽히 수행할 수 있도록 설계되었다.

무엇보다 제5세대 전투기에서 주목할 점은 적의 레이더에 탐지되지 않기 위하여 스텔스 기술이 적극 도입되었다는 것이다. 스텔스 기술은 4가지 정도로 요약할 수 있다. 적에게 탐지되지 않기 위해서는 적의 레이더반사파를 다른 방향으로 반사할 수 있는 형상, 적 레이더파를 흡수할 수 있는 특수 도료, 적의 광학장비에 탐지되지 않기 위한 열 감소 및 분산 기술, 마지막으로 아군 항공기의 항공전자 장비에 대한 적의 탐

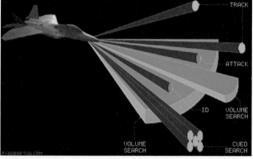

그림 2.100 F-22의 APG-77 능동형 위상배열레이더

표 2.9 세대별 전투기의 주요 특징 비교

구분		1세대 전투기	2세대 전투기	3세대 전투기	4세대 전투기	4.5세대/5세대 전투기
활약 시기		1940년대~ 1950년대 중반	1950년대 중반~ 1960년대 초반	1960년대 초반~ 1970년대	1970년대~ 1990년대 중반	1990년대 후반~ 현재
주력 기종		Me-262(독일), P-80 슈팅스타(미국), de Havilland Vampire(영국), MIG-15(소련)	• 제공전투기: Lightning(영국), MIG-21(소련) • 전폭기: F-105(미국), Su-7B(소련)	AV-8B Harrier (영국), F-4(미국), MIG-23(러시아)	F-15, F-16, F/A-18C(미국), Su-27(러시아), Mirage 2000 (프랑스)	• 4.5세대: FE-2000(EU), Rafale(프랑스), F/A-18E/F(미국), Su-35, MIG-35 (러시아) • 5세대: F-22, F-35(미국)
주요 특징	기동	제트엔진 적용	제트엔진 적용	후기연소장치, 수직이착륙 기능	낮은 익면 하중, 고추력 제트엔진	엔진 개량으로 항속거리 증가
	무장/ 장비	30mm 기관포, 50mm 로켓	적외선 유도미사일, 반능동 레이더 유도미사일	공대공 유도미사일	도플러 화력통제 레이더 적용, 공대공·공대지 유도미사일	• 4세대: 위상배열식 레이더, 공대공· 공대지미사일 • 5세대: 추력편향노즐 장착, 스텔스 기능 장착

지 방해 기술 등이다. 대부분의 제5세대 전투기들은 스텔스 전투기의 상징적 형상인 각진 형태의 동체를 가지고 있으며, 동체에는 특수 도료로 코팅을 하였고, 모든 무장은 기체 내부의 수납공간에 적재한다. 또한 우수한 레이더와 탐지 센서를 이용하여 적의 전자장비를 효과적으로 교란하고 아군 기체의 전자신호를 숨길 수 있는 첨단기능도 보유하고 있다.

개발 중인 제5세대 전투기 중 가장 유명한 것은 미국의 F-35 라이트닝(Lightning II)이다. 제4세대 전투기 시절 고가의 F-15를 대신하여 다목적 기로 F-16이 개발되었듯이 현재의 미국의 F-22는 너무 고성능만을 추구하여 현재의 저강도 분쟁 상황에 투입하기에는 성능이 너무 과도하고 고가이다. 이에 미국은 공군의 F-16C 전투기와 해군과 해병대의 F/A-18C/D 전투기를 모두 교체하기 위하여 통합전투기(Joint Strike Fighter Program) 사업을 계획하였다.

이 통합전투기사업은 개발 리스크를 최소화하고 생산물량을 확보하기 위하여 세계 8개국과 공동 컨소시엄을 구성하여 추진된다. F-35의 기술적 특징을 간단히 살펴

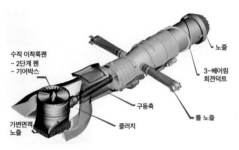

그림 2.101 해병대용 F-35B에 탑재된 수직이착륙(VTOL) 시스템

보면 엔진과 레이더, 항공전자장비 등 F-22의 개발에 활용된 기술을 대거 사용하였고 F-22에 장착된 엔진보다 추력이 20% 정도 향상된 프랫 앤 휘트니(Pratt & Whitney) F135 엔진 1기를 탑재한다. 또한 F-35의 레이더는 F-22의 레이더 기술을 이용하여 APG-77의 절반 수준인 1,200여 개의 송수신 모듈을 가지고 있어 최대 출력과 탐지 거리 등 전체적 성능은 APG-77보다 약간 떨어진다.

   F-35는 3가지 파생형이 존재하는데 공군형과 해군, 해병대형이 있다. 이 중 특이할 만한 사항은 각 군에서 요구하는 작전요구성능(ROC)을 반영하되 부품의 공통사용률을 90% 이상으로 하여 생산 단가를 절감한 것이다. 해병대형인 F-35B는 항모보다 소형인 상륙강습함(4만 톤급)에서 이착륙이 가능하도록 수직이착륙(VTOL, vertical take-off and landing) 기능이 있다.

그림 2.102 디지털화된 F-35의 조종석과 HMD 등 이전 세대 전투기보다 발전된 전자장비

연 습 문 제

1. 기동의 개념을 제2차 세계대전 당시 독일군이 수행한 전격전의 작전개념을 토대로 설명하시오.

2. 육군의 대표적인 무기체계인 전차의 발전과정을 제1, 2차 세계대전과 6·25전쟁 그리고 걸프전쟁과 이라크전쟁으로 구분하여 간단히 설명하시오.

3. 전차의 발전과정을 세대별로 비교하여 주요 제원 및 특성을 설명하시오.

4. 현대 전차의 특징을 화력, 기동성, 방어력, 지휘통신체계 측면으로 구분하여 설명하시오. 또한 전차의 보호장갑 중 경사장갑과 중공장갑의 구조 및 방탄원리에 대해 설명하시오.

5. 전차포 중에서 활강포와 강선포의 차이점과 장단점을 간단히 설명하시오.

6. 보병전투차량과 전차의 차이점과 이들 무기체계의 주요 특징을 화력, 기동력, 방어력, 지휘통신체계 등의 측면에서 비교하여 설명하시오.

7. 보병전투장갑차의 특징을 기동성, 방어력, 화력 측면에서 주요 특징을 설명하시오. 또한 K21 보병전투차량과 K2 전차의 주요 제원을 비교하여 설명하시오.

8. 기동지원장비의 종류와 주요 특징 그리고 활용 분야에 대하여 간단히 설명하시오.

9. 헬리콥터의 발전과정을 설명하고, 우리나라 육군이 운용 중인 헬리콥터의 주요 제원을 설명하시오.

10. 아파치 헬리콥터에 탑재된 무장, 조정, 지휘통신, 항법체계의 주요 특성에 대하여 설명하시오.

11. 해군 무기체계 중 구축함, 순양함, 항공모함의 차이점과 주요 특징에 대하여 간단히 설명하시오.

12. 우리나라 최초의 이지스함인 세종대왕함에 탑재된 전투시스템의 작동과정에 대하여 설명하시오. 그리고 이 함정에 탑재된 근접방어무기체계의 기능과 주요 제원을 설명하시오.

13. 전구미사일방어체계 개념에 대하여 그림을 그려서 간단히 설명하시오.

14. 잠수함의 잠항과 부상의 원리에 대하여 그림을 그려서 설명하시오. 또한 잠수함에 탑재된 음향탐지기의 종류 및 작동원리를 간단히 설명하시오.

15. 항공모함의 발전과정을 시대별로 간단히 설명하고, 항공모함의 전략적인 장점을 설명하시오.

16. 전투기의 발전과정을 세대별로 구분하고, 우리나라가 보유하고 있는 F-15K 전투기와 미국의 최첨단 스텔스 전투기인 F-22, F-35, 그리고 유럽의 유로파이터 전투기의 주요 성능을 비교하여 설명하시오.

17. 위상배열레이더의 구조 및 탐지원리에 대해 수동형과 능동형으로 구분하여 설명하시오.

18. 미래의 육군, 해군, 공군의 대표적인 무기체계의 발전전망에 대해 설명하시오.

19. 해군 함정을 항공모함, 순양함, 구축함, 호위함, 초계함, 고속정으로 구분하여 크기와 주요 임무를 비교하여 설명하시오.

20. 한국형 차세대 구축함 사업으로 전력화된 대표적인 구축함의 제원 및 특성을 비교하여 설명하시오.

21. 한국형 구축함에 탑재되어 있는 127mm 함포와 육군이 운용 중인 대구경 화포를 비교하여 설명하시오.

22. 미국의 최신형 M1A2 SEP 전차와 한국의 K2 전차의 주요 제원 및 특성을 비교하여 설명하시오.

3

화력

3.1 서론

화력은 적에게 물리력을 투사할 수 있는 능력이라고 할 수 있다. 대부분의 군사작전은 적의 전투력을 파괴하기 위한 노력의 연속이며, 이러한 군사작전에서 핵심적인 요소가 바로 화력인 것이다. 전투수행기능 중 화력은 군사기술의 발전과 더불어 다양한 수단에 의해서 수행될 수 있다. 특히 현대 전장에서도 그 중요성이 더욱 증가되고 있다.

좀 더 포괄적인 관점에서 화력은 전쟁의 원칙(Principles of war) 중 집중(mass)의 원칙과 밀접하게 결부된다. 전쟁의 원칙에서의 집중은 결정적인 장소에 압도적인 전투력을 투사함으로써 우위를 달성하는 것을 의미한다. 이는 적보다 병력의 수적 우세라는 개념도 포함하지만 보다 짧은 시간에 적보다 우세한 전투력을 동시에 발휘함으로써 달성될 수 있는 것이다. 이러한 측면에서 살펴볼 때 현대 전장에서 압도적인 전투력의 집중을 이룰 수 있는 가장 확실한 방법은 화력의 우위이다.

육군에 있어서 화력은 소총분대에서부터 포병대대에 이르기까지 다양한 제대에서 다양한 수단으로 발휘된다. 예를 들어 소총분대의 경우에는 성능이 우수한 기관총과 휴대용 대전차로켓 등에 의해 수적으로는 많지만 소총으로만 무장한 적보다 우세한 화력을 발휘할 수 있다. 포병대대는 발사속도가 빠른 최신의 자주포와 사거리가 연장된 신형 탄약을 사용하여 적보다 먼 거리에서 작은 규모의 화포로도 화력의 집중을 달성할 수 있다.

이라크 전에서 유명해진 미군의 다련장 로켓인 M270 MLRS(Multiple Launch Rocket System)는 수천 개의 자탄을 가진 로켓을 이라크군의 머리 위로 퍼부어 '철의 비'(steel rain)이라는 별명과 함께 공포의 대상이 되었다. 미군보다 훨씬 많은 수의 포병대대를 보유하고 있었던 이라크군은 제대로 반격도 해보지 못하고 맥없이 무너지고 말았다.

화력에 있어서 오늘날 가장 중요시되고 있는 요소는 정밀타격이다. 기존의 화력이 보다 많은 양의 탄약을 적에게 집중하는 것이었다면, 오늘날에는 최소한의 노력으로 적의 핵심을 타격하여 군사적 목적을 달성하는 것이다. 이러한 변화된 패러다임은 군사과학기술의 발전이 무기체계의 개량에 적극 사용되면서 더욱 가속화되고 있다. 미국을 비롯한 독일 프랑스 등 선진국의 육군은 스마트탄[1]을 포병 무기체계에 적용하여 지상의 적 장갑차량 및 중요시설을 수 m 오차범위 내로 공격할 수 있는 무기체계를 실전에 배치 중이다. 심지어는 보병의 소총탄 역시 참호나 건물의 벽과 같은 은폐물을 피해서 표적을 명중시킬 수 있도록 개량되고 있다.

더불어 최근에는 통합된 화력의 운용이 그 어느 때보다 강조되고 있다. 화력은 단순하게 하나의 투발수단만으로 사용되는 것보다 다양한 화력수단들이 동일한 시간과 공간에 통합되어 사용될 때 시너지효과를 발휘할 수 있기 때문이다. 이에 세계 여러 나라들은 육군이 보유한 화력 자산은 물론 공군과 해군이 지원할 수 있는 화력들을 통합적으로 운용하기 위한 노력을 계속 기울이고 있다.

해군과 공군은 다양한 화력수단을 보유하고 있다. 우리나라도 해군과 공군의 화력을 증대시키기 위하여 많은 노력을 하고 있다. 한 예로, 해군의 최신 이지스함인 세종대왕급에는 기본적인 해상작전에 관련된 화력체계 이외에도 지상공격이 가능한 미국의 127mm Mk.45 함포와 사거리 1,000km 이상의 한국형 순항미사일[2]을 탑재하고 있다. 또한 해국의 주력 잠수함인 손원일급은 잠수함에서 발사가 가능한 순항미사일을 탑재할 것으로 판단된다. 이들 순항미사일은 지상 수십 m의 고도로 저공비행을 하기 때문에 탐지가 어렵고, 1,000km가 넘는 사거리에도 오차가 수 m에 불과하여 적국의 주요 시설에 대하여 정밀공격이 가능할 것으로 판단하고 있다.

공군은 가장 많은 종류의 지상공격용 화력수단을 보유하고 있다. F-15K에 장착되는 AGM-84H SLAM-ER(Standoff Land Attack Missile-Expanded Response)은 최대사거리가 270km 이상이고, 227kg의 탄두를 장착하고 있으며 오차범위가 수 m 이내여서 장거리에서 정밀 지상공격을 할 수 있는 무기체계로 유명하다. 또한, 미국에 의하여 개발된 통합정밀직격탄(Joint Direct Attack Munition)은 기존의 재래식 포탄에 GPS 유도장치를 부착하였다. 이를 통해 수십 km 밖에서 재래식 포탄으로 지상에 대한 정밀 공격이 가능하다.

---

1   스마트탄(Smart Bomb) : 정밀유도무기의 일부로서 폭탄에 유도장치를 갖춘 것 이외에는 보통 폭탄과 동일하며 이들 유도장치에는 레이저 탐지와 TV유도 형태의 두 종류가 있다.
2   순항미사일(Cruise missile) : 적의 레이더를 피하여 초저공비행이나 우회 항행을 할 수 있는 미사일. 제트 엔진을 가지고 있으며 컴퓨터에 의하여 제어된다. 공중 발사 순항미사일, 지상 발사 순항미사일, 잠수함 발사 순항미사일 등이 있다. 순항미사일은 먼 거리에 있는 목표물을 정확하게 타격이 가능한 것이 특징이다.

이와 같이 현대의 전장에서는 다양한 화력수단에 의하여 공통된 군사적 목적이 달성될 수 있다. 이에 따라서 앞으로의 전장에서 목표를 효과적으로 달성하기 위해서는 최신 화력무기체계의 특성과 향후 개발 방향에 대한 이해를 바탕으로 주어진 임무에 필요한 최적화된 무기체계를 선정하는 것이 무엇보다 중요하다. 또한, 통합된 화력을 효과적으로 운용하기 위해서는 각 군에서 운용 중인 무기체계에 대하여 정확히 이해하는 것이 반드시 필요하다.

3.2 육군 화력무기체계

3.2.1 소화기

소화기(Small Arms)는 부여된 임무를 수행함에 있어 그 임무를 종결할 수 있는 최후의 무기로 제2차 세계대전 이후 계속적인 발전을 거듭하면서 자동화를 추구해왔다. 일반적으로 소화기는 개인 또는 2~3명의 소수인원이 부여된 임무를 수행하기 위해 조준 및 지향사격을 할 수 있는 것으로 구경이 20mm 미만인 화기를 말한다. 구경이 20mm 미만이면 총, 그 이상이면 포로 분류한다. 그리고 총은 권총, 소총(Rifle), 기관단총(Submachine Gun) 및 기관총(MG, Machine Gun)을 포함한다.

3.2.1.1 소총

소화기의 기본이 되는 소총은 '표적에 대한 정확한 조준사격을 하여 적을 제압하는가?' 혹은 '대략적인 방향으로 사격하여 적으로 하여금 행동의 제약을 주어 제압하는가?' 하는 2가지의 문제에 근간을 두고 발전해왔으며 지금도 중요한 논쟁의 대상이 되고 있다. 전자의 경우 정확성 위주의 단발 소총을 만들게 하고, 후자의 경우 다량의 탄을 연속적으로 사격할 수 있는 자동소총을 만들게 하여 발전하였다.

이러한 근본적인 문제는 소총이 개발되면서부터 끊임없이 개량되는 원동력이 되

그림 3.1 수포의 발사원리 및 초기의 14세기 말 수포

었고, 지금은 스마트 소총으로 이 둘의 목적을 충족하는 개념의 소총이 만들어지고 있다. 총기의 발전은 화약의 발명과 더불어 몇 차례 세계대전을 치르는 동안 눈부신 발전을 거듭하였다. 화약은 동양에서 최초로 사용되었는데, 우리나라에서는 고려 말 최무선 장군이 화약제조에 성공하였다는 기록이 있다.

소총은 14세기 이후 처음 개발되었는데 포병이 사용한 대포를 보병이 휴대가 가능한 크기로 축소한 수포(Hand Canon)가 그 시초였다. 1354년 독일의 슈바르츠(Schwartz)에 의해 흑색화약과 대포가 개발되어 명나라와 수나라에서 수포를 만들어 사용하였고, 유럽에서는 동이나 철로 개인화기를 만들어 사용하였다. 초기의 수포는 그림과 같이 대포의 형상과 동일했으며, 뒷부분의 구멍을 통해 화약에 불을 붙였다.

16세기경에 인류 최초로 오늘날의 총 형태로 개발된 화승총(Matchlock)은 느리게 연소되는 긴 심지(Salt paper soaked)를 이용한다. 화약과 탄자를 총구로 장전한 뒤 격발 장치를 작동하여 불씨가 점화되면 화약을 폭발시키고 그 반발력으로 탄환을 발사하

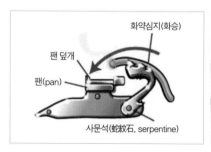
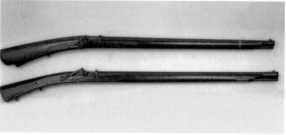

그림 3.2 화승총의 작동원리와 임진왜란 당시 사용된 조총

그림 3.3 차륜식 방아틀총 및 수석총의 발화장치

였다. 화승총은 1500년경 독일을 비롯한 유럽지역에서 개발되어 여러 나라에 보급되었고 임진왜란 당시 왜군이 사용했던 조총도 화승총의 일종이다.

하지만 화승총은 병사가 항상 불씨를 휴대해야 했으므로 비가 오거나 습도가 높아 점화가 되지 않는 날에는 사격이 되지 않는 단점이 있었다. 이러한 결점을 보완하여 고안한 것이 바로 차륜식 방아틀총(Wheellock)이다. 휴대용 라이터의 원리를 이용해 불씨를 얻고 이 불씨를 점화화약으로 유도하는 방식의 발화장치는 악천후에도 항상 사용할 수 있는 장점을 지녔다. 그러나 불발이 자주 발생하였고 만들기가 어려워 널리 보급되지는 못하였다. 그 후 개발된 것이 수석총(Flintlock)으로 2개의 부싯돌을 이용하여 충격 시 발생하는 마찰로 불꽃을 만들어 점화화약에 유도하는 방식을 사용하였다. 수석총은 이전의 차륜식 방아틀총보다 원리가 간단하고 불발률도 현저히 감소되어 19세기 중엽까지 지속적으로 사용되었다. 당시 소총은 긴 막대를 이용해 화약과 탄자를 총구로 밀어 넣는 전장식으로 1분에 1발 가량을 사격할 수 있었으며, 18세기 중엽에는 총구 후미에서 장전하는 후장식총이 개발되어 1분에 2발까지 연발사격이 가능하게 되었다.

19세기 중엽까지 소총의 대표적인 발화장치로 사용되어온 수석총은 충격식 총(Percussion system)의 등장과 함께 사라지게 된다. 수석총 이전의 발화장치는 불씨를 만들어 점화화약으로 유도하는 반면, 충격식 총은 화약 자체에 직접 충격을 주어 발화하는 방식을 이용하여 만들어졌다. 이 총은 스코틀랜드의 포시느(Alexander John Forsyth)에 의해 발명되어 1836년 영국 육군에 의해 표준장비로 채택되어 세계 각국으로 전

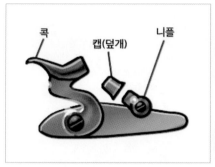

그림 3.4 충격식 총의 작동원리와 발화장치

파되었다. 한편 이러한 원리를 좀 더 응용한 뇌관은 1818년 영국에서 최초로 만들어
져 1821년에 이르러 실용적으로 사용할 수 있도록 개량되었다.

　　이후 뇌관을 이용하는 충격식 총의 발화방식은 오늘날까지 소총의 표준으로 사
용되고 있다. 발화장치의 발전과는 별개로 현대식 소총은 앞서 설명한 소총의 2가지
근본적인 문제를 해결하기 위한 방향으로 발전되어왔다. 즉, 소총사격의 목적이 표
적에 대한 정확한 조준사격인지 대략적인 지향사격인지에 대해 2가지를 모두 만족시
킬 수는 없지만 조화롭게 양자를 충족시키는 최적설계 개념이 도입되고 있다.

　　현대 소총의 획기적인 발전을 이룩한 것은 제2차 세계대전 말부터 1950년대로,
이 시기에는 소총의 자동화가 이루어졌다. 현대 소총은 발사 메커니즘에 따라 단발
식, 연발식, 자동장전식으로 구분되는데, 제2차 세계대전 초기만 하더라도 보병용 소
총은 구경 7.62mm 이상의 무거운 단발식 소총이었다. 당시 전투상황은 제1차 세계
대전처럼 원거리교전이 아닌 300~500m의 근거리에서 전투가 벌어졌고, 무엇보다
짧은 시간에 다량의 탄을 발사할 수 있는 기능이 요구되었다. 이러한 요구에 부합하
기 위해 무게는 경량화되고, 빠른 초속도와 연속적인 사격이 가능한 반자동식 소총
이 등장하게 된다. 군에서 사용되는 제식소총 중 최초의 반자동소총은 M1 소총으로
당시 사용되던 일본의 99식 소총에 비해 2.4배나 빠른 사격속도를 가졌고, 사격 후
자동으로 탄피가 방출되고 다음 사격이 이루어져 명중률도 크게 향상되었다.

　　이후 다양한 종류의 현대식 소총들이 개발되는데 현재 전 세계적으로 널리 사용
되는 소총은 자유진영의 M16 소총과 공산진영의 AK74 소총이다. 제2차 세계대전 이

그림 3.5 자유진영의
M16 소총과
공산진영의 AK74 소총

후 완전자동화를 이룩한 소총으로 구경은 5.56mm(M16 소총)와 5.45mm(AK74 소총)로 더욱 작아졌다. 또한 소총의 길이와 무게도 더욱 경량화되었는데 이들 소총을 흔히 돌격소총(Assault Rifle)으로 일컫는다.

현대식 소총의 발전추세는 구경의 표준화, 체계화, 소구경화, 소형화, 경량화로 대략 5가지이다. 구경의 표준화는 제2차 세계대전 당시 주류를 이루었던 NATO 진영의 7.62×51mm탄(M1 소총)과 공산권의 7.62×39mm탄(AK74 소총)이 필요 이상으로 큰 총구에너지와 무게를 가졌다고 판단해 NATO 진영은 5.56mm, 공산권은 5.45mm 구경의 탄을 채택한 것이다. 이를 통해 군수지원의 효율성, 적정 유효사거리 유지, 탄약휴

표 3.1 각국의 주요 소총

구분	명칭	구경	유효사거리	주요 특징
한국	K2	5.56mm	600m(K100 탄약) 460m(KM193 탄약)	• 총열: 6조 우선, 7.3인치당 1회전 • 발사속도: 700~900발/분(연사) 　　　　　45~65발/분(점사)
미국	M16	5.56mm	460m	• 총열: 6조 우선, 12인치당 1회전 • 발사속도: 700~900발/분(연사) 　　　　　45~60발/분(점사)
미국	M1	7.62mm	460m 이상	• 발사속도: 85~900발/분(반자동식)
러시아	AKM	7.62mm	400m	• 발사속도: 600발/분(연사)
러시아	AK47	7.62mm	400m	• 발사속도: 600발/분(연사) 　　　　　40발/분(점사)
북한	AK74	5.45mm	400m	• 발사속도: 650발/분(연사)

대량 증대가 가능하게 된 것이다. 체계화는 소총의 사용목적에 따라 세부구조가 달라지지만 소총뿐만 아니라 권총, 기관총과 같은 다른 소화기까지도 동일한 구조를 가지도록 하는 것을 말한다. 탄약 또한 같은 구경의 소총과 기관총이 상호 호환되도록 하였는데 K1, K2 소총과 K3 기관총 탄약이 호환되거나 M1 소총과 M60 기관총 탄약이 호환되는 것이 그 예이다. 이러한 체계화를 통해 부품의 공통화에 따른 호환성 증대로 정비 및 보급의 효율성, 비용 절감, 사격훈련시간 단축 등의 장점을 얻을 수 있다. 소총의 소구경화는 기존의 7.62mm 탄의 구경보다 작은 구경을 채택하는 것으로 6·25전쟁과 베트남전쟁을 통해 교전이 가장 많이 일어나는 사거리 400m에서 살상에 필요한 최소한의 에너지를 유지할 수 있는 범위로 구경을 한정하는 것이다. 소총의 소형화는 앞선 소구경화, 소형화, 경량화와 일맥상통하는 것으로 전투원의 전투중량을 고려해 최대한 가볍게 설계하고 탄 발사 시 반동력 감소와 명중률 향상을 동시에 꾀할 수 있다. 소총을 소형화하는 방법에는 총열 길이의 축소, 접철식 개머리판 사용, 불펍식(Bull-pup) 설계가 있다. 불펍식 설계는 방아쇠 후방에 약실을 두고 노리쇠의 이동은 개머리판 속을 통해 이루어지도록 하는 설계방식으로 영국의 돌격소총의 SA80이 대표적인 예이다.

마지막으로 경량화는 소총이 사용된 이후 끊임없이 연구되고 발전되어온 것으로 더 가볍고 위력이 좋은 소총을 제작하려고 하는 경향이다. 최근 재료기술의 발달로 경량이면서 철강 제품과 동일한 강도를 갖는 플라스틱의 개발, 알루미늄과 같은 경금속을 이용한 합금, 무탄피탄 등의 개발로 경량화가 가능하게 되었다. 무탄피탄을 사용한 소총은 독일의 H&K사에서 개발한 G11 소총이 대표적이다. 기존의 금속탄피

그림 3.6 불펍식 설계원리와 이를 이용한 영국의 SA80 소총

그림 3.7 독일의 H&K사에서 개발한 G11 소총과 무탄피탄의 형태

를 사용하지 않고 탄자와 장약, 뇌관을 일체화하여 덩어리 형태의 장약이 탄자를 감싸고 있는 형태로 제작된 무탄피탄은 기존의 탄약에서 탄피가 차지하는 탄약 전체 무게의 50% 정도를 감소할 수 있다.

　한편 미국은 앞서 설명한 소총의 발전추세에 더해 전장에서의 소총의 다양한 역할에 주목해 차세대 복합소총(OICW, Objective Individual Combat Weapon)을 개발하고 있다. 20mm 공중폭발유탄과 5.56mm 탄, 그리고 전자 및 광학 사격통제시스템을 장착한 XM29 복합소총은 복잡한 현대전에서 획기적인 성능을 발휘할 것으로 예상된다. 다만 미군의 OICW 사업이 경제성과 기술적인 문제로 전력화되지 못한 상황에서 우리

그림 3.8 한국이 독자기술로 개발한 K11 복합소총의 제원 및 기능

나라는 자체 개발한 K11 복합소총을 2013년부터 전력화하고 있다. 레이저 거리측정기와 표적탐지기를 이용해 엄폐물 뒤에 있는 적도 효과적으로 공격할 수 있는 K11 복합소총은 세계 최초로 독자 개발한 우수한 무기이다.

3.2.1.2 기관총

1862년 남북전쟁 당시 처음 등장한 개틀링(Gatling) 기관총은 6개의 총열을 회전축을 중심으로 묶어 분당 200발 이상의 탄을 발사할 수 있었다. 이 기관총은 손잡이를 이용해 장전 및 발사시켜야 하기 때문에 장시간 운용이 힘들었고 손잡이를 돌리는 사수의 조작이 일정하지 않아 잔고장이 많았다. 결국 제1차 세계대전 이후 역사 속에서 자취를 감췄지만 당시의 수동식 크랭크는 자동화되어 미국의 대표적인 대공화기인 발칸(Vulcan)의 모체가 되었다. 개틀링 기관총의 개발 이후 1888년 하이럼 맥심(Hiram Maxim)은 전쟁의 양상까지도 바뀌어놓을 만큼 혁신적인 기관총을 개발한다. 사격 시 발생하는 반동을 이용해 탄약을 재장전하는 간단한 아이디어로 현대 자동식 소화기의 근원이자 세계 최초의 자동식 기관총을 만든 것이다. 맥심기관총은 하이람 맥심을 '죽음의 발명가'로 불리게 할 정도로 뛰어난 성능을 자랑했는데 제1차 세계대전에서 그 성능을 유감없이 발휘하였다. 유명한 솜므전투에서 독일군은 별다른 피해 없이 맥심기관총의 전술적 활용으로 영국군에게 6만여 명의 사상자를 내는 성과를 달성하였다. 또한 공격보다는 적극적인 방어가 더 유리하다는 교훈을 얻었다.

이처럼 전쟁의 양상까지도 바꾸어버린 기관총은 무게 및 구경에 따라 경(輕)기관

그림 3.9 최초의 수동식 기관총인 개틀링 건과 제1차 세계대전에서 활약한 맥심기관총

표 3.2 자유진영과 공산진영의 주요 기관총

구분	명칭	구경	유효사거리	발사속도
경기관총	M249	5.56mm	800m	500발/분
	PRK74	5.45mm	800m	650~750발/분
범용기관총	M60(M240)	7.62mm	1,100m	600발/분
	PK	7.62mm	1,000m	650발/분
중기관총	M2	12.7mm	1,400m	400~500발/분
	KPV	14.5mm	2,500m	600발/분

총(LMG, Light Machine Gun), 범용기관총(GPMG, General Purpose MG), 중(重)기관총(HMG, Heavy Machine Gun)으로 구분한다. 경기관총은 구경이 7.62mm급으로 완전자동식으로 설계되나 반자동 또는 단발사격 형태가 부가되는 경우도 있다. 소총처럼 개머리판이 있어 어깨에 대고 사격하며 통상 1인이 운용할 수 있다. 범용기관총은 7.62~12.7mm의 구경을 가지며 경기관총과 같이 양각대를 사용하기도 하고 중(重)기관총처럼 삼각대를 사용할 수도 있다. 중(重)기관총은 12.7mm 이상의 구경으로 부품의 중량 및 크기가 증가된 것을 제외하고 LMG, MMG와 앞선 기관총과 다를 바가 없다. 경기관총과 범용기관총은 일반 보병부대의 지원화기로 운용되나 중기관총은 일반 차량, 전차, 장갑차, 헬기 등에 탑재되는 무장으로 사용되고 있다.

기관총의 발전추세는 유효사거리 감소, 구경의 단일화, 소구경 경량화, 기동무기 탑재용 다목적 기관총 개발의 4가지로 요약할 수 있다. 소총과 마찬가지로 제2차 세계대전과 6·25전쟁, 베트남전의 전투자료를 분석한 결과 기관총을 이용한 사격의 누적비율이 750m에서 50% 정도에 달하는 것으로 분석됨에 따라 유효사거리[3]를 과거의 2,000m에서 800m 정도로 축소하려는 경향이 있다. 또한 자유진영과 공산진영의 경기관총 구경을 각각 단일화하여 군수지원의 편의를 도모하는 추세이다. 기관총은 기본적으로 보병용 개인화기이기 때문에 휴대가 간편하고 가벼운 것을 선호하는 경량화의 요구로 1인용 경기관총을 개발하는 노력이 지속되고 있다. 대부분의 경기관총은 소부대의 기동성 측면에서 탄약휴대량 200발을 포함하여 전체 중량이 10kg

---

3   유효사거리(ER, Effectivve Range): 어떤 무기가 평균 50%의 확률로 표적을 명중시킬 수 있는 거리 혹은 한 무기가 손실 또는 피해를 가하기 위하여 정확하게 사격할 것이 예상되는 최대사거리이다.

그림 3.10 M1A2 전차에 탑재된 무인기관총 및 아파치에 장착된 30mm 기관포

이하가 되도록 설계하고 있다. 마지막으로 다양한 차량이나 장갑차, 헬기 등에 탑재되는 다양한 형태의 기관총이 개발되고 있다. 기존의 탑재용 무장은 지상용 기관총을 부분적으로 개조하여 탑재해왔으나 적국의 장갑능력, 기동무기의 진화에 따라 전용 플랫폼으로 개발되는 수요가 증가하고 있다.

소총과 마찬가지로 미국은 보병중대의 화력지원을 위해 차기 중(重)기관총 사업(ASCW, Advanced Crew Served Weapon)을 진행하였다. 미군의 마크19(Mk19) 고속유탄기관총과 M2 기관총을 대체할 목적으로 25mm 공중폭발탄을 분당 260발을 사격할 수 있는 XM307을 개발하였다. 이를 통해 2km 내외의 적 보병을 무력화시키고 1km 이내의 경장갑차량도 파괴할 수 있는 성능을 갖추었다. 하지만 기존의 40mm 탄약을 25mm 탄약으로 교체하는 데 드는 비용의 문제로 마크19 고속유탄기관총을 대체하는 마크 47(Mk47) 스트라이커 고속유탄기관총을 개발하였다.

우리나라도 이와 유사하게 차기 기관총으로 M60 기관총을 대체하는 K12 기관총

그림 3.11 미국의 M307 기관총과 25mm 공중폭발탄

그림 3.12 수리온에 장착된 K12 기관총과 XK13 기관총 및 25mm 공중폭발탄

과 K6 중기관총과 K4 고속유탄발사기를 대체하는 XK13 차기 중기관총을 개발하였다. 7.62mm의 탄을 사용하는 K12는 한국형 헬기인 수리온에 장착되고 분리 시 지상에서도 사용 가능한 모델이다. 또한 헬리콥터에서의 지상공격과 보병용 지원화기로 효과적인 역할을 할 것으로 기대된다. 차기 중기관총 XK-13은 K11 복합형 소총과 같은 원리로 25mm의 공중폭발탄을 사용하고 2km의 사거리에서 연속발사가 가능해 기존의 K4 고속유탄발사기보다 우수하다. 또한 장갑차량을 상대할 수 있는 대전차 고폭탄(HEAT)도 개발 중이며, 사격통제장치가 내장되어 레이저를 통한 거리식별 및 조준사격을 할 수 있다.

3.2.1.3 한국군 소화기 제원 및 특징

〈표 3.3〉은 한국군 소화기의 주요 제원을 나타낸 것이다. 표에서 보는 바와 같이 한국군은 운용목적에 따라 다양한 소총과 기관총을 개발하여 운용하고 있다. 이 중 K1A 기관단총은 기존의 M3A1 기관단총을 대체해 개발한 소총으로 특수부대 및 여군용 소총으로 개발하였다. K2 소총은 한국적 여건과 군수 면에서 최적화된 한국형 소총으로 군 전력 증강과 소총 개발의 자주화를 실현하기 위해 개발된 소총이다. K4 유탄기관총은 중화기 중대 편제화기로 기관총 유효사거리 밖의 적 밀집부대, 화기 진지 및 장갑차 제압에 적합한 화기이다. K7 소음기관단총은 특수작전부대가 대테러 작전, 은밀 적진 침투용으로 운용하기 위하여 개발되었다.

표 3.3 한국군 소화기 주요 제원

구분		형상	구경	무게	전장	유효 사거리	발사속도
소총 및 기관단총	K1A 기관단총		5.56mm	2.87kg	838mm (개머리판 수축식)	400m	700~900발/분
	K2 소총		5.56mm	3.37kg	970mm (개머리판 접철식)	600m	700~900발/분
	K2C 소총	MIL-STD 1913 레일 부착	5.56mm	3.77kg	875mm (개머리판 접철식)	600m	700~900발/분
	K7 소음 기관단총		9mm	3.4kg	788mm (개머리판 접철식)	135m	1,050~ 1,250발/분
	K14 저격소총		7.62mm	7.0kg	1,150mm	800m	–
기관총	K3 기관총		5.56mm	7.1kg	1,046mm	800m	700~ 1,000발/분
	K6 중기관총		12.7mm	38kg	1,654mm	1,830m	450~600발/분
	K12 기관총		7.62mm	11.9kg	1,110mm	800m	650~950발/분
복합소총 및 기타	K11 복합소총		5.56mm, 20mm	6.1kg	860mm	500m	650~950발/분 (소총)
	K4 고속유탄 발사기		40mm	34.4kg	1,072mm	1,500m	325~375발/분

최근 개발이 완료된 K14 저격용 소총은 100야드(91.4m) 거리에서 1인치(2.54cm) 원안의 표적을 정확히 명중시킬 수 있는 정확도를 갖췄다. 또한 주간 3~12배율, 야간 최대 4배율까지 관측이 가능한 주야간 조준경이 장착되며 탄도 일반 탄종에 비해 정확도가 증대된 특수 탄약이 사용된다. K14 저격용 소총은 순수 국내기술로 개발하여 우리 군이 사용하게 되었다. 이에 따라 우리 군이 향후 독자적으로 대저격전 수행능력을 발휘할 수 있는 기반을 마련했다.

3.2.2 박격포

포병에서 주로 운용하는 무기체계가 견인 및 자주 곡사포라면 보병에서 운용하는 곡사무기체계는 박격포(mortar)이다. 박격포는 포병의 곡사포에 비하여 구조가 단순하며, 제작 및 운용이 용이하고 고각사격[4]이 가능하다. 특히 박격포 탄약은 폭발작약을 둘러싼 금속탄체의 두께가 얇아 동일 구경의 곡사포보다 살상반경이 크다. 또한 보병들이 직접 운용하기 때문에 산악과 같이 험준한 지형에서도 신속하고 유기적인 화력지원이 가능하여 선진국들은 신형 박격포 개발에 박차를 가하고 있다. 물론 자주포에 비해 명중도가 낮고, 사거리가 짧으며, 기상조건에 따라 사격이 제한되는 단점도 가지고 있다. 박격포는 그 특성에 따라 〈표 3.4〉와 같이 크게 3가지로 분류한다.

한편, 박격포의 특징은 포구장전으로 인한 빠른 발사속도, 고사각 탄도로 인한 인원 살상력 증대, 상대적으로 낮은 포신 내 발사압력 등이 있다. 이러한 특징들로 인하

표 3.4 박격포 분류

구분	구경	무 게	최대사거리
경(輕)박격포	60mm 이하	18kg 이하	500~2,000m
중(中)박격포	60~100mm	34~68kg	2,000~5,000m
중(重)박격포	100mm 이상	68kg 이상	5,000m 이상

---

4   고각사격(High Angle Fire) : 최대사거리의 고각보다 더 큰 고각으로 하여 사격하는 거리가 줄어드는 포의 사격을 말한다.

표 3.5 박격포탄과 포병탄약의 살상면적 비교

구분	구경	탄종(고폭탄)	살상면적	
			지상폭발	2m 상공폭발
박격포	4.2인치(107mm)	M239	552m²	838m²
	120mm	M44V1	720m²	1,244m²
포병탄약 (곡사포)	105mm	HE M1	425m²	650m²
	155mm	HE M107	500m²	816m²

여 박격포는 보병부대에서 적은 인원으로 운용될 수 있으며, 적 보병 및 경장갑차에 대한 살상 및 파괴효과가 크다. 박격포의 위력은 실제 전투에서도 유감없이 발휘되고 있다. 최근 사례를 살펴보면 미군은 아프가니스탄과 같이 산악지형으로 인하여 포병의 운용이 제한되는 전장에서 보병들이 도수운반할 수 있는 61mm 박격포를 적극 활용하고 있다. 또한 신형 81mm 박격포탄은 기존의 155mm 포병탄약과 비슷한 수준의 대인살상력을 보유한 것으로 알려져 있으며, 새로 배치되고 있는 120mm 자주박격포는 155mm 포병탄약을 훨씬 뛰어넘는 위력을 보여주고 있다.

특히 주목할 만한 박격포 체계로는 핀란드와 스웨덴이 공동 개발한 아모스(AMOS, Advanced Mortar System)를 꼽을 수 있다. 아모스는 2개의 포신을 가지고 있으며 모듈화된 포탑은 차륜형과 궤도형 차량에 탑재될 수 있다. 심지어는 호수가 많은 북유럽의 지형에 알맞게 고속정에 탑재되어 연안에 대한 화력지원에 이용되기도 한다. 파괴력이

그림 3.13 궤도형 장갑차에 탑재된 아모스와 우리나라에서 개발 중인 120mm 박격포 체계

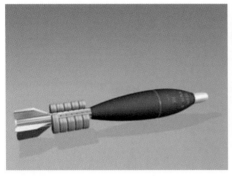

그림 3.14 미국의 120mm 박격포탄의 구조와 내부에 탑재되는 성형작약 자탄

강력한 120mm 탄을 이용하여 다양한 임무를 수행할 수 있다. 또한 자동장전장치를 이용하여 신속하게 재장전을 실시할 수 있으며, GPS와 관성항법장치를 이용하여 정확하게 표적과 자신의 위치를 확인할 수 있다.

박격포는 강선을 가지고 있지 않는 활강포신을 사용하기 때문에 탄 후미에 날개(Fin)를 장착하여 탄도를 안정시킨다. 추진장약은 얇은 판지 또는 도넛 형태로 핀과 탄몸체 사이에 장착되며, 이중목적고폭탄[5](DPICM, Dual Purpose Improved Conventional Munitions) 120mm 박격포의 경우 장갑차량의 상부를 공격하기 위하여 성형작약자탄을 가지고 있다.

120mm 박격포가 배치되면서 박격포탄 역시 포병의 곡사포 탄약과 마찬가지로 점차 스마트화되고 있다. 미국의 경우 XM395 정밀유도박격포탄(PGMM, Precision Guided

그림 3.15 미국의 120mm XM395 정밀유도박격포탄

---

5 이중목적고폭탄(DPICM, Dual Purpose Improved Conventional Munitions) : 대인 및 대장갑 표적 공격용으로 만들어진 개량형 고폭탄이다.

Mortar Munition)을 개발 중이다. 이러한 스마트탄의 추진계통은 기존의 발사체계를 이용할 수 있기 때문에 가격대비 효율이 매우 높다.

3.2.3 화포

3.2.3.1 견인포

육군에서 화력을 주로 담당하고 있는 병과는 아마도 포병일 것이다. 세계 각국의 포병에서는 전통적으로 견인포와 자주포를 운용해왔다. 포병이 운용하는 자주포와 견인포는 '곡사포'라고 불리기도 한다. 기본적으로 지구상에서 사용되는 모든 총포의 탄도는 곡선이다. 하지만 소총과 전차포가 직접 표적을 육안 또는 조준경으로 조준하여 사격하는 것과 달리, 포탄의 탄도곡선을 예측하여 표적의 제원에 맞는 장약과 고각을 부여하여 간접사격[6]을 하기 때문에 포병의 화포는 곡사포로 불린다.

포병의 기본 무기체계인 견인포(Howitzer cannon)는 화약이 발명된 이후 끊임없이 발전해왔다. 최근에는 경량화된 포신과 주퇴장치를 가지고 자주포가 사용될 수 없는 아프가니스탄과 같은 산악지형에서 효과적으로 사용되고 있다.

현재 사용 중인 대표적인 견인포에는 미국의 M777 견인포가 있다. 티타늄 등 특수 소재를 대거 사용한 M777은 총 중량이 4,218kg으로 블랙호크 헬리콥터로도 운송

그림 3.16 우리나라 포병의 주력인 KH179 155mm 견인포

---

6 간접사격(Indirect Fire) : ① 표적을 직접 조준하지 않고 실시하는 사격이나, ② 포진지 또는 포반에서 볼 수 없는 목표에 대하여 실시하는 사격을 뜻한다.

표 3.6 각국의 주요 견인포

구분	M777	KH179	GC-455	2A65
개발국가 〔연도〕	미국 〔2004〕	대한민국 〔1983〕	중국 〔1980년대〕	러시아 〔1983〕
중량	4,218kg	6,890kg	약 7,000kg	6,800kg
길이	10.7m	10.38m	-	-
구경장[7]	39	38	-	-
구경	155mm	155mm	155mm	152mm
유효사거리	보통탄: 24km BB탄: 30km 엑스칼리버: 40km	보통탄: 18km RAP탄: 30km	BB탄: 39.6km	24.7~28.9km
발사속도	2~5발/분	2~4발/분	2~5발/분	8발/분

이 가능하다. M777은 가벼운 중량에도 불구하고 기존의 155mm 및 152mm 곡사포
와 비교하여도 성능에 전혀 손색이 없으며, 해병대를 비롯하여 신속한 기동 및 해외
전개를 주 임무로 하는 부대에서 운용되고 있다.

우리나라의 포병은 북한보다 수적 열세에 있지만 지속적인 탄약의 개량과 자주
국방을 위한 장비 국산화를 통하여 그 차이를 줄여가고 있다. 견인 포병 분야에서는
1980년대에 개발된 KH179 견인포가 배치되어 운용되고 있다. 당시 최신 기술을 이

그림 3.17 가벼운 중량에도
뛰어난 성능을 자랑하는 미
국의 M777 견인곡사포

---

7   구경장: 포신 길이와 포구 직경의 비율(포신 길이/구경)

그림 3.18 한국형 차량탑재형 105mm 견인곡사포

용한 KH179는 포신의 길이를 증가시키고 신형 탄약인 로켓보조추진탄(RAP, Rocket Assisted Projectile)을 이용하여 사거리를 30km까지 연장시켰다. 견인포는 우리나라와 같이 산악지형이 많은 곳에서 효과적으로 운용될 수 있고 자주포보다 생산 단가 및 운용비용이 낮기 때문에 앞으로도 야전포병에서 계속 사용될 전망이다.

〈그림 3.18〉은 차량탑재형 105mm 견인곡사포를 나타낸 그림이다. 105mm 곡사포는 포병화력의 중추적인 역할을 해왔지만 자주화된 최신 곡사포의 등장으로 도태가 예정된 장비였다. 그러나 우리 군은 105mm 견인곡사포를 창조적으로 개량하는 방안을 선택하였다. 그 이유는 기존의 보유 탄약이 많고, 국지전에서 아직도 그 효용성이 우수하기 때문이다. 또한 개량화된 차량탑재형 105mm 견인곡사포는 그 성능이 아주 우수하다. 기존의 구형 105mm 견인포는 방열하고 초탄을 발사하는 데 총 8명이 소요되었으며 시간도 4분 30초나 소요되었지만 차량탑재형 105mm 견인곡사포는 5명이 56초 만에 초탄을 발사할 수 있는 수준으로 개량되었다.

표 3.7 기존의 105mm 견인포와 차량탑재형 견인포 비교

구분		기존 105mm 견인포	차량탑재형	성능개선 결과
운용인원		8명	5명	3명 감소
탄 적재량		60발	60발	-
사거리	최대	11,300m	11,300m	-
	최소	1,100m	1,100m	-
직접사격 시 사거리		500~2,000m	500~2,000m	-
발사속도	최대	분당 10발	분당 10발	-
	지속	분당 3발	분당 3발	-
격발장치		수동	수동/자동	자동기능 추가
포방열	방법	수동	자동/반자동/수동	자동/반자동기능 추가
	소요시간	차량 정지 후 3분	차량 정지 후 30초	6배 신속
	정확도	±2mil	±1.0mil	2배 정확
초탄발사		5분 이내	1분	5배 신속
이동수정량		4~5mil	1.0mil	5배 정확
구동체계	구동범위	방위각 46°	방위각 180°	4배 확대
	구동속도	고각 2.0°/s 방위각 4.5°/s	고각 10°/s 방위각 15°/s	고각 5배 방위각 3배 신속
이동준비		10분	30초	20배 신속
진지편성		포대 단위	문, 소대, 포대 단위	문 단위 방열 가능
진지조건		평탄한 지형	지형조건 제한 없음	지형 제한 없음

3.2.3.2 자주포

자주포(Self-propelled howitzer)는 그 명칭에 잘 나타나 있듯이 '스스로 주행할 수 있는 포'를 의미한다. 자주포의 가장 큰 장점은 별도의 견인차량이 필요 없기 때문에 사격 진지의 변환이 용이하고, 차체가 장갑화되어 있어서 적의 포병 공격에 대한 생존성이 높으며, 자동화된 사격통제 장치를 탑재하여 포를 방열하는 데 걸리는 시간이 짧다는 것이다. 이러한 특성으로 인하여 자주포는 기동전을 수행하는 전차 및 기계화보병과 함께 편조되어 보다 효과적인 화력지원을 수행할 수 있다.

세계적으로 가장 널리 운용되고 있는 자주포는 미국이 개발한 M109 자주포이다. M109 자주포는 전 세계적으로 약 6,000여 문이 생산되었는데, 주요 운용국가는 미국

을 비롯하여 대한민국, 독일, 이스라엘 등이다. 우리나라는 1980년대 초반 K179 견인포를 실전에 배치하여 부족한 포병화력을 보완하였지만 북한군과 비교하여 자주화된 포병전력이 매우 부족하였다. 이에 자주포의 독자 개발 가능 여부를 연구하였지만 당시의 부족한 국내 기술수준으로 인하여 미국의 M109 자주포를 면허 생산하기로 결정한다.

생산은 삼성테크윈(당시 삼성항공)에서 1984년부터 약 1,000여 대를 배치하였다. 현재 우리나라는 미국을 포함하여 세계에서 가장 많은 수의 M109 계열 자주포를 운용하고 있다. 우리나라의 K55 자주포는 미국의 M109A2 사양과 동일하며, 화생방전 상황에 대비하여 NBC 방어시스템을 탑재하고 있다.

하지만 20여 년 전에 배치된 K55는 자주화된 차량을 제외하면 방열 방식이나 사격통제가 견인포와 거의 동일하게 수동으로 이루어지는 단점이 있다. 또한 K55는 발사 시 반동을 제어하기 위하여 '스페이드'라고 불리는 지지장치를 땅바닥에 고정시켜야 하는 등 초탄을 발사하기까지 약 10여 분이 소요된다. 포의 장전 역시 수동으로 이루어지기 때문에 지속 발사 속도가 분당 1발 정도이다.

앞에서 열거한 K55에 대한 단점은 미국의 M109A5까지도 거의 동일하다. 이 때문에 미국은 현대 전장에서도 M109 계열 자주포를 계속 운용하기 위하여 대대적인 개량을 실시한 M109A6 팔라딘 자주포로 기존의 M109 계열의 자주포들을 모두 대체하였다. 팔라딘 자주포의 대표적인 특징으로는 자주포의 위치를 자동으로 파악할 수 있는 관성 및 GPS 항법장치 장착, 승무원의 생존성 증대를 위한 장갑 증가와 내부 구조물 재배치, 포대 사격지휘소(FDC, Fire Direction Center)[8]로부터 사격제원을 자동으로 전송 받을 수 있는 암호화된 통신장비 등이 있다. 또한 팔라딘은 자주포의 사격을 통제하고 지휘통제시스템과 연계되어 효율적으로 화력지원 임무를 가능하게 해주는 사격통제 컴퓨터가 탑재되어 있어 기존의 아날로그 자주포에서 디지털 자주포로 다시 태어나게 되었다.

결과적으로 미국의 팔라딘 자주포는 기존의 M109 계열 자주포에서 완전히 다시 설계되었으며, 전체적인 형상과 동력시스템 등 일부에서만 최초 버전의 흔적을 찾아

8　사격지휘소(FDC, Fire Direction Center) : 상급부대 또는 관측자로부터 사격요구를 접수하여 사격 제원을 산출하고 이를 전 포대에 사격명령으로 하달하는 포술분과의 통제본부이다.

그림 3.19 미국의 M109A6
팔라딘 자주포

볼 수 있다.

대한민국 육군 역시 K55 자주포의 한계점을 인식하고 2004년부터 개선사업을 시작했다. 성능개량형 K55A1 신형 장약과 탄약을 사용해 최대사거리가 기존 24km에서 32km로 증가하였으며, 기존의 로켓보조추진탄(RAP탄)에서 탄저항력감소탄(BB, Base bleed)[9]으로 교체되었다. 또한 현수장치 개량을 통하여 스페이드를 제거하였으며, 지속발사속도를 분당 1발에서 2발로 개선했다. 초탄 발사도 정지 상태에서 45초, 기동 중에는 75초로 획기적으로 단축했다. K55A1은 미국의 M109A6 팔라딘과 대등한 성능을 지닌 것으로 알려졌다.

그림 3.20 미국의 팔라딘과 동일한 성능으로 개량된 K55A1 자주포

---

9   탄저항력감소탄(BB, Base Bleed) : 사거리를 증가시킬 목적으로 탄의 후미에 서서히 연소하는 장약을 부착하여 연소시킴으로써 탄자 비행 시 발생되는 탄저항력을 감소시킨 사거리연장탄약이다.

미국과는 반대로 독일 등 선진국들은 자국의 고유 자주포를 개발했다. 현재 최강의 자주포로 자타가 공인하고 있는 독일의 PZH2000 자주포는 모든 면에서 최강의 성능을 자랑한다. 기술적인 특징을 살펴보면 차체는 독일의 레오파트Ⅱ 전차의 차체를 재설계하였으며, 포구제동(퇴)기(muzzle brake)[10]를 장착하여 차체에 반동이 전달되는 것을 최소화하였다. 또한 기존의 155mm 자주포와 구경은 같지만 약실의 재설계와 52구경장 포를 사용하여 보통 탄약으로도 32km 이상의 사거리를 달성하였다. 탄의 재보급은 총 60발을 단 2명의 승무원이 12분 안에 마칠 수 있다. 또한 분당 최대 발사속도는 8발이며, 5발의 탄을 한 지점에 동시에 사격할 수 있는 동시탄착사격(MRSI, Multiple Rounds Simultaneous Impact) 기능을 가지고 있다. 이 기능은 TOT[11](Time On Target)이라고도 불리는데, 이 기능을 전술적으로 사용하면 단 1문의 자주포로 여러 문의 화력을 얻을 수 있다. 더욱 놀라운 것은 이 모든 임무를 단 3명의 승무원이 실시할 수 있다는 것이다.

그림 3.21 현존하는 최고의 자주포로 인정받고 있는 독일의 PZH 2000

---

10 포구제동기(Muzzle Brake) : 총 또는 화포의 사격 시 발생하는 추진가스의 일부를 측면 혹은 측 후면으로 분출시켜 복좌에너지를 감소시키는 장치로 포(총)구에 장착되어 있다.

11 TOT(Time On Target) : 포병지원사격 시 목표물에 대한 사격개시시간으로 화력을 한 표적에 대하여 동시 탄착되도록 실시하는 사격방법

그림 3.22 우리나라에서
독자 개발한 K9 자주포

신형 자주포 중에서 세계시장에서 독일의 PZH 2000과 경쟁하고 있는 자주포가
바로 대한민국의 K9 자주포이다. K9 자주포는 1989년 국방과학연구소에서 개발을
시작하여 1998년부터 (주)삼성테크윈에서 생산을 시작하였다. K9의 주요 특징은
PZH 2000과 거의 유사하지만 기동성은 약간 우세하고, 화력과 방어력은 약간 열세
인 것으로 알려져 있다. K9은 급속사격 시 3발을 15초 이내에 발사할 수 있는 MRSI
기능을 가지고 있으며, 최대발사속도는 분당 6발, 지속발사속도는 분당 2발이다. 기

표 3.8 각국의 주요 자주포 제원 비교

구분	K9	PZH2000	M109A6	AS90
개발국가 (전력화 시기)	대한민국 (1999)	독일 (1998)	미국 (1991)	영국 (1993)
전투중량	47.0t	55.8t	27.5t	45.0t
엔진마력	1,000hp	1,000hp	450hp	660hp
최대속도	67km/h	67km/h	64km/h	53km/h
포구경	155mm	155mm	155mm	155mm
구경장	52	52	38	39 또는 52
유효사거리 (사거리연장탄)	보통탄: 30km (40km 이상)	보통탄: 30km (40km 이상)	보통탄: 24km (32km 이상)	보통탄: 24.9 (60~80km)
발사속도(발/분)	급속: 6 / 지속: 2 (동시: 3발/15sec)	급속: 8 / 지속: 3 (동시: 3발/9sec)	급속: 8 / 지속: 3 (동시: 3발/15sec)	급속: 6 / 지속: 2 (동시: 3발/10sec)

그림 3.23 프랑스의 시저
차륜형 자주포

동 간 긴급사격 시 1분 이내에, 정지 시에는 30초 이내에 초탄을 사격할 수 있다. K9
의 가장 큰 장점은 동급 자주포에 비해 가격경쟁력이 우수하다는 것이다. PZH2000
이 대당 80억 원을 호가하는 반면, K9은 대당 45억 정도 수준으로 두 자주포의 성능
상 차이가 크지 않은 것을 감안한다면 K9은 세계시장에서 가격 경쟁력이 가장 뛰어
나다고 할 수 있다.

  2001년부터 2009년까지 K9은 터키에도 기술지원 형식으로 350여 문이 수출되었
다. 최초의 8문은 한국에서 제작되었으며 나머지 수량은 한국의 기술지원하에 터키
에서 생산되었다.

  앞서 알아본 궤도형 자주포와는 달리 차륜형 자주포도 존재한다. 궤도형 자주포
는 도로가 잘 정비되지 않은 전장환경에서 전차와 같은 기계화부대와 함께 작전할 수
있고, 장갑에 의해 적의 포병화력의 파편으로부터 충분히 보호를 받을 수 있다. 하지
만 도로가 잘 발달된 곳에서는 최대 속도가 차륜형 자주포보다 낮고, 획득 비용이 높
다. 따라서 일부 국가에서는 자국의 실정에 맞게 차륜형 자주포를 생산하고 있으며
대표적인 예가 프랑스의 시저(Ceaser) 차륜형 자주포이다.

  화약을 이용한 포가 사용되기 시작한 시점부터 지금까지 곡사포의 발전 방향은
더 멀리에서, 더 정확히, 더 강력히, 더 신속하게 적을 타격하는 것이었다. 이를 위해
서는 곡사포 자체도 매우 중요하지만 발사체인 탄두와 추진체인 장약 역시 매우 중요
한 역할을 수행한다.

  탄약의 경우 사거리를 증가시키기 위하여 로켓보조추진탄(RAP, Rocket Assisted Pro-

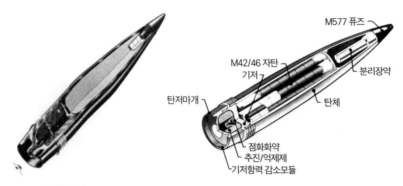

그림 3.24 미국의 M549A1 로켓보조추진탄과 M864 탄저항력감소탄

jectile)과 탄저항력감소탄(BB, Base bleed)이 주로 개발되어 사용되고 있다. 로켓보조추진탄은 일명 RAP탄으로 불리며, 포탄의 탄저에 조그마한 로켓모터를 달아서 추가적인 추진력을 얻는 방식으로 사거리를 증가시킨다. RAP탄은 사거리 증대를 위하여 별도의 추진장약과 로켓모터가 부착되기 때문에 탄체의 폭발효과를 위한 작약의 탑재량이 감소하며, 로켓 추진을 제어할 수 있는 장치가 없기 때문에 공산오차가 증가한다. 이러한 단점을 극복한 것이 바로 탄저항력감소탄, 일명 BB탄이다. 보통 포병이 사용하는 탄체는 대기 중에서 비행 중 발생하는 항력(drag force)으로 인하여 속도가 감소하게 된다. 이러한 항력은 주로 탄과 공기에 의한 마찰 저항력과, 탄의 탄저에서 발생하는 진공상태로 인하여 증대되는데, 탄저의 진공상태를 제거해주기만 해도 항력의 상당부분을 상쇄시킬 수 있다. 이에 BB탄은 연소물을 연소시켜서 탄저의 진공상태를 제거해준다. 155mm 곡사포의 경우 초기에는 RAP탄을 많이 사용하였으나, 현재는 BB탄이 대세를 이루고 있다.

사거리 증대를 비롯하여 화력지원의 효율성을 증대시키기 위한 노력은 추진제의 개량을 통해서도 이루어지고 있다. 포병탄약은 크기가 대형이기 때문에 탄두와 추진장약이 분리되어 사용된다. 미국의 경우 기존의 복잡한 장약체계를 단순화하여 모듈화시킨 MACS(Modular Artillery Charge System)을 실전에 배치하고 있다. 기존에는 사거리별로 장약의 양이 다른 묶음을 사용하여 사격을 실시했지만 현재는 단 2개의 모듈로 모든 사거리를 구현할 수 있도록 장약을 단순화시켰다. 이를 통하여 야전포병은 효율적인 탄약관리가 가능하게 되었다.

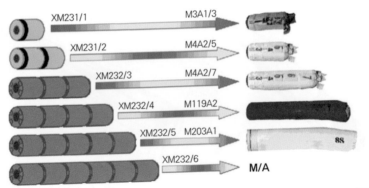

XM231/1   M3A1/3

XM231/2   M4A2/5

XM232/3   M4A2/7

XM232/4   M119A2

XM232/5   M203A1

XM232/6

M/A

그림 3.25 미국의 XM231 및 XM232 장약 모듈과 기존의 주머니 형태의 장약 비교

미래의 포병탄약은 극도의 정확성을 확보하기 위하여 GPS 등으로 유도될 것으로 기대된다. 현재 실전에 배치된 미국의 엑스칼리버(M982 Excalibur)는 액체장약과 같은 신형 추진장약 사용 시에 최대사거리가 57km에 이를 것으로 예측되며, 이때의 공산오차는 20m 이내라고 알려져 있다. 하지만 실제로 엑스칼리버를 운용한 이라크의 미군은 총 사용량의 92%가 4m 오차 이내로 명중했다고 보고했다. 보통 포탄을 최대사거리에서 발사 시 공산오차가 200~300m인 것을 감안한다면 엑스칼리버는 단 1발로도 매우 정확하게 표적을 타격할 수 있는 것이다. 실제로 이라크전쟁에서 엑스칼리버를 사용한 미군의 팔라딘 자주포는 아군과 150m 이격된 적에게 정확하게 타격을

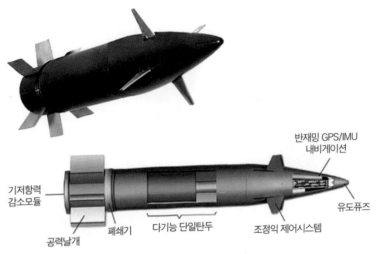

반재밍 GPS/IMU
내비게이션

기저항력
감소모듈

유도퓨즈

공력날개   폐쇄기   다기능 단일탄두   조정익 제어시스템

그림 3.26 미국의 레이디온 사가 개발한 엑스칼리버

가하기도 하였다. 엄청난 성능의 엑스칼리버의 가격은 1발당 5만 달러 정도이며, 통상 사거리 수 킬로의 보병용 대전차미사일이 1발에 10만 달러를 호가하는 것을 감안할 때 비용대 효과 측면에서 매우 우수한 무기체계이다.

3.2.4 지대지로켓

흔히 로켓(Rocket)은 발사 후 유도가 불가능하다는 점에서 미사일(Missile)과 구분된다. 하지만 로켓은 유도기능이 필요 없기 때문에 저렴한 비용으로 대량생산하여 배치할 수 있다. 흔히 이러한 로켓의 장점을 이용하여 막강한 화력을 순식간에 집중할수 있도록 고안된 육군의 무기체계가 바로 지대지로켓이다.

15세기 조선은 두만강과 압록강 이남의 여진족을 정벌하기 위하여 당시 최고의 화약 기술을 응용하여 신기전(神機箭)을 개발하였다. 신기전이 개발되기 이전에는 최무선이 주화(走火)를 개발하였고, 이를 개량하여 다연발로 발사할 수 있도록 한 것이 바로 신기전이다. 신기전은 적은 수의 병력으로도 대량의 화력을 집중할 수 있었기 때문에 당시로서는 가공할 만한 신무기였다.

현대에 이르러서는 제2차 세계대전 당시 소련이 카츄사 다련장시스템(Katyusha multiple rocket launchers)을 개발하여 사용하였다. 당시의 독일군들은 카츄사 로켓이 발사될 때 발생하는 특유의 발사음 때문에 이를 '스탈린의 오르간'이라고 부르기도 하였다. 당시 소련의 로켓은 정확도가 매우 낮았으며, 사거리는 10km 내외로 현대적 무

그림 3.27 15세기 중엽에 발명된 조선의 신기전

제2차 세계대전
당시의 소련의 카츄사다련장

기체계로서 큰 위력을 발휘하지는 못했다. 하지만 독일에 비하여 부족한 소련의 화
력을 보강하고 전장에서 적에게 공포와 충격을 심어주기에는 더없이 좋은 무기체계
였다.

  냉전 시절에는 미국을 주축으로 하는 북대서양조약기구(NATO, North Atlantic Treaty
Organization)가 유럽에서 소련의 대규모 기갑부대를 상대하기 위하여 227mm 대구경
M270 MLRS(Multiple Launch Rocket System)를 개발하여 실전에 배치했다. 당시 NATO는 소
련의 대규모 기갑부대를 항공 전력을 이용하여 저지한다는 작전 개념을 가지고 있었
으나, 소련에 비하여 기갑전력이 상대적 열세하여 항공전력만으로 이를 저지하기에
는 한계가 있었다. 이에 따라 1만 대가 넘는 소련군의 전차들을 효과적으로 저지하기
위하여 MLRS를 개발한 것이다. MLRS의 개발에는 미국의 록히드마틴사와 독일의 딜

그림 3.29 미국과 독일이
공동으로 개발한 M270
MLRS의 발사 장면

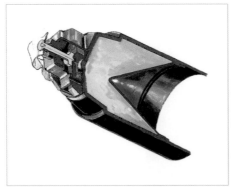

그림 3.30 DPICM 자탄의 구조와 표적 상공에서 분산되는 수백 발의 자탄

BGT 디펜스(Diehl BGT Defence)사를 비롯하여, 영국, 프랑스 등이 참가하였으며, 미군은 이 시스템을 1983년 최초로 실전에 배치하였다.

냉전 시절에 개발된 M270 MLRS는 기계화부대와 동등한 기동성을 발휘하기 위하여 발사 차량은 M2 브래들리 보병전투장갑차에 사용된 동력 계통을 그대로 적용하였으며, 기본적인 소화기 및 화생방전에 대한 방호력을 보유하고 있다. 또한 현대화된 사격통제시스템을 도입하여 상급부대의 사격제원이 전술통신망을 통하여 발사차량으로 자동 전송되어 신속한 화력지원이 가능하다.

MLRS는 사거리 32km의 기본형 로켓과 사거리 45km의 신형 로켓을 12발 장착하며, 각각의 로켓에는 518~644발의 이중목적대인개량탄약(DPICM) 자탄들이 들어 있다. 각각의 자탄들은 표적 상공까지 로켓으로 이동되어 표적의 상공에서 살포되며, 성형작약을 이용하여 전차의 상부장갑을 관통하거나 수류탄과 같은 파편효과를 발휘하여 인원을 살상하기도 한다. M26 로켓 1발은 축구장 1개 정도의 면적을 초토화시킬 수 있는 것으로 알려져 있으며, 12발의 로켓을 모두 발사하면 약 1km^2 면적 내의 적을 제압할 수 있다고 한다. 또한 12발을 모두 사격 후 신속한 재장전을 위하여 6발 단위의 로켓 포드를 통째로 교체하는 식으로 재장전이 이루어지며 5분 이내의 재사격이 가능하므로 화력을 지속적으로 지원할 수 있다.

최근에는 사거리를 더욱 연장하고 정확도를 더욱 증가시키기 위해 GMLRS(Guided MLRS)가 개발되어 배치되었다. GMLRS가 일반 다련장 로켓시스템과 다른 점은 발사 후 로켓을 제어할 수 있는 장치는 없지만 탄두 부분에 설치된 유도장치와 날개가 탄

재장전 중인 독일 육군의 M270 MLRS

두를 목표로 정확히 유도하는 역할을 수행한다는 것이다. 즉, 로켓의 비행 자체는 제어를 하지 않지만 마치 포병의 스마트 포탄처럼 GPS 유도장치로 사전에 입력된 표적으로 자탄을 탑재한 탄두를 정확히 유도하는 것이다. GMLRS는 약 70km의 사정거리를 가지고 있다.

우리나라는 1980년대 북한에 비하여 열세인 포병전력을 보강하고자 중(中)구경 다련장 로켓인 130mm 구룡을 실전에 배치했다. 당시 구룡은 북한에서 운용 중인 방사포보다 성능이 우수한 무기체계였지만 1990년대 들어서면서 개발된 세계 각국의 대구경 다련장 로켓체계보다는 화력과 사거리가 많이 부족하였다.

이에 우리 군은 미국에서 운용 중인 M270 및 그 개량형인 M270A1 58문을 도입하

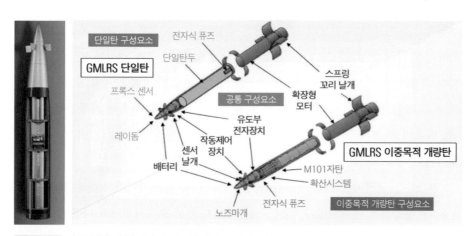

그림 3.32 탄두 부분이 분리되어 유도폭탄과 유사한 기능을 수행하는 GMLRS

그림 3.33 일제히 사격 중인 한국군의 중구경 다련장 구룡과 발사대

그림 3.34 한국형 MLRS 천무

였다. 이는 미국과 독일 다음으로 많은 수의 규모였다. 군에서 대량으로 MLRS를 운용하게 됨에 따라 탄약은 미국으로부터 면허생산을 통하여 국내에서 생산되고 있다. 또한 북한의 장거리 방사포의 위협을 좀 더 효과적으로 재거하기 위하여 최근 사거리 60km급의 한국형 MLRS 천무의 개발을 완료했다. 천무는 기존의 130mm 중구경 로켓을 40발 장착하는 모델과 대구경인 227mm/230mm 로켓 12발을 장착할 수 있다. 이는 현재 운용 중인 탄약과 한국군이 독자적으로 개발한 탄약을 모두 운용할 수 있도록 융통성을 부여한 것이다.

3.2.5 미사일

우리는 이미 기동에 관하여 이야기하면서 해군과 공군의 각종 미사일에 대하여 다루었다. 미사일이 다른 무기체계와 구분되는 가장 큰 특징은 컴퓨터로 비행경로를 수정하여 표적으로 명중할 수 있도록 비행제어가 가능하다는 것이다. 이는 탄도 곡선의 예측을 통하여 발사 이전에만 표적까지 비행경로를 변경할 수 있어 명중률이 저하되는 화포와 로켓의 단점을 극복할 수 있는 미사일만의 특징이다.

3.2.5.1 미사일의 분류

미사일은 비행방식에 따라 크게 순항미사일과 탄도미사일로 분류할 수 있다. 순항미사일은 비행간 대기로부터 산소를 빨아들여야 하는 펄스제트엔진 또는 소형터보엔진에 의해 추진된다. 또한 레이더를 피해 초저공비행이나 우회 항행을 할 수 있는 미사일로서 비행방식은 〈그림 3.35〉와 같다.

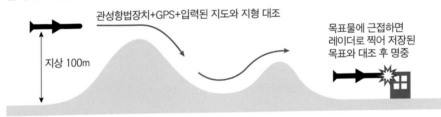

그림 3.35 순항미사일의 비행방식

그림에서 보는 바와 같이 순항미사일은 컴퓨터로 목표까지의 지도를 기억시켜 레이더로 본 지형과 대조하면서 진로를 수정하는 TERCOM(Terrain Contour Matching)이라는 유도방식을 채용한다. 이를 통해 명중정밀도가 매우 우수하며, 속력은 음속 이하이지만 초저공 비행이 가능하여 적 레이더가 포착하기 힘든 장점을 가지고 있다.

반면 탄도미사일은 최초 로켓의 추진력으로 비행하다가 최종단계에서는 자유낙하함으로써 포물선의 궤적을 그린다. 〈그림 3.36〉은 탄도미사일과 순항미사일의 비행궤도를 비교한 그림이다.

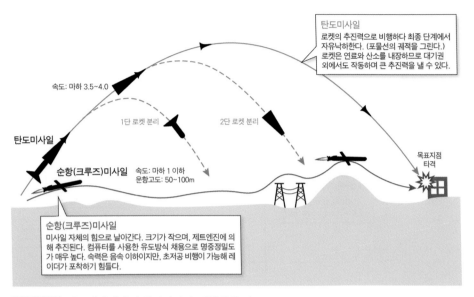

탄도미사일
로켓의 추진력으로 비행하다 최종 단계에서
자유낙하한다. (포물선의 궤적을 그린다.)
로켓은 연료와 산소를 내장하므로 대기권
외에서도 작동하며 큰 추진력을 낼 수 있다.

속도: 마하 3.5~4.0

1단 로켓 분리

2단 로켓 분리

탄도미사일

순항(크루즈)미사일

속도: 마하 1 이하
운항고도: 50~100m

목표지점
타격

순항(크루즈)미사일
미사일 자체의 힘으로 날아간다. 크기가 작으며, 제트엔진에 의
해 추진된다. 컴퓨터를 사용한 유도방식 채용으로 명중정밀도
가 매우 높다. 속력은 음속 이하이지만, 초저공 비행이 가능해 레
이더가 포착하기 힘들다.

그림 3.36 탄도미사일과 순항미사일의 비행방식 비교

그림에서 보는 바와 같이 순항미사일은 일정한 고도와 속도를 유지하는 반면 탄도미사일은 로켓추진제에 의해 높게 올라갔다가 다시 낙하하는 방식이다. 이때 로켓은 대기권 외에서도 작동할 수 있어 장거리 목표에도 유리하며, 대륙간탄도미사일의 경우 낙하할 때 속도가 마하 3 이상으로 요격이 거의 불가능한 것으로 알려져 있다.

3.2.5.2 미사일의 유도

미사일의 유도는 매우 복잡한 과정이고, 많은 이공학적 기초지식을 요구하므로 대략적인 미사일의 성능과 특성을 이해해야 한다. 또한 미사일을 운용하는 사용자 입장에서 최소한의 미사일의 특성을 이해하기 위해서는 미사일의 유도방식을 명확히 이해하고 있어야 한다. 특히 현대의 미사일은 사용 목적에 따라 유도방식과 분류법이 다양하므로 본격적으로 육·해·공군 미사일에 대하여 알아보기 전에 유도방식을 이해하도록 하자.

미사일의 유도방식을 구분하는 가장 큰 방식은 표적종말(GOT, Go-Onto-Target) 유도와 지역종말(GOLIS, Go-Onto-Location-in-Space) 유도이다. 미사일에 적용되는 유도방식은 표적이 고정되어 있는지 여부, 표적의 규모와 성격 등에 의해서 차이가 난다.

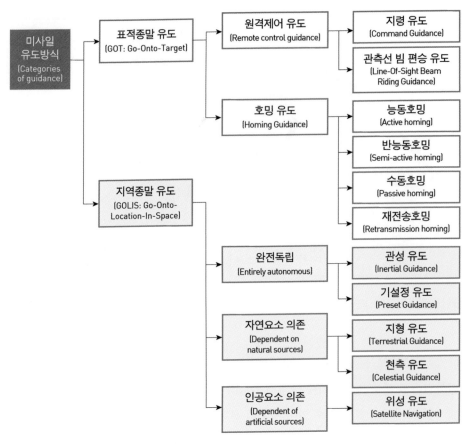

그림 3.37 미사일의 유도방식 분류법

먼저 표적종말 유도방식, 즉 GOT 방식은 표적(Target)이 이동 중이거나 정지 중인 경우 모두 사용되는 방식으로 표적 추적기(Target tracker), 미사일 추적기(Missile tracker), 유도 컴퓨터(Guidance computer)로 구성된다. 이 방식은 원격제어 유도(Remote Control Guidance)와 호밍 유도(Homing Guidance)로 구분되는데 원격제어 유도방식은 유도 컴퓨터가 미사일과 떨어져 위치하고 있는 경우, 호밍 유도방식은 유도 컴퓨터가 미사일 내부에 장착된 경우를 말한다.

원격제어 유도 중 지령 유도방식은 미사일 추적기가 미사일 외부인 발사장치에 장착되어 있는 경우로 미사일은 전적으로 발사장치의 유도를 받아야 한다. 반면 관측선 빔 편승 유도방식은 미사일 추적기가 미사일에 장착되어 있어 미사일은 스스로

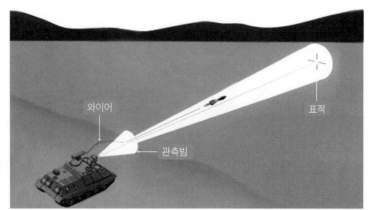

그림 3.38
관측선 지령
유도방식

와이어

표적

관측빔

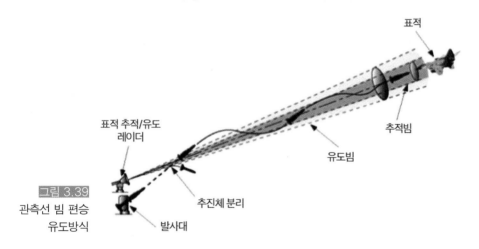

표적

표적 추적/유도
레이더

추적빔

유도빔

그림 3.39
관측선 빔 편승
유도방식

추진체 분리

발사대

조사되고 있는 빔의 범위 내에서 비행하도록 스스로 제어된다. 하지만 빔은 계속해서 발사장치 또는 다른 소스로부터 조사되어야만 한다.

이러한 원격제어 유도방식은 유도 컴퓨터가 미사일 외부에 위치하여 미사일은 소모되더라도 원격제어에 필요한 유도 컴퓨터는 반복해서 사용할 수 있으므로 미사일 자체의 생산비용을 절감할 수 있다. 따라서 원격제어 유도방식은 주로 단거리 대전차미사일과 같이 지형을 구분하여 정확한 표적에 명중을 요구하는 무기체계에 많이 사용되고 있다.

호밍 유도방식은 미사일 내부에 표적의 위치 및 운동특성에 관한 정보를 직접 수신할 수 있는 수신기와 이 정보를 기초로 비행경로를 수정할 수 있는 유도 컴퓨터가 내장되어 있다. 호밍 유도방식은 능동, 반능동, 수동 그리고 재전송 호밍의 4가지 유

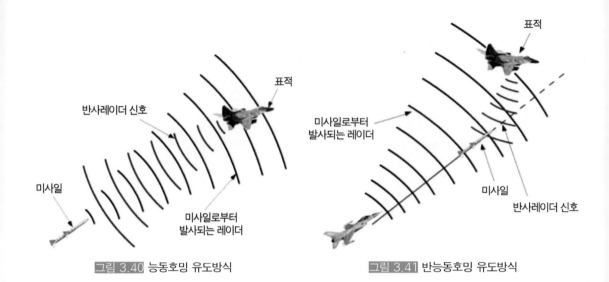

표적

반사레이더 신호

표적

미사일로부터
발사되는 레이더

미사일

미사일로부터
발사되는 레이더

미사일

반사레이더 신호

그림 3.40 능동호밍 유도방식

그림 3.41 반능동호밍 유도방식

도방식으로 분류된다. 먼저 능동호밍 유도방식은 표적의 위치를 탐색하기 위하여 자체 레이더를 이용하여 표적에 대한 정보를 얻는다. 그러므로 이 방식은 최초 표적 탐지만 실시하여 미사일에 표적을 인계해주고 나면 발사 이후 모든 과정이 전자동으로 이루어진다. 이러한 기능으로 인해 능동호밍 유도방식은 대표적인 발사 후 망각(fire and forget) 방식으로 알려져 있다.

반능동 유도방식은 표적탐지에 필요한 레이더 전파를 미사일 외부에서 조사하고 미사일이 표적으로부터 반사된 레이더 파장을 탐지하여 유도되는 방식이다. 능동호밍 방식의 가장 큰 단점이 미사일의 자체 레이더를 사용하기 때문에 레이더 크기에 제한이 따르고 이로 인하여 탐지 성능에도 한계가 있다는 것인데 반능동호밍 방식은 이러한 단점을 극복할 수 있다. 즉, 지상이나 항공기의 고출력 레이더를 이용하여 표적 탐지에 필요한 레이더 조사가 이루어져 탐지거리가 길고, 미사일에서 자체 레이더가 차지하는 부분에 대한 절약이 가능하다.

수동호밍 방식은 다른 호밍 방식과 달리 표적이 발산하는 적외선(Infrared Rays)[12] 신호나 가시 영상정보를 탐지하여 미사일을 유도한다. 미사일에서는 표적탐지를 위한

---

12 적외선(infrared rays): 스펙트럼에서 가시광선의 적색 바깥쪽에 나타나는 광선으로, 가시광선보다 파장이 길며, 눈에는 보이지 않지만 물체에 흡수되어 열에너지로 변하는 특성이 있다. 이러한 특성을 이용하여 야간에도 물체를 식별하거나 미사일을 추적할 수 있는 적외선 센서 등이 군사적으로 많이 활용되고 있다.

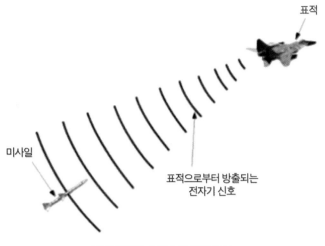

그림 3.42 수동호밍 유도방식

어떠한 신호도 발산하지 않고 오직 표적이 자체적으로 방출하는 신호만을 검출하기 때문에 단거리 공대공미사일과 같은 작지만 민첩한 비행을 실시하는 미사일의 유도에 사용된다.

재전송호밍 방식은 일종의 하이브리드 유도방식으로 미사일 경유 추적방식(TVM, Track Via Missile)으로도 불린다. 이는 지령 유도와 반능동호밍 및 능동호밍 방식을 모두 사용하는 방식이다. 최초 발사 단계에서는 지령 유도방식으로, 중간단계에서는 반능

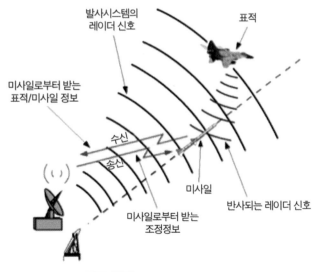

그림 3.43 재전송호밍 유도방식

동호밍 방식으로 탐지한 표적정보를 미사일이 수신하여 이를 다시 발사대로 전송하고, 최종적으로 발사대로부터 받은 피드백(feed back)과 자신의 자체 레이더를 통하여 능동호밍 방식으로 표적에 최종 유도되는 방식이다. 재전송호밍 방식은 중거리 이상의 대공요격미사일 유도에 많이 사용되고 있다.

지금까지 살펴본 표적종말 유도방식들은 실시간으로 변화하는 표적정보를 기초로 미사일의 비행경로를 수정하는 방식이다. 하지만 수천 km 이상을 비행해야 하는 대륙간탄도미사일과 같은 경우 표적은 특정 도시나 군사시설이 될 가능성이 높고, 이러한 표적들의 위치정보는 실시간으로 변화하지도 않는다. 또한 미사일에 표적에 관한 정보를 실시간으로 시차 없이 전송하는 것도 큰 의미가 없기 때문에 이러한 경우에는 지역종말 유도방식이 주로 사용되고 있다.

지역종말 유도방식은 미사일의 비행경로 설정에 필요한 기준이 무엇인가에 따라 완전독립 유도방식, 자연요소 의존 유도방식, 인공요소 의존 유도방식으로 나눌 수 있다.

완전독립 유도방식은 관성 유도(Inertial Guidance)와 기설정 유도(Preset Guidance)로 구분되는데, 요즘 대부분의 대륙간탄도미사일은 기계식 및 레이저 자이로스코프에 기초한 관성항법장치(INS, Inertial Navigating System)로부터 얻어지는 가속도를 적분하여 비행경로를 확인하는 관성 유도방식을 채택하고 있다. 기설정 유도방식은 독일의 V-2와 같은 초창기 미사일에 주로 이용되었으며, 비행경로를 미리 설정하여 특정 시간 이후에 간단한 비행 제어가 이루어지도록 하는 방식으로 현재는 거의 사용되지 않고 있다.

자연요소 의존 유도방식은 미국의 토마호크 순항미사일과 같이 특정 지역의 영상지형정보를 디지털화하여 미리 입력된 경로 주변의 지형을 비교하며 비행을 제어하는 유도방식이다. 이 방식은 주로 비행고도가 낮고 아음속으로 비행하는 순항미사일의 유도에 적합하다.

인공요소 의존 유도방식은 미국의 GPS(Global Positioning System)[13] 위성과 같이 미리 구축된 인공 기준점을 이용하여 미사일의 유도에 필요한 정보를 얻는 것이다. 하지

---

13 GPS(Global Positioning System) : 지상, 해상, 공중 등 지구상의 어느 곳에서나 시간제약 없이 인공위성에서 발신하는 정보를 수신하여 정지 또는 이동하는 물체의 위치를 측정할 수 있는 전천후 위치측정 시스템이다.

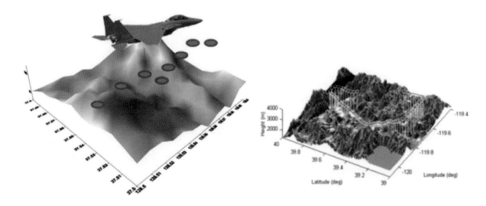

자연요소 의존 유도방식의 하나인 TERCOM(Terrain Contour Matching) 시스템

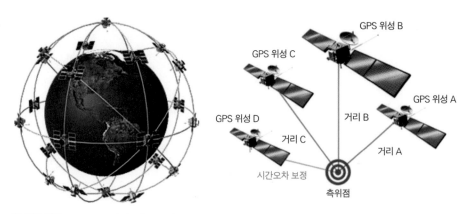

GPS시스템의 작동원리

만 GPS 유도방식은 적의 전파방해에 취약하기 때문에 이를 극복하기 위하여 최근에는 GPS 유도방식과 관성 유도방식이 결합되어 사거리 수천 km에도 공산오차는 수십 m에 불과한 대륙간탄도미사일이 개발되고 있다.

3.2.5.3 미사일의 비행제어

미사일의 비행제어는 크게 공기역학적 제어와 추력편향제어로 나누어진다. 공기역학적 제어는 대기를 비행하는 비행체에 날개를 장착하여 비행체 진행방향에 대한 날개의 각도를 제어함으로써 이루어진다. 현재 운용 중인 미사일은 전단익(Canard), 주익(Wing), 후미익(Tail fin) 등으로 공기역학적 제어를 실시하는데 경우에 따라서 전단

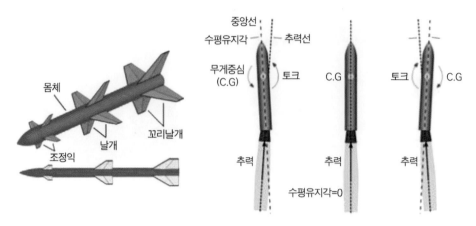

그림 3.46 미사일의 공기역학적 제어를 위한 날개(좌)와 추력편향 제어(우)

익과 주익을 사용하지 않거나 전단익과 후미익만을 사용하는 경우도 있다. 하지만 공기역학적 제어를 효과적으로 하기 위해서는 날개가 공기저항을 더 잘 받도록 설계 해야 하고, 이에 따라 비행체의 비행속도가 감소할 수 있다. 미사일은 급격한 기동을 수행하는 것도 중요하지만 신속하게 표적까지 비행하는 것도 중요하므로 공기역학 적 비행제어에는 언제나 이 두 요소 간의 절충이 이루어져야 한다.

공기역학적 비행제어의 한계를 근본적으로 극복할 수 있는 방법은 미사일 분사 노즐의 방향 자체를 제어하는 추력편향이다. 이 방식은 최근에 배치되고 있는 F-22 와 Su-35와 같은 전투기에도 사용되고 있다. 보통의 경우 공기역학적 제어와 추력편 향제어가 컴퓨터에 의해서 동시에 이루어지는데 대부분의 미사일은 최적화된 비행 경로를 찾아내기 위해 매순간 초 단위로 수십 번의 비행제어가 이루어진다.

최신형 미사일의 경우 50G(중력가속도의 50배) 이상의 고기동을 수행할 수 있는데, 조 종사가 탑승하는 전투기가 견딜 수 있는 기동의 한계가 9G 내외인 것을 감안하면 미 사일의 기동성이 매우 우수함을 알 수 있다.

3.2.6 대전차미사일

토우(TOW, Tube-launched, Optically-tracked, Wire command datalink)는 미국을 비롯하여 서방 세 계의 육군에서 운용 중인 대전차미사일(Anti-Tank Missile)이다. 1960년대에 개발된 이래

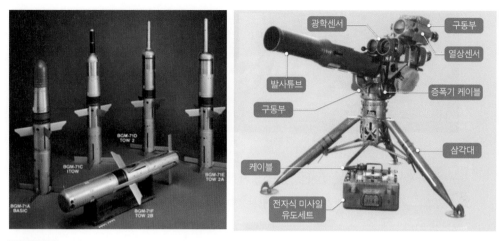

그림 3.47 다양한 버전의 BGM-71 토우와 발사대의 모습

로 지속적인 개량을 통하여 아직까지도 세계 각국에서 주력으로 운용되고 있다. 토우는 그 명칭에서 알 수 있듯이 관측선 지령 유도방식에 의해 유도되며, 케이블을 이용하여 발사체로부터 비행정보를 받는다.

최대사거리는 3,750m이며 최신형 토우-2A의 관통력은 적의 반응장갑에 대비하여 탠덤(Tandem) 탄두를 사용하며 균일압연장갑(RHA, Rolled Homogeneous Armor) 기준으로

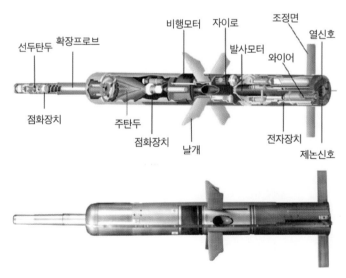

그림 3.48 탠덤 탄두를 사용하는 BGM-71E 토우-2A

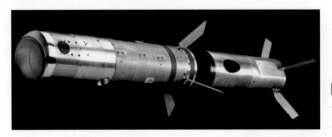

그림 3.49 표적 상공에서 폭발하여 전차의 상부공격이 가능한 BGM-71F 토우-2B

900mm에 이른다. 또한 전차의 장갑이 가장 취약한 상부를 공격하기 위해 개발된 상부공격(Top-down attack) 방식의 토우-2B는 전면장갑이 강력한 전차를 효과적으로 파괴할 수 있다.

토우는 강력한 성능을 가지고 있기는 하지만 미사일과 발사대의 중량이 많이 나가기 때문에 보병이 도수운반하기에는 제약이 따른다. 이에 따라서 보병이 휴대할 수 있는 대전차미사일의 필요성이 제기되었다. 미국은 현재 제3세대 휴대용 대전차미사일인 FGM-148 재블린(Javelin)을 실전에 배치하여 운용 중이다. 재블린은 11.8kg의 미사일 중량과 2,500m의 최대사거리를 가지고 있다. 재블린의 가장 큰 특징은 바로 발사 후 망각 방식을 도입했다는 것이다. 지금까지의 대전차 유도무기들은 발사 이후에도 사수가 최종단계까지 미사일을 유도해야만 했다. 하지만 재블린의 탄두에는 적외선 영상탐색기(imaging infrared seeker)가 장착되어 있다. 그리고 탐색기의 영상은 재블린의 컴퓨터로 분석되어 재블린이 스스로 영상을 인식하고 추적할 수 있도록 설계되어 있다. 따라서 사수는 재블린 발사 전 표적을 조준하고 그 영상정보를 재블린에 입력하면 이후 전 과정이 자동으로 이루어진다.

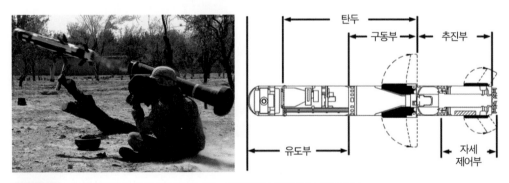

그림 3.50 미 해병대원에 의해 발사되고 있는 재블린과 미사일의 내부 구조

그림 3.51 보병용 중거리 유도무기 현궁

　한편, 한국군은 2014년 보병용 중거리 유도무기 현궁(晛弓)을 개발하였다. '빛과 같은 화살'이라는 의미를 가진 현궁의 사거리는 3km, 자체중량은 20kg이며, 이중성 형작약탄을 사용하여 최대 2.5km 떨어진 900mm 두께의 장갑을 관통할 수 있는 능력을 갖추었다. 또한 장갑이 취약한 전차의 포탑 상부를 주로 공격하도록 설계되었고 사격 시 후폭풍이 적어 실내에서도 사격할 수 있다는 강점을 지니고 있다. 유도방

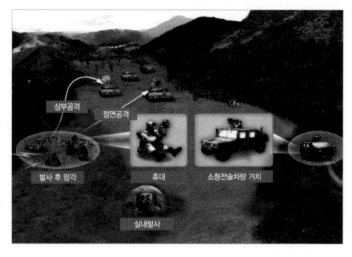

그림 3.52 보병용 중 거리 유도무기 현궁의 운용개념

식은 사격 후 미사일이 스스로 목표물을 찾아가도록 설계된 '발사 후 망각(Fire & Forget)' 방식을 적용하여 사수의 생존성을 높였다.

3.2.7 지대지 전술탄도미사일

전술탄도미사일은 사거리와 운용 개념에서 전략탄도미사일(Theatre ballistic missiles)과 대비된다. 통상 전술탄도미사일은 300km 내외의 사정거리를 가지며, 생존성을 보장하기 위하여 이동식 발사대에 실려 운용된다. 전술탄도미사일은 이중목적대인 개량탄(DPICM, Dual-Purpose Improved Conventional Munitions)과 같은 재래식 탄으로 적의 종심에 위치한 기계화부대나 핵심 지휘소와 같은 전술적 목표를 타격하는 데 사용된다. 이는 전략탄도미사일이 주로 핵탄두를 탑재하고 대륙을 횡단할 수 있는 사거리를 보유하는 것과 대비된다. 전술탄도미사일은 지상군이 운용하는 포병과 미사일 사령부급에서 운용하는 전략탄도미사일의 간격을 매워주는 역할을 수행하며 지상군이 운용할 수 있는 가장 긴 사정거리의 무기체계이다.

대표적인 전술탄도미사일체계로는 미국의 MGM-140과 러시아의 9K720 이스칸데르(Iskander)가 있다. 특히 주목할 만한 시스템은 미국의 MGM-140인데, 우리에게 ATACMS(Army Tactical Missile System)로 잘 알려져 있다. ATACMS는 다련장 로켓체계인

그림 3.53 M270A1 차체에서 발사 중인 MGM-140/164 미사일과 4가지 타입의 미사일

다양한 발사체를 이용하여 투발이 가능한 BAT 탄두

M270의 차체에 탑재되며 발사대를 비롯한 모든 시스템은 공유된다. 외관만으로는 MLRS와 ATACMS를 구분할 수 없기 때문에 전술적으로 적을 기만할 수도 있다. ATACMS는 총 4가지 모델이 있으며, 내부에 탑재되는 집속탄의 종류 및 수량, 최대사거리에 차이가 있다. 그러나 모든 모델의 최대사거리는 300km이다.

여러 버전 중 최신형인 MGM-164 ATACMS 블록 II에는 13개의 BAT(Brilliant Anti-Tank) 자탄이 탑재되어 있다. 이 자탄은 스스로 표적에 대한 정보를 인식하여 전차와 같은 고가치 표적을 공격한다. BAT은 ATACMS뿐만 아니라 다양한 발사체를 이용하여 순항미사일과 항공기 등에서 투발이 가능하다.

한편, 러시아는 최대사거리 400km의 9K720 이스칸데르(나토명 SS-26 stone)를 운용하고 있다. 2006년에 배치한 이 전술탄도미사일은 최종 유도단계에서 전기 및 영상 탐색기를 이용한다. 이는 적국의 전자전에 효과적으로 대응할 수 있고 조기경보기나 목표주변의 무인항공기(UAV) 등을 이용하여 최종 유도를 수행할 수 있다는 장점을 제공한다. 또한 마하 6~7의 속도로 50km 높이까지 상승하여 회피 비행을 실시하면서 90°의 각도로 7m 이내의 공산오차로 표적을 타격할 수 있다.

적국의 입장에서는 사거리가 짧고 속도가 마하 5 이상인 전술 탄도탄을 요격하는 것이 거의 불가능하다. 그리고 이를 요격하기 위한 지대공미사일 시스템은 매우 고가이기 때문에 전술탄도미사일을 보유한 국가는 전술적으로 큰 이점을 갖는다. 이러한 전술탄도미사일의 중요성을 인식하여 최근 우리나라도 북한의 미사일 발사와 핵

그림 3.55 차량에 실려 있는 러시아의 9K720 이스칸데르 전술탄도미사일과 발사 모습

실험 등에 대응할 수 있는 현무2와 순항미사일인 현무3을 공개하였다.

　우리나라는 1980년 한미 지대지미사일 각서를 통하여 사거리 180km 이상, 탄두 중량 500kg을 초과하는 어떠한 미사일도 개발하거나 획득하지 않고 있다가 2001년 미사일기술 통제체제(MTCR, Missile Technology Control Regime)에 가입하기 위하여 이 각서를

그림 3.56 1980년대 개발된 현무1과 최근 실전에 배치된 현무2 전술탄도미사일

폐기하였다. MTCR은 미사일의 확산을 막기 위해 미국 주도로 서방 7개국이 1987년 4월 16일 설립한 비공식 협정이다. 설립 목적은 500kg 이상 탄두를 300km 이상 발사해 보낼 수 있는 미사일 및 무인비행체, 이와 관계된 기술의 확산 방지와 대량파괴무기(핵, 화학, 생물학무기)를 발사할 수 있는 장치의 수출을 억제하는 데 있다.

우리나라는 MTCR 가입 후 사거리 300km에 탄두중량 500kg인 현무2를 개발할 수 있었다. 그러나 북한의 탄도탄 위협과 주변국에 대한 군사억제력을 보유하기 위해서는 사거리 및 탄두중량의 증가가 불가피하다고 판단하였고, 이에 우리나라는 2012년에 미국과 사거리 연장을 위한 협상을 통해 800km까지 사거리를 늘여 북한의 장거리 미사일 위협에 대한 초기 방어능력을 보유할 수 있는 기틀을 마련하였다. 또한 순항미사일은 이 MTCR의 제약을 받지 않기 때문에 사거리 1,500km급의 현무3 순항미사일을 개발하여 배치할 수 있었던 것이다. 최근 3차 협정에서는 탄두중량 500kg에 대한 부분이 삭제되고, 개정 이전 '대한민국은 사거리 800km, 탄두중량 500kg을 초과하는 고체 로켓을 개발하지 않는다.'라는 조항이 '대한민국은 사거리 800km를 초과하는 고체 로켓을 개발하지 않는다.'로 수정되었다.

3.3 해군 화력무기체계

앞서 설명한 바와 같이 군함은 여러 하부체계들이 결합되어 있는 종합체계의 성격이 강하다. 이러한 이유 때문에 육군의 보병과 달리 해군은 특정 함정이 화력지원만을 담당하지는 않는다. 따라서 특정 함정을 예로 설명하지 않고 함정을 이루고 있는 하부체계들 중 화력을 담당하는 체계들에 대하여 알아보도록 하겠다.

3.3.1 함포

함포는 해군 함정에 탑재되는 무기체계 중에 가장 오래된 역사를 지닌 무기체계이다. 1991년 걸프전쟁까지만 해도 미국의 전함인 아이오와급에 탑재된 함포의 사격을 목격할 수 있었다. 16인치 함포는 거대한 구경에도 불구하고 최대 유효사거리가 38km에 달하였다. 막강한 위력의 함포는 전면전 상황에서는 매우 효과적이지만 적의 핵심표적만 타격하는 현대의 디지털 전장에서는 그 역할이 정밀 미사일로 대체되고 있는 추세이다.

하지만 미국을 비롯한 세계 각국의 해군은 자국의 함정에 함포를 반드시 배치하고 있다. 그 이유는 아직도 비용대 효과 측면에서 함포를 따라올 화력지원체계는 없기 때문이다. 또한 현대 과학기술의 발달은 전자열포, 전자기포와 같은 신형 함포의 개발을 가능하게 하고 있다. 현재 세계 각국에서 운용 중인 함포는 효과적인 화력지원을 위하여 빠른 연발사격 속도와, 자동화된 사격통제장치를 요구하고 있으며, 함에 적재되는 다른 무기체계와의 간섭을 최소화하기 위하여 경량화 및 소구경화를 추구하고 있다. 또한 기존의 함포는 지상 및 해상에서의 화력지원에 주로 사용되었지만 최신 함포들은 대공표적까지 사격할 수 있도록 설계되고 있다. 현재 127mm 함포들은 24~30km 정도의 최대사거리를 가지고 분당 20~40발을 사격할 수 있도록 되어 있다. 가까운 미래에는 이러한 함포를 통해 사거리가 100km에 이르는 스마트탄이 개발될 전망이다.

그림 3.57 미국의 아이오와급 전함과 이에 탑재된 16인치 Mk.7 함포

특히 우리나라의 세종대왕급 이지스함과 충무공 이순신급 구축함에는 미국의 Mk.45 mod4 함포가 탑재되어 있고, 광개토대왕급 구축함에는 동일구경의 이탈리아 오토멜라라(Oto Melara)사의 함포가 탑재되어 있다. 우리나라 해군은 상륙 시 연안에 대한 화력지원을 대단히 중요하게 생각하고 있으며, 그러한 이유로 인하여 다른 나라 해군보다 함포체계에 많은 관심을 갖고 있다.

하지만 모든 함정에 127mm 함포체계를 탑재할 수 있는 것은 아니다. 127mm 함포의 경우 시스템의 총 무게는 30톤을 넘는다. 이러한 함포는 작은 군함의 선체에 무

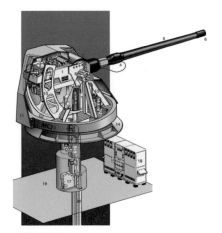

그림 3.58 127mm 함포 시장의 한 축인 이탈리아 오토멜라라사의 127mm 54구경장 함포

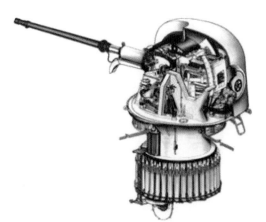

그림 3.59 1964년 개발 이후 지금까지 가장 널리 사용되고 있는 76mm 함포

리를 줄 수 있으며 균형을 맞추기가 어렵기 때문에 그 대안으로 76mm 함포가 사용되고 있다. 76mm 함포의 대명사인 이탈리아 오토멜라라사의 슈퍼라피드(Super rapid)는 7.5톤의 중량에도 분당 120발을 사격할 수 있고, 최대사거리가 30km에 이른다.

3.3.2 순항미사일

순항미사일은 마치 비행기와 유사한 형태를 지닌다. 비행기가 대기 중에서 공기를 흡입하여 터보팬(turbofan)엔진을 이용해 추진력을 얻는 것과 동일한 원리로 순항미

세계 최초의 순항미사일로 알려진 독일의 V-1

사일은 소형 터보팬엔진을 이용해 목표까지 비행하기 때문이다.

세계 최초로 실전에서 순항미사일을 사용한 나라는 바로 독일이다. V-1 로켓으로 알려진 최초의 순항미사일은 간단한 펄스제트엔진을 장착하였으며, 850kg짜리 탄두를 탑재하고 시속 640km로 250km까지 비행할 수 있었다. V-1은 간단한 자이로(gyro)[14]를 이용하여 사전 입력된 항로를 따라 비행할 수 있었으며, 유도장치의 한계로 인하여 도시와 같이 매우 큰 표적을 공격하는 데 사용되었다.

독일의 패전 이후 소련과 미국은 V-1의 기술을 이용하여 각자의 순항미사일을 개발한다. 소련은 미국의 항모전단을 공격하기 위하여 잠수함과 항공기에서 발사가 가능한 잠대함 및 공대함 순항미사일을 대규모로 개발하여 배치했다. 순항미사일은 탄도미사일[15]에 비하여 속도가 느리고 탑재 탄두중량도 가벼웠지만 저공으로 비행할 수 있기 때문에 지형을 이용하여 적의 레이더의 탐지를 피할 수 있었다. 또한 핵탄두를 비롯하여 다양한 종류의 탄두를 탑재하여 탄도미사일에 비하여 보다 유연성 있는 임무수행이 가능했다. 특히 해군의 경우 순항미사일을 사용하여 기존의 함포 사거리 밖에 위치한 내륙의 적 군사시설을 쉽게 공격할 수 있었으며, 항공모함에서 공격기를 이륙시킬 필요도 없었기 때문에 순항미사일 도입에 적극적이었다.

초기의 순항미사일 개발에는 여러 난관이 존재했다. 그중 하나는 적절한 추진시

---

14 자이로(gyro): 무거운 회전원판을 이중의 링(짐발)으로 지지한 것이다. 회전원판의 축은 어느 방향으로든 자유롭게 향할 수 있다. 일단 원판을 회전시키면 그 회전축의 방향은 일정하다. 말하자면 지구의 자기와는 관계없이 공간에 새로운 방위자석(나침판)과 같은 방향의 기준을 제공해준다.

15 탄도미사일(Ballistic missile): 발사된 후 로켓의 추진력으로 유도 비행하다가 추진제가 다 연소되면 지구의 인력에 의해 탄도를 그리면서 비행하는 미사일이다.

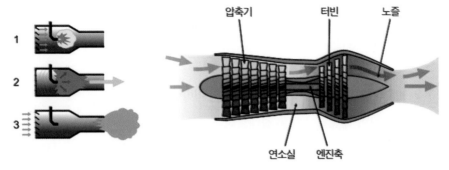

압축기　　　　　터빈　　　노즐

연소실　　엔진축

그림 3.61 펄스제트엔진과 터보팬엔진의 작동원리 비교

스템의 선정이었다. 독일의 V-1은 펄스제트엔진을 사용하여 효율이 떨어졌다. 펄스제트엔진은 개패구조로 된 하나의 흡입구를 통하여 공기가 들어오고, 연소 시에는 흡입구가 닫히며, 배기가 시작되면 다시 흡입구가 열리는 간단한 구조를 가지고 있었다. 하지만 펄스제트엔진은 고른 추력을 얻기가 어려웠고 효율이 극히 낮았으며, 많은 열이 발생되고, 특유의 진동음이 있어서 적에게 발견되기 쉬었다. 이에 미국과 러시아는 일정한 추력을 얻을 수 있는 소형 터보팬엔진을 개발하여 순항미사일의 엔진으로 사용하기 시작했다.

　　터보팬엔진은 펄스제트에 비하여 좀더 복잡한 구조를 가지고 있다. 그러나 터보팬엔진은 미사일의 직경에 맞도록 소형화할 수 있었으며 아음속 영역에서 일정한 추력을 얻을 수 있다. 또한 순항미사일이 지형을 따라 비행하면서 급격한 기동을 할 때

그림 3.62 미사일의 직경에 맞게 소형화된 토마호크 순항미사일의 터보팬엔진

추력을 조정할 수 있어서 비행에 훨씬 유리했다. 이에 따라 개발 이후 거의 모든 순항미사일은 터보팬엔진을 사용하고 있다.

3.3.2.1 함대함미사일

순항미사일의 대표적인 예는 함대함미사일이다. 함대함미사일은 1967년 이스라엘의 군함인 에일라트(Eilat)가 소련이 이집트에 제공한 스틱스(Styx) 대함미사일에 맞아 격침되면서 주목받기 시작하였다. 이에 미국은 1977년 하푼(Harpoon: 고래잡이 작살)이라는 대함미사일을 개발하게 된다. 이후 서방 국가 해군들의 표준 대함미사일이 되어버린 하푼은 지금까지 7,000여 발이 생산되었고, 현재도 계속 생산 중이다. 하푼 대함미사일의 특징을 살펴보면 이 미사일은 능동호밍 방식의 자체 레이더로 유도되며, 바다 위 수 m를 스치듯 비행하는 시스키밍(Sea Skimming) 비행으로 표적 부근까지 은밀히 접근한 후, 최종 지점에서 하늘로 솟아올랐다가 적함에 내리꽂는 방식으로 공격을 실시한다. 또한 적의 대공망을 피하기 위하여 여러 지점을 경유하여 우회할 수 있으며, 여러 패턴의 회피기동 기술과 대전자전 기술이 결합되어 있기 때문에 아무리 우수한 대공함이라도 하푼을 요격하는 것은 매우 어렵다고 알려져 있다.

최신형 하푼은 사거리가 315km에 이르며, 최대속도는 마하 0.9이다. 하푼은 탄두중량이 221kg으로 웬만한 함정은 단 1발로 무력화시킬 수 있다.

그림 3.63 이지스함과 F/A-18 전폭기에서 발사되고 있는 하푼과 내부 구조

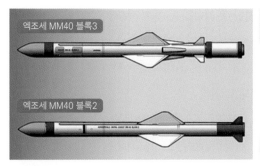

그림 3.64 포클랜드전쟁을 통하여 그 위력이 입증된 프랑스의 엑조세 미사일

하푼으로 공격이 불가능한 장거리 표적은 토마호크 순항미사일의 한 종류인 BGM/UGM-109B TASM(Tomahawk Anti Ship Missile)이 담당한다. TASM에 관한 내용은 뒤에 이어지는 함대지 순항미사일 부분에서 알아보도록 하자.

대함미사일이 가장 성공적으로 실전에서 사용된 사례로는 영국과 아르헨티나의 포클랜드전쟁을 들 수 있다. 1982년 아르헨티나 해군의 슈퍼 에땅다르드 전폭기에서 발사된 엑조세(Exocet) 미사일은 영국의 군함인 셰필드호를 격침시킨다. 당시 셰필드호는 엑조세 미사일의 접근을 알고도 제대로 방어를 할 수 없었다. 그때 당시 엑조세 미사일의 활약으로 영국군은 궁지에 몰렸으나 아르헨티나 본토 비행장에서 800km나 떨어진 포클랜드에 많은 항공기를 투입할 수 없었던 아르헨티나는 승기를 잡지 못하고 영국에 패한다. 하지만 셰필드호 사건은 세계 각국이 엑조세 미사일을 도입하는 계기가 되었다.

우리나라는 1970년대 중반 엑조세 미사일을 도입하였고 이후 주력함에는 하푼

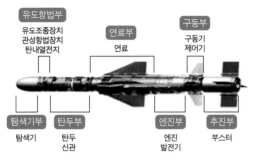

그림 3.65 최근 실전에 배치되기 시작한 우리나라의 해성 SSM-700K 미사일

미사일을 도입하여 운용하고 있다. 하지만 우리나라는 독자적으로 대함미사일을 개발하기 시작하여 2006년부터 주력함의 대함미사일을 국산 해성 미사일로 교체하고 있다. 해성은 최대사거리 150km, 탄두중량 300kg, 최대속도 마하 0.9이며, 세종대왕급 이지스함과 이순신급 구축함에 탑재되고 있다.

최근의 대함미사일 발전 추세를 살펴보면, 초음속 대함미사일이 속속 개발되어 배치되고 있다. 러시아와 인도가 공동 개발한 브라모스(BrahMos)는 300kg의 탄두를 장착하고 마하 2.8~3.0으로 290km를 비행할 수 있다. 이러한 빠른 속도의 달성은 새로 개발된 램제트(Ramjet)엔진으로 가능하였다.

램제트엔진은 터보팬엔진과 달리 공기의 압축을 위한 회전팬을 가지고 있지 않으며, 보조 추진장치에 의하여 미사일이 일정 속도까지 가속되면 고속의 흡입공기가 특별하게 설계된 노즐을 통과하게 되면서 연소되어 흡입 속도보다 더 빠른 속도로 방출되는 구조를 가지고 있다. 램제트 기관은 특히 소형으로 제작할 수 있어서 초음속 미사일과 같은 비행체에 적합하다. 이론상으로는 마하 6 정도까지의 속도를 얻을 수 있기 때문에 향후 대함미사일들은 마하 6 정도의 최고속도를 가질 가능성이 높다.

그림 3.66 초음속으로 비행할 수 있는 브라모스 대함미사일과 램제트엔진의 구조

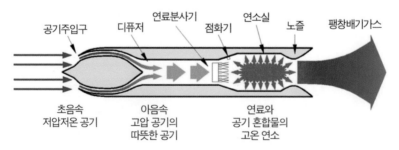

3.3.2.2 함대지 순항미사일

현대 해군의 전투함정은 먼 거리에서 지상 목표물을 타격할 수 있도록 다양한 무장을 보유하고 있다. 앞서 언급한 함포를 비롯하여 다양한 종류의 함대지미사일을 탑재하고 임무를 수행한다. 함대지미사일 중에는 수천 km 밖에서 적국에 대한 핵공격을 감행할 수 있는 전략탄도미사일도 포함되지만 일반적인 분쟁에서 가장 많이 사용되는 무기체계는 바로 함대지 순항미사일이다. 대표적인 함대지 순항미사일은 토마호크 미사일의 한 종류인 TLAM(Tomahawk Land Attack Missile)이다. TLAM은 A, C, D형이 존재하는데 A형은 W80 전술 핵탄두 장착형, C형은 단일 재래식 탄두, D형은 자탄 살포형이다.

TLAM은 지형지물 비교(TERCOM) 시스템과 관성방법장치(INS)를 이용하여 중간단계에서 비행을 실시하고, 최종표적 확인은 디지털영상 비교(DSMAC, Digital Scene Matching Area Correlation) 시스템과 GPS를 이용하여 실시한다. DSMAC은 미리 입력한 표적의 영상을 실제 토마호크의 탐색기가 탐지한 영상과 비교하여 정확한 표적을 구분해내는 유도방식이다. 그리고 TASM(Tomahawk Anti Ship Missile)은 유도방식에서 가장 큰 차이를 보이는데 관성 유도와 레이더 능동호밍 방식을 이용하여 표적까지 비행한다.

1기당 가격이 10억 원 내외로 알려져 있는 토마호크 순항미사일은 형식에 따라 다소 차이가 있지만 1,300~2,500km를 비행할 수 있으며, 표적상의 오차는 수 m 단

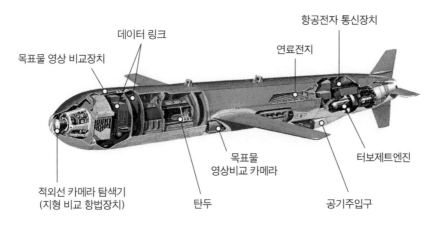

그림 3.67 미국의 BGM-109 토마호크 미사일의 구조

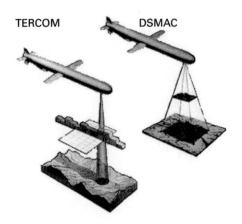

TLAM에서 사용하는 TERCOM 시스템과 DSMAC 시스템

위로 알려져 있다. 2003년 이라크전쟁 사례를 살펴보면, 잠수함과 구축함 등에서 발사된 토마호크 미사일이 내륙에 위치한 이라크의 지휘부와 주요 시설을 정확히 타격하였다. 특히 공해상에서 발사한 토마호크 미사일이 이라크 영토 깊숙이 위치한 군사시설을 민간인 피해 없이 자로 잰 듯 정확히 파괴하였다. 이에 미군의 지상군과 공군은 위협이 최소화된 상태에서 작전을 개시할 수 있었고, 초기에 승기를 잡은 미군은 많은 피해 없이 전쟁을 조기에 종료시킬 수 있었다.

우리나라도 순항미사일을 개발하여 실전에 배치 중이다. 최근 공개된 현무3은 미국의 토마호크와 유사한 성능을 보유하고 있는 것으로 알려져 있으며, 최대사거리는 1,500km이다.

그림 3.69 최근 공개된 현무3C 순항미사일

3.3.3 어뢰

어뢰(torpedo)는 표적을 파괴할 수 있는 탄두를 탑재하고 자력 추진으로 물속을 기동하여 해상표적에 유도될 수 있는 무기체계를 말한다. 수만 톤의 전함도 잠수함에서 은밀하게 발사하는 단 1발의 어뢰로 격침될 수 있기 때문에 어뢰는 매우 치명적인 무기체계라고 할 수 있다. 어뢰가 함정 아래에서 이격되어 폭발하면 폭발로 인하여 수중에서 공기의 팽창이 일어나면서 커다란 공기방울이 형성된다.

이 공기방울은 물속에서 주변과 엄청난 압력차를 발생시키기 때문에 공기방울이 큰 부력을 얻어 급격한 속도로 상승하게 된다. 상승하는 공기방울은 수백 m 높이의 물기둥을 형성할 정도로 막강한 위력을 가지고 있다. 만약 함정 바로 아래에서 어뢰가 폭발할 경우 공기방울에 의하여 함정이 두 동강날 수도 있기 때문에 어뢰 폭발에 의한 1차 피해보다 공기방울에 의한 피해가 더욱 심각해진다. 이러한 효과를 버블제트 효과(Bubble jet effect)라고 한다.

현대의 어뢰는 대부분 음파를 이용하여 유도된다. 미국의 중(重)어뢰인 Mk.48 ADCAP(Advanced Capability) 어뢰는 능동호밍 방식과, 수동호밍 방식, 반능동호밍 방식을 모두 사용할 수 있어 전술적으로 상황에 맞는 다양한 임무를 수행할 수 있다. 능동호밍 방식은 어뢰 자체 또는 모선에서 소나음을 발신하고, 표적에 부딪쳐 반사되어 돌아오는 음파를 탐지하여 표적의 위치를 확인하는 방식이다. 능동호밍 방식은 아군이 발사한 어뢰의 위치가 노출되거나 소나음을 발산하는 모선의 위치가 쉽게 발견되는

그림 3.70 퇴역 군함을 이용한 미국의 Mk.48 중(重)어뢰의 테스트(버블제트에 의한 함정 절단)

단점이 있다. 수동호밍은 표적이 발산하는 음파신호를 어뢰가 탐지하여 표적의 위치를 알아내는 방식으로 은밀한 공격을 실시할 수 있는 장점이 있다. 하지만 표적이 소음을 거의 발생시키지 않을 경우 어뢰를 유도하기가 매우 어렵다. 반면 반능동호밍 방식은 예상되는 표적의 위치까지 어뢰가 이동하고 표적의 근처에 다다르면 어뢰의 능동 소나를 이용하여 정확한 표적의 위치를 알아내는 방식이다. 어뢰의 유도방식은 레이더 대신 소나를 사용한다는 것만 제외하면 미사일의 유도방식과 매우 흡사하다.

어뢰는 수중에서 추진력을 얻기 위해 전기모터를 사용한다. 대부분의 어뢰는 화학물질의 반응으로 생성되는 전기로 모터를 구동시킨다. 초기에는 납전지 등을 이용하여 전력을 얻기도 했지만, 최근 가장 보편적으로 이용되는 축전지는 산화은 전지이다. 산화은과 아연 그리고 알칼리화합물의 화학반응으로 인하여 전극 사이에 전류가 흐르게 되고 이 전류를 이용하면 전기모터를 작동시킬 수 있다. 산화은 전지는 오랜 시간이 지나도 안정적이고 성능이 저하되지 않기 때문에 잠수함에 탑재되는 어뢰에 적합하다.

세계 각국의 해군에서는 수상함정과 잠수함 그리고 항공기 등에서 발사가 가능한 다양한 종류의 어뢰를 개발하여 운용 중이다. 보통 어뢰는 그 직경과 길이에 따라서 경(輕)어뢰와 중(重)어뢰로 구분되는데 경어뢰는 수상함을 비롯하여 항공기에서 발사가 가능하다. 대표적인 경어뢰는 미국의 Mk.46/54 어뢰와 유럽의 MU90/IMPACT 어뢰가 있다. 미국의 Mk.46 어뢰는 231kg의 중량에 44kg의 탄두를 탑재하며 최고속

그림 3.71 미국의 Mk.46 경(輕)어뢰와 유럽의 MU90/IMPACT 경(輕)어뢰

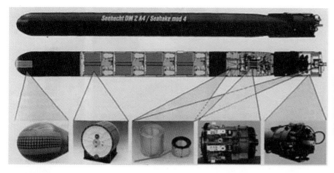

독일의 DM2A4 중(重)어뢰의 구성 및 잠수함 적재

도는 74km/h이다. 유도방식은 능동호밍 및 수동호밍 방식을 사용한다. MU90 어뢰는 총 중량이 304kg이며, 32.7kg의 탄두를 사용한다. MU90의 최대속도는 93km/h이며 1,000m까지 잠수할 수 있다.

이에 비하여 미국의 Mk.48 ADCAP 중(重)어뢰는 직경이 533mm, 총중량은 1,558kg에 달하며 탄두중량은 295kg이다. 최대속도는 102km/h이고 최대사거리는 74km/h로 운용 시 50km이다. 독일의 DMA4는 미국의 Mk.48 중어뢰와 비슷한 성능을 지니고 있는데 최대속도는 92.6km/h이고 260kg의 PBX(Polymer Bond eXplosive) 화합물 탄두를 탑재한다. 축전지는 산화은 전지 모듈 4개를 사용하며, 최대사거리는 50km 이상으로 알려져 있다.

최근의 어뢰 개발 추세를 살펴보면 초공동화 현상(Supercavitation)[16]을 이용하여 수중에서 저항을 최소화하는 기술이 적극 도입될 것으로 보인다. 이 현상을 이용하면 유체가 채워지지 않은 공간으로 마치 미사일이 비행을 하듯 빠른 속도로 물체를 이동시킬 수 있다. 러시아는 이미 초공동화 현상과 관련된 기술을 적용한 VA-111 시크발(Shkval) 어뢰를 개발하여 배치하였으며, 다른 국가들도 이 분야의 연구를 활발하게 진행하고 있다.

---

16 초공동화 현상(Supercavitation): 유체로 채워진 공간을 빠른 속도로 이동하는 물체가 있을 때, 물체가 유체를 밀어내고 지나간 빈자리를 유체가 다시 메우는 속도보다 물체의 속도가 더 빠를 때 물체 뒷부분에 유체가 채워지지 않은 진공공간이 일시적으로 생성되는 현상을 말한다.

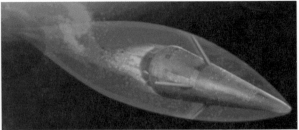

그림 3.73 초공동화 현상을 이용하여 고속으로 이동 중인 어뢰의 상상도

그림 3.74 초공동화 기술을 적용한 러시아의 VA-111 시크발 어뢰

3.4 공군 화력무기체계

3.4.1 공대공미사일

공대공미사일(AAM, Air to Air Missile)은 다른 항공기를 격추시키기 위하여 항공기에서 발사되는 미사일을 의미한다. 전투기끼리의 공대공 전투에서 미사일이 본격적으로 사용되기 시작한 것은 F-4 팬텀 전투기가 투입된 베트남전이다. 당시 F-4 팬텀은 AIM-9 사이드와인더 단거리 적외선 추적 수동호밍 미사일과 AIM-7 스패로 레이더

미 공군의 AIM-120C와 AIM-9X를 발사 중인 F-22 전투기

반능동호밍 미사일을 장착하고 활약하였다. 하지만 초창기에 배치된 AIM-9A/B/C/D형은 적기가 태양을 바라보고 회피기동을 실시하면 쉽게 표적을 상실하였고, 적외선 탐색기의 탐지각도 역시 20° 이내였기 때문에 적기가 급격한 기동을 실시하며 미사일을 쉽게 회피할 수 있었다. 이후 차세대 전투기에 장착되는 미사일들은 대부분 AIM-9와 AIM-7을 기준으로 이와 동등한 성능을 발휘하거나 이들의 단점을 보완하는 방식으로 발전하였다.

3.4.1.1 단거리 공대공미사일

미사일을 이용한 전투기끼리의 공중전은 크게 32km 이내에서 이루어지는 가시선 이내 전투(WVR, within visual range)와 그 이상의 거리에서 벌어지는 가시선 이외 전투(BVR, beyond visual range)로 나누어진다. 가시선 이내 전투는 흔히 '도그파이트'(dogfight)라고도 불린다. 도그파이트에 사용되는 미사일은 적의 전투기가 발산하는 열원(heat source)을 탐지하여 표적을 추적한다. 흔히 '적외선 수동호밍 유도미사일'이라고 불리는 단거리 미사일에는 미국의 AIM-9X 슈퍼사이드 와인더, 영국의 AIM-132 아스람, 러시아의 R-73 아처 등이 대표적이다.

이들 단거리 미사일들은 대기를 비행 중인 적의 항공기가 발산하는 열을 탐지한다. 초창기의 단거리 적외선 추적 미사일들은 적 전투기의 후미에서 발산되는 배기가스의 열을 주로 탐지하는 수준이었지만 최신 적외선 추적 미사일들은 전투기의 동체와 공기의 마찰로 발생되는 열도 탐지할 수 있다. 적외선 추적 미사일을 회피하는 가장 보편적인 방법은 미사일의 탐색기가 탐지하는 영역의 파장을 발산하는 플레어(flare)를 살포하여 미사일이 거짓 표적을 따라가게 하는 것이다. 이러한 방법은 1991

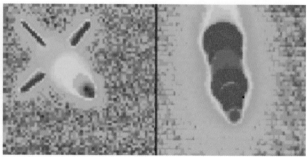

그림 3.76 AIM-9X가 탐지한 F-4의 영상과 지상의 광학센서가 탐지한 전술탄도미사일의 영상

년 걸프전의 이라크 조종사들에 의해서도 널리 사용되었으며, 최신 러시아제 전투기가 급격히 기동하면서 플레어를 발사하면 많은 수의 사이드와인더 미사일들이 표적을 놓쳤다. 이에 최신 AIM-9X는 적외선 영상을 통하여 적 항공기의 형상을 인식할 수 있으며, 다중 영역의 적외선 신호를 탐색하여 플레어의 교란을 피하도록 설계되었다.

AIM-9X에서 무엇보다 획기적으로 개량된 부분은 바로 기축선 밖 사격능력(off-boresight capability)이다. 렌즈의 곡면을 따라 배열된 적외선 초점면 배열단자(focal-plane array)를 갖는 탐색기는 적 항공기의 형상을 정확히 구분할 수 있다. 또한 탐색기의 기축선 밖 사격능력은 90° 이상으로 계량되었고, 조종사의 통합헬멧 지시기(JHMCS, Joint Helmet Mounted Cueing System)와 연동되어 조종사가 바라보는 것만으로도 표적을 포착할 수 있는 기능이 추가되었다. AIM-9X의 탄두중량은 9.4kg이고 고체연료 추진모터를 사용하여 마하 2.5로 1~35.4km 사이의 표적을 공격할 수 있다.

AIM-9X에 견줄 만한 영국의 단거리 미사일에는 AIM-132 아스람(ASRAAM, Advanced

그림 3.77 미 공군의 최신 단거리 공대공미사일인 AIM-9X 사이드와인더

그림 3.78 AIM-9X 사이드와인더에 견줄 만한 영국의 AIM-132 아스람

Short Range Air-to-Air Missile)이 있다. 최초에 영국과 독일은 공동으로 단거리 공대공미사일을 개발하기로 계획한다. 개발이 진행 중이던 시기에 독일이 통일되면서 동독공군이 보유하고 있던 소련의 최신 R-73 단거리 공대공미사일을 입수하게 되는데 당시 예상했던 것보다 훨씬 고성능의 미사일이었다. R-73은 탐지 범위와 거리, 표적 포착, 사거리, 최고속도 및 운용고도 등 모든 면에서 서방의 어떤 단거리 미사일보다 월등히 우수하였다. 이에 독일은 공동개발 미사일의 성능에 의구심을 품고 독자 개발을 선택하지만 영국은 계속 개발을 지속하여 아스람을 개발하기에 이른다. 영국은 독자 개발의 난관을 극복하고자 휴즈(Hughes)사의 적외선 초점배열단자 탐색기를 사용하는데, 이는 AIM-9X에 사용되는 탐색기와 동일한 것이었다. 이렇게 개발된 아스람은 미국의 AIM-9X와 일부 동등 내지는 약간 열세의 성능을 지니고 있으며 10kg의 탄두를 장착하고 마하 3으로 300m~18km에 위치한 적을 공격할 수 있다. 2009년 영국 공군은 후방에서 접근 중인 표적기에 아스람을 명중시키는 실증훈련을 실시하기도 하였다.

앞서 언급된 러시아의 R-73 아처(나토명 AA-11 Archer)는 1980년대 초에 개발되어 당시의 모든 서방국가의 단거리 미사일의 성능을 뛰어 넘었으며 몇 차례 개량을 통하여 현재까지 운용되고 있다. 아처는 60°의 기축선 밖 사격능력을 보유하며, 7.4kg의 탄두를 탑재하고 마하 2.5의 속도로 최대 40km까지의 표적을 공격할 수 있다.

이 외에도 독일이 주축이 되어 개발한 유럽의 IRIS-T(Infra Red Imaging System Tail/Thrust Vector-Controlled) 미사일, 이스라엘의 파이손(Python) 5, 일본의 AAM-5 등의 최신형 단거리 적외선 추적미사일이 세계 각국에서 운용되고 있다.

동구권 국가들의 표준 단거리 공대공미사일로 사용되고 있는 R-73 아처

3.4.1.2 중거리 공대공미사일

단거리 공대공미사일들이 적외선 추적방식의 수동호밍 유도방식을 채택하고 있는 반면 중거리 공대공미사일들은 레이더 추적 방식의 능동형 또는 반능동호밍 유도방식을 채택하고 있다. 미국이 1950년대에 개발한 스패로 II를 개량하여 제식화한 AIM-7C/D/E 스패로(Sparrow)는 베트남전쟁을 통하여 실전에서 대량으로 운용된다. 하지만 당시의 AIM-7의 격추율은 10% 정도였다고 전해지며 총 55기의 적 전투기를 격추하였다. 이후 AIM-7는 개량을 거듭하여 AIM-7R까지 개량되었지만 현재는 최신형 AIM-120 암람 미사일에 의해 교체되고 있다. 최신형 스패로는 40kg의 탄두를 탑재하고 마하 2.5로 50km 이내의 표적을 공격할 수 있다.

스패로의 가장 큰 특징은 바로 반능동호밍 유도방식을 채택했다는 것이다. 스패로는 발사 모체인 전투기의 레이더파가 최대로 조사된 방향의 표적에서 반사되어 돌아오는 반사파를 수신하여 그쪽으로 방향을 전환하며, 동시에 후방에 위치한 도파관으로 모체기의 레이더 파를 탐지하여 현재의 비행정보를 확인한다. 즉, AIM-7은 표적 탐지를 위한 자체 레이더를 보유하고 있지 않기 때문에 이를 반능동호밍 유도방식이라고 한다.

반능동호밍 유도방식은 미사일이 비행하는 동안 미사일을 발사한 전투기에서 계속 표적에 레이더를 조사해주어야만 한다. 때문에 스패로를 제대로 운용하려면 노련

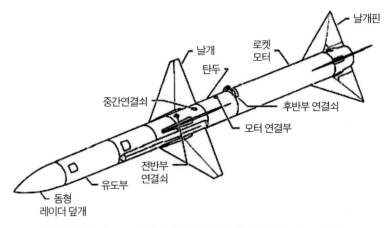

날개핀

로켓
모터

날개

탄두

중간연결쇠

후반부 연결쇠

모터 연결부

전반부
연결쇠

유도부

돔형
레이더 덮개

그림 3.80 미 공군의 중거리 공대공미사일 AIM-7 스패로의 구조

한 조종사가 발사를 위한 적절한 시기를 판단해야만 하였다.

　1966년 이전까지 미 공군 및 해군은 가시선 밖 전투를 전적으로 AIM-7 스패로에 의존해야 했다. 하지만 스패로가 지닌 한계로 인하여 베트남전에서 매우 실망스러운 결과를 접하게 된 미 해군은 당시 차세대 전투기인 F-14에 탑재할 신형 장거리 공대 공미사일을 개발한다. 이때 개발된 장거리 공대공미사일이 바로 AIM-54 피닉스 (Phoenix)이다. AIM-54 피닉스는 61kg의 탄두를 탑재하고 마하 5의 속도로 190km까지 비행할 수 있었다. 피닉스의 유도과정을 살펴보면 최초 발사단계에서는 F-14에 탑재된 AWG-9 고성능 레이더가 탑재한 표적정보를 기초로 비행을 실시한다. AWG-9 레이더는 당시 전투기에 탑재된 레이더 중 가장 큰 레이더였으며, 24개 표적을 추적하고 6개의 표적에 대해 피닉스를 동시에 유도할 수 있었다. 이후 고도를 상 승하여 운동에너지를 축적한 피닉스 미사일은 표적에서 18km 떨어진 지점부터 자체 레이더를 작동시켜 능동호밍 방식으로 전환한다.

　피닉스 미사일은 상당히 고성능에 고가의 무기체계였으나 미 해군이 실전에서 운용한 사례는 거의 없다. 단, 미국이 이란에 F-14와 함께 판매한 피닉스 미사일은 이란-이라크전쟁에서 적지 않은 수의 이라크 전투기를 격추시켰다고 전해진다. 하 지만, 고성능의 피닉스 미사일은 지나치게 크고 무거웠으며, 고가에다가 가시선 이 내의 전투에서 사용하기에는 부적합했다. 지나치게 긴 피닉스의 사거리는 피아식별 장치가 없는 F-14에서 발사하는 데 위험 부담이 있었고, 결국 이러한 이유로 피닉스

미 해군의 F-14
에서 발사된 AIM-54 피닉스

미사일은 F-14 전투기와 함께 2004년 퇴역한다.

　　AIM-7과 AIM-54의 사례에서 교훈을 얻은 미국은 1990년대 새로운 중거리 공대공미사일을 개발하기에 이른다. 당시 미 공군은 피닉스가 가지고 있는 다수 교전 및 발사 후 망각 능력을 보유하고 공군의 경전투기인 F-16에도 장착이 가능한 중거리 미사일의 보유를 희망하였다. 이에 스패로의 개량에 사용된 기술과 새로운 신기술을 도입하여 완전한 발사 후 망각 능력을 보유한 발전형 중거리 공대공미사일 암람(AMRAAM, Advanced Medium-Range Air-to-Air Missile)을 개발하기에 이른다.

　　미국의 신형 중거리 미사일인 AIM-120 암람은 22.7kg(C형: 18.1kg)의 탄두를 장착하고 마하 4의 속도로 75km 이내의 적기를 공격할 수 있다. 또한 최신형인 AIM-120D는 최대사거리가 180km에 이르는 것으로 알려져 있다. 암람의 가장 큰 특징은

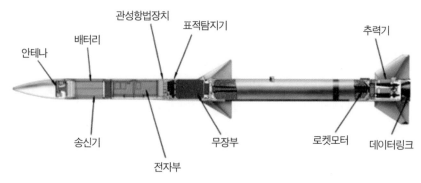

관성항법장치　표적탐지기　　　추력기
안테나　배터리

송신기　　무장부　　로켓모터　데이터링크
전자부

미 공군의 중거리 공대공미사일 AIM-120 암람의 구조

그림 3.83 AIM-120과 자체 능동 레이더의 안테나

바로 능동호밍 유도방식을 도입하여 발사 후 망각이 가능해졌다는 것이다.

암람의 유도과정은 전 과정이 자동으로 이루어진다. 먼저 전투기가 탐지한 표적에 암람을 발사하기만 하면 발사 직전 전투기의 레이더의 현재 표적정보를 암람의 컴퓨터가 데이터링크를 통하여 전송받아 표적의 미래 위치를 예측하고, 자체 관성항법장치(INS)를 이용하여 표적을 요격하기 좋은 위치까지 비행한다. 사실 이러한 초기 표적정보는 데이터링크를 통하여 전투기의 레이더는 물론 광학 탐지기, 인근의 아군전투기, 조기경보기로부터도 획득이 가능하다. 발사 이후에도 전투기가 계속 표적을 추적할 수 있다면 표적의 속도 같은 정보를 업데이트할 수 있다. 표적에 충분히 접근하면 암람은 자체 레이더로 표적을 탐지하고 최종 요격을 실시한다. 하지만 암람이 가시선 내에서 표적에 발사되면 암람은 발사 즉시 자신의 능동 레이더로 표적을 추적하기 시작한다. 즉, 모든 경우에서 발사 후 망각이 가능한 것이다.

R-77(나토명: AA-12 Adder)은 암람과 유사한 성능을 지닌 러시아의 중거리 공대공미사일이다. 일명 암람스키라고 불릴 정도로 암람과 유사한 성능을 지녔다. 정확한 제원이 밝혀지지는 않았지만 22kg의 탄두를 장착하고, 마하 4.5의 속도로 80km(개량형: 160km) 이내의 적기를 요격할 수 있다.

R-77의 가장 큰 특징은 테일핀(tail fin)에 있다. R-77은 고기동성을 달성하기 위하여 고의적으로 공기저항을 많이 받는 격자형 테일핀을 장착하고 있으며, 이로 인하여 유도 중간 단계의 최고속도는 조금 감소했지만 최종 단계에서의 기동성은 크게 향상되었다.

그림 3.84 러시아의 R-77(RVV-AE)과 레이더 안테나

그림 3.85 램제트엔진의 원리와 이를 이용하여 개량된 R-77

러시아는 램제트(Ramjet)엔진[17] 기술을 이용하여 R-77을 개량 중이며, 개량된 R-77은 사거리와 속도가 크게 향상될 것으로 예상된다. 한편 유럽연합은 최신 전투기인 유로파이터에 장착하기 위하여 미티어(Meteor)의 생산을 준비 중에 있다. 미티어는 고도의 전자전 상황에서도 운용이 가능하도록 설계되었으며, 최대속도 마하 4, 최대사거리는 100km 이상으로 최신형 암람과 유사한 성능을 지닐 것으로 예상된다.

---

17 램제트(Ramjet)엔진: 제트엔진의 한 종류로 압축기로 공기를 압축하는 방법이 아닌 고속 비행에 의한 기압으로 압축하는(ram compressed) 제트엔진이다. 이 엔진은 주로 미사일의 추진체로 응용되고 있으며, 구조가 간단하고 가벼우며 초음속에서 연료효율이 우수하다.

그림 3.86 유럽연합의 미티어와 능동 탐색레이더

3.4.2 공대지미사일

3.4.2.1 장거리 공대지미사일

앞서 해군의 미사일 체계에서 살펴보았듯이 장거리 정밀공격에는 순항미사일이 적합하다. 공군에서도 장거리 공격(stand-off attack)을 수행하기 위한 항공기 발사식의 순항미사일을 사용하고 있다. 항공기에서 발사되는 순항미사일은 기타 지상 또는 해상에서 발사되는 순항미사일과 비교하여 초기단계 이륙에 필요한 부스터가 불필요하고, 요구되는 전체 비행거리의 일부분은 항공기가 운반한 후 발사되기 때문에 더 소형화시킬 수 있다. 또한, 항공기 발사식 순항미사일은 항공기에 장착된 데이터링크와 장거리 탐색레이더 등으로 실시간 표적정보 변경 및 전투피해 평가를 실시할 수 있기 때문에 장거리에서 이동 중인 표적에도 정확히 유도될 수 있다.

초창기에는 고체 로켓모터를 사용하는 이스라엘의 AGM-142 팝아이(Popeye)와 같은 미사일들이 장거리 지상공격에 사용되었다. 팝아이는 360kg의 탄두를 장착하고 78km를 비행할 수 있으며, 초기에는 관성항법장치를 이용하여 표적까지 비행하고, 최종단계에서는 적외선 및 TV센서를 이용하여 표적에 유도된다. 팝아이의 가장 큰 특징은 적의 방공체계의 사거리 밖에서 자로 잰 듯한 정밀 지상공격을 할 수 있다는 것이다.

하지만 고체 로켓모터로 항공기에서 발사되는 미사일은 200km 이상의 사거리를 얻기에는 제약사항이 많았다. 이에 따라 최근에는 대함미사일과 같이 터보팬엔진을

그림 3.87 이스라엘에서 개발한 AGM-142 팝아이 공대지미사일과 이를 발사 중인 F-16 전투기

그림 3.88 AGM-84K SLAM-ER의 비행 모습과 F-15K에 장착된 모습

사용하는 순항미사일이 장거리 지상공격에 사용되고 있다. 우리나라에서는 F-15K 전투기에서 운용하기 위해서 미국의 AGM-84K SLAM-ER(Standoff Land Attack Missile-Expanded Response) 미사일을 도입하였다. SLAM-ER은 1발당 가격이 23억 원 정도로 알려져 있으며, 250km 떨어진 표적도 수 m의 오차로 타격할 수 있다. SLAM-ER의 초기유도는 링레이저 자이로를 이용한 관성항법장치와 GPS가 담당하고, 최종단계에서는 적외선 영상에 의하여 유도가 이루어진다.

3.4.2.2 단거리 공대지미사일

앞서 살펴본 장거리 공격용 공대지미사일들은 높은 성능을 보유하고 있지만 대량으로 보유하기에는 가격이 너무 비싸다. 이에 따라 적의 대공방어무기에 대한 위협이 어느 정도 감소한 시점에서는 단거리 공대지미사일을 사용하여 지상표적을 공

그림 3.89 AGM-65 매버릭과 유사한 기능의 AGM-114 헬파이어 미사일

격하는 것이 경제적이고 효과적이다. 대표적인 단거리 공지 미사일인 AGM-65 매버릭(Maverick)은 57kg의 성형작약탄두 또는 136kg의 관통형 폭풍탄두를 장착할 수 있으며 최대사거리는 22km이다. 가격은 모델에 따라 발당 2천만 원에서 2억 원으로 다양하지만 장거리 정밀공격용 공대지미사일보다는 훨씬 저렴하다.

최근에는 육군의 헬리콥터와 공군의 무인항공기 등 소형 항공기에서 운용될 수 있는 AGM-114 헬파이어(Hellfire)가 단거리 공대지미사일로 많이 사용되고 있다. 헬파이어의 최신 버전은 반능동 레이저호밍 유도방식과 밀리미터파 레이더를 사용하는 능동호밍 유도방식을 사용한다. 이 미사일은 500m~8km의 유효사거리를 가지며, 8~9kg의 성형작약탄두를 사용하여 전차의 상부를 공격할 수 있다. 가격은 1발당 1억 원으로 다른 미사일에 비하여 매우 저렴하다.

3.4.3 공대지유도폭탄

항공기에서 투하되는 폭탄은 기본적으로 항공기 고도에 상응하는 위치에너지를 가지고 있다. 이러한 위치에너지는 폭탄이 표적에 닿는 순간까지 계속 운동에너지로 변환되는데 이 에너지를 잘 활용하면 별다른 추진체계를 사용하지 않고도 사거리를 연장할 수 있다. 또한 폭탄은 기본적으로 운동에너지를 가지고 있는 폭탄의 방향만 제어해주면 정밀공격에 사용될 수도 있는 것이다.

사실 현대의 무기체계는 고성능화로 인하여 획득 단가가 매우 높다. 특히 유도미사일은 스스로 비행을 할 수 있는 추진체계와 유도기능 및 비행제어를 위한 복잡한

그림 3.90 유도장치 없이 사용되어온 MK80 계열 폭탄

부수장치들이 필요하므로 재래식 폭탄에 비하여 획득 단가가 천문학적으로 증가한다. 이에 미국을 비롯한 선진국들은 기존의 재래식 폭탄을 간단한 개조 키트(kit)를 이용하여 정밀공격이 가능한 스마트 폭탄으로 사용하고 있다. 사실 이러한 기술은 이미 오래전부터 존재했다.

미국은 최근에 벌어진 수많은 전장에서 레이저로 유도되는 페이브웨이(Paveway) 계열의 유도폭탄을 사용했다. 레이저 유도폭탄은 크게 전방에 레이저 신호를 수신하는 수신부와 이 방향으로 폭탄의 경로를 변경할 수 있는 후미익으로 구성된다.

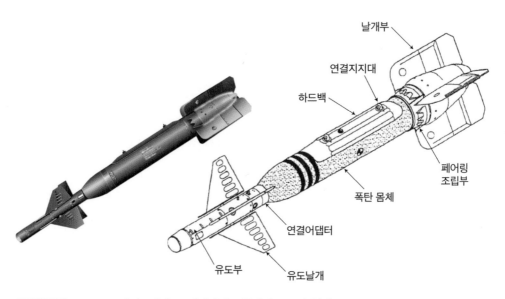

그림 3.91 GBU-24 페이브웨이 III 레이저 유도폭탄의 구조와 형태

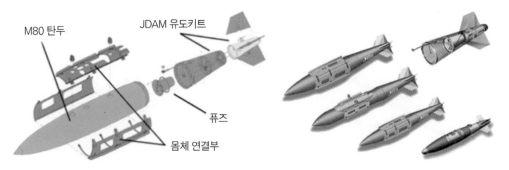

그림 3.92 JDAM 키트와 JDAM(GBU-31)으로 개조된 MK80 계열 일반 폭탄들

최근에는 합동직격탄(JDAM, Joint Direct Attack Munition)이라고 불리는 GPS를 이용한 유도폭탄이 등장하였다. 공군의 전투기들은 합동직격탄을 사용하면 GPS 신호를 탐지하여 항공기의 비행고도와 발사 방향에 따라 최대 28km 밖의 표적에 수 m 이내로 명중시킬 수 있다. 일반 폭탄을 합동직격탄으로 개조하는 비용은 2012년 기준으로 약 4천만 원에서 8천만 원 정도가 소요된다. 하지만 앞서 살펴본 단거리 공대지미사일들의 가격이 수억 원을 호가하면서 사거리는 20km 내외인 것을 감안한다면 합동직격탄은 상당이 효율적인 무기체계이다.

또한 합동직격탄을 사용하는 전투기 조종사는 투하 전 표적 위치만 입력하면 이후 모든 과정이 자동으로 이루어지기 때문에 동시에 여러 개의 표적에 정밀한 공격을 감행할 수 있다. 실제로 미국의 B-2 스텔스 폭격기는 한번에 24개의 표적에 합동직격탄을 투하하여 100%의 명중률을 보이기도 하였다.

최근에는 이러한 유도폭탄 기술을 이용하여 강화된 지하요새에 대한 공격을 감행할 수 있는 벙커버스터형 폭탄들이 개발되고 있다. 이러한 폭탄들은 수 m의 오차를 가지고 강력한 낙하에너지를 이용하여 방호벽을 관통한 후 폭발하기 때문에 북한의 지휘부나 갱도화된 포병을 제압하는 데 유용할 것으로 판단된다.

한편 우리나라는 2012년에 국내 독자기술로 한국형 중거리 GPS 유도키트(KGGB, Korea GPS Guide Bomb)를 전력화함으로써 북한의 장사정포를 제압하는 데 효과적으로 제압할 수 있을 것이다. 이 유도키트는 F-4, F-5, F-16K, FA-50 전투기에 장착하여 사용 가능하며, 재래식 폭탄에 위성항법장치를 결합한 점에서 미국의 합동직격탄(JDAM)과 유사하지만 성능은 더 우수하다. KGGB는 일반적인 정밀유도탄에 비해 획득비용

그림 3.93 보잉사의 GBU-39 및 GBU-28 벙커버스터

이 저렴하며, 재래식 폭탄을 첨단 정밀유도무기로 개조할 수 있는 장점이 있다. 또한 일반 폭탄에 이 키트를 장착하면 보다 원거리에서 공격할 수 있을 뿐만 아니라 주ㆍ야간 전천후 정밀공격이 가능하다. 이 키트의 주요 제원을 살펴보면, 최대사거리는 103km, 표적명중 오차범위는 0.4~0.8m(최대 13m), 탄두중량은 500파운드(227kg)이다.

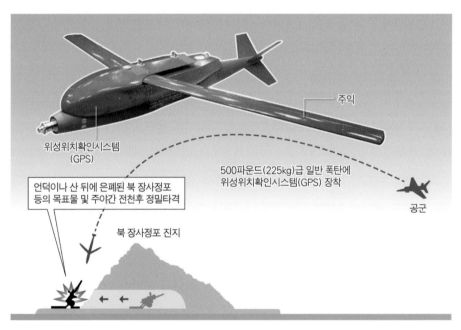

그림 3.94 한국형 중거리 GPS 유도키트(KGGB) 운용개념도

3.4.4 대륙간탄도미사일

　냉전 시절 가장 가공할 만한 무기체계는 적국의 광대한 면적을 초토화시킬 수 있는 핵무기였다. 당시에 미국과 소련은 과도할 정도로 수많은 핵무기들을 개발하였다. 현재 공식적으로 대륙간탄도미사일(ICBM, Intercontinental ballistic missile)을 보유하고 있는 나라는 미국, 러시아, 중국, 영국, 프랑스이며 이스라엘을 비롯한 인도 등의 국가도 대륙간탄도미사일을 보유하고 있는 것으로 알려져 있다. 이미 해군의 기동무기체계인 전략 핵잠수함과 잠수함 발사형 대륙간탄도미사일(SLBM, submarine launched ballistic missiles)에 대해서는 살펴보았기 때문에 여기서는 지상 발사형 대륙간탄도미사일에 대하여 살펴보도록 하자.

　냉전시대 수천 기의 핵탄두와 대륙간탄도미사일을 보유한 것으로 알려진 미국과 러시아는 이후 협정을 통하여 핵무기 감축에 들어간다. 현시점에서 미국은 800개의 핵탄두와 450기의 대륙간탄도미사일을 보유한 것으로 알려져 있다. 현재 미국이 사용 중인 유일한 지상 발사형 ICBM은 LGM-30G 미닛맨 3(Minuteman-III)이다. 미닛맨 3은 지하의 미사일 격납고(Missile Silo)에서 발사되며 3단 고체연료 로켓에 의하여 추진된다. 이 ICBM은 히로시마에 떨어진 원자폭탄의 12배의 위력을 지닌 TNT 475kT급

그림 3.95 탑재되는 W87 핵탄두와 미국 LGM-30G 미닛맨 3의 발사 장면

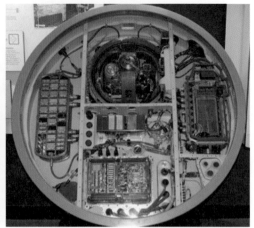

그림 3.96 격납고에 보관 중인 LGM-30G 미닛맨과 중앙부에 설치되는 유도장치

의 W87 핵탄두를 탑재한다. 미사일의 총 중량은 3만 5,300kg이며 최대사거리는 1만 3,000km, 고도 1,120km의 우주까지 상승하며 대기권으로 재진입 시의 최종 속도는 마하 23(초속 7km)에 이른다. 엄청난 사거리에도 불구하고 공산오차는 200m 이내이며 이는 정교한 레이저 관성항법장치에 의해서 달성되었다.

이 미사일에 탑재되는 W87 핵탄두는 기폭제가 폭발하여 1차로 핵분열(Fission)을 일으키고, 이 에너지를 이용하여 핵융합(Fusion) 반응을 일으킨다. 일반적으로 핵융합 반응을 시작하기 위해서는 많은 에너지가 필요한데 이를 위하여 1차로 플루토늄 -239를 이용하여 핵분열을 일으키고, 이때 발생하는 감마선과 엑스선을 이용하여 핵연료인 우라늄-235 또는 238을 가열하고 반응시켜 핵융합 반응 온도를 얻어낸다. 이렇게 발생한 고열을 이용하여 중수소(deuterium)와 삼중수소(tritium) 사이의 핵융합을 하는 것이다. 이러한 메커니즘을 갖는 폭탄을 수소폭탄(hydrogen bombs) 또는 열핵폭탄 (thermonuclear weapon)이라고 한다.

미사일은 자이로를 이용하여 기준 위치로부터 속도의 변화를 적분하는 방식으로 위치를 판단하며, 컴퓨터는 별도로 탑재된 액체연료를 노즐로 분사하여 미사일의 경로를 변형한다.

미닛맨 3 대륙간탄도미사일의 발사과정은 〈그림 3.97〉과 〈그림 3.98〉에서 보는 바와 같이 크게 여섯 단계로 구분할 수 있다.

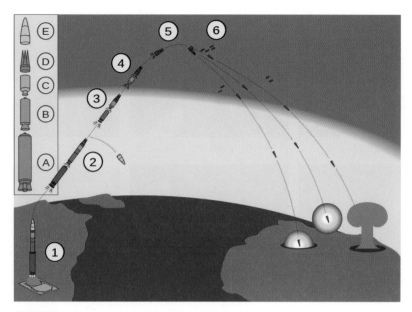

그림 3.97 대륙간탄도미사일의 단계별 발사과정

첫 번째, 미사일은 격납고에서 발사되어 1단계 고체로켓으로 비행을 시작한다. 두 번째, 약 60초 후 1단계 로켓이 분리되고, 2단계 로켓이 점화된다. 이때 탄두를 덮고 있던 콘이 제거된다. 세 번째, 약 120초 후 2단계 로켓이 분리되고, 3단계 로켓이 점화된다. 네 번째, 180초 후에는 3단계 추진이 종료되고 탄두를 탑재한 PBV(Post Boost Vehicle)만이 남는다. 다섯 번째, PBV는 계속 비행을 실시하여 탄두가 탑재된 재진입체들의 분리를 준비한다. 여섯 번째, 재진입체를 비롯한 기만체들이 분리되어 대기권으로 진입을 시작한다. 이후 재진입체들은 작동을 시작하고 미리 예정된 각각의 지정표적을 향하여 고속으로 대기권을 통과하고 지상표적 부근에서 핵폭발을 일으켜 폭발한다.

최근 러시아는 미국의 미사일방어체계에 대응하는 신형 대륙간탄도미사일을 개발하여 배치하였다. RT-2UTTKh 토플-M(Topol-M)으로 명명된 이 미사일은 최소 2,000km에서 최대 1만 500km까지의 유효사거리를 가지고 있으며, 공산오차는 200m로 알려져 있다. 토플-M은 차량으로 이동 가능한 형태와 격납고에서 발사되는 형식이 있다. 이 신형 미사일은 미국의 미사일방어체계를 무력화하기 위하여 최종단계에서 회피기동을 실시할 수 있으며, 미국의 미닛맨과 마찬가지로 기만체와 탄두를

(1) 1단계 고체로켓 비행　　　(2) 2단계 로켓 점화　　　(3) 3단계 로켓 점화

(4) 3단계 추진 종료　　　(5) 탄두를 탑재한 재진입체　　　(6) 대기권 진입

그림 3.98 LGM-30G 미닛맨 대륙간탄도미사일의 단계별 상상도

동시에 사용한다. 또한 방사선과 전자기파에 매우 강하며, 전자전 상황에서도 정확하게 작동하도록 설계되었다. 특히 주목할 점은, 미국이 미사일방어체계의 일환으로 진행 중인 공중발사형 전술레이저에도 파괴되지 않도록 설계되었다는 것이다.

　　마치 창과 방패의 끝없는 대결과도 같은 미국과 러시아의 군비경쟁은 냉전을 넘어서 앞으로도 계속될 것으로 예상된다.

그림 3.99 전승기념일 퍼레이드에서 촬영된 러시아의 RT-2UTTKh 토플-M ICBM

연 습 문 제

1. 전투수행기능 중 화력의 중요성과 대표적인 육군, 해군, 공군의 최신 무기체계를 예로 들어 설명하시오.

2. 소총의 발전과정 중 대표적인 화기인 수포, 화승총, 수석총, 충격식 총, 돌격소총, 복합소총의 개발 시기와 배경 그리고 특징에 대해 간단히 설명하시오.

3. K11 복합소총의 주요 제원 및 전술적 활용 시의 장단점을 설명하시오.

4. 불펍식(Bull-pup) 소총과 일반 소총의 차이점을 비교하여 설명하시오.

5. 현대식 소총의 발전추세는 구경의 표준화, 체계화, 소구경화, 소형화, 경량화로 요약할 수 있는데, 이들 각각의 사항에 대해 구체적인 사례를 설명하시오.

6. 기관총과 소총의 차이점을 설명하고, 우리나라의 차기 경(輕)기관총과 중(重)기관총의 개발 현황 및 주요 특성을 기존의 유사 무기와 비교하여 설명하시오.

7. 박격포와 곡사포의 탄도학적인 차이점을 그림을 그려서 설명하고, 박격포의 발전추세를 간단히 설명하시오.

8. 견인포와 자주포의 장점과 단점을 설명하고, 우리나라 K9 자주포의 주요 특징을 독일의 PZH2000 자주포와 비교하시오.

9. 포구제동기(muzzle brake)의 구조 및 작동원리를 설명하시오.

10. 사거리연장탄약 중에서 로켓보조추진탄(Rocket Assisted Projectile)과 탄저항력감소탄(Base bleed)의 차이점과 작동원리를 그림을 그려서 설명하시오.

11. 재래식 탄약과 스마트 탄약의 발전추세에 대해 간단히 설명하시오.

12. M270 다련장로켓(Multiple Launch Rocket System)의 주요 특성과 전술적 장단점에 대해 설명하시오.

13. 표적종말(Go-Onto-Target) 유도와 지역종말(Go-Onto-Location-in-Space) 유도방식의 원리와 차이점을 간단히 설명하시오.

14. 호밍 유도방식 중식에서 수동호밍과 능동호밍 방식의 차이점을 개념도를 그려서 설명하고 이들 방식의 특징을 간단히 설명하시오.

15. GPS 유도방식과 관성유도방식의 원리와 특징을 간단히 설명하시오.

16. 대전차미사일 중 토우(TOW) 미사일과 재블린 미사일에 대한 주요 특징을 설명하시오.

17. 우리나라의 대표적인 지대지 전술탄도미사일(Tactical ballistic missile)에 대해 설명하시오. 그리고 전술미사일과 전략미사일의 차이점을 비교하시오.

18. 우리나라 해군이 운용하고 있는 함포 중 구경 127mm, 76mm, 40mm 함포의 사거리와 탑재함정에 대해 비교하여 설명하시오. 그리고 이들 함포와 육군이 운용 중인 자주포, 견인포와 비교하시오.

19. 순항미사일과 탄도미사일의 차이점을 설명하고 각각의 추진방식에 대해 설명하시오.

20. 어뢰와 미사일의 차이점을 비교하고 버블제트 효과(Bubble jet effect)란 무엇인지 설명하시오.

21. 잠수함이나 어뢰 등이 수중에서 고속으로 운동할 때 발생하는 초공동화 현상(Supercavitation)의 발생 원리와 문제점에 대해 설명하시오.

22. 우리나라 공군이 운용 중인 SLAM-ER(Standoff Land Attack Missile-Expanded Response) 미사일에 대해 설명하시오.

23. 공대지유도폭탄 중에서 합동직격탄(JDAM, Joint Direct Attack Munition)의 작동원리와 특성에 대해 설명하시오.

24. 한국형 중거리 GPS 유도키트(KGGB, Korea GPS Guide Bomb)와 미국에서 개발한 합동직격탄(JDAM)의 운용개념과 주요 성능을 비교하여 설명하시오.

25. 대륙간탄도미사일(Intercontinental ballistic missile)의 발사과정과 전략적 측면의 중요성에 대해 설명하시오.

4

방호

4.1 서론

항공기가 군사적으로 사용되기 전인 제1차 세계대전 이전의 전투는 대부분 육상과 해상에서만 이루어졌다. 특히 공중으로부터의 위협이 거의 전무했기 때문에 당시 전장에서의 방호는 적의 포병화력이나 직사화기로부터 보호받기 위하여 보병들이 구축한 참호나 요새와 같이 정적인 수단에 의해서 이루어졌다.

현대전쟁에서도 방호의 개념은 적의 위협으로부터 아군을 보호하기 위하여 다양한 수단으로 이루어지고 있다. 그중에서도 대공방어 분야는 가장 복잡한 분야로 인식되고 있다. 최근 여러 사례에서 알 수 있듯이 항공기를 이용한 제공작전(Counter Air Operation)[1]을 비롯하여 지상에 대한 공중화력은 날로 그 중요성이 증가하고 있다. 특히 지상군 입장에서는 제공권이 확보되지 못한 상태에서 작전을 수행하는 것이 거의 불가능하다. 그리고 근접항공지원은 과거 지상군의 화력을 보조하는 수단으로 인식되었다. 이러한 분야는 무기체계의 발달과 함께 그 범위를 확장하여 공군이 독자적으

그림 4.1 제2차 세계대전 이전(1937)과 전시 주택가로 위장한 미국 보잉사의 시애틀 공장

1　제공작전(Counter Air Operation) : 공중우세를 획득유지하기 위하여 적의 공중세력과 방공체계를 파괴 또는 무력화시키는 작전으로 공세 제공작전과 방어 제공작전으로 구분된다. 공세 제공작전은 적 지역에 대해 항공력을 운용하여 작전을 수행하는 것으로 지대지 유도무기, 특수부대 등을 포함한 종심타격력과 결합하여 운용함으로써 타격효과를 높일 수 있으며, 적의 조기경보 및 지휘통제체제, 공군력 등을 공격하는 작전을 말한다. 또한 방어 제공작전은 적의 항공력을 가능한 원거리에서 탐지, 식별, 요격함으로써 적의 공중공격을 차단하고 무력화하는 작전으로 일명 방공작전이라 부른다.

그림 4.2 제2차 세계대전 당시의 독일의 88mm 대공포와 격추되고 있는 미국의 B-24 폭격기

로 지상공격임무를 핵심적으로 수행하는 개념으로 변화되어가고 있다. 이에 세계 각국은 많은 관심과 예산을 방공 분야에 투입하고 있다.

하지만 제2차 세계대전부터 항공기가 주요 무기체계로 사용되기 시작하면서 방호는 지상 및 해상과 공중을 모두 포함하는 좀 더 포괄적인 개념으로 인식되기 시작한다. 초창기 항공기를 탐지할 수 있는 수단이 많이 발달하지 않았던 시기의 방호는 지하에 방공호를 구축하거나 주요 시설의 위장을 통하여 적을 기만하는 수동적인 방식으로 이루어졌다.

하지만 점차 항공기를 탐지할 수 있는 장거리 레이더와 같은 수단이 발달하면서 항공기의 주요 길목에 대공포를 배치하여 적기를 요격하거나 지상에서 대기 중인 아군 항공기가 신속하게 이륙하여 적기를 요격하는 작전이 수행되었다. 특히 이 시기에는 여러 겹으로 배치된 지상의 대공포들이 화망(Fire Net)[2]을 구성하여 적국의 폭격기를 격추시켰다.

방공작전(Air Defense Operation)[3]이 점차 조직적이고 적극적으로 변화됨에 따라 공자

2　화망(Fire Net): 대공포의 조준사격의 효과를 기대할 수 없을 경우, 취약지역 상공이나 예상접근로 상공에 미래표적 위치를 고려하여 대공포의 유효사거리 내에 화력을 집중, 사격하는 공중의 일정한 지점이나 공역을 말한다.

3　방공작전(Air Defense Operation): 영공 또는 작전지역의 공중공간으로 침입을 기도하거나 침투한 공중세력을 탐지, 식별, 요격해서 격파하는 방어 개념의 작전이다. 방공작전 형태는 지역방공과 국지방공으로 분류되고, 국지방공은 기동부대 대공방어와 고정시설 대공방어 및 행군부대 대공방어로 구분된다.

의 입장에서도 이를 돌파하기 위하여 야간 폭격이나 장거리 로켓 공격과 같은 새로운 수단을 사용하기 시작하였으며 이러한 '창과 방패의 싸움'은 현재까지도 계속 진행 중이다. 방공작전의 중요성을 설명하는 대표적인 사례로는 이스라엘의 6일 전쟁을 들 수 있다. 제3차 중동전쟁이라고도 불리는 6일 전쟁(1967. 6. 5~6. 10)에서 이스라엘군 은 상대적으로 주변 아랍국가에 비해 열세인 전력을 극복하기 위하여 개전 초기에 대 규모 항공작전을 실시한 결과 이집트와 시리아군 항공기와 공군기지를 초토화시켰 다. 이집트는 이스라엘과 국경을 접하고 있는 지역에 촘촘한 레이더망과 방공무기들 을 다수 운용하고 있었지만, 지중해를 멀리 우회하여 이집트 내부까지 침투한 이스 라엘 공군기에 속수무책으로 공습을 당한다. 이집트의 공군은 단 하루 만에 MIG-21 90대를 포함하여 420여 대의 항공기가 격추되었다. 그리고 제공권을 장악한 이스라 엘군은 신속히 기갑부대를 기동시켜 목표를 달성하였다. 만약 개전 초기에 이집트군 이 최소한의 제공작전이나 방공작전을 성공했더라면, 이후의 지상전에서의 승패는 달라졌을 수도 있다.

최근 미국은 미사일방어(MD, Missile Defence) 계획을 점차 구체화시켜가고 있다. 미 사일방어의 기본 목적은 러시아를 비롯한 잠정적 위협국가들이 발사하는 대륙간탄 도미사일(ICBM)을 요격할 수 있는 미사일방어시스템을 구축하는 데 있다. 만약 미국 의 미사일방어가 계획대로 진행될 경우, 현존하는 대부분의 탄도미사일과 대륙간탄

그림 4.3 제3차 중동전쟁(6일 전쟁) 당시 이집트의 공군기지를 폭격하는 이스라엘군의 전투기들

도미사일이 무용지물이 되어버리기 때문에 미국의 적대국 입장에서는 심각한 전력의 불균형이 초래되는 것이다. 이에 대응하여 러시아는 미국의 미사일방어를 돌파할 수 있는 신형 대륙간탄도미사일을 개발하고 있다. 마치 창과 방패의 끝없는 싸움을 치르듯 각국의 첨단무기 개발은 현재 진행형으로 계속될 것이다.

4.2 육군 방호무기체계

지상군에게 있어서 공중위협은 날로 증가하고 있다. 1991년 발생한 걸프전쟁 당시 미군은 한 달여의 공습을 감행하여 이라크의 핵심전력을 철저히 파괴하였다. 이후 단 3일간의 지상전으로 전쟁을 승리로 이끌면서 전쟁의 패러다임을 바꾸어놓았다는 평가를 받기도 한다. 이러한 사실을 역으로 되짚어보면, 지상군에 있어서 공중위협은 매우 심각하다는 것으로 생각할 수 있다. 공군이 제공권을 확보하여 아군이 공중우세를 달성하면 적의 공중위협은 최소화될 수 있다. 하지만 이 경우라도 공중에서의 위협이 전혀 없는 것은 상상하기 힘들다. 이러한 사실 때문에 세계적으로 지상군이 최소한의 대공방어를 할 수 있도록 하는 대공무기체계들이 개발되어 운용 중에 있다. 지상군이 운용하는 대공무기체계는 발칸과 자주대공포와 같은 비유도 무기체계에서 병사가 휴대할 수 있거나 차량에 장착되어 지상군과 함께 이동하면서 대공임무를 수행할 수 있는 미사일 등이 있다.

4.2.1 자주대공포

대공포는 유도탄에 비하여 사거리가 짧지만 다량사격으로 적기의 저고도 침투를 거부할 수 있으며, 작전반응시간이 짧고 비용이 저렴하며 근접기동방호가 가능하다는 장점이 있다. 혹자는 대공포의 짧은 사거리와 항공기의 원거리 공격력을 들어 그 효용성에 대한 문제를 제기하고 있으나 다수의 국가들이 다양한 대공포를 운용 중에

그림 4.4 독일과 네덜란드가 운용 중인 게파르트 자주대공포

있다. 자주대공포는 지상부대와 함께 이동하면서 필요시 대공표적에 대하여 즉각적인 대응사격이 가능하다. 예를 들어 헬리콥터와 같은 적의 저공표적의 경우 지형 등을 이용하여 아군 지역으로 침투하거나 이동 중이던 아군의 기계화부대(Mechanization Unit)가 적군의 항공기와 조우할 경우 즉각 대응할 수 있는 시간이 매우 짧다. 이럴 경우 지상부대에서 통제하여 가시거리 내의 대공표적에 대하여 즉각적으로 대응사격을 할 수 있는 자주대공포가 매우 효과적이다. 특히 현대의 자주대공포는 레이더와 광학장비를 비롯하여 디지털화된 사격통제장치를 보유하여 기상에 관계없이 정밀사격이 가능하다.

대표적인 자주대공포로는 독일의 게파르트(Gepard)를 들 수 있다. 독일 육군에 의하여 1970년대에 개발된 게파르트는 수차례에 걸쳐 전자장비를 개량하였으며, 서방세계에서 운용 중인 자주대공포의 표준으로 인정받고 있다. 하지만 높은 획득가격은 최신형 전차 3~4대의 가격과 맞먹기 때문에 대부분의 국가에서는 이러한 자주대공포 도입에 신중을 기하고 있다. 한편 게파르트 자주대공포는 15km까지 탐색레이더와 추적레이더를 탑재하였다. 그리고 사격통제장치는 이들 레이더로부터 표적정보를 전송받아 유효사거리 5.5km의 35mm 쌍열포에서 분당 최대 1,100발을 사격할 수 있으며, 2개의 포에는 340발이 장전되어 있다. 차체는 기계화부대와 함께 이동할 수 있는 기동성을 확보하기 위하여 레오파트 I 전차의 차체를 이용하였다.

우리나라의 경우도 유사한 자주대공포인 K30 비호를 육군에서 운용 중이다. 비호는 유효사거리 3km의 쌍열포를 탑재하고, 17km에서 탐지가 가능하고 7km부터

그림 4.5 기계화부대에 배치되어 있는 K30 비호 자주대공포

추적이 가능한 2차원 레이더와, 근거리에서 표적을 포착할 수 있는 전자광학추적시스템(EOTS, Electro-Optical Targeting System)[4]을 보유하고 있다. 차체는 K200 장갑차의 차체를 대형화하였고, 기계화부대에서 운용할 수 있도록 엔진과 변속기가 개량되었다. 비호의 대당 도입가격은 48억 원이다.

비호의 교전방식을 살펴보면, 먼저 17km 내의 위협표적을 탐색레이더가 탐지하고 표적이 7km 이내로 접근하면, 추적레이더가 표적을 추적하기 시작하고 정밀사격을 위하여 6km부터 전자광학추적시스템으로 조준을 한다. 표적이 4.25km 지점에 접근하면 표적의 속도와 고도를 고려하여 초탄사격이 가능하다.

그림 4.6 복합비호(출처: 한화)

현재는 비호와 휴대용 대공미사일인 '신궁'을 결합한 복합대공무기가 개발되어 양산을 준비 중이다. 비호의 복합화는 대공포와 유도무기의 장점을 하나의 체계에서 모두 발휘되도록 하는 것으로 두 체계를 따로 운용하는 것보다 더욱 큰 위력

---

4   전자광학추적시스템(EOTS): 전자광학센서를 이용하여 표적영상을 획득하고 이를 신호처리 하여 표적을 자동으로 추적하는 장비로, 표적까지의 거리, 위치, 속도를 계산하여 사격통제 장비에 전송해주는 사격통제의 센서로 사용된다.

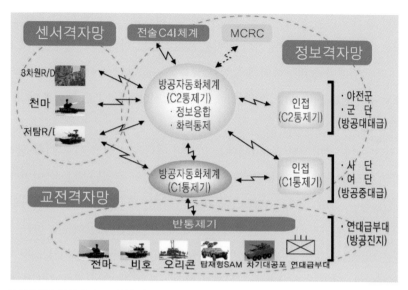

그림 4.7 합참에서 구상 중인 미래의 대공무기체계 운용개념도

을 발휘할 것으로 예상된다. 향후 비호는 연대와 여단급의 방공임무를 수행함과 동시에 육군의 전술 C^4I체계와 연동되어 센서로서의 역할도 수행할 것이다. 이는 저고도로 침투하는 대공표적에 대하여 전방의 연대에 배치된 비호의 우수한 레이더와 전자광학시스템을 이용하여 실시간으로 표적을 탐지할 수 있다. 이때 탐지한 표적은 야전군 및 군단에서 효과적으로 관리할 수 있기 때문에 앞으로 우리 군의 대공방어작전의 효율성은 더욱 높아질 것이다.

4.2.2 대공미사일

육군에서 운용 중인 대공미사일 중에서 가장 유명한 것은 미국의 스팅거(FIM-92 Stinger)일 것이다. 1986년 소련은 아프가니스탄과 전쟁 중이었다. 아프가니스탄은 국토의 대부분이 고산지대로 이루어져 있어서 지상군이 효과적으로 작전을 하기 위해서는 항공기나 무장헬리콥터가 필요했고, 소련은 Mi-24 등 최신예 공격헬리콥터를 투입한다. 당시 공산 세력의 확장을 저지하기 위하여 미국은 소련과 전쟁 중이던 아프가니스탄 반군에게 대대적인 방공무기를 지원하였다. CIA 등 미국의 정보기관은 파키스탄 등 주변국의 무기상들을 통하여 아프가니스탄으로 대량의 FIM-92 스팅거 미사일을 공급하게 된다. 스팅거의 위력은 즉각적으로 나타나기 시작했다. 그 결과 수십 대의 공격헬기를 비롯하여 중요한 보급품을 수송하던 소련의 수송기들이 속수무책으로 격추되기 시작했다. 여러 이유가 있었겠지만 결국 소련은 아프가니스탄에서 철수하였다.

하지만 10여 년이 지난 20001년에는 미국이 테러와의 전쟁 선포 이후 탈레반의 본거지인 아프가니스탄에 미군을 투입하였고, 소련군이 겪었던 악몽을 이번에는 미군이 겪게 된다. 그것은 바로 1980년대 미국이 대량으로 공급한 스팅거미사일을 아직까지도 탈레반이 대량으로 운용하고 있었기 때문이다. 탈레반이 운용하는 스팅거 미사일은 미군을 상대로 큰 위력을 발휘하였는데 다수의 미군 항공기가 스팅거에 의해 격추되었다. 참고로 스팅거는 실전에서 항공기를 가장 많이 격추시킨 휴대용 미사일로 그 수가 무려 300여 대에 이른다고 알려져 있다. 이처럼 휴대용 미사일은 그 가격이 수억 원 정도로 저렴한 편이지만 전장에서 막강한 위력을 발휘하였다.

스팅거 미사일은 무게가 약 15kg 정도로 병사 1명이 운반하여 어깨에 견착하여 발사할 수 있는 휴대형 대공미사일이다. 이 미사일은 적외선호밍 방식을 이용하고 발사 후 망각이 가능하며 피아식별장치를 가지고 있다. 이 미사일의 최대속도는 마하 2.2이고, 최신형의 최대사거리는 8km로 알려져 있다.

또한 스팅거 미사일은 우수한 성능으로 인하여 미군의 저고도 방어의 핵심 무기

그림 4.8 미국의 FIM-92 스팅거 미사일을 사격 중인 병사와 미사일

그림 4.9 험비 차체에 포탑과 스팅거 미사일 8발을 장착한 미국의 어벤저 대공미사일 시스템

체계 중 하나인 어벤저(AN/TWQ-1 Avenger)에도 장착되었다. 에벤저는 험비(HMMWV, High Mobility Multipurpose Wheeled Vehicle)의 차체를 이용하여 8발의 스팅거를 운용하는 포탑을 장착한 차량이며, 자이로를 이용한 안정화 장치를 장착하여 기동 중에도 미사일을 안정적으로 발사할 수 있다. 또한 차량에 장착된 전술데이터링크를 이용하여 전방에 배치된 어벤저는 보다 효율적으로 사격을 실시할 수 있다. 특히 이 시스템은 재장전 없이 8발까지 발사가 가능하기 때문에 다수의 표적과 교전이 가능하다.

우리나라는 미국의 스팅거와 동등한 능력을 보유한 것으로 알려진 프랑스의 미스트랄(Mistral)과 러시아에서 도입한 이글라(9K38 Igla) 미사일을 운용하였다. 이후 우리 군은 자주국방의 일환으로 국산 휴대용 대공미사일인 신궁을 개발하게 되었다.

그림 4.10 차량에 장착된 신궁 미사일과 2인 1조로 운용 중인 신궁 미사일

발사되고 있는 천마 대공미사일과 탐색 및 추적 장치

신궁은 러시아의 이글라보다 명중률이 우수하고, 미스트랄보다 훨씬 가벼우면서도 파괴력이 높은 매우 우수한 무기체계로 알려져 있다. 신궁은 발사중량 19.5kg, 최고속도는 마하 2.1로 유효사거리는 7km에 달한다. 그리고 신궁은 2중 추적(Seeker)기술을 이용하여 적의 플레어 등에 대한 대(對)적외선 방해능력이 뛰어나다. 또한 이 미사일은 근접신관을 사용하여 표적 1.5m 이내에서 폭발하기 때문에 명중률이 우수하다.

신궁과 함께 육군의 저고도 방공을 책임지고 있는 무기체계는 바로 천마 대공미사일이다. 천마는 개발 당시 국내의 산업기반과 기술수준이 미약하여 자체 개발이 불가능하여 대공레이더와 추적레이더는 프랑스의 크로탈 NG의 기반체계를 채용하였다. 이후에 별도의 사업을 실시하여 레이더를 국산화하였다. 천마의 제원을 살펴보면 탐지레이더와 추적레이더를 사용해 20km 이내 거리에 들어온 저고도 비행체 12개까지를 동시에 탐지 및 추적할 수 있다. 그리고 천마는 피아식별장비로 아군기와 적기를 식별하여 최대수평거리 10km, 고도 5km까지 떨어진 표적을 동시에 타격할 수 있는 교전능력이 있다. 또한 이 미사일은 최대속도 마하 2.6으로 30G 기동이 가능하며, 로켓의 추진제가 무연이기 때문에 발사위치가 적에게 발각되지 않는다는 장점도 갖추고 있다. 탐지레이더는 펄스 도플러 방식으로 저고도 목표에 대한 우수한 탐색능력을 가지고 있다. 이 레이더는 분당 40회 회전하며 360° 전방위에서 20km 내의 목표물을 탐지한다. 목표물이 탐지되면 거리 16km, 고도 5km에서 추적이 시작되며 피아식별장치를 이용하여 위협평가와 탐지 간 추적이 이루어진다. 천마의 주요 기능중 하나는 탐지 간 추적기능이다. 이는 탐지를 위하여 회전하고 있는 레이더가 탐지한 표적의 정보를 바탕으로 레이더의 360° 회전 간 발생하는 시간 동안 표적의 이동위치를 계산하여 다음 회전주기 때에 탐지표적 정보를 최신화하게 해주는 기능이다.

추적레이더는 탐지레이더가 찾아낸 표적 중 위협도가 높은 표적을 계속 추적하며 발사된 대공미사일의 추적과 유도명령을 송신하는 시스템이다. 또한 추적 중에 목표가 어떤 물체 뒤로 사라진다고 해도 추적정보를 바탕으로 이동 방향을 예측해 목표가 나타날 방향으로 빔을 발사해 표적을 찾는 예측기능을 가지고 있다. 레이더 측면에는 적외선 측각기와 주간 감시카메라가 부착되어 있어 대공미사일이 발사된 후 1.6km 구간까지의 추적과 적 대공목표의 형태 미사일의 안전비행 여부를 확인할 수 있다.

천마에 탑재되는 대공미사일은 관측선 빔 편승 유도방식으로 유도된다. 이 유도방식은 운용자가 대공목표를 지시하면 레이더가 목표를 향해 빔을 지향하게 되고, 그 후 발사된 미사일은 레이더 빔 안으로 들어가 빔을 따라 비행하는 방식이다. 좀 더 자세히 살펴보면, 차량에서 표적 사이를 잇는 공간상의 하나의 선이 존재하는데 이를 시선이라 하고 유도탄이 발사되면 천마에 붙어 있는 적외선 측각기가 유도탄의 눈 역할을 맡아 안정적인 시선 안으로 들어오도록 유도해주는 것이다. 전체적인 시선은 탐지레이더의 정보를 받아 추적레이더가 잡아주는데 적기의 위치를 포착한 다음 그

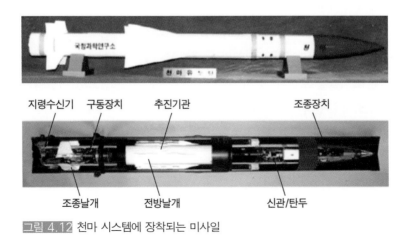

그림 4.12 천마 시스템에 장착되는 미사일

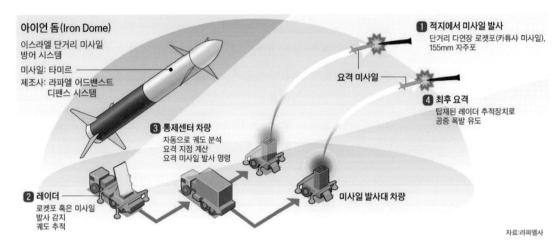

아이언 돔(Iron Dome)
이스라엘 단거리 미사일
방어 시스템

미사일: 타미르
제조사: 라파엘 어드밴스트
디펜스 시스템

1 적지에서 미사일 발사
단거리 다연장 로켓포(카튜샤 미사일),
155mm 자주포

요격 미사일

4 최후 요격
탑재된 레이더 추적장치로
공중 폭발 유도

3 통제센터 차량
자동으로 궤도 분석
요격 지점 계산
요격 미사일 발사 명령

2 레이더
로켓포 혹은 미사일
발사 감지
궤도 추적

미사일 발사대 차량

자료:라파엘사

그림 4.13 이스라엘의 아이언돔 미사일의 요격개념도

고정된 레이더 빔 시선 안으로 유도탄을 넣어주는 과정을 초기유도라고 한다. 천마의 적외선 측각기는 이 초기유도 과정을 1km 안에서 수행해낸다. 그 다음 레이더 빔 시선을 따라서 표적을 향해 유도탄이 날아가게 되는데 이것을 본유도라고 한다.

한편, 이스라엘 라파엘사에서 개발하여 2011년부터 실전에 배치한 로켓포 및 야포 방어시스템인 아이언돔(Iron Dome)이 있다. 이 미사일은 4~70km 거리에서 발사된 단거리 로켓포와 155mm 포탄을 요격할 수 있다. 그리고 중량은 90kg, 크기는 길이 3m, 지름 16cm이고 중간유도는 지령 유도방식이며 종말유도는 적외선 유도방식이다. 탄두의 기폭은 근접신관을 사용하였다. 2011년 4월에 이스라엘군은 가자지구에 있는 하마스로부터의 로켓 공격에 아이언돔을 발사하여 최초로 요격하는 데 성공하였다. 또한 2012년 11월 15일부터 17일까지 하마스가 발사한 가자지구에서 이스라엘을 향해 발사된 로켓 737발 중 273발에 대해 격추를 시도해 245발을 요격시켜 약 90%의 높은 요격률을 보였다. 당시 요격하지 않은 464발은 중요한 위협이 아니어서 요격이 시도되지 않았다.

4.2.3 전차의 능동방어체계

　최근 우리나라는 지향성 적외선 방해장비(DIRCM, Directional InfraRed Countermeasures)를 세계 6번째로 독자 개발에 성공했다. 지향성 적외선 방해장비란 대공미사일 탐색기에 레이저빔을 조사하여 무력화하는 장비로, 아군 항공기를 공격하는 적의 휴대용 대공미사일의 위협에 대응하는 장비이다. 즉, 항공기에 장착된 미사일 경보장치가 접근하는 대공미사일을 탐지하면, 지향성 적외선 방해장비가 고출력 중적외선 기만 광원을 발사해 대공미사일의 적외선 탐색기(Infrared seeker)를 기만하는 것이다. 지향성 적외선 방해장비가 탑재된 무기체계는 휴대용 대공미사일의 위협으로부터 생존성이 크게 향상될 수 있을 것으로 기대된다.

　1960년대 이후 대전차미사일은 전차에 주요한 위협이 되어왔다. 이러한 추세는 레이더, 적외선, 레이저 미사일뿐만 아니라 각종 포탄에 첨단 센서/자동감지, 유도조종 기능을 추가시켜 만든 지능화탄으로 발전되고 있다. 지금까지의 전차장갑은 단순히 피탄 면적이 감소하거나 동시에 장갑재료 개량이나 부가장갑을 장착하여 전장에서의 확실한 생존을 보장하기 힘들 뿐만 아니라 전차의 행동에 많은 제약을 주었다.

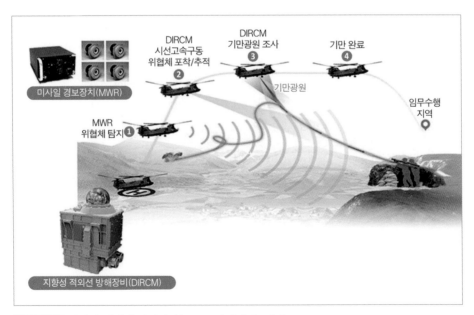

그림 4.14 지향성 적외선 방해장비(DIRCM)의 운용 개념

이에 따라 위협체를 교란하거나 직접 파괴하는 등의 적극적인 방호수단으로 전차의 생존성과 방호력을 향상시킬 수 있는 능동방호체계의 기술연구가 시작되었다.

전차가 미사일, 대전차 로켓 등 각종 위협으로부터 생존성을 보장받는 방법에는 크게 수동방호와 능동방호가 있다. 능동방호는 위협을 조기에 탐지, 대응탄으로 무력화하는 대응파괴(hard kill)와 미사일의 조준·탐색 기능을 마비시킨 후 회피 기동하는 유도교란(soft kill)[5]으로 구분된다.

대응파괴 방호란 적의 미사일이 전차에 도달하기 직전에 대응탄을 발사시켜 미사일을 파괴하거나 무력화시키는 적극적인 방호수단을 말한다. 이때 사용되는 대응파괴 방호시스템은 전차에 접근하는 미사일을 비교적 근거리에서 탐지하여 고속으로 신호를 처리한다. 이를 통해 얻은 미사일의 방위각 및 고각, 속도, 도달시간을 계산하여 대응탄을 발사시켜 요격하는 시스템이다.

유도교란 방호개념은 적외선 영상정보센서 및 방호용 레이더 또는 상부 위협 탐지 레이더, 레이저 경보장치로 원거리에서부터 위협을 탐지하고 탐지된 미사일이 전차에 도달하는 시간을 계산하여 적절한 시간에 복합연막(가시광선, 적외선, 밀리미터파(MMW, Millimeter Wave), 연막) 및 적외선을 미사일 공격방향으로 분산 발사하여 차장함으로써 대전차미사일이 순간적으로 관측, 조준 및 자체 유도가 교란될 때 신속한 회피기동으로 생존성을 보장하는 개념이다. 이러한 능동방호는 전차의 상부공격에 대해서도 동일하게 적용된다. 즉 전차는 대전차 위협에 따라 부위별로 장갑의 두께를 달리해 중량을 감소시키는데 통상 위협이 적은 상부장갑은 두께가 얇다. 이러한 취약성을 이용, 공중에서 투하된 후 지상으로 낙하하면서 전차의 상부를 공격하는 SADARM(Sense And Destroy Armor)[6] 등 상부 공격탄이 등장했다. 소프트 킬은 이러한 경우에도 동일하게 연막차장 후 신속히 이동함으로써 위협을 회피할 수 있다.

능동방어체계의 구성은 레이저 경보기, 경보/추적레이더, 적외선/자외선 교란기, 대응탄 등으로 구성되는데, 먼저 적의 위협을 탐지하기 위한 레이저 경보기, 경보/추

---

5 소프트 킬(Soft Kill): 물리적이고 가시적인 피해효과, 즉 열, 폭풍, 충돌 등에 의한 직접파괴를 유발시키지 않고 컴퓨터바이러스 침입, 해커, 전자적 교란/기만 등의 방법을 통해 임의의 체계에 대하여 전체 또는 부분적인 기능의 마비/장애를 가져다줌으로써 물리적 파괴에 버금가는 피해효과를 유발시키는 제반 공격 형태를 말한다.

6 SADARM(Sense and Destroy Armor Missile): 자기 스스로 목표를 탐색해 공격, 격파하는 신세대의 대전차 무기의 하나로서 장갑탐지 및 파괴유도탄이다.

적레이더를 살펴보자.

현대 대전차 화기의 유도 및 거리측정을 위해 레이저가 널리 쓰이고 있으며 이로 인해 위협체의 접근 이전에 차량에 대해 레이저 신호가 먼저 도달하게 된다. 레이저 경보기는 위협체의 투사 전에 차량에 대해 조사된 레이저 신호를 감지하여 이에 대한 경보를 수행함으로써 대응장치의 작동을 돕는다. 이전의 감지장치들이 단순히 위협체를 경보하는 수단에 머무른 반면에 레이더는 위협체를 적극적으로 추적하는 역할을 수행하게 된다. 차량에 장착된 레이더는 위협체를 감지하여 경보를 실시하는 것과 동시에 지속적으로 위협체를 추적함으로써 위협체의 속도와 위치정보를 대응장치에 전달하게 된다.

적외선/자외선 교란기는 유도교란을 담당하고 있는 부분으로 대전차유도탄의 후미에서 발생하는 적외선 신호를 모사하게 된다. 반능동 대전차유도탄은 통상 유도탄 후미에서 발생하는 적외선 신호를 바탕으로 유도탄의 비행제어를 실시하게 된다. 그리고 적외선 교란기는 유도탄 후미에서 발생하는 적외선 신호를 모사함으로써 유도탄의 유도/비행 제어부가 2개 이상의 적외선 신호를 인식하여 정상적인 유도가 불가

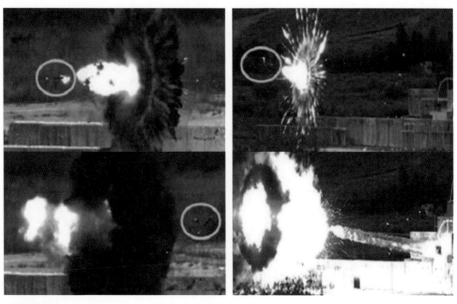

그림 4.15 RPG(Rocket-Propelled Grenade)(좌) 및 대전차미사일(우)을 무력화시키는 K2 전차의 대응탄 발사 장면

능하도록 한다.

마지막으로 적의 위협을 능동적으로 제거할 수 있는 대응탄 발사를 살펴보자. 레이더에 의해 탐지된 비행체의 정보가 입력되면 적당한 대응탄과 대응시간을 결정하게 된다. 이때 대응탄은 세부적인 성형파편 형태와 양을 결정해 위협체의 예상접근 경로상에 파편이 비산되도록 하여 폭발범위를 구성하게 된다. 대응탄은 폭발에 의한 아군 차량 및 병력에 대한 피해를 최소화하기 위해 파편의 질량, 형상, 속도, 분포범위 등 파편의 특성을 조정한 것으로 탄두와 성형파편으로 구성된다. 성형파편의 위치에 따라 원통형 실린더의 전방면만을 성형파편화한 전방형과 몸통 전체를 성형파편화한 원통형이 있으며, 전방형 성형파편은 제한적이나마 지향성을 가지고 있다. 독일의 능동방호시스템 AWISS[7]의 대응탄 탄체 등이 대표적인 예이다.

우리나라의 경우에도 능동방호시스템의 개발을 거의 완료하고 실전배치를 준비하고 있다. 전차의 사정거리보다 먼 대전차미사일의 위협에 대응하는 전차는 대전차미사일의 화학에너지가 주장갑에 도달하기 이전에 충분히 약화시키는 방안으로 반응장갑(Explosive Reactive Armor), 복합장갑(Composite Armor)을 부착하여 주장갑의 방호력을 크게 높여왔다. 이는 마치 권투선수가 맷집을 튼튼히 하는 것과 유사하다는 점에서 수동적이라 할 수 있다. 일반적으로 능동방호는 수동방호에 비해 대전차 위협을 약 3~5배 감소시키는 것으로 알려져 있다. 국내기술로 개발하여 전력화를 앞둔 K2 전차에도 장착될 한국형 능동방호시스템의 기술력을 바탕으로 소프트 킬(soft kill)과 하드 킬(hard kill)을 통합한 복합방어체계를 구축할 것으로 판단된다. 능동방호체계에 대한 기술 확보로 전차의 생존성은 획기적으로 높아져 미래 전투체계에서 대전차 무기 위협으로부터 상당한 수준에서 자유로운 가운데 기동성과 화력을 바탕으로 더욱 위력을 발휘할 것이다.

---

7   AWISS체계: 독일의 델(Diehl)사가 개발한 능동방호장치로 가볍고, 차량에 장착이 가능하다. 이 시스템은 대전차 미사일이나 대전차 로켓에 대항할 수 있는 3kg의 산탄을 사용하며, 355m/s의 위협에 반응하며 위협을 75m부터 탐지할 수 있고, 1발의 대응탄으로 표적의 10m 떨어진 거리에서 대응이 가능하다. 그리고 근거리에서 발사된 RPG와 다른 종류의 대전차탄을 방호 가능하며, 멀리서 발사되는 대전차미사일도 방호할 수 있다.

4.2.4 전술레이저

레이저의 기원은 2,200여 년 전 그리스의 철학자 아르키메데스의 살인광선장치로 맑은 날 여러 개의 거울을 이용하여 태양광선을 한 방향으로 집중 투사함으로써 로마 함대의 함선에 화재를 발생시킨 것이 시초이다. 현대적인 레이저의 원리는 1917년 아 인슈타인이 빛과 물질의 상호작용으로 유도방출 과정이 있음을 이론적으로 보인 것 이 처음이다. 그 후 30여 년이 지난 1950년대 초반 미국의 타운즈(C. Townes)가 암모니 아에서 마이크로파의 유도방출이 실험적으로 가능함을 입증하였다. 그 이후 타운즈 와 샬로(A. Schawlow)는 가시광선 영역에도 유도방출에 의한 빛을 증폭할 수 있다는 것 을 밝혔다.

1960년 휴즈(Hughes)연구소의 마이만(T. Maiman)은 가시광선 중에서 붉은색인 루비 레이저를 최초로 발진시켰다. 당시 루비레이저의 발진 직후 레이저의 연구는 가히 폭발적이라 할 만큼 활발히 이루어졌다. 그리고 미국의 벨연구소에서 제이번(Javan) 등이 헬륨-네온(He-Ne) 기체 레이저를 만들었다. 1962년에는 반도체 재료로 레이저 가 만들어진다는 사실을 발견하였다.

현재 미국과 이스라엘은 육군이 지상에서 운용할 수 있는 전술고출력레이저(THEL, Tactical High Energy Laser)를 개발하여 실전에서 운용하고 있다. 노틸러스 레이저시스템 (Nautilus laser system)으로 명명된 이 체계는 적의 곡사포탄, 박격포탄, 로켓 등과 같이 위 협을 탐지할 수 있는 시간이 매우 짧은 경우 효과적이다. 레이저는 일반적인 빛과 달 리 단일파장으로 이루어져 직진성이 우수하다. 또한 빛의 속도로 발사되기 때문에 조 준과 동시에 표적에 명중시킬 수 있다. 그러므로 경과시간에 의한 오차가 거의 발생 하지 않는다.

레이저의 원리를 살펴보자. 레이저는 안정된 상태의 물질이 외부의 에너지 공급 으로 인하여 여기상태(excited state, 준안정)로 갔다가 원래의 안정된 상태로 돌아오면서 방 출하는 광자를 통하여 발생된다. 일반적으로 안정된 기저상태의 전자수는 여기상태 의 전자수보다 많기 때문에 레이저가 발생하기 위해서는 밀도반전이라는 과정을 통 하여 여기상태의 전자수가 더 많도록 해주어야 한다. 이때 여기상태에 있는 잉여전자 들에 외부에서 광자 자극을 가하면 잉여전자들이 외부광자와 동일한 성질의 광자의

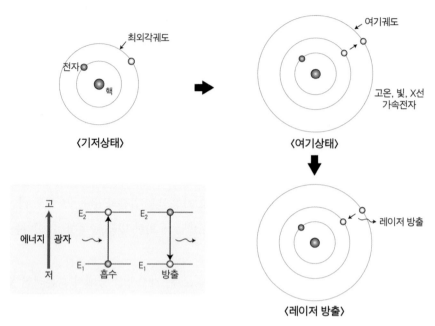

그림 4.16 레이저의 발생원리 개념도

형태로 방출되게 된다. 이를 계속해서 반사경을 통하여 증폭한 것이 레이저이다.

이러한 레이저는 단일한 파장(단일색)으로 이루어져 있으며 몇 가지 고유한 특성을 가지는데 이러한 특성들을 이용하여 산업적·군사적 측면에서 유용하게 사용할 수 있다.

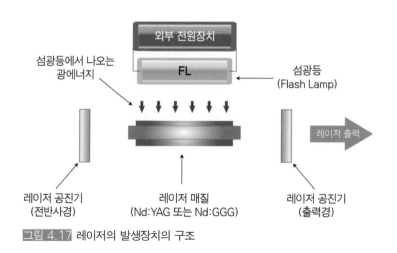

그림 4.17 레이저의 발생장치의 구조

인간이 만들어낸 유일한 인공광선인 레이저의 특징을 좀 더 자세히 살펴보자. 일반적으로 빛(자연광)은 일종의 전자파로서 그 파장의 장단에 따라 굴절하는 정도가 다르게 나타나는데 파장이 짧을수록 굴절하는 정도가 크고, 파장이 길수록 그 정도가 적다. 따라서 파장이 짧은 청색이 안쪽에, 그리고 녹색, 황색, 적색 순으로 하나의 띠를 만든다. 그러나 레이저의 경우는 굴절에 따라 진로는 굽어지지만 색상의 변화는 일어나지 않는다. 즉 시각적으로 일정한 단일 색감을 일으키는 빛으로 스펙트럼 폭이 0에 가까운 선스펙트럼을 갖으며, 다른 파장성분을 전혀 포함하지 않는 순수한 광파로 다음과 같은 특징을 갖고 있다.

첫째, 지향성(Directivity)이 우수하다. 즉 지향성은 빛이 퍼지지 않고 일정한 방향으로 어느 정도 직진하는가를 나타내는 것으로서 예를 들어 회중전등 빛과 레이저 빛을 비교해보면, 회중전등 빛은 앞으로 진행함에 따라 빛이 넓어지지만 레이저 빛은 거의 넓어지지 않은 채 진행하는 특징이 있다. 바로 이 지향성의 우수한 성질은 무기체계에 다양하게 적용할 수 있는 중요한 요소로 레이저 거리측정기, 표적지시기, 유도무기 등에 적용된다. 둘째, 간섭성(Coherence)이 우수하다. 간섭성이란 위상의 차이에 따라 명암의 무늬가 나타나는 현상으로서 레이저는 위상이 균일하기 때문에 약간의 장애물에 부딪히면 곧 간섭을 일으킨다. 그러나 햇빛과 같은 일반적인 빛은 주파수 및 위상이 가지각색이므로 간섭이 일어나기 어렵다. 셋째, 에너지 집중도가 우수하다. 레이저 빛은 에너지 밀도가 높기 때문에 철판까지도 태우지만, 태양빛은 렌즈에 집중시키면 종이나 나무 정도만을 태울 수 있다. 에너지의 집중도는 파괴용 무기체계로의 적용을 가능할 수 있는 또 다른 중요한 요소이다.

레이저를 이용해 발사된 적의 장거리 미사일을 부스트 단계에서 요격한다거나, 항공기에 장착하여 목표물을 파괴하거나 지상에 고정된 위치에서 목표물을 파괴할 수 있는 무기를 개발하고 있는데, 이는 바로 에너지 집중도의 특징을 잘 활용한 무기체계이다.

미국의 전술고출력레이저의 작동원리를 살펴보면, 비행체를 감시레이더가 감지하면 표적지시기는 레이더에서 분석해낸 정보를 토대로 표적을 찾아내는 역할을 하게 된다. 표적지시기가 비행체를 정확히 가리키면 비행체의 속도와 거리 등이 계산되고 동시에 레이저가 발사된다. 현재 THEL을 설계하는 데 있어서 가장 큰 난관은

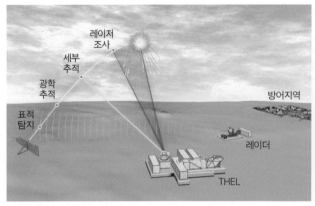

그림 4.18 미국과 이스라엘이 개발한 전술고출력레이저(THEL)

시스템 내부의 높은 열을 냉각시켜줄 냉각장치와 펌핑작용을 해줄 전원공급장치, 그리고 레이저 발사부의 직경 등의 소형화가 쉽지 않다는 것이다. THEL은 불화 중수소(DF)를 레이저의 매질로 이용하는데, THEL의 성공적인 시험결과에도 불구하고, 그체계가 너무 커서 한 장소에 설치되어 다른 장소로 이동할 수 없는 고정형 무기라는단점이 있다. 이 때문에 현재 미군은 실전에 배치하지 않고 있으나 이스라엘만군은일부 운용하고 있는 것으로 알려져 있다. 그러나 향후 이와 같은 기술적 난관이 극복된다면 1대의 차량에 모든 장비를 탑재할 수 있는 체계로 발전할 것으로 예상된다.

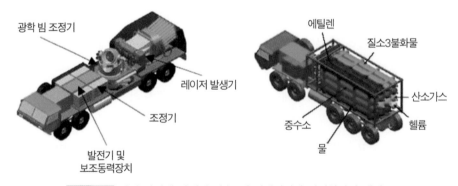

그림 4.19 단일 장비에 탑재된 전술고출력레이저와 지원차량의 개념도

4.3 해군 방호무기체계

최신예 해군 함정은 대공, 수상, 수중 위협에 모두 대처하기 위하여 다양한 방어 수단을 가지고 있다. 해군의 함정은 여러 가지 전투수행기능이 하나의 함정에 통합되어 있는 종합무기체계의 성격이 강하다. 이러한 해군 함정은 매우 고가이고, 국가의 전략적 차원에서도 매우 중요한 자산이기 때문에 한 가지 방어 임무에도 다양한 무기체계들이 사용된다. 예를 들어, 우리나라의 최신예 이지스함인 세종대왕함의 경우 적이 발사한 대함미사일에 대해서 최초에는 SPY-1D 이지스 레이더와 SM-2 미사일을 이용하여 장거리에서 요격을 시도한다. 이와 동시에 SM-2가 요격에 실패할 경우에 대비하여 ESSM(Evolved Sea Sparrow Missile) 등과 같은 단거리 대공미사일이 바로발사 대기 상태에 들어가며, 대함미사일이 함정에 접근하면 전자교란장치로 적의 미사일을 교란하고, 채프(Chaff)[8]와 플레어(Flare) 등을 발사하여 적 미사일의 유도를 방해한다. 하지만 이 모든 것이 실패할 경우에는 근접방어체계가 작동하여 마지막으로 적의 대함미사일을 요격하는 것이다.

이러한 이유 때문에 해군의 무기체계는 육군의 무기체계는 달리 동일한 함정에 여러 가지 체계가 통합되어 임무를 수행하는 형식을 취하고 있다. 여기에서는 주로 해군의 대공방어체계를 중심으로 각각의 체계가 어떠한 역할을 수행하고 어떠한 특성을 가지고 있는지 살펴보도록 하자.

4.3.1 함정 근접방어체계

현대의 해전에 있어서 해군 함정에게 가장 큰 위협은 적의 대함미사일과 항공기의 공격이다. 현대의 함정들은 대부분 대함미사일을 보유하고 있으며, 제2차 세계대전 이후로 대양함대에서 함정에 대한 장거리 공격은 함재기와 헬리콥터가 담당하고

---

8   채프(Chaff) : 레이더 영상에 혼란을 주기 위한 목적으로 전자파를 반사시키는 데 사용되는 얇고 좁은 모양의 금속 성이나 도금한 종이 또는 플라스틱 조각 등의 물체로서 윈도우라고도 한다. 길이는 방해대상 장비의 주파수에 따라 결정되는데, 통상 파장의 1/2의 길이로 만들며 저주파보다는 300MHz 이상의 고주파에 효과적이다.

그림 4.20 함정의 근접방어체계인 미국의 팰랭크스와 네덜란드의 골키퍼

있다. 이에 따라 해군 함정들은 대함미사일의 위협으로부터 함정을 보호하기 위하여 수많은 대응수단을 보유하고 있으며, 그중 가장 기본적이고 최종적인 방어를 담당하는 것이 바로 근접방어체계이다. 세계 각국의 함정에서 운용되고 있는 대표적인 근접방어체계에는 미국의 팰랭크스 체계(Phalanx CIWS)와 네덜란드의 골키퍼(Goalkeeper CIWS), 러시아의 AK-30 등이 있다. 이들 중에서 가장 널리 사용되고 있는 미국의 팰랭크스와 네덜란드의 골키퍼에 대하여 알아보도록 하자.

팰랭크스 시스템의 기본이 된 것은 1960년대에 개발된 20mm 발칸포이다. 발칸포의 높은 발사속도에 자동화된 화력통제장지를 결합하여 함정에 단일화된 모듈로 탑재할 수 있도록 한 것이 바로 팰랭크스이다. 이 시스템은 접근하는 대함미사일에 대하여 3,600m에서부터 분당 4,500발의 엄청난 속도로 사격이 가능하다. 탄약은 총 1,550발을 적재하며, 발사각도는 -20~85°이다. 체계의 총 중량은 약 6톤 정도로 초계함 이상의 함정에 무리 없이 탑재할 수 있다.

네덜란드의 골키퍼는 30mm 탄을 사용하여 파괴력이 20mm 포보다 높다. 초음속에 가깝게 함정을 향해 돌진하는 대함미사일의 경우 미사일의 몸체가 명중되어 통제력을 상실하더라도 그 관성력으로 인하여 함정에 피해를 줄 수 있다. 이러한 피해를 방지하는 가장 확실한 방법은 아예 미사일의 탄두를 분쇄시켜버리는 것이다. 특히 러시아가 운용 중인 초음속 대함미사일은 그 위력이 기존의 대함미사일보다 더욱 강

그림 4.21 포 기반의 근접방어체계의 단점을 보완한 미국의 RAM체계

력하다. 골키퍼 체계는 돌진하는 러시아의 SS-N-22 선번(Sunburn)과 같은 초음속 대함미사일(마하2.2)에 대하여 1,500m에서 사격을 개시하여 300m에서 완전히 무력화시킬 수 있다고 한다. 이때 가용한 교전시간은 5초 정도라고 하니 단 한 번의 교전으로 생과 사가 결정될 수 있는 것이다.

미국의 팰랭크스와 골키퍼는 모두 운동에너지로 적의 대함미사일을 파괴하며, 관통력을 높이기 위하여 특수 텅스텐과 열화우라늄과 같은 재료가 탄두로 사용되고 있다.

하지만 앞서 살펴본 두 체계는 모두 탄두 자체에 유도기능이 없기 때문에 여러 발을 사격하여 표적의 전방에 탄막을 형성하는 방식으로 대함미사일을 요격한다. 하지만 요즘 대함미사일은 3차원 회피기동과 대(對)전자전 능력이 더욱 강화되는 추세로 과거에 비하여 요격하기가 더욱 어려워지고 있다. 이에 미국은 팰랭크스의 몸체를 이용하여 근접해오는 대함미사일을 단거리 대공미사일로 요격하는 근접방어체계(CIWS, Closed In Weapon System)를 개발하였다. 일명 RAM(RIM-116, Rolling Airframe Missile)이라고 명명된 이 체계는 적외선호밍 방식으로 유도되는 미사일 21발을 장착하고 있다. 각각의 미사일은 발사 후 망각 방식으로 작동한다. 그리고 최신형 모델은 대수상함 및 헬리콥터 등과 같은 위협에도 대처할 수 있는 것으로 알려져 있다.

4.3.2 함대공미사일

최근 미국을 비롯하여 전통적으로 해군력 육성에 많은 노력을 해온 러시아, 중국, 일본 등은 자국의 실정에 최적화된 함대공미사일을 개발하여 실전에 배치하고 있다. 앞서 설명한 바와 같이 현대의 해전에서 함정에게 가장 위협이 되는 존재는 바로 적의 함정과 항공기에서 발사되는 대함미사일이다. 제2차 세계대전 이후 배치되고 있는 해군의 함정들은 항공기를 이용한 대함전투의 일반화와 함대공미사일의 배치로 인하여 대공방어능력의 대폭적인 증강을 요구받고 있다.

최근에는 궁극적인 대공방어능력을 보유한 이지스함 등과 같이 함대의 지역 방공을 담당하는 함정이 해군의 핵심전력으로 자리 잡고 있다. 또한 각각의 중·소형 전투함들도 기본적인 개별 함대공 능력을 보유하여 대공 위협에 적극 대응하고 있는 추세이다.

단거리 함대공미사일 중 가장 많은 국가에서 운용되고 있는 미사일이 바로 시스패로(RIM-7 Sea Sparrow)로 1960년대 초에 스패로 공대공미사일을 기본으로 개발되었다.

1950년대 말에는 저공으로 함정을 향해 침투하는 항공기가 큰 위협으로 대두되었다. 함정의 레이더가 탐지할 수 없도록 해수면에 밀착하여 침투하는 적의 항공기가 갑자기 출현 시 이에 대응할 수 있는 적절한 방공무기가 필요하였다. 하지만 당시 대부분의 국가는 장거리에서부터 적기를 요격하거나 적의 항공기 보다 긴 사거리를 갖는 대공미사일의 개발에 집중하고 있었기 때문에 단거리에서 갑자기 출현하는 표

그림 4.22 단거리 함대공미사일의 대명사인 미국의 시스패로 미사일

적에 전문적으로 대응할 수 있는 유도무기 개발에 필요한 예산이 부족하였다. 그리하여 당시 미 해군은 공군의 중거리 공대공미사일인 스패로를 이용하여 단거리 함대공미사일을 개발하기로 결정하였다.

1976년 최초로 실전에 배치된 시스패로 미사일은 AIM-7 스패로와 유사하게 반능동 레이더호밍 방식으로 유도된다. 시스패로의 제원을 살펴보면, 유효사거리 19km, 최대속도 마하 4, 총중량 231kg이며 근접신관을 장착하여 표적 8.2m 이내에서 폭발하도록 되어 있다.

시스패로는 스패로 미사일이 개량될 때마다 최신기술을 이용하여 개량되었으나 기본적인 설계는 1960년대 기술을 기반으로 하고 있기 때문에 발전하는 초음속 대함미사일과 시스키밍(sea-skimming) 미사일들을 상대하기에는 다소 부족한 면이 있었다. 이에 따라 미 해군은 1990년대 이후의 최신기술을 이용하여 시스패로를 기본으로 AIM-120 암람의 기술과 SM-2 미사일의 기술을 일부 활용하여 RIM-162 ESSM(Evolved Sea Sparrow Missile)을 개발하여 배치한다. ESSM은 시스패로 미사일에 비하여 직경이 커졌으며, 강력한 로켓모터를 이용하여 급격한 기동을 수행할 수 있다. 또한 최신에 미사일 유도기술을 적용하여 초음속 대함미사일에도 충분히 대응할 수 있는 능력을 보

그림 4.23 미국의 RIM-162 ESSM과 수직발사대에 장착된 시스패로

유하였다. ESSM의 특징을 살펴보면, 유효사거리 50km, 최대속도 마하 4 이상으로 개량되었다. 또한 발사장치도 개량되었는데 발사장치는 기존의 Mk.48 수직발사장치를 이용하여 한 발사대에 4발의 ESSM을 패키지화하여 장착하기 때문에 기존보다 더욱 많은 미사일을 탑재할 수 있다. 유도방식은 초기에는 이지스함의 SPY-1 레이더나 장거리 탐색레이더로부터 데이터링크를 통하여 표적정보를 수신 받아 유도되고, 최종 단계에서는 반능동 레이더호밍 방식으로 유도된다.

미국의 이지스함용 미사일방어체계의 핵심을 이루고 있는 무기체계는 스탠더드 (Standard) 미사일이다. 스탠더드 미사일은 SM-1, SM-2, SM-3 등 몇 가지 버전이 있으며, 최초 개발 당시에는 RIM-66A/B SM-1 MR(Standard-1 Medium Range) 중거리 함대공 미사일로 개발되었다.

SM-1은 1950년대 배치된 노후화된 RIM-24 미사일을 대체하기 위하여 개발되었다. 이후 이지스함이 개발되면서 그 핵심 무장으로 RIM-66C/D SM-2 MR과 그 사거리 연장형인 ER(Extended Range)형이 개발되었다. 이후 수많은 개량형 스탠더드 미사일이 미 해군의 핵심 방공무기체계로 개발되었으며, 오늘날에 생산되고 있는 최신형은 RIM-66M-5 SM-2 MR 블록 IIIB가 있다. 스탠더드 미사일은 유효사거리가 74km에서 170km에 이르며, 최고속도는 마하 3.5이다. 최신형은 반능동 레이더 호밍 방식과

그림 4.24 미국 해군의 지역 방공체계의 핵심인 스탠더드 미사일

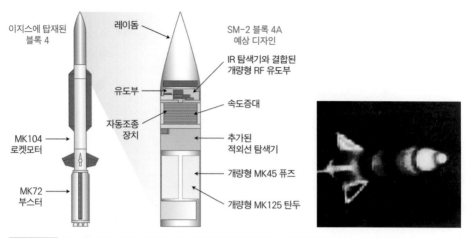

그림 4.25 SM-2 미사일의 구조와 최신 개량형의 탐색기가 탐지한 표적의 적외선 영상

적외선 추적방식이 결합된 2중 탐색기를 장착하여 최종 유도단계에서의 명중률을 향상시켰다.

4.4 공군 방호무기체계

공군의 대공방어는 육군과 해군과 달리 단지 공군의 공군기지의 대공방어뿐 아니라 국가의 대공방어 시스템을 총괄하는 데 있어 그 규모와 장비가 더 다양하다. 특히 공군은 중앙방공통제소(MCRC, Master Control and Reporting Center)[9]를 총괄하여 운용하며 대공방어와 관련된 지대공미사일, 전투기 등의 효율적인 운용을 실시한다. 지대공미사일의 통제 중에는 육군에서 운용 중인 천마와 신궁과 같은 중·저고도 대공미사일들도 포함되지만 이들은 공군의 지접적인 통제를 받기보다는 공군의 총괄 아래 육군이 협조하여 효과적인 대공방어를 실시하도록 구성되어 있다. 공군은 주로 전투기를

9   중앙방공통제소(MCRC, Master Control and Reporting Center): 전구항공통제본부의 예하부서로서 배당된 방공전력에 대한 자동화된 중앙집권적 작전통제권을 행사하며, 전 구역의 공중감시, 무기운용, 항공기 관제, 항법 보조 및 귀환관제 임무를 수행하는 방공관제부서이다.

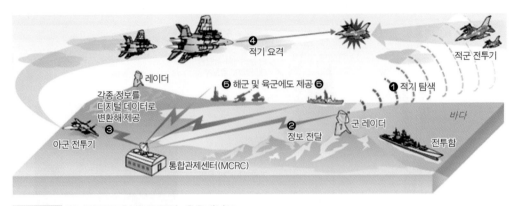

그림 4.26 중앙방공통제소(MCRC) 운용개념도

출격시켜 적기를 요격하거나 중고도 및 고고도에 대한 대공미사일을 운용하고 있다. 그럼 지금부터 다양한 공군의 방공임무 중 전투기를 제외한 지대공미사일과 관련된 내용에 대하여 살펴보도록 하자.

4.4.1 호크 미사일

서방 국가들이 운용 중인 대공미사일 중 가장 널리 알려진 것이 바로 미국의 호크(MIM-23 Hawk)다. 호크는 1952년 개발이 시작되어 1960년부터 실전에 배치되기 시작하였으며 아직까지 우리나라의 주력 방공 미사일로 운용되고 있다. 현재 미국은 최신형 패트리어트 미사일(MIM-104 Patriot)을 비롯하여, 전구미사일방어(TMD, Theater Missile Defense)[10] 체계를 구성하는 여러 종류의 지대공미사일을 개발 중이이다. 미국의 경우 호크를 2002년 전량 도태시켰지만, 우리나라를 비롯하여 현재까지도 신형 대공방어 시스템을 구성할 수 없는 중·소국가에서는 호크를 주력으로 운용 중이므로 간단히 호크 미사일에 대하여 살펴보도록 하자.

먼저 이 미사일의 제원을 살펴보면 중량은 590kg, 이 중 탄두중량은 54kg이고,

---

10 전구미사일방어(TMD, Theater Missile Defense): 전구 내에서 전술탄도미사일의 위협에 대응하기 위해 수행되는 4가지 작전이다. 첫째는 수동방어로서 감지기 설치, 정보 및 조기경보 전파 분야이며, 둘째는 적극방어로서 전술탄도미사일을 요격 및 격파할 수 있는 방어미사일 운용이며, 셋째는 공격작전으로서 전술탄도미사일의 이동, 저립, 발사장비에 대해 야전포병 및 항공 차단자산을 이용한 대화력전, 넷째는 앞서 언급한 3가지 작전들과 혼합된 C^4체계로 구분된다.

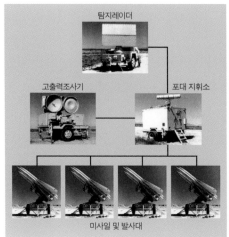

그림 4.27 최신형 호크 미사일 포대의 구성도와 미사일 발사 장면

최대속도는 마하 2.4, 작전 범위는 45~50km이다. 호크는 비교적 구형 시스템으로 탐지레이더, 통제소, 표적지시 레이더가 모두 따로 운용되며, 매우 제한적인 전자방어능력을 가지고 있다. 특히 초기에 배치된 호크의 구형 레이더는 적의 전자공격에 취약하여 재밍(Jamming)이 비교적 쉬운 것으로 알려져 있다. 초기 배치 이후 수차례에 걸쳐 개량된 최신형 호크는 탐지 및 추적레이더가 통합되었다. 이 시스템은 소프트웨어의 개량을 통하여 발사에 소요되는 시간이 단축되었다. 1960년대 기준으로 호크는 매우 우수한 방공무기체계였으나 점차 첨단화되어가는 전장에 대처하기에는 한계가 있었다.

호크의 실전 기록을 살펴보면, 가장 화려한 전과는 중동전쟁에서 찾아볼 수 있다. 1960년대 말부터 1970년대 중반까지 이스라엘은 수차례의 전쟁을 치루면서 100여 기의 호크 미사일을 발사하여 당시 최신형 전투기인 MIG-23과 MIG-21을 대거 격추한다. 또한 이란은 이라크와의 전쟁 중 호크 미사일을 이용하여 40여 기의 이라크 항공기를 격추한 것으로 기록되어 있다. 현재는 구형으로 취급받으며 퇴역의 길을 걷고 있지만 서방국가의 그 어떤 대공미사일보다 화려한 실전 기록을 가지고 있는 것이 바로 호크 미사일이다.

4.4.2 패트리어트 미사일

1950년대 개발된 호크 미사일을 운용 중이던 미국은 점차 다양해지는 대공 위협에 호크 미사일로 대응하기에 한계가 있음을 인식하고 패트리어트 미사일(MIM-104 Patriot)을 개발하여 실전에 배치한다.

패트리어트 시스템의 개발은 1975년으로 거슬러 올라간다. 1975년 SAM-D 미사일이 미국의 화이트 샌드에서 성공적으로 표적을 격추시켰다. 그리하여 미국은 1976년에 패트리어트로 명명하였으며, 그 후 위상배열레이더 등 신기술을 이용하여 성능을 향상시켜서 1984년에 실전에 배치시켰다. 특히 1991년 걸프전에서 스커드 미사일 요격성공으로 일반인에게 부각된 패트리어트 미사일(PAC-1)은 1986년, 1987년 1, 2단계 시험으로 성능이 입증되었다. 이후 1987년부터 패트리어트 대(對)탄도탄능력을 향상시키기 위한 2단계사업(PAC-2)이 추진되어 1990년 10월경 사우디아라비아에 파견된 미군에 배치되었다. 참고로 걸프전쟁 중에 미군이 운용한 패트리어트 미사일은 요격 성공률이 70%이었다.

한편 패트리어트 미사일의 구성을 살펴보면, 일반적으로 패트리어트 1개 대대는 4~6개의 포대로 구성되며, 각 포대는 자체능력으로 방공임무를 실시한다. 이 모든 시스템은 자동 방공체제와 연동되어 자동 또는 수동으로 실시된다. 패트리어트 미사일

M901 발사대   AN/MPQ-53 레이더

AN/MSQ-104 교전통제 시스템

그림 4.28 패트리어트 미사일 시스템의 구성도와 미사일 발사 장면

시스템은 대대 작전통제소(ICC, Information Coordination Central), 통신중계소(CRG, Communica-tion Relay Group), 포대 교전통제소(ECS, Engagement Control Station), 다목적 위상배열레이더 (AN/MPQ-53), 안테나 그룹(ANG, Antenna Mast Group) 및 발사대로 크게 구분된다.

대대 작전통제소에서는 작전통제, 정보수집 및 협조, 포대별 표적 할당을 담당하며, 통신중계소는 예하포대, 인접부대, 상급부대 간 모든 무선통신중계를 담당한다. 포대 교전 통제소는 레이더에 포착된 표적에 대하여 자동으로 사격제원을 산출하고 발사대의 미사일 사격을 자동 통제하는 포대 방공작전 수행의 핵심요소이다. 1개 교전통제소에서 16개(64기)의 발사대까지 통제가 가능하며 VHF 라디오와 광케이블로 연결되어 있다.

레이더는 트레일러에 탑재되어 차량으로 견인하며, 미사일 탐색, 추적, 중간유도, 최종유도를 가능하게 해준다. 안테나 그룹은 차량탑재형으로 고주파 및 극초단파를 송수신할 수 있도록 되어 있고, 교전통제소, 정보수집협조소, 대대 통신중계소에 설치되는 모든 안테나를 1대의 차량에 탑재할 수 있도록 설계되었다.

발사대는 PAC-2 미사일용이 하나의 발사대에 4기가 장착 가능하고 PAC-3 미사일의 경우에는 발사대 하나에 16기의 미사일을 탑재해 발사할 수 있다. 16기의 미사일이 동시에 발사될 수 없으며 순차적으로 하나씩 발사된다. 미사일의 발사는 교전통제소에서 발사대를 무선 데이터망에 의해서 통제하며, 발사대 방향은 자동체제로 초당 3°의 방향이동으로 360° 회전이 가능하다.

반능동호밍 유도방식을 기반으로 미사일 경유추적(TVM, Track Via Missle) 방식이 적용된 패트리어트 미사일은 AN/MPQ-53 및 AN/MPQ-65 레이더와 결합되어 가공할 위력을 발휘한다. 패트리어트 미사일은 기본형과 개량형인 PAC-1(PATRIOT Advanced Capability)을 비롯하여 PAC-2, PAC-3가 개발되어 운용 중이다. PAC-1의 미사일 중량은 700kg이며 작전범위는 70km이다. PAC-2는 PAC-1의 사거리를 연장하고 탄두의 위력을 증대하여 파괴력을 증가시켰다. 또한 레이더의 신호처리 알고리즘과 교전 알고리즘이 개량되었다. 1995년 PAC-2 미사일의 개량형으로 개발된 GEM(Guidance Enhanced Missile) 모델은 레이더의 성능과 소프트웨어를 발전시켜 탄도미사일, 항공기 및 순항미사일 등을 성공적으로 요격할 수 있도록 개량되었다.

PAC-3는 패트리어트의 여러 버전 중 가장 큰 개량이 가해진 미사일이다. 기존의

PAC-1과 PAC-2가 표적에 근접하여 폭발하는 방식을 채택한 반면, PAC-3는 탄두의 운동에너지로 표적을 직접 타격하여 격추시키는 방식을 채택하고 있다. 기존의 PAC-1과 PAC-2가 실전에서 적의 탄도미사일을 격추한 사례는 존재하지만, 기본적으로 직접타격 방식이 아닌 근접폭발 방식으로 표적을 격추시켰기 때문에 대 탄도탄 용으로의 사용에는 의문이 제기되어왔다. 하지만 PAC-3는 직접 타격방식을 도입함과 동시에 미사일의 차체 기동성 역시 대폭적으로 증가되었으며, 이로 인하여 보다 보완된 탄도미사일 교전능력을 확보하였다. 또한 미국의 미사일방어의 초기 단계의 방공시스템으로서 임무를 수행할 수 있게 되었고, 레이더 역시 AN/MPQ-65형으로 대폭 개량되어 피아식별 및 탐지/추적 능력이 향상되었다.

일반적인 패트리어트 시스템의 교전절차를 살펴보면, 첫 번째, 먼저 탐지레이더가 표적을 탐지한다. 두 번째, 통제소에서 표적을 식별한다. 세 번째, 발사대에 발사명령을 하달한다. 끝으로 기본형을 비롯하여 PAC-3, GEM 등의 다양한 형식의 패트

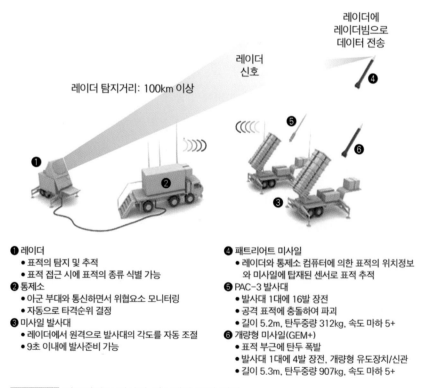

레이더에 레이더빔으로 데이터 전송

레이더 신호

레이더 탐지거리: 100km 이상

❶ 레이더
• 표적의 탐지 및 추적
• 표적 접근 시에 표적의 종류 식별 가능
❷ 통제소
• 아군 부대와 통신하면서 위협요소 모니터링
• 자동으로 타격순위 결정
❸ 미사일 발사대
• 레이더에서 원격으로 발사대의 각도를 자동 조절
• 9초 이내에 발사준비 가능
❹ 패트리어트 미사일
• 레이더와 통제소 컴퓨터에 의한 표적의 위치정보와 미사일에 탑재된 센서로 표적 추적
❺ PAC-3 발사대
• 발사대 1대에 16발 장전
• 공격 표적에 충돌하여 파괴
• 길이 5.2m, 탄두중량 312kg, 속도 마하 5+
❻ 개량형 미사일(GEM+)
• 표적 부근에 탄두 폭발
• 발사대 1대에 4발 장전, 개량형 유도장치/신관
• 길이 5.3m, 탄두중량 907kg, 속도 마하 5+

그림 4.29 패트리어트 미사일 시스템의 교전 절차

리어트 미사일이 미사일 경유(TVM) 유도방식에 따라 표적에 유도된다. 참고로 우리나라는 독일로부터 패트리어트 미사일 PAC-2 개량형을 도입하여 부족한 방공능력을 보완하였다.

4.4.3 SA-2/SA-3 미사일

미국의 호크 미사일이 소련제 전투기에게 공포의 대상이었다면, 소련의 SA-2(S-75 Dvina)와 SA-3(S-125 Neva/Pechora) 대공미사일은 냉전 당시 서방 세계의 전투기에게 악몽과도 같은 존재였다. 특히 SA-2 미사일은 1957년부터 배치되기 시작하여 현재까지도 실전에서 운용 중인 무기체계이다. 총 생산량은 5만 발에 이를 정도로 공산권 대부분 국가에서 운용 중이다.

이 미사일의 중량은 2,300kg이며 탄두중량은 200kg, 작전범위는 45km이고 마하 3.5로 비행할 수 있으며 65m의 공산오차를 가지고 폭풍 및 파편 효과로 대공표적을 제압한다. 흥미로운 사실은 미국의 대공미사일에 비하여 탄두중량과 크기가 상대적으로 크고 고고도에서의 요격임무 수행이 가능하다는 것이다.

SA-2의 실전 사례를 살펴보면, 1950년대 말에서 1960년 초 사이에 미국의 고고도 정찰기인 U-2를 수차례 격추시켰으며 중동전쟁에서는 이스라엘 공군으로부터 아랍세력의 중요 군사시설을 보호하는 데 사용되었다. 1960년대 베트남전쟁에서도

그림 4.30 소련의 SA-2 대공미사일

SA-3 대공미사일

SA-2는 다수의 미국의 전투기를 격추시켰다. SA-2를 효과적으로 제압하기 위하여 미 공군과 미 해군은 각각 전자전 수행이 가능한 장비 개발과 적국의 지대공미사일 기지를 전문으로 파괴하는 전술을 개발하기에 이른다.

SA-2가 중고도 이상의 고고도에 대한 요격임무를 수행한 반면 SA-3 미사일은 중고도 이하의 저고도에 대한 방공임무를 수행하였다. SA-3는 SA-2의 단점을 보완하여 저고도에서 고속기동을 수행할 수 있는 전투기와 같은 표적에 효과적으로 대응할 수 있도록 소형화 및 고기동화되었다. 또는 이 미사일은 적의 전파방해에서도 임무 수행이 가능하도록 개량되었다. 참고로 이 미사일의 중량은 953kg이며 탄두중량은 60kg이고 작전반경은 35km이고, 최대속도는 마하 3 이상으로 알려져 있다.

SA-3는 소련이 아랍국가들에게 공급하여 중동지역에서 대량으로 운용되었다. 초기에 배치된 SA-3는 실전에서 이스라엘군에게 기대 이하의 피해를 주었으나, 1990년에 발생한 걸프전쟁 당시 미군의 F-16을 비롯한 다수의 항공기가 SA-3에 격추되기도 하였다.

4.4.4 S-300 미사일

S-300은 구소련에 의하여 미국의 패트리어트 미사일과 비슷한 시기인 1979년에 처음으로 실전에 배치되기 시작하였다. 최신형인 S-300VM은 미국의 패트리어트 PAC-3의 성능을 능가하였다. S-300VM에는 패트리어트가 PAC-2와 PAC-3 두 종류

러시아의 최신형 S-300VM 이동형 대공미사일과 발사 장면

의 미사일을 각각 항공기 및 순항미사일용과 대탄도탄용으로 사용하는 것과 같이 9M83ME와 9M82ME 두 종류의 미사일을 사용한다. 9M83ME는 75km의 작전 범위와 25km까지의 고도를 방어할 수 있다. 9M82ME는 200km까지의 작전 범위와 30km까지의 고도를 방어할 수 있고 최대속도는 마하 4~7 이상으로 알려져 있다.

S-300은 전통적으로 방공시스템이 강력한 소련의 전통을 계승하였다. 미사일 자체의 성능도 매우 우수하지만 미국의 전자전과 스텔스 기술, 순항미사일 등에 효과적으로 대응하기 위하여 최첨단 기술이 접목되었다. 미국의 패트리어트 시스템이 항공기와 탄도탄요격에 초점을 맞추고 있다면 러시아의 S-300 계열은 미국이 보유한 다양한 타격 수단에 효과적으로 대응하기 위하여 저고도의 전투기와 순항미사일, 중고도 및 고고도의 탄도미사일과 정찰기 등에 효과적으로 대응할 수 있도록 설계되었다.

S-300의 특징을 살펴보면 패트리어트 시스템이 자체 레이더 1기로 탐색 및 추적을 모두 수행하는 반면에 특화된 3개의 레이더가 각각, 전방위 감시, 구역 수색 및 표적유도의 임무를 수행하였다. S-300은 자체 시스템만으로도 대단히 광범위한 지역을 방어할 수 있다는 것이다. 한편, 패트리어트 시스템의 가장 큰 단점은 자체 레이더 이외의 외부로부터 입력되는 다양한 표적정보에 의존한다는 점이다. 또한 패트리어트 시스템은 위성과 공중조기경보통제기 등에 의해 수집되는 정보가 원활하게 제공

되어야만 최고의 성능을 발휘할 수 있다. 이에 반하여 S-300VM은 단일 시스템 상으로는 패트리어트를 능가한다고 볼 수 있다.

최근 러시아는 이러한 S-300을 더욱 개량하여 S-400 시스템을 배치 중이며, S-400은 최대 400km 밖의 항공표적까지 격추시킬 수 있는 것으로 알려져 있다. 실제로 현재 운용 중인 S-300V는 사거리와 고도, 탐지거리, 대응시간 등 대부분의 항목에서 패트리어트 PAC-3를 완전히 능가하는 것으로 알려져 있다. 이는 구소련 정권 말기에 동구권 여러 국가로 수출된 S-300을 미국을 비롯한 NATO 회원국에서 철저히 분석함으로써 사실인 것으로 판명되었다. 특히, 2010년 북한의 군사 퍼레이드에 등장한 방공시스템은 러시아의 기술을 기반으로 생산된 S-300 계열로 추정된다. 만약 북한의 신형 방공시스템이 S-300의 성능을 보인다면, 이 무기체계는 한반도 대부분의 지역에서 운용되는 아군 항공기 작전에 매우 큰 위협이 될 것이다.

4.4.5 천궁 미사일

최근 개발을 완료하고 실전배치를 위해 생산 중인 우리나라의 천궁(KM-SAM, 철매 II) 지대공미사일은 1990년대 말부터 러시아의 지대공미사일 기술을 일부 도입하여 우리나라가 독자적으로 개발한 무기체계이다. 천궁의 배치로 인하여 우리나라는 저고도에서 중고도에 이르는 영역의 대공방어를 모두 자국의 무기체계로 실시할 수 있는 몇 안 되는 국가대열에 합류하였다.

간단히 미사일의 제원에 대하여 살펴보면 중량은 약 400kg 정도로 패트리어트 미사일이나 러시아의 S-300 계열의 미사일의 중량과 거의 비슷하고, 최대속도는 마하 5, 최대사거리 40km, 최대고도 20km로 대부분의 전투기에 대응할 수 있다. 유도방식은 초기 관성유도, 중간 지령유도, 종말 능동 레이더호밍 유도로 세계적인 미사일들의 유도 추세를 따르고 있다.

천궁은 미국에 의하여 1960년대 개발되어 배치된 호크 미사일을 대체할 목적으로 개발되었다. 그럼 지금부터 천궁을 호크와 비교하여 크게 개선된 점을 몇 가지 살펴보자.

그림 4.33 천궁의 발사 통제소 내부와 차량에 적재된 미사일

첫째, 레이더의 성능이 비교할 수 없을 정도로 향상되었다. 앞서 살펴본 바와 같이 호크 미사일 포대는 탐지, 추적, 피아식별 및 유도 레이더가 각각 분리되어 운용된다. 이러한 운용의 무기체계의 유지비용을 상승시키고, 1초가 아쉬운 방공임무의 대응시간을 증가시키는 원인이 된다. 하지만 천궁은 이 모든 기능을 단 하나의 다목적 3차원 위상배열레이더에서 수행한다. 독자 기술로 개발된 이 레이더는 전투기는 150km 밖에서 탐지가 가능하고, 미사일은 50km 밖에서 탐지가 가능한 것으로 알려져 있다. 또한 위상배열을 통한 전자주사식 레이더의 장점을 활용하여 표적유도 시 좌우 45°, 상하 $-3 \sim +80°$의 넓은 탐지 범위를 갖는 특징이 있다.

두 번째는 바로 첨단 자세제어 기능이다. 기존의 호크가 미사일에 부착된 날개를

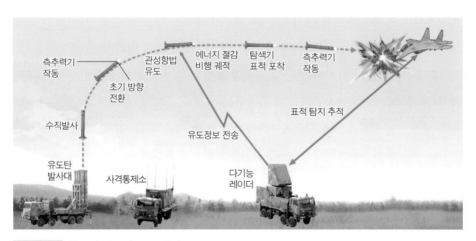

그림 4.34 천궁의 발사 후 유도과정

그림 4.35 천궁의 레이더와 발사대 구성

제어하여 표적으로 유도되는 것과는 달리 천궁은 후방의 4개의 꼬리날개와 전방의 측방에 부착된 측방추력기가 결합되어 대단히 민첩한 기동이 가능하다. 특히 러시아 의 S-300 계열의 미사일에 부착된 측방추력기는 발사 시 방향제어 전용으로 사용되 는 것과 달리 천궁은 최종단계인 표적에 명중하기 직전까지 측방추력기를 이용하여 급격한 기동이 가능하다.

세 번째는 수직발사 방식과 콜드런칭(cold-lunching)이다. 철매는 수직발사 방식을 채택하였는데 패트리어트가 발사 방향으로 미사일을 지향하여 발사하기 때문에 주 변의 언덕과 같은 지형의 영향을 받는 것과 달리 천궁은 우리나라 지형 어디에서나 발사가 가능하다. 콜드런칭은 미사일이 최초 발사될 때 압축공기를 이용하여 수십 m 까지 쏘아 올린 후 미사일의 모터를 점화하는 방식이다. 천궁은 발사 시에 발사대가 직접적인 화염에 노출되지 않기 때문에 장비의 파손을 막을 수 있고, 부가적인 내열 대책을 강구하지 않아도 되기 때문에 생산 단가를 낮출 수가 있다.

마지막은 천궁이 가지고 있는 표적지향성 탄두이다. 보통의 대공미사일은 표적 에 직접 충격을 가하거나 근접하여 폭발하여 충격을 가한다. 하지만 천궁은 탄두의 폭발 방향이 표적으로 지향되도록 제어함으로써 표적에 대한 피해를 증가시키고 명 중률을 향상시키고 있다. 또한 우리나라는 적의 탄도유도탄 공격 위협에 대비하기 위해 대항공기 방어용으로 개발한 철매-II에 탄도유도탄 방어 기능을 추가하는 성능 개량사업을 추진 중이다.

그림 4.36 시험 발사 중인 천궁과 표적에 정확히 명중되는 장면

4.5 전술레이저시스템

미국은 미사일방어체계의 일환으로 공중에서 발사가 가능한 레이저 무기체계를 개발하고 있다. 육군의 지상발사형 레이저는 지형의 영향 때문에 최종단계에 대한 요격만 가능하지만 공중에서는 조기에 더욱 먼 거리에서 적국의 탄도미사일을 탐지할 수 있기 때문에 탄도미사일이 성층권에 도달하기 전에 요격이 가능하다.

미국은 1996년 보잉사와 계약을 맺고 비행기에 탑재되어 공중에서 발사가 가능한 전술레이저시스템을 개발하기 시작한다. 이 시스템은 2009년 보잉 747-400 기종을 개조한 YAL-1기에서 실시된 테스트에서 표적에 고에너지 레이저를 조사하는 데 성공하였다. 하지만 미국은 아직까지 화학반응으로 얻은 레이저로 미국 본토에서 수천 km 떨어진 지역의 표적을 파괴하기에는 역부족이다. 그러나 이 시스템은 수백

그림 4.37 보잉사에 의하여 개발되고 있는 YAL-1과 기체 전면에 부착된 레이저시스템

km 거리에서 발사될 시에만 탄도미사일을 요격할 수 있는 것으로 알려져 있다. 이 시스템은 막대한 개발비용과 그 효용성에 대한 의문이 계속 제기되고 있기 때문에 실전 배치 여부는 불투명하다.

우리나라의 레이저 무기의 개발현황을 살펴보면 무기체계용으로는 고출력의 레이저가 요구되고 있어 국방과학연구소와 원자력연구소에서 중점적으로 개발하고 있다.

레이저 무기의의 개발은 소형화 및 경량화, 장거리 전파능력 및 군수지원 용이성 등에 기반을 두고 개발되어야 하며 그 구체적인 내용은 다음과 같다.

첫째는 소형화 및 경량화 측면이다. 레이저의 특성상 레이저를 발진시키기 위해서는 필요한 여러 가지 부대장비 및 매질이 사용되므로 소형화 및 경량화를 하기 위해서는 고도의 기술이 필요하다. 특히 무기체계에 필요한 레이저는 고출력을 요구하고 있기 때문에 더욱 소형화 및 경량화가 어렵다 할 수 있으나 무기체계로서의 성능을 확보하기 위해서는 소형화 및 경량화가 반드시 필요하다.

둘째는 장거리 전파능력의 확보이다. 앞에서 제시한 바와 같이 우리는 북한 미사일의 위협에 노출이 되어 있으며, 이에 대비하여 북한에서 발사된 미사일을 수도권까지 접근하기 전에 요격을 할 수 있는 적절한 대공방어능력을 확보해야 한다. 즉 빛의 속도로 장거리에서 날아오는 탄도미사일을 제압할 수 있는 즉 장거리 전파능력을 갖춘 고에너지 레이저 무기체계 개발이 요구된다.

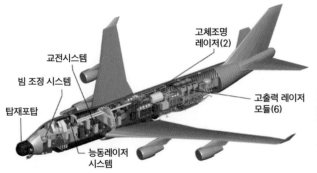

그림 4.38 YAL-1의 내부 구조 및 레이저 반사경의 구조

셋째는 군수지원의 용이성 측면이다. 레이저를 발진시키기 위한 매질을 구분하면 화학레이저, 기체레이저, 고체레이저로 구분을 할 수 있다. 한편 군수지원 측면에서 보면, 고체 및 자유전자레이저는 전원공급을 위한 발전기 및 전지만 있으면 발진이 가능하나 화학레이저는 위험한 화학물질을 보급해야 하는 단점이 있다.

따라서 고출력의 발생에서는 화학 및 자유전자레이저가 유리하다. 그러나 소형/경량화, 장거리 전파능력, 운영유지 및 군수보급 등의 측면에서 고체레이저가 더 많은 장점이 있다. 따라서 향후에 각국은 고체레이저 개발에 역점을 둘 것으로 예상된다.

4.6 미사일방어체계

지금까지 살펴본 무기체계들이 주로 항공기와 순항미사일과 같은 비교적 저고도의 저속 위협에 대한 방어를 위한 무기체계에 관한 내용이었다. 그러나 지금부터 살펴볼 미사일방어체계는 모든 대기권 밖의 영역까지 포함하는 대규모로 네트워크화된 무기체계라고 할 수 있다. 즉, 지구의 전 영역을 활용하여 적국의 탄도미사일을 방어하는 계획이다.

탄도미사일의 위협은 사거리별로 매우 다양하다. 사거리가 수천~1만 km를 넘는 대륙간탄도미사일(ICBM)에서부터 1,000km 이내인 전술지대지미사일까지 다양한

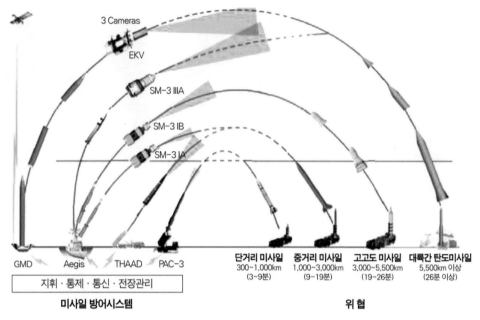

지휘·통제·통신·전장관리

미사일 방어시스템   **위 협**

그림 4.39 탄도탄 위협에 대한 고도별 미사일체계의 구성

탄도미사일을 단일 방어체계로 대응하기에는 한계가 있다. 따라서 미국은 패트리어트 PAC-3를 이용하여 사거리 1,000km 이내의 탄도미사일 위협에 대해 방어할 수 있도록 대비하고 있다. 그러나 PAC-3은 대기권 내에서만 비행하기 때문에 비행시간이 비교적 짧아 요격할 수 있는 여유시간이 10분 이하이다.

한편 우리나라는 북한의 단거리 탄도미사일에 의한 직접적인 위협에 대처하기 위해 미국의 패트리어트 PAC-3급의 천궁 개량형(M-SAM)을 개발하여 양산 중이다.

최근 미국은 사거리 1,000~3,000km의 중거리 탄도미사일을 요격시키기 위해 지상 발사형 사드(THAAD, Terminal High Altitude Area Defense) 체계와 이지스함에 탑재된 SM-3 미사일을 연동시킨 방어체계를 구축 중에 있다.

미국이 개발 중인 사드 미사일의 중량은 900kg으로 PAC-3보다 무거우며, 최대 작전 범위는 200km 이상으로 알려져 있다. 또한 초속 2.7km(약 마하 7)으로 PAC-3보다 고속으로 비행한다. 미국은 사드시스템을 육군에서 운용할 것이며, 대(對)탄도미사일 체계와 함께 운용할 계획이다.

적군의 탄도미사일은 다단계 로켓을 이용하여 성층권까지 상승하고 탄두가 분리되어 대기권으로 재진입하는 형태의 탄도 특성을 가지고 있다. 이러한 적의 탄도미

그림 4.40 미국의 사드 미사일 차량과 발사 장면

사일을 방어하는 것은 매우 어려울 것이다. 따라서 이를 방어하기 위한 혁신적인 요격시스템이 요구되었다. 현재 배치된 미군의 전력 중에서 이러한 임무를 수행하기에 가장 적합한 것으로 판단되는 무기체계는 해상의 이지스함 요격체계가 있다. 해상에서 이루어지는 미사일방어는 이지스함의 우수한 레이더를 이용하여 성층권을 지나 최대고도에 이른 탄도미사일을 요격할 수 있다. 이 시스템은 미사일이 최대고도에 도달할 때 미사일의 속도는 오히려 가장 느리기 때문에 이 단계에서 요격을 시도하는 것이 유리하다.

현재 미국은 신형 SM-3 미사일을 개발하여 전력화 중에 있다. 이 미사일은 현재

그림 4.41 미국의 이지스순항함에서 발사되고 있는 SM-3 미사일

그림 4.42 GMD의 KV(Kill Vehicle)과 격납고의 미사일

운용 중인 이지스함의 핵심전투체계인 SPY-1 레이더와 연동시켜 운용 중이다. 앞으로 미국은 신형 SM-3 미사일은 개발이 진행 중인 GMD(Ground-Based Midcourse Defense) 시스템과 함께 대륙간탄도미사일의 방어를 담당할 예정이다.

마지막으로 미사일방어체계의 최대의 난관으로 알려진 GMD(Ground-Based Midcourse Defense)에 대하여 살펴보자. GMD는 지상에서 미사일을 발사하여 진입단계에 돌입한 탄도미사일의 탄두를 요격하는 시스템이다.

기술적으로 탄도미사일의 탄두를 요격하기는 매우 어려운데 1개의 대륙간탄도미사일(ICBM)에는 수 개의 탄두가 장착되어 있으면 이들 탄두는 각각의 다른 표적을 공격할 수 있다. 이러한 탄두들은 대기권으로 재진입 시 운동에너지가 증가하여 마하 10을 훨씬 넘는 속도로 비행한다. 또한 탄두의 크기도 아주 작고 미사일의 잔해들도 함께 대기로 진입하기 때문에 탄두와 미사일의 잔해를 수천 km 밖에서 구분하기는 매우 어렵다. 이에 따라 GMD체계는 KV(Kill Vehicle)을 탄두에 장착하여 정확한 요격이 가능하도록 고안되었으며 인공위성과 지상 및 해상에 설치된 대형 X-밴드 레이더[11]로부터 도움을 받아 표적을 요격한다.

---

11 X밴드 레이더: X밴드 주파수(파장: 약 2.5cm)를 사용하는 레이더를 말하며, 이 레이더는 기상관측, 공중관제,

그림 4.43 GMD에 사용되는 해상 및 지상형 대형 X-밴드 레이더

　　몇 번의 성공과 실패를 반복하고 있지만 아직도 GMD가 넘어야 할 산은 많다. 우선 여러 개로 분리된 탄두를 정확히 요격하기 위해서는 탐지와 관련된 기술적 문제들이 극복되어야 하며, 천문학적인 개발 비용 또한 미국이 혼자 부담하기에는 벅찬 실정이다.

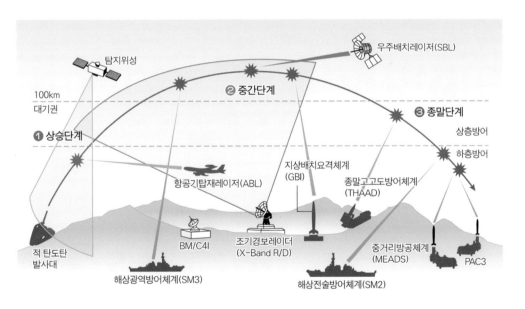

그림 4.44 미국의 해상과 지상에서 이루어지는 미사일방어체계 개념도

해상관제, 군사용 추적, 경찰의 차량속도측정 등 다양한 분야에 사용하고 있다. 특히, 짧은 파장을 가진 X밴드 주파수는 목표물 식별과 변별을 위한 고해상도 이미지 레이더를 만드는 데 쓰인다.

정치적으로는 러시아를 비롯하여 유럽연합이 미국의 미사일방어에 대해 적극적으로 대응하고 있다. 러시아는 미국의 미사일방어를 무용지물로 만들 신형 대륙간탄도미사일(ICBM)을 개발하고 있으며, 유럽연합은 미국의 미사일방어체계와 유사한 방어체계의 구축을 계획하고 있다.

연 습 문 제

1. 현대 전쟁에서 방공작전의 중요성을 실제 사례를 들어 간단히 설명하시오.

2. 방호무기체계 중에서 자주대공포의 발전추세를 간단히 설명하시오. 또한 우리나라 육군의 대표적인 자주대공포인 K30 비호의 주요 제원을 설명하시오.

3. 최신 대공포에 적용하고 있는 전자광학추적시스템(EOTS, Electro-Optical Targeting System)과 적외선추적시스템의 원리와 특징을 설명하시오.

4. 우리나라의 미래 대공무기체계 운용개념을 그림을 그려서 간단히 설명하시오.

5. 대공미사일 중 미국의 스팅거와 우리나라의 신궁의 제원과 특징에 대해 비교하여 설명하시오.

6. 우리나라의 천마 대공미사일의 주요 제원 및 특성 그리고 작동원리를 설명하시오.

7. C-RAM(Counter Rocket, Artillery, and Mortar) 용도로 개발한 이스라엘의 아이언돔의 요격 개념과 주요 제원 및 특성을 설명하시오.

8. 전차의 능동방어체계의 작동원리와 적용사례를 간단히 설명하시오. 그리고 소프트 킬이란 무엇이며, 소프트 킬 무기에 대해 예를 들어 설명하시오.

9. 레이저 빔의 발생 원리와 적용 분야를 간단히 설명하고, 레이저를 이용한 전술고출력레이저(THEL, Tactical High Energy Laser) 체계의 개발현황을 설명하시오. 그리고 이 시스템을 기존의 미사일과 비교하여 설명하시오.

10. 함정 근접방어체계 중에서 미국의 팰랭크스와 네덜란드 골키퍼의 주요 제원 및 특징과 발전추세를 설명하시오.

11. 함대공미사일 중에서 미국의 시스패로(Sea Sparrow) 미사일의 발전과정을 설명하시오.

12. 공군의 중앙방공통제소(MCRC, Master Control and Reporting Center)의 운용개념을 그림을 그려서 설명하시오.

13. 호크 미사일과 패트리어트 미사일의 운용 개념과 차이점을 비교하시오. 그리고 패트리어트 미사일의 모델별(PAC-1, PAC-2, PAC-3) 차이점을 설명하시오.

14. 러시아의 방공시스템과 미국의 패트리어트 시스템의 성능을 시스템 구성과 운용 측면에서 비교하시오.

15. 우리나라의 천궁미사일의 제원과 유도과정 및 유도방식을 간단히 설명하시오.

16. 전술레이저시스템의 발전추세와 적용 분야에 대해 논하시오.

17. 미국의 탄도탄 위협에 대한 고도별 방어체계에 대해 그림을 그려서 설명하시오.

5

정보 및 지휘통제

5.1 서론

『손자병법』의「모공」편을 보면 '지피지기 백전불태'(知彼知己 百戰不殆)라는 내용이 있다. 이는 전장에서 적과 관련된 정보를 적시에 획득하는 것은 승리의 필수조건이라는 뜻이다. 이처럼 정보는 고대 전쟁부터 적의 의도와 약점을 먼저 파악하여 이를 작전에 이용하는 주요 기능으로 간주하였다. 현대전쟁에서도 정보의 중요성은 날로 증대되고 있는 추세이다. 특히, 신속하고 정확한 정보수집과 효과적인 지휘통제의 중요성이 증대되고 있다.

정보의 중요성을 가장 잘 드러낸 전투로는 제2차 세계대전 당시의 진주만 공습을 들 수 있다. 당시 일본은 철저하게 정보를 수집함으로써 하와이 진주만에 정박한 함정의 종류와 위치 등을 사전에 파악하였다. 전쟁 전부터 민간인에 의한 관광 등으로 위장한 간접을 침투시켜 하와이의 군사시설 등을 미리 파악하고 있었던 것이다. 또한 기습 시점도 미군의 경계가 가장 소홀한 일요일 아침으로 결정하였다. 결국, 미 해군은 거의 속수무책으로 일본에 기습을 당하고 말았으며 미군의 태평양함대는 큰 피해를 입고 태평양에서의 일본의 팽창을 초기에 막지 못하게 되었다.

정보의 기능과 함께 지휘통제 역시 전장에서 매우 중요한 역할을 한다. 현대전에서 지휘통제의 주요 기능은 군사적인 목적을 달성하기 위하여 일사분란하게 가용한

그림 5.1 제2차 세계대전 당시 진주만 공습

그림 5.2 임진왜란 당시 수군들의 훈련 모습과 이순신 장군의 초상화

전투력을 운용함으로써 효율성을 극대화하는 데 있다. 하지만 과거의 전장에서의 지휘통제는 비교적 기초적인 수단에 의해서 이루어졌다. 대부분의 군대는 군기를 이용하여 적과 아군을 구분하였다. 신호체계로는 나팔, 연, 횃불 등 단순하면서도 확실하게 식별이 가능한 수단들이 사용되었다. 예를 들어, 이순신 장군은 임진왜란 당시 수군의 통제를 원활하게 하기 위하여 북과 깃발을 이용하였다. 그 결과 학익진과 같은 천재적인 전술을 성공시킬 수 있었다.

당시 조선은 기본적인 지휘통제 수단들 이외에도 여러 가지 발달된 경보전파체계를 운용하였다. 예를 들어, 조선군은 신속히 외부의 침입을 중앙정부에 보고하기 위하여 봉화를 이용하였다. 봉화는 전국의 주요 봉우리에 설치되어 위기 시 신속하게 봉

그림 5.3 조선시대의 경보 전파 수단인 봉화 모습

E-3C 센트리 조기경보통제기와 신호를 전송받아 확인하는 관제실

화에 불을 지펴 다음 봉화대에 신호를 전달함으로써 정보를 전달하였다. 이러한 방법을 통하여 사람이 직접 소식을 전하는 것보다 빠르게 경보를 전파할 수 있었다.

현재까지도 지상전을 수행하는 부대들의 지휘통제는 과거로부터 이어져온 수단들이 사용되고 있다. 거의 전장에서 지휘통제는 주로 육안과 육성, 시호통신에 의하여 이루어진 반면 현대 전장에서는 보다 발전된 수단과 방법에 의하여 이루어진다. 그 대표적인 예로 신호탄과 연막탄을 들 수 있다. 전투부대의 창끝인 분대급에서는 개인별로 신호 키트를 이용하여 적의 접근과 아군의 위치 및 각종 상황 등을 알릴 수 있다. 또한 2011년부터 우리나라에도 도입된 공중조기경보통제기(AEWC, Airborne Early Warning & Control)는 1991년 걸프전쟁에 투입되어 그 위력을 증명하였다.

걸프전쟁 당시에 투입된 미국의 E-3C 센트리(Sentry) 공중조기경보통제기는 이라크 상공의 항공위협을 조기에 정확히 탐지하고 신속한 피아식별과 표적확인을 하였다. 이를 통해 초계중인 전투기를 정확하게 지휘함으로써 매우 효과적인 전투를 수행하였다. 이와 반대로 이라크 공군은 지상레이더에 기초한 방공통제를 실시하였지만 미 공군의 효과적인 폭격으로 제 기능을 수행하지 못하였다. 당시의 이라크 조종사들은 이란과의 전쟁에 참가한 베테랑들이었음에도 불구하고 전투기 자체의 레이더에만 의존하여 제대로 된 전투 한번 해보지 못한 채 미 공군의 전투기에 의해 격추되고 말았다. 실제로 걸프전쟁에서의 미 공군과 이라크 공군의 승패요인은 전투기 보유대수와 전투기 자체의 성능 차이도 있었지만, 지휘통제능력의 차이에서 비롯되었다는 분석이 지배적이다.

앞서 공중조기경보통제기를 통하여 잠시 언급되었듯이 현대전에서는 정보에 대한 판단과 적절한 전투력의 운용이 동시다발적으로 이루어진다. 현대전의 첨단무기들은 가공할 만한 정확도와 파괴력으로 수백 km 밖에서도 원하는 표적을 정확하게 파괴할 수 있다. 그러나 어떠한 표적이 아군에게 가장 위협적이고, 적에게는 가장 중요한 핵심표적을 실시간으로 판단하지 못하면 첨단무기의 성능을 제대로 발휘할 수 없다. 또한 첨단무기들은 점차 고가화되어가고 있고 전시에 사용할 수 있는 보유량에 한계가 있다. 그렇기 때문에 이러한 무기체계들을 운용할 때에는 정확한 표적 정보와 표적의 우선순위 결정을 통하여 효율적으로 운용하여야만 한다. 본 장에서는 전투수행기능 중 정보와 지휘통제의 기능을 통합하여 관련된 육·해·공군의 무기체계들을 살펴보도록 한다.

5.2 육군의 정보 및 지휘통제체계

육군의 경우 해군이나 공군보다 복잡한 지형에서 전장상황을 인식하고 대응해야 하기 때문에 전장정보를 획득할 수 있는 수단이 매우 다양하게 발전되어왔다. 첨단무기체계가 발달한 오늘날까지도 가장 확실하게 전장정보를 획득하는 방법은 인원을 직접 투입하여 전장정보를 수집하는 것이다. 하지만 이 방법은 투입된 인원에 대한 생존성 문제와 함께 실시간으로 정보를 공유하는 데 제한된다. 이에 각종 전장감시기술을 적극 활용함으로써 과거 인간정보(Human Intelligence)[1]에 의존하던 부분을 상당부분 감시장비로 대체하고 있다.

육군은 병과별로 요구되는 전장정보의 종류와 정보의 획득수단이 다양하다. 먼

---

1 인간정보(Human Intelligence): 구성요소, 의도, 편성, 전투력, 배치, 전술, 장비, 인원, 그리고 능력 등을 식별할 목적으로 인간정보 요원들을 운용하여 인원 및 언론매체로부터 해외정보를 수집하는 행위를 말한다. 인간정보는 지휘관 정보요구에 부응하고 다른 정보 분야와 서로 연계시킬 목적으로 정보를 수집한다. 인간정보의 수집수단은 인간자산들이며, 수집방법은 매우 다양하며, 인간정보의 수집수단 및 방법들은 노출될 수도 있고 은밀히 진행될 수도 있다.

저 각개병사는 주로 소화기의 유효사거리 내에 위치한 적에 대한 감시 및 식별을 목적으로 야간투시경(NVD, Night Vision Device)을 사용해왔다. 또한 상급 부대에서는 보다 광범위하고 원거리까지 감시할 수 있는 열상감시장비(TOD, Thermal Observation Device)[2]와 지상감시레이더(RASIT, RAder Surveillance Intermediate Terrain)[3] 등의 장비를 주요 이용해왔다. 또한 포병은 정확한 곡사화력의 유도에 사용될 수 있는 관측장비를 비롯하여 적의 포병이 발사한 탄의 궤적을 추적하여 적 포대의 위치를 알려주는 대(對)포병레이더 등이 실전에 배치되어 있다. 은밀한 침투를 실시하여 적의 주요 핵심시설을 타격하는 특수전부대의 경우에는 표적에 항공기 화력이나 순항미사일과 같은 장거리 화력자산을 정확히 유도할 수 있는 GPS(Global Positioning System) 장비와 레이저 표적지시기 등을 사용하고 있다.

몇 년 전부터 세계 각국은 미래병사체계 연구를 활발히 진행하고 있다. 당시 미래병사에게 요구되었던 중요한 조건 중 하나는 개별 병사가 전장의 감시체계로써 임무를 수행하는 것이다. 이는 말단 병사까지도 전술정보망에 연결시켜 창끝에서 벌어지는 전투를 실시간으로 지휘본부가 인지함으로써 더욱 빠른 속도로 전장상황에 대응하겠다는 개념이다. 이러한 미래병사체계의 운용개념은 앞으로 벌어질 전장에서의 정보기능이 얼마나 더 강화될 것인지 잘 보여주고 있다.

최근 세계 각국은 지상군의 전장감시능력과 전장가시화 능력을 획기적으로 향상시키기 위하여 소형 무인항공기를 적극적으로 도입하고 있다. 소형 무인항공기는 지상에서 관측이 불가능한 지역이나 수 km 이상 떨어진 적진의 모습을 가시화시켜준다. 또한 적외선 센서와 레이더 등 각종 센서를 통하여 적의 위협을 보다 효과적으로 감지할 수 있다. 따라서 우리 군이 소형 무인항공기를 좀더 많이 운용한다면 지상군이 보다 정확한 전장정보를 인식할 수 있고 현재보다 작전범위를 비약적으로 확대시킬 수 있을 것이다.

---

2 열상감시장비(TOD, Thermal Observation Device): 물체 고유의 열에너지를 전기신호, 영상신호로 바꾸어 모니터에 주사하는 장비로 주간과 야간에 고정 및 이동물체 감시하는 전장감시장비 중 하나이다.

3 지상감시레이더(RASIT, RAder Surveillance Intermediate Terrain): 적 예상 접근로 및 취약지역에 배치하여 이동표적의 탐지 및 추적을 담당하는 전술제대의 전천후 주 감시수단으로 탐지원리는 도플러 효과를 이용한 입사파의 주파수 차이를 이용하여 표적을 탐지하는 장비로서 레이더의 고정 및 이동 설치가 가능하다. 이 레이더는 인원, 차량, 저비행 항공기 등 이동목표를 탐지 및 식별은 용이하나 고정표적 탐지에는 제한을 받으며, 표적 위치는 8계단 좌표로 자동적으로 산출되고 청음으로 표적을 식별하는 장비이다.

최근 우리나라 육군은 전장의 정보를 실시간으로 반영하여 부대를 지휘할 수 있는 지휘통신체계에 대한 투자를 확대하고 있다. 이는 전장의 정보를 수집하는 것만으로는 부족하기 때문이다. 따라서 우리 군이 미래전쟁에서 승리하기 위해서는 수집한 정보를 실시간으로 분석하고, 신속하게 결심하며, 정확하게 부대를 지휘할 수 있는 능력을 갖추어야 한다. 이는 적보다 먼저 전장의 주도권을 가지고 효율적인 전투를 하는 데 필수적인 요소인 것이다.

5.2.1 야간 감시장비

현대전쟁에서 야간전투의 중요성은 계속 증가하고 있다. 주간에는 공자와 방자 모두 적에게 의도가 노출될 가능성이 크기 때문에 야간에 주로 전투가 이루어지는 것이다. 이러한 현대의 야간전투에서 각개 병사의 손에 쥐어지는 유일한 감시수단이 바로 야간감시장비이다. 야간감시장비는 크게 능동형과 수동형으로 구분되는데 능동형은 적외선이나 가시광선을 조사해 표적에 맞고 반사되어 돌아오는 적외선 신호를 필터로 여과하여 영상정보화한 것이다. 이러한 적외선 장비는 만일 적이 동일한 종류의 장비를 보유하고 있을 경우에는 아군의 위치를 쉽게 노출시킬 수 있는 치명적인 약점이 있다.

수동형 야시장비는 군이 운용 중인 대부분의 야시장비로 열영상방식이나 미광증폭방식을 이용한다. 먼저 열영상방식은 표적과 그 주변의 온도 차이를 비교하여 이를 영상신호로 변환시켜 가시화한다. 이 방식은 표적이 열을 발산할 경우에 기후조건에 상관없이 안개나 연기를 통과하여 표적을 관측할 수 있다.

열영상방식을 적용한 장비는 흔히 열상감시장비(TOD)라 하며, 주로 전차와 같은 고가의 정밀장비에 장착하여 운용한다. 현재 우리나라는 TOD를 전방 철책선, 해안 또는 강안 경계지역에 주로 배치하여 운용 중에 있으며, 주로 적의 주요 접근로와 레이더 감시장비의 사각지역을 감시하기 위해 활용하고 있다. 1988년 이후 약 400여 대의 TAS-970K TOD를 육군과 해병대에 배치하였다. 이 장비의 탐지거리는 약 8km 이며, 일부는 K311 전술차량에 탑재하여 기동형 감시장비로도 활용하고 있다. 또한 이 장비를 통한 직접관측이 가능할 뿐만 아니라 TV모니터를 이용한 간접관측도 가능

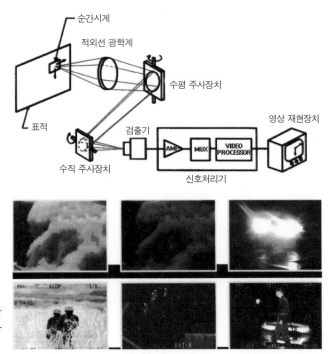

순간시계
적외선 광학계
수평 주사장치
영상 재현장치
표적
검출기
AMP
MUX
VIDEO PROCESSOR
수직 주사장치
신호처리기

그림 5.5 열상장비의 작동 원리와 열상장비에 의한 관측영상

하다. 이때 간접관측 시에는 약 100m의 이격거리에서 원격운용이 가능하여 적에게 노출을 최소화시킬 수 있다.

최근 육군은 신형 TOD인 TAS-815K를 전력화하고 있다. 기존 1세대 열상장비로는 야간관측만 가능했으나 이 장비는 주·야간 관측이 가능하다. 또한 이 장비는 3세

그림 5.6 구형 TOD(TAS-970K)와 한국형 신형 TOD(TAS-815K)

대 열영상장비로서 CCD 카메라, 레이저 거리측정기, GPS 등이 추가되어 원거리에서 원격조정이 가능할 뿐만 아니라 최대 10km까지 영상을 전송할 수 있다. 따라서 이 장비는 우리 육군이 추진하고 있는 GOP 과학화 경계시스템 구축 시에 감시공백을 최소화하는 데 크게 기여할 수 있을 것이다.

한편 열상감시장비는 부피와 중량이 커서 각개전투원이 휴대하기에는 제한이 있다. 이 때문에 각개전투원은 미세한 빛을 증폭시켜주는 미광증폭식 감시장비를 휴대한다. 미광증폭식 감시장비는 별빛이나 달빛과 같은 적은 양의 광원을 수천 배 증폭이 가능하다. 이러한 장점 때문에 이 방식은 야간에도 마치 주간작전과 동일한 효과를 얻을 수 있다. 또한 미광증폭식 감시장비는 구조가 단순하고 소모 전력이 적다.

현재 우리 군이 운용 중인 수동형 야간감시 장비로는 TOD, 전차장 및 포수용 열상조준경, 휴대용 주·야간 관측장비(PVS-98K), 야간투시경(PVS-5/7, PVS-04K) 등이 있다. 이 중에서 PVS-04K는 제3세대 영상증폭관을 사용하는 최신형 장비이다. 이 장비는 다양한 옵션 품목을 활용하여 다기능화를 구현한 야간관측 및 조준용 장비이며, 배터리 1개 또는 2개로도 운용이 가능해 휴대가 용이하다. 특히 이 장비는 주변의 밝기에 따라 명암조정이 가능하고 광량이 전혀 없는 환경에서도 적외선을 조사시켜 최대 800m의 물체를 관측할 수 있다. 또한 현재 운용 중인 주간조준경 및 야간표적지시기와 연동시켜 야간조준경으로도 운용이 가능하다.

한편, 앞에서 설명한 바와 같이 열상장비는 적을 감시하기 위한 중요한 수단이며,

그림 5.7 야간투시경을 통해 본 사물인식 영상과 한국의 PVS-04K

그림 5.8 거리 측정만 가능했던 휴대용 레이저 측정기(GAS-1K)와 신형 TAS-1K

우리 육군에서는 표적을 탐지할 때에도 활용하고 있다. 예를 들어, 최근 개발된 K계열 전차는 조준경과 열영상 장비를 연동시켜 5km 이상의 표적을 기후에 상관없이 정확히 식별이 가능하다. 또한 포병은 화력을 담당하는 열상장비와 별도로 표적 탐지 및 감시를 담당하는 체계가 분리되어 운용된다. 즉, 전차는 표적 식별 및 탐지(제원)가 통합되어 운용되나 포병은 이들 기능이 분리되어 운용하고 있는 것이 특징이다. 이는 복잡한 지형에서 간접사격으로 화력을 지원하는 육군 무기체계의 특성이 적극 반영된 것이라고 할 수 있다. 하지만 최근에는 전장정보를 공유할 수 있는 통신장비의 급속한 발달로 탐지체계와 화력체계 간의 시공간적 제한이 점차 줄어들고 있는 추세이다.

우리나라의 포병부대는 표적을 식별하거나 정확한 표적을 획득을 위해 열영상 방식이 적용된 TAS-1을 운용 중에 있다. 이 장비는 기존의 사거리와 방위각만 측정할 수 있는 레이저 거리측정기인 GAS-1K의 성능을 개량한 신형장비이다. TAS-1은 열영상장비, 레이저거리측정기, 측각기로 구성되어 있으며, 이들을 통합 또는 분리하여 운용할 수 있다.

한편, 열영상 장비는 야간이나 연무에서도 표적을 육안으로 관측할 수 있게 하고, 레이저를 이용해 정확한 거리 측정과 방위각, 수직각 등의 제원을 통해 표적의 좌표까지도 정확히 산출할 수 있다. 이 때문에 전장에서 전방관측과 동시에 표적의 위치를 알 수 있다. 그 결과 우리 군은 TAS-1을 활용하여 음성 및 데이터 통신으로 K9 자주포와 성능개량 포병사격지휘체계(BTCS, Battalion Tactical Command System)를 연동시켜 사탄 관측 및 화력 유도가 가능한 체계를 구축하게 되었다. 참고로 TAS-1은 10km까지 거리 측정이 가능하며 기존의 포병용 관측장비보다 경량화 및 소형화되어 있어서 각각의 장비를 분리해 개인이 휴대가 가능하다.

5.2.2 대인 및 대포병 레이더

우리나라 육군은 레이더를 이용한 표적식별체계로 다목적 지상관측레이더(RASIT)를 운용하고 있다. 이 장비는 프랑스의 리미트사에서 개발하였으며, 우리나라는 1970년대 말에 700여 대를 도입하였다. 이 장비는 군단급 이하 제대의 주요 감시수단으로 운용 중에 있다. 이 장비의 특성은 이동하는 적군을 지상에서 탐지 및 추적이 가능하다. 이 장비는 도플러(Doppler) 효과를 이용해 입사 및 방사 방사선의 주파수 차이로 표적을 탐지한다. 여기서 도플러 효과란 소리나 전파가 발신자와 수신자 사이에 상대운동이 있을 때 수신자의 수신 주파수가 송신 주파수와 다르게 관측되는 현상이다. 즉 소리가 나는 쪽으로 접근하면 주파수가 높아지고 멀어지면 낮아지는 현상을 말한다. 이러한 효과의 대표적인 예를 들어보면, 기차가 관측자에게 다가올 때는 파장이 짧아 높은 소리가 들리지만, 멀어질 때는 파장이 길어져 낮은 소리가 들리는 경우이다.

즉, RASIT는 방사한 주파수가 표적에 부딪혀 되돌아올 때 발생하는 차이를 이용

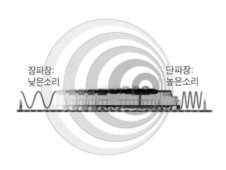

그림 5.9 도플러 효과와 이를 이용한 RASIT 운용(차량 탑재)

해 20~40km 범위 내 표적의 위치를 10m 오차범위에서 방위각을 산출할 수 있다. 이 장비는 움직이는 인원 및 차량과 저고도로 비행하는 물체 등을 탐지하기에는 용이하나 고정표적을 탐지하기는 어렵다. 지상에서 고정식으로 운용하거나 차량에 탑재하여 운용할 수 있으며, 미리 설정해놓은 표적이 감시지역에 들어올 때마다 자동으로 경보할 수 있는 기능이 있다. 또한 파노라마식의 전역감시 또는 일부지역에 관한 집중감시 기능이 있다. 이 때문에 선택해 탐지를 원하지 않는 지역에 대해서도 선택적으로 감시가 가능해 적 예상접근로 및 취약지역에 대해 효과적으로 운용이 가능하다. 최근 우리나라 육군은 구형 RASIT를 대체할 장비로 TPS-224K 한국형 지상감시레이더(KGSR, Korea Ground Surveillance Radar)를 2006년부터 전력화하고 있다. 이 신형 장비는 기존의 RASIT와 마찬가지로 도수 또는 차량에 탑재하여 운용할 수 있으며 단일, 다중(5개)영역 및 전방위(360°)영역에 대한 탐색이 가능하다. 또한 이 장비는 적의 전자전 공격에 대비하여 넓은 주파수 대역폭, 고속의 주파수 변환, 방사통제기능이 있다. 그리고 수집된 표적정보는 유·무선 통신장비를 이용해 C^4I체계와 연동할 수 있다.

우리나라 육군은 북한의 가공할 수준의 포병화력에 상당한 위협을 받고 있다. 물론 현대화된 무기의 질적 측면에서는 우리가 북한을 앞서지만 수적인 면에서는 열세이다. 예를 들어 2012년 기준으로 우리 군은 5,200여 문의 야포를 보유하고 있으나 북한은 8,500여 문을 보유하고 있다. 또한 북한은 수도권을 직접 타격할 수 있는 장사정포를 5,100여 문이나 보유하고 있으며, 이들 무기의 대부분이 휴전선 부근에 배치하였다. 물론 단순히 수적인 면에서 전력의 우위를 따질 수는 없지만 북한의 포병화력은 분명 우리에게 큰 위협이 되고 있다. 이런 관점에서 전력의 공백과 차이를 극복하기 위해서는 첨단장비로 적의 포병 위협을 조기에 식별하고 대응하는 것이 매우 중요하다. 이 때문에 우리 육군은 북한의 포병화력을 제압하기 위해 대(對)화력전 능력을 제고시키기 위한 노력을 지속적으로 하고 있다. 이러한 대화력전의 핵심 무기체계 중 하나가 적의 포병탄도를 역으로 추적하여 정확한 표적의 위치를 탐지할 수 있는 대포병레이더이다.

일반적으로 적의 포탄공격 시 표적처리과정은 '결정 → 탐지 → 타격 → 평가'의 순으로 이루어지며, 긴급할 경우에는 '탐지 → 결정 → 타격 → 평가'의 순으로 이루어지기도 한다. 이때 탐지체계는 표적처리의 핵심이라 할 수 있다. 대포병레이더는 적

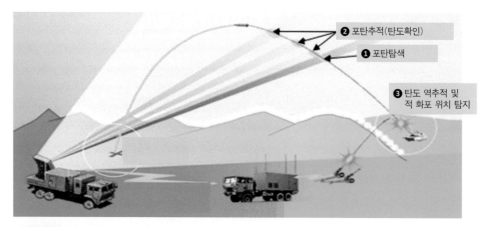

❷ 포탄추적(탄도확인)
❶ 포탄탐색
❸ 탄도 역추적 및
   적 화포 위치 탐지

그림 5.10 대포병레이더의 탐지원리

포탄의 탐지를 위해 고정된 상태에서 안테나를 회전시켜 탐지 및 추적이 가능하다. 그러나 이 시스템의 탐지방위각은 90° 이내이기 때문에 이 범위를 벗어난 표적은 탐지할 수 없다. 현재 개발된 대포보병 레이더의 탐지고각은 약 10° 정도이며, 탐지거리는 기종에 따라 20~50km 정도 수준이다.

한편, 우리 군은 적의 포병위협을 정확히 탐지하기 위한 방법으로 관측병에 의한 대포병레이더와 같은 장비와 육안관측과 적지종심작전(Deep Operations)[4] 팀에서 획득한 인간정보에 의존하고 있다. 현재 운용 중인 대포병레이더는 1970년대 미국의 레이시온사에서 개발되어 1990년에 도입된 AN/TPQ-36과 AN/TPQ-37, 그리고 2007년에 배치된 스웨덴의 아서(ARTHUR, Artillery Hunting radar) 등이 있다. 이들 장비 중에서 AN/TPQ-36은 대(對)박격포 레이더이며, 이 장비의 탐지거리는 약 24km이다. 하지만 이 모델보다 신형인 AN/TPQ-37은 대포병레이더이며, 50km 거리까지 탐지가 가능하며, 탐지모드와 추적모드 기능이 있다. 이때 탐지모드는 레이더의 지향 방향에 대해 레이저를 방사해 비행하는 모든 물체를 확인할 수 있다. 그리고 만일 의심표적이 식별되면 추적모드로 전환해 포탄의 속도, 방위각, 고각, 방향 등의 정보를 확인함으로써 적 포대의 위치를 산출할 수 있다. 또한 동시에 10여 개의 표적을 추적할 수

---

4 적지종심작전(Deep Operations): 적지종심 상에 항공 및 장거리 타격수단을 집중하여 공중강습 및 공정부대를 투입하여 적의 C^4시설, 화력지원수단, 증원전력 등 전략적, 작전적 중심을 무력화하며, 적의 전투력을 조기에 분산, 혼란 및 마비시키는 작전 형태이다.

그림 5.11 미국에서 도입된 AN/TPQ-37과 이후 스웨덴에서 도입된 아서

있다. 그러나 AN/TPQ-36과 AN/TPQ-37은 전파방해공격(ECM, Electronic Counter Measure)에 취약하고 사거리가 짧거나 낮은 탄도를 갖는 탄을 포착하기 어렵다. 참고로 미군은 우리 군이 보유하고 있는 모델보다 성능이 향상된 개량형 AN/TPQ- 36, 37 대포병레이더를 운용하고 있다. 그 결과 주한 미군은 북한의 장사정포의 위치와, 포탄의 종류까지 확인이 가능하다. 뿐만 아니라 미군은 대포병레이더에서 획득한 표적정보를 데이터링크를 통해 포병대대로 전송하여 즉각 사격이 가능한 것으로 알려져 있다.

우리 군이 운용 중인 대포병레이더 중에서 최신형인 아서(ARTHUR)는 스웨덴에서 개발하였으며 2007년에 최초로 도입하여 운용 중이다. 이 레이더는 각각 박격포탄 55km, 포병포탄 31km, 방사포탄 50~60km까지 탐지가 가능하다. 그리고 이 레이더는 최대 분당 1,000여 개의 표적을 탐지할 수 있으며, C-130 수송기로도 운반이 가능하다.

최근 세계적으로 유명한 대포병레이더는 이스라엘군이 운용하고 있는 ELM-2084 MMR(multi mission radar)이다. 이 레이더는 이스라엘군의 단거리 미사일 요격시스템인 아이언돔(Irom dome) 체계의 핵심장비이다. 아이언돔은 미사일로 포병포탄과 로켓포탄을 요격할 수 있는 시스템이다. 작동원리는 최초 ELM-2084 MMR에서 얻은 포탄을 탐지/추적한 후 이들 정보를 지휘통제센터에서 포탄의 발사각과 비행궤적을 산출해 요격미사일로 대응할 수 있도록 구성되어 있다. 참고로 ELM-2084 MMR는 대공 감시와 표적탐지가 동시에 가능하며, 대공탐지의 경우 최대 탐지방위각은 고정

아이언돔의 개념도 및 ELM-2084 MMR 대포병레이더

운용 시 120°, 회전운용 시 360°이고, 동시에 분당 1,200개의 표적을 탐지할 수 있다. 또한 지상표적에 대해서는 최대 탐지방위각이 120°이고, 최대 탐지거리는 100km이며, 분당 200여 개의 표적을 동시에 탐지할 수 있다.

대포병레이더의 중요성은 2010년 북한의 '연평도 포격도발'에서 잘 드러났다. 당시 북한은 연평도 부근에 있는 해안포진지에서 평사포, 대구경포를 이용해 연평도에 있는 우리의 부대와 민가에 기습적으로 포격을 가하였다. 이때 우리 군은 AN/TPQ-37 대포병레이더를 가동시켜 북한의 도발원점을 추적하는 데 성공하였다. 그리고 정확한 적의 도발원점에 K9 자주포로 정밀타격을 할 수 있었다.

한편 대포병레이더는 탐지방법의 특성상 지형 및 기상 조건에 따라서 탐지방위가 제한이 된다. 이 때문에 대포병탐지 시에 여러 가지 탐지수단들을 혼용하고 있으며, 그중 대표적인 것이 음향표적탐지장비이다. 음향탐지장비는 전(全)방향으로 탐지를 할 수 있어 기존의 대(對)포병 레이더의 탐지 사각지역을 해소할 수 있다. 또한 이 장비는 적의 전자전공격으로부터 상관없이 24시간 지속운용이 가능하다. 우리 군은 2012년에 영국 셀렉스사에서 개발한 할로(HALO)라는 음향표

한국형 대포병레이더(출처: LIG)

그림 5.14 영국의 음향표적탐지장비 할로와 한국이 자체 개발한 에이플러스의 운용개념도

적탐지장비를 운용 중이다. 이 장비는 해안에서 짙은 해무로 시계가 확보되지 않아 정확한 탄착점과 적의 포격원점을 확인하기 어려운 경우에도 정밀탐지가 가능하게 되었다. 특히 할로는 포격 시 발생하는 파열음을 분석해 탐지거리 30km에서도 날아오는 적의 포탄 중 90%를 탐지할 수 있다.

또한 우리나라는 2012년에 한국형 소형 음향탐지장비인 에이플러스(APLUS)를 독자기술로 개발하였다. 이 장비는 포격이 이루어진 시점부터 2초 안에 모니터로 정확한 발사지점을 확인할 수 있으며, 정보를 포병부대로 전달해 30~60초 이내에 대응사격을 할 수 있다. 특히 이 장비는 2012년 기준으로 대당 약 20억 원 정도로 기존의 대당 150억 원인 대포병레이더에 비해 매우 저렴하다. 뿐만 아니라 병사 1명이 설치 및 운용이 가능하다. 참고로 세계 각국이 운용 중인 대포병레이더와 음향표적탐지장비의 현황은 〈표 5.1〉에서 보는 바와 같다.

표 5.1 세계 각국의 대포병레이더 및 음향표적탐지장비

운용국가	대포병레이더	음향표적탐지장비	비 고
한국	TPQ-36/37, ARTHUR	HALO	레이더 위주 운용
이스라엘	ELM-2084, TPQ-36/37	ARTILOC	혼용
영국	COBRA, ARTHUR	HALO	
미국	TPQ-36/37, TPQ53	UTAMS, HAL	
독일	TPQ-36/37, COBRA	SMAD	
일본	TPQ-36/37, JMTQ-P7	HALO	

5.2.3 무인항공기

전장에서 위험을 무릅쓰고 적진 깊숙이 침투하여 적의 정보를 획득하는 방법은 오래전부터 사용해오던 정보획득의 방법 중 하나이다. 하지만 최근에는 과학기술의 발전에 따라 인간정보를 대신해 무인항공기가 그 역할을 대신하고 있는 추세이다.

무인항공기(UAV, Unmaned Aerial Vehicle)는 조종사의 탑승 없이 비행작전 수행능력을 보유한 비행기로서 정찰 및 특수목적성 무기의 탑재가 가능한 무인비행체이다. 무인항공기는 원거리에서 무선으로 원격으로 조종되거나 입력된 프로그램에 따라 조종되는 모든 비행체로 정의할 수 있다. 반면에 원격조종 무인정찰기(RPV, Remotely Piloted Vehicle)는 통신링크를 통해 원격조종되고 회수 가능하나 자율비행을 할 수 없는 비행체를 말한다. 이 때문에 군사용은 주로 UAV를 이용하고 있으며, RPV와 UAV의 발전과정을 살펴보면 다음과 같다.

세계 최초의 무인항공기는 1883년 영국인 더글라스 아치볼드(Dougls Archibald)가 만든 것으로 연줄에 풍향계를 달아 360m 상공의 바람을 측정하거나 원격조정으로 적 지역에 폭탄을 투하할 수 있었다. 이후 1887년에는 연에 카메라를 부착하여 지상을 촬영할 수 있는 정찰용으로 개조하였다. 1898년에는 미국인 윌리엄 에디(William Eddy)가 스페인과의 전투에서 카메라를 장착한 연을 띄워 사진을 촬영하기도 했는데 이것이 실전에서 사용된 최초의 정찰용 무인항공기이다.

한편 오늘날 무인항공기는 운용 목적에 따라 무인공격기, 무인전투기, 무인정찰기, 기상관측용 무인기, 화생방탐지용 무인항공기 등으로 분류할 수 있다. 여기서 무인공격기란 적의 레이더나 전차, 화포 등을 탐지하여 자폭형의 공격임무를 수행하는 비행체이다. 그리고 무인전투기는 미사일 등을 무장하여 공대지 또는 공대공 전투임무를 수행하는 비행체이며, 무인정찰기는 적진 깊숙히 침투하여 다양한 정보를 실시간에 수집, 전파하고 필요시 정밀공격을 유도하는 기능을 수행하는 비행체이다. 그리고 무인항공기는 항속거리와 능력에 따라 근거리(CR, Close Range), 단거리(SR, Short Range), 중거리(Medium Range) 및 체공형(Endurance)으로도 분류할 수 있다.

오늘날 대부분의 무인항공기는 발사통제장비의 외부조종사에 의해 비행체를 활

표 5.2 무인항공기의 분류

구분	작전반경	사용제대	특징
근거리	50km	사단 및 군단	발사 및 회수가 용이, 소수 인원으로 운용, 유지비 저렴
단거리	150km	군단급	합동 및 연합작전 지원
중거리	650km	군단 이상	근실시간 고화질 영상정보 제공. 종심지역 활동 가능
체공형	5,500km	전략제대	인공위성을 대신하여 임무수행

주로나 발사대를 이용하여 이륙시킨 후, 지상통제 및 추적장비를 이용하여 내부조종사가 통제권을 인수하여 비행을 조정 및 통제하는 운용방식이다. 그리고 무인항공기는 지상통제 및 추적장비의 가시선 미확보 시에는 가시선 확보가 가능한 지역에 지상중계장비를 추가로 운용하여 중계거리를 연장할 수 있도록 되어 있다. 또한 무인항공기는 임무종료 후 발사통제장비가 다시 통제권을 인수하여 낙하예상지역으로 유도 후 활주로에 의한 착륙을 할 수 있다. 만일 활주로가 없는 야지에서 무인항공기가 착륙할 경우에는 낙하산에 의한 비상착륙을 할 수도 있다.

무인항공기체계는 일반적으로 지상통제기, 지상추적기, 발사통제기, 무인기, 지상중계기, 발사대로 구성되어 있다. 이들 구성요소에 대한 세부적인 기능은 다음과 같다. 먼저 지상통제기(GCS, Ground Control System)는 무인항공기체계에서 임무계획 및 비행체를 통제하는 장비이다. 이 장비는 차량에 탑재하여 신속한 이동이 가능하며 자가발전기가 있어서 야지에서도 운용이 가능하다. 또한 이 장비는 지상추적(통신)기(GDT, Ground Data Terminal)와 일정한 거리를 이격시켜 운용함으로써 적의 미사일 공격 등의 위협으로부터 운용자의 안전을 도모할 수 있다. 또한 GCS는 임무비행 전 디지털지도에 지형고도자료를 이용한 가시선 분석을 하여 안전한 비행경로를 설정하며, 임무비행 중에는 계획된 경로를 비행하기 위한 비행체 제어명령과 탑재임무장비(고성능 주/야간 영상감지기)에 대한 제어명령을 생성한다. 또한 GCS는 임무비행 후에는 녹화기에 저장된 영상데이터, 음성데이터, 비행제어명령, 비행정보 및 통신장비 데이터를 재생함으로써 임무에 대한 자료를 분석할 수 있다. 둘째, 지상추적기는 지상통제장비로부터 업링크 신호(비행체 비행 제어 명령, 영상감지장치, 제어명령 신호 등)를 받아 C밴드 및 UHF로 비행체나 지상중계장비에 송신한다. 그리고 GCS는 비행체나 중계기로부터의 다운

링크된 신호(획득영상신호, 비행체상태 데이터)를 수신하여 영상 및 상태신호로 분리하여 지상통제장비로 전달하는 역할을 하며, 30km까지 통신거리를 확장할 수도 있다. 셋째, 발사통제기는 무인기를 이륙 및 착륙시키는 장비이다. 이 장비는 발사통제장비 자체로 근거리 내에서 운용하거나 지상중계장비를 통하여 원거리에서 운용할 수도 있다. 넷째, 무인기는 이·착륙의 위험성이 많이 따르므로 계기 또는 육안에 의한 이·착륙 비행을 조종하며, 임무비행 전에 다양한 축척의 디지털 지도상에서 지형고도 자료를 이용한 가시선(LOS, Line of Sight)[5] 분석을 수행함으로써 안전한 비행경로를 설정해야 한다. 다섯째, 지상중계기는 지상추적장비 또는 발사통제장비로부터 업링크 신호를 받아 C밴드 및 UHF로 비행체에 중계하고, 비행체로부터 다운링크된 신호를 지상추적 장비 또는 발사통제장비로 송신하는 장비이다. 그리고 이 장비는 비행체와 지상추적장비 또는 발사통제장비 간의 가시선 확보가 불가할 경우를 대비하여 가시선 확보 및 통신가능 거리를 연장시키는 기능을 한다. 끝으로 발사대는 야지에서 차량위에서 비행체를 이륙시키는 장비이다. 이 장비는 전기적인 신호를 받은 유압이 발사조건에 맞는 유압을 방출하여 운반차 조립체를 발사시킨다. 발사대는 발사 전에

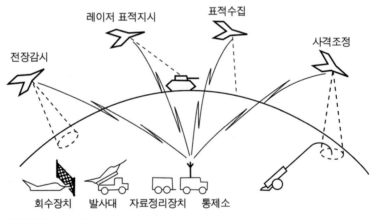

그림 5.15 무인항공기의 구성도

---

5   가시선(Line of Sight) : 공격부대가 적에게 접근하거나 적을 격멸하기 위해 사격과 기동을 실시할 때 사용하는 직접사격의 전통적인 형태를 뜻한다. 가시선에 표적이 위치해 있다는 것은 사격하는 플랫폼 또는 병사로부터 엄폐되어 있지 않은 상태를 의미하며, 이는 센서와 사수에도 동일하게 적용된다. 그러나 지형의 차폐효과는 직접사격(가시선) 교전에 있어 사거리와 사격구역을 제한한다. 직접사격(가시선)은 전투 플랫폼에 의해 직접적으로 식별되거나 관측될 수 있는 표적에 대해 즉각 조준사격을 할 수 있다는 장점이 있다.

그림 5.16 RQ-101 송골매와 탑재된 EO/IR(전자광학 적외선감시장비)

비행체를 운반차 조립체 위에 탑재한 상태에서 발사 시 운반차 조립체가 브레이크 테이프에 의해 멈춰지면 비행체만 날아가게 된다.

한편 우리나라 육군은 레바논 분쟁과 1991년 걸프전쟁을 통해 정찰용 무인기의 중요성을 깊이 인식하여 국내에서 개발한 무인정찰기 송골매를 운용 중이다. 송골매는 1991년에 개발을 시작하여 2002년에 실전에 배치한 무인정찰기이며 최초에는 '비조'라고 불리기도 하였으나 RQ-101(송골매) 무인정찰기체계라는 공식명칭을 얻게 되었다. 송골매의 전체 시스템은 광학 및 열상카메라, 레이더, 전자전 및 통신중계장비 등 30kg 정도의 임무장비를 장착한 비행체 6기와 지상통제기, 지상추적기, 지상중계기, 발사기로 구성되어 있다. 그리고 이 무인기는 길이 4.6m, 폭 6.4m의 크기로서 시속 140km로 최대 6시간까지 비행이 가능하다. 운용고도는 약 1,000~2,000m이며, 최대고도는 3,000m이다. 또한 이 무인 정찰기는 이론적으로 300km까지 정찰이 가능하나 실제는 군단급 부대의 작전지역 내인 80km 거리 내에 있는 지역에 대해 정찰임무를 수행하고 있다.

지금까지 살펴본 바와 같이 송골매는 저고도 정찰만 가능하고, 중·고고도 정찰기보다 체공시간이 짧아 정찰범위가 좁은 단점이 있다. 이 때문에 우리 군은 송골매를 대체할 차기 군단급부대용 중고도 UAV를 개발 중이다. 참고로 미국은 중고도용으로 프레데터(Predator, MQ-1) 무인기를 운용 중에 있다. 이 무인기의 최고 상승고도는 7.6km이고, 장비와 무기를 340kg까지 실을 수 있을 뿐만 아니라 헬파이어 미사일 2발을 탑재하여 긴급표적에 대한 공격도 가능하다.

그림 5.17 미국의 프레데터와 한국형 사단급 무인항공기 KUS-9

이와는 별도로 우리 군은 사단급 부대에서 운용할 KUS-9 무인정찰기를 개발하였다. 이 무인기는 활주로 없이 트레일러 방식의 소형 발사대로 발사할 수 있다. 그리고 착륙은 90km/h 속도로 날아와 그물망에 걸려 착륙하는 방식이기 때문에 활주로가 없는 바다에서도 안전하게 비행체를 회수할 수 있다. 또한 이 무인기는 선박이나 차량에서도 사용이 가능하며, 작전반경은 약 80km, 운용고도는 4km, 체공시간은 6시간이다.

현재 세계 각국에서 운용 중인 무인항공기의 대부분이 정찰용이다. 그러나 일부 공격용으로 활용되고 있으며 그 대표적인 무기가 이스라엘에서 운용 중인 하피(Harpy)이다. 하피는 적진에 투입된 아군의 유인전투기의 안전을 보장하고 적의 레이더를 공격하는 데 활용하기 위해 개발한 무인기이다. 이 공격용 무인기는 레일식 발사대에서 최대 16기를 발사할 수 있다. 발사 후에는 적의 레이더가 있는 목표지역의 1,500∼3,000m 상공에서 선회하면서 적의 레이더가 작동되도록 유도한다. 그 결과 적의 레이더가 작동되면 이 무인기는 자동적으로 레이더를 향해 공격하도록 설계되어 있다. 만일 적의 레이더가 작동하지 않아 공격이 불가능할 때에는 일정시간이 지난 후에 다른 목표지역으로 이동할 수 있도록 사전에 프로그램된 자료를 입력할 수 있다. 또한 이 무인기는 최대공격시간을 초과하면 자폭하도록 되어 있어서 회수는 거의 불가능하다.

이스라엘에서 운용 중인 하피와 레이더 공격 장면

5.2.4 전술데이터링크

전술데이터링크는 현대전에서 다양한 무기체계에 의해 실시간으로 획득되는 정보들을 효과적으로 통제하고, 예하부대를 지휘할 수 있는 시스템이다. 즉, 전술데이터링크는 감시체계, 타격체계 및 지휘통제체계와 연동하여 상황인식 · 위협평가 · 지휘결심 · 교전통제 등과 같은 전술작전을 수행하는 데 필요한 전술자료를 실시간 및 근실시간으로 교환할 수 있는 전술네트워크통신체계이다.

예를 들어, 우리 육군은 군단급 이하 전술제대에서 전술통신체계(SPIDER)와 육군 전술 C^4I체계인 ATCIS(Army Tactical Command Information System)[6] 연동시켜 음성과 데이터 신호를 전송하여 쌍방향 통신이 가능하다. 이때 SPIDER는 통신용량이 제한되어 대대급 이하에서는 단문 정도만 송수신이 가능해 효율적인 지휘통제가 제한되며, 기동작전 간에는 극히 제한된 음성통신만 가능하다는 단점이 있다. 이에 육군은 전술정보통신체계인 TICN(Tactical Information Communication Network)을 개발하여 작전실시간에도 다양한 정보를 대용량으로 송수신할 수 있도록 하였다. 이에 따라 대대급 이하 제대

---

6   육군전술지휘정보체계(ATCIS, Army Tactical Command Information System)는 한국군 군단급 이하 제대의 효율적인 작전수행을 보장하기 위해 2000년부터 2005년까지 개발하고 2008년에 전력화를 완료하여 운용하고 있는 지휘통제체계이다. ATCIS는 지휘통제 · 통신 · 컴퓨터를 유기적으로 통합하여 실시간 정보공유 및 효율적인 감시-결심-타격 작전수행을 보장하기 위하여 컴퓨터를 통해 피 · 아 전장상황을 가시화하고 지휘결심에 필요한 자료를 적시에 제공할 수 있다.

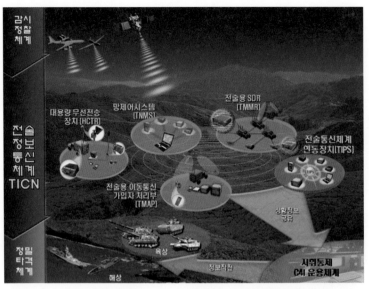

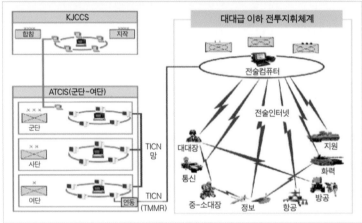

그림 5.19 육군정보통신체계(TICN)와 대대급 이하 전투지휘체계(B2CS)의 개념도

에서도 감시-결심-타격체계 간 원활한 정보유통을 보장하고, UAV, K9 자주포, K2 전차 등 다양한 무기체계의 자동화 시스템과 연동되어 작전수행 여건이 개선될 것으로 예상된다. 또한 ATCIS는 대대급 이상 제대에서만 활용이 가능했는데 TICN 기반으로 2014년에 전력화될 대대급 이하 전투지휘체계인 B2CS(Battalion Battle Command System)를 통해 소대급까지도 기동 간 지휘통제가 원활히 되어 전투지휘능력이 크게 향상될 것이다.

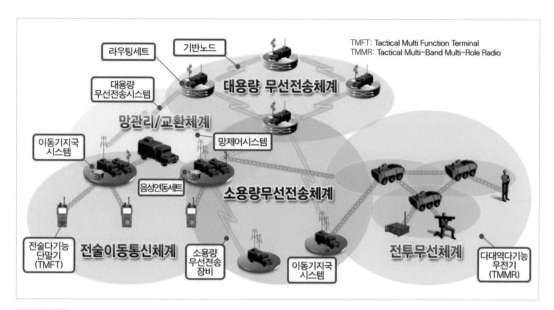

그림 5.20 TICN 체계 구성

5.3 해군의 정보 및 지휘통제체계

　　해군은 함정이라는 제한된 공간 내에서 전투를 수행한다. 그러나 해군의 활동범위는 해상 및 공중, 수중까지 모두 포함하므로 지상을 제외한 전역에서 정보획득 및 감시를 해야 한다. 제2장 기동과 제3장 화력에서도 언급했던 바와 같이, 해군은 구축함에서 공중위협을 탐지할 수 있는 대공레이더와 적의 함정을 탐지할 수 있는 대함레이더, 수중의 적 잠수함을 탐지할 수 있는 음향탐지기 등의 무기체계를 통해 공중, 해상, 수중의 공간에 대해 다양한 감시임무를 수행해야 한다. 또한 해군은 함정에 탑재된 화력무기체계와 연동시켜 효과적인 공격 및 방어뿐만 아니라 육군과 마찬가지로 지휘부와 실시간으로 연동될 수 있는 C^4I체계가 필요하다.

5.3.1 조기경보체계

일반적으로 정보 수집을 위해 사용되는 레이더는 표적탐지를 위해 전파를 방사하게 되는데, 전파의 직진 특성 때문에 전술적 상황에서 상당한 제약이 발생하기도 한다. 지상레이더 혹은 함정에 탑재된 레이더는 지구의 형태가 구(球)형으로 되어 있어 일반적으로 전파의 도달거리는 약 65km 이내이다. 즉, 65km 거리 이상에서 적의 항공기나 미사일 등 어떠한 위협이 있을 경우에는 지상에 있는 레이더로 탐지하기가 곤란하다. 이 때문에 지상이나 해상이 아닌 공중에 떠있는 항공기에 레이더를 장착해 운용하는 조기경보기가 탄생하게 되었다.

한편 조기경보기는 한국, 미국, 일본, 러시아, 중국 등 여러 국가에서 운용 중에 있으며 대표적인 기종을 소개하면 다음과 같다. 먼저 미 해군은 전(全)지구적으로 전력을 투사하기 위해 다양한 감시수단으로 조기경보기를 활용하고 있다. 미 해군의 대표적인 정보수집체계는 E-2C 공중조기경보기(AEW, Airborne Early Warning)인데 일명 '매의 눈'(hawk eye)이라고 불리고 있다. 이 항공기는 항공모함에서 운용하고 있으면 전천후 작전이 가능하다. 이 기종은 미 해군뿐만 아니라 프랑스 해군, 일본의 항공자위대 등 여러 나라에서 운용하고 있다. 이 항공기는 승무원 5명이 탑승하며, 2개의 터보프롭엔진을 장착되어 있고, 항속거리는 2,583km이다.

E-2C 계열 공중조기경보기는 초기형인 E-2A형부터 E-2B, E-2C형까지 지속적으로 성능을 개량시킨 모델이 있다. 특히, E-2C형은 AN/APS-145 레이더를 탑재하

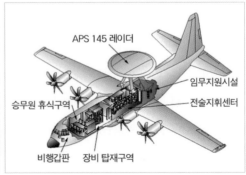

APS 145 레이더
임무지원시설
전술지휘센터
승무원 휴식구역
비행갑판   장비 탑재구역

그림 5.21 미 해군의 공중조기경보기 E-2C 호크아이의 비행 모습과 내부 구성도

고 있으며, 통상 9km 상공을 비행하면서 556km 떨어진 곳에 위치한 비행물체를 탐지 및 식별이 가능하다. 이 기종의 작전면적은 600만 평방마일이며, 해상에 떠 있는 함정까지 모니터링이 가능하다. 참고로 AN/APS-145 레이더의 안테나는 E-2기의 동체 후방 위에 설치된 7.32m 직경의 레이돔 내에 설치되어 있으며, 분당 5~6번을 회전한다.

최근에 개량된 E-2D 공중조기경보기는 E-2기를 기반으로 설계되었다. 이 기종은 신형 엔진과 PSY-9 AESA 레이더를 장착한 것이 특징이다. 그 결과 탐지거리가 650km로 확대되었고, 동시에 2,000여 개의 표적을 추적이 가능하다. 또한 이 기종은 적의 초음속 대함미사일를 효과적으로 대처할 수 있는 탐지 및 추적능력이 있다.

한편 항공기를 제외한 조기경보체계는 헬리콥터에 조기경보기의 기능을 부여한 사례가 있다. 이러한 조기경보 헬리콥터는 주로 경(輕)항공모함을 보유한 국가들이 운용하고 있다. 영국 해군은 웨스트랜드 시킹(Westland Sea King ASaC7) 조기경보 헬리콥터를 항공모함에 탑재하여 운용 중에 있다. 영국은 1982년 포클랜드 전쟁을 통해 결정적으로 조기경보기의 필요성을 인식하여 조기경보용 헬기를 운용하게 되었다. 당시 영국은 포클랜드전쟁 시에 조기경보수단이 없어서 아르헨티나의 엑조세 대함미사일 공격을 사전에 포착을 하지 못해 군함이 격침당했다. 이에 영국 해군은 항모에서 운용하는 해리어 전투기에 필요한 정보를 수집할 목적으로 항모용 시킹 중(重)형 헬리콥터에 레이더를 탑재시켜 조기경보기로 활용하게 되었다. 그 결과, 영국 해군은 이 조기경보기를 활용하여 함정의 레이더가 포착할 수 없는 저공비행 공격기를 탐

그림 5.22 영국 해군의 시킹 ASaC7 조기경보 헬리곱터와 V-22 오스프리 조기경보기

그림 5.23 러시아의 Ka-31 헬릭스-B와 이탈리아의 AW-101 조기경보 헬리콥터

지할 수 있었다. 그러나 이 조기경보기는 헬리콥터가 상승할 수 있는 최대 고도가 제한되어 탐지범위와 항속거리가 짧은 단점이 있다. 따라서 향후에는 미국이 개발한 수직이착륙기인 V-22 오스프리(Osprey)에 장착할 것으로 예상된다.

러시아군은 Ka-31 헬릭스(Helix)-B 헬리콥터에 E-801M Oko 레이더를 탑재하여 조기경보기로 활용하고 있다. 이 조기경보기는 150km 이내의 공중표적과 250km 내에 있는 해상표적을 동시에 20개까지 탐지 및 추적할 수 있다. 끝으로 이탈리아군은 아구스타 웨스트랜드(Agusta Westland) 사에서 개발한 EH-101헬리콥터를 개량하여 만든 AW-10 조기경보헬리콥터를 운용 중에 있다.

5.3.2 해상(대잠)초계기

잠수함은 해군을 비롯한 전군에서 운용 중인 무기체계 중에서 가장 비밀스러운 무기 중 하나이다. 특히 잠수함은 수중에서 은밀하게 기동하기 때문에 지상 및 공중에서 잠수함을 탐색하고 추적하는 것은 매우 어렵다. 이 때문에 세계 각국은 잠수함을 탐지하기 위해 함정, 잠수함, 항공기 등 다양한 무기체계를 이용하여 탐지하고 있으며, 그중 하나가 해상초계기이다.

해상초계기(anti-submarine warfare aircraft)는 수상함만으로 광범위한 수중에 흩어져 있는 잠수함을 탐지하기 위해 만든 특수목적의 항공기이다. 즉, 해상초계기는 항공기의 광범위한 초계능력과 잠수함 탐지기술의 결합된 무기체계이며, 일명 잠수함의 천

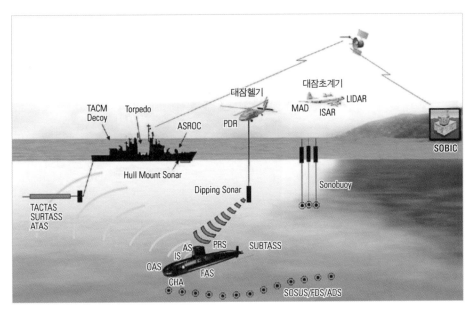

그림 5.24 잠수함 탐지체계

적이라 부른다.

한편 잠수함 탐지방법은 잠수함에서 발생하는 음향을 탐지하는 소노부이(sonobuoy)와 음향이 아닌 자기장이나 전파 또는 레이저를 이용하여 탐지할 수 있는 자기편차탐지기(MAD, Magnetic Anomaly-Detector), 레이더(Radar), 라이더(Lidar)에 의한 방법이 있다.

먼저 MAD는 정상적인 지구의 자기장에 잠수함 자체의 자장이 작용하여 왜곡되는 현상을 이용하는 탐지기이다. 이 장비는 능동형 탐지장비로 지구에서 나오는 자

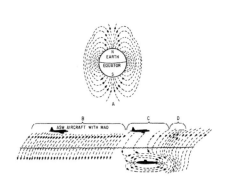

그림 5.25 자기편차탐지 원리와 해상초계기의 꼬리 부분에 장착된 MAD

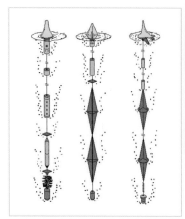

그림 5.26 수중 소노부이의 작동개념과 해상초계기의 투하구에 장착되는 모습

기장이 강철 선체인 잠수함으로 인해 영향을 받아 발생하는 자기장을 측정하여 잠수함의 유무를 탐지한다. 이 때문에 주로 잠수함이 수면 가까이로 부상했을 때 잠수함의 위치를 쉽게 탐지할 수 있다.

레이더 탐지방법은 역합성개구레이더(ISAR, Inverse Synthetic Aperture Radar)를 이용해 낮은 수심으로 기동하는 잠수함의 잠망경이나 스노클 장비를 레이더파를 이용하여 탐지하는 데 활용한다. 또한 레이저 빔을 이용하는 라이더(LIDAR, Light Detection And Ranging)는 레이더 탐지방법과 기본적인 원리는 동일하다. 그러나 이 방법은 전파 대신 수중에서도 일정한 깊이까지 청록레이저를 투사시켜 수중에 있는 물체를 탐지하는 방법이다. 이 때문에 라이더는 수심 60m 이내에서 잠항하는 잠수함이나 어뢰 등을 탐지하는 데 활용하고 있다. 끝으로 음향을 이용하는 탐지방법인 소노부이는 음향센서를 바다에 투하한 후 바닷속의 소음을 측정해서 잠수함을 탐지하는 장치이다. 참고로 소노부이란 소나(sonar)와 부이(buoy)의 합성어이다.

현재 각국에서 운용 중인 해상초계기는 일부 유럽국가와 동구권 국가를 제외하고 운용되는 거의 모든 기종은 미국에서 개발한 P-3C 해상초계기이다. 우리 해군도 1995년부터 미국에서 P-3C기 8대를 도입하여 운용 중이며, 그 이전에는 1970년대 미 해군의 S-2E/F 트래커(Tracker) 모델을 도입하여 운용하다 2001년에 퇴역시켰다.

그림 5.27 P-3C 해상
초계기와 그 이전에 영
해를 감시하다 지금은
퇴역한 S-2E 트래커

또한 우리 해군은 2012년에 개량형 P-3CK 8대를 추가로 도입하여 해상 및 잠수
함 감시능력을 대폭 향상시켰다. 이 기종에는 기존의 P-3C보다 더 멀리 떨어진 선박
이나 잠수함의 잠망경을 포착할 수 있는 해상탐색레이더가 탑재되어 있다. 또한
P-3C에 탑재된 미국산보다 5배 이상 성능이 우수한 국산 주·야간 광학탐지장치
(FLIR, Forward Looking Infrared)를 탑재시켰다. 그 밖에 이 기종에는 적의 레이더 전파를 역
으로 추적하여 표적을 탐지할 수 있는 전자전 지원장비(ESM, Electronic warfare Support
Measurement)[7]와 MAD, 개폐식 덮개로 된 소노부이 발사기 등이 장착되어 있으며, 최신
형 AGM-84L 하픈 II 미사일을 발사시킬 수 있다.

최근 미국은 현재 운용 중인 P-3C를 보잉사에서 개발한 B737 기체에 신형 탐지
장비를 탑재시킨 신형 P-8A 포세이돈 해상초계기로 교체 중에 있다. 이 신형 초계기

---

7   전자전지원장비: 전자전(Electronic Warfare)을 지원하는 장비를 말한다. 전자전은 상대방의 전자기 스펙트럼
     또는 지향성에너지 무기를 제어하여 스펙트럼을 통해 공격하거나 방해하는 것을 말한다. 전자전의 목적은 상대의
     장점은 무력화하고 자신은 방해받지 않으면서 전자기 스펙트럼을 보장하는 것이다. 전자전은 하늘, 바다, 육지, 우
     주에서도 적용되며 레이더나 통신 또는 다른 체제가 목표가 될 수 있다. 전자전은 전자공격(EA), 전자보호(EP),
     전자지원(ES) 3가지로 세분화할 수 있다.

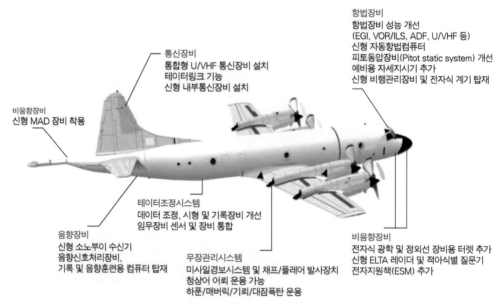

항법장비
항법장비 성능 개선
(EGI, VOR/ILS, ADF, U/VHF 등)
신형 자동항법컴퓨터
피토동압장비(Pitot static system) 개선
예비용 자세지시기 추가
신형 비행관리장비 및 전자식 계기 탑재

통신장비
통합형 U/VHF 통신장비 설치
테이터링크 기능
신형 내부통신장비 설치

비음향장비
신형 MAD 장비 착용

테이터조정시스템
데이터 조정, 시형 및 기록장비 개선
임무장비 센서 및 장비 통합

음향장비
신형 소노부이 수신기
음향신호처리장비,
기록 및 음향훈련용 컴퓨터 탑재

무장관리시스템
미사일경보시스템 및 채프/플레어 발사장치
청상어 어뢰 운용 가능
하푼/매버릭/기뢰/대잠폭탄 운용

비음향장비
전자식 광학 및 정외선 장비용 터렛 추가
신형 ELTA 레이더 및 적아식별 질문기
전자지원책(ESM) 추가

그림 5.28 개량형 해상초계기 P-3CK의 개선된 임무장비 개선사항

는 P-3C에 비해 최고속도가 약 200km/h 정도 더 빠르고, 하푼 미사일과 SLAM-ER 미사일까지 탑재가 가능하다. 우리나라도 차기 해상초계기로 P-8 포세이돈 해상초계기를 도입하는 사업을 추진 중이다.

5.3.3 대잠초계용 헬리콥터

대잠초계용 헬리콥터는 해상초계기와 마찬가지로 자기편차탐지기(MAD)를 이용해 잠수함을 탐지하거나 디핑소나(dipping sonar)를 이용해 정밀 탐색하는 무기체계이다. 우리 해군은 1990년부터 현재까지 세계적으로 유명한 대잠초계 헬리콥터인 링스(Lynx)를 총 25대 도입하여 운용 중에 있다. 이 헬리콥터의 특징은 수심 300m까지 소나를 내려서 측정할 수 있는 AQS-18 능동형 디핑소나가 탑재되어 있다. 또한 이 헬리콥터에는 해상탐색레이더와 전자전 지원장비(ESM) 등 다양한 장비가 탑재되어 있으나 기체가 소형이어서 어뢰, 미사일, 기관포, 로켓 등의 무기는 탑재하기 어렵다.

참고로 미국은 대잠 및 대함공격능력을 보유한 MH-60R 시호크(Sea Hawk) 헬리콥터를 운용 중에 있다.

그림 5.29 초계비행 중인 링스 헬리콥터와 기체 외부로 내려 이동 중인 디핑소나

그림 5.30 MH-60R 시호크의 소노부이 발사장치와 내부 조종석

5.3.4 해군 전술 C⁴I체계

육군과 마찬가지로 우리 해군은 전술 C^4I체계인 KNCCS(Korea Naval Command and Control System)를 운용 중에 있다. 이 시스템은 해군작전사령부 예하부대의 임무지휘 등을 실시간으로 조정할 수 있고 전투지휘가 가능하다는 점에서 육군의 ATCIS와 비슷하다. 또한 우리 해군은 이 시스템과 함께 해군전술지휘통제체계(KNTDS, Korea Naval Tactical Data System)를 운용 중이다. KNTDS는 해군의 함정과 육상에 있는 전탐감시소 간에 실시간 전술자료를 교환하여 해상전투능력을 향상시키기 위한 시스템이다. 즉, 이 시스템은 함정과 해군기지에 운용 중인 시스템을 링크시킨 자동화된 전장관리정

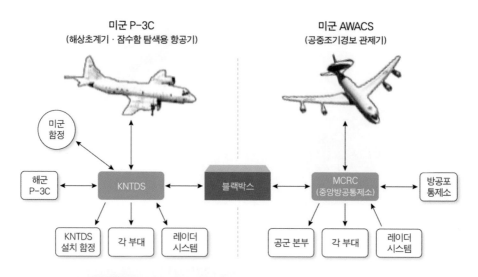

그림 5.31
해군 KNTDS와 MCRC를 연계하는 시스템의 개념도

보체계이다. 해군은 이 시스템으로 해상작전 시 각급 부대 간에 원활한 정보를 실시간 공유할 수 있어서 신속하고 정확한 지휘통제가 가능하게 되었다. 또한 이 시스템은 공군이 운용하고 있는 공군중앙방공통제소(MCRC, Master Control and Report Center)와 미해군의 GCCS-M(Global Command and Control System-Maritime) 등과도 링크되어 운용하기 때문에 연합 및 합동작전 능력을 향상시키는 핵심 무기체계이다.

5.4 공군의 정보 및 지휘통제체계

공군의 정보감시 및 정찰무기체계는 육·해군과 크게 다르지 않다. 다만 공군의 작전범위를 고려할 때, 공군은 정보획득을 위한 탐지범위가 훨씬 넓어 육군에서 사용되는 무인항공기보다 더 높은 고도에서의 정찰이 요구된다. 또한 최근에는 정찰위성까지 그 범위가 확대되고 있는 추세이다.

5.4.1 정찰기

제2차 세계대전 이전에 항공정찰은 소형 항공기나 전투기의 후방좌석에 사진사가 탑승해 목표지역을 사진기로 촬영하는 방법을 사용하였다. 이 때문에 당시에 사용하였던 정찰기는 고가의 개조비용을 들이지 않고도 저렴하게 생산할 수 있었다. 또한 기존에 보유한 전투기와 동일한 정비가 가능하여 운용유지비도 저렴하였다. 이와 같이 기존의 전투기를 개조하여 만든 정찰기는 운용유지비용을 절감할 수 있어서 우리나라 공군도 베트남전에서 활약한 F-4 전투기를 개조한 RF-4C 정찰기를 운용하다가 최근 기종을 RF-16으로 전환하였다. 또한 RF-16 이외에 2001년에 미국으로부터 도입한 금강정찰기를 운용 중에 있다. 이 정찰기에는 합성개구면레이더(SAR)[8]가 탑재되어 있어 악천후에도 고도 10km에서 최대 70~80km까지 영상정보를 획득할 수 있다. 그 결과 우리 군은 휴전선 이북 100km 지역까지 정찰이 가능하다. 또한 이 정찰기는 데이터링크를 통해 후방기지로 전송하여 표적을 실시간으로 추적할 수 있다.

우리 군은 금강정찰기의 도입으로 주한 미 공군이 운용 중인 U-2 정찰기 임무를

그림 5.32 대표적인 사진 촬영 정찰기인 RF-4C와 Mig-25R

---

8 합성개구면레이더(SAR: Synthetic Aperture Radar): 공중에서 지상 및 해양을 관찰하는 레이더이다. 이 레이더는 지상 및 해양에 대해 공중에서 레이더 전파를 순차적으로 쏜 이후 레이더파가 굴곡면에 반사되어 돌아오는 미세한 시간차를 선착순으로 합성해 지상지형도를 만들어내는 레이더 시스템이기 때문에 주간 및 야간, 그리고 악천후를 가리지 않는다. 1960년대부터 주로 군용 정찰장비로 개발되기 시작했으며 1980년대에 들어와서 단순한 지형패턴만이 아닌 이동목표추적(Moving Target Indicator) 능력을 가지게 되었다.

그림 5.33 호커 800XP 기반의 금강정찰기와 KF-16에 정찰포드(하단)를 장착한 RF-16 정찰기

대체할 것으로 기대하였지만 U-2기에서 얻은 영상보다 해상도가 낮아서 정보획득에 다소 문제가 발생하였다. 이러한 문제를 해결하기 위해 우리 군은 KF-16 전투기를 개조한 RF-16 정찰기를 운용하고 있다. 이 정찰기는 이스라엘의 엘롭사에서 개발한 정찰포드(광학 및 적외선 카메라)가 탑재되어 있어서 고도 12km, 전방 100km 밖에 있는 물체에 대한 고화질 영상(해상도 30cm급)을 실시간으로 얻을 수 있다. 그리고 이 영상을 각종 지휘통제체계에 링크시켜 활용할 수 있다.

또한 금강정찰기와 동일한 시기에 도입된 백두감청기는 신호정보(SIGINT, Signal Intelligence)[9]를 수집하는 정찰기이다. 이 정찰기는 북한의 전자정보와 통신정보를 포착할 수 있으며, 도청 또는 감청을 통해 적의 통신정보를 획득할 수 있는 첨단무기체계이다. 우리 군의 주요 정찰수단을 요약하면 〈표 5.3〉에서 보는 바와 같다.

표 5.3 우리나라 공군의 주요 정찰수단

구분	해상도	탐지거리	정찰시간	탐지내용	센	도입시기
RF-4C	–	40km	2시간	정지영상	광학센서	1990
금강정찰기	30×30cm	100km	5시간	동영상	SAR	2001
백두감청기	–	370km	5시간	신호정보	SIGINT	2002
RF-16	–	100km	2시간	동영상	EO/IR	2006

---

9   신호정보(SIGINT, Signal Intelligence): 적의 전파송신기를 탐색 및 감청하고 기록 및 분석하여 위치 및 특성 등을 탐지하는 제반활동으로서 통신정보와 전자정보를 포함하는 일반적인 용어이며 주로 국가수준에 필요한 전략 정보를 말한다.

세계 각국에서 운용 중인 정찰기 중에서 공중조기경보통제기는 가장 우수한 성능을 갖고 있다. 이 정찰기에 탑재된 공중조기경보시스템(Airborne Early Warning and Control System)은 항공기를 탐지하기 위한 레이더체계이다. 이 시스템은 원거리에서 비행하는 적 항공기를 포착해 지상기지에 표적정보를 송신할 수 있으며, 동시에 아군 전투기를 지휘 및 통제를 할 수 있다. 이 때문에 이 정찰기를 '하늘의 지휘소'라고 부른다. 특히 조기통제기의 장점은 지상에 있는 레이더(Radar)[10]에서 탐지하기 어려운 저공비행을 하는 항공기와 미상일 등을 탐지할 수 있다.

한편 오늘날 공중조기경보기의 발전과정을 살펴보면 다음과 같다. 미 해군은 제2차 세계대전 말 일본군의 가미가제 특공대에 대비하여 레이더를 탑재시킨 TBM-3W 정찰기를 운용한 것이 최초이다. 이후 레이더와 컴퓨터 그리고 전시(display) 기술이 발전하면서 이들 기술을 적용하여 지휘·통제 기능을 추가시킨 공중조기경보통제기를 개발하게 되었다. 그리하여 오늘날 미군은 E-3 AWACS를 운용하고 있을 뿐만 아니라 NATO와 영국, 프랑스, 사우디아라비아 등에서도 운용하고 있다.

한편 우리 공군은 2011년 미국의 노스럽그러먼사가 제작한 레이더를 장착한 한국군 최초의 조기경보통제기인 피스아이(Peace Eye)를 도입하여 운용 중이다. 그리하여 종전에는 지상레이더를 통해 식별된 항적정보를 공군중앙방공통제소(MCRC)에서 종합해 방공작전을 통제하고 있었으나 피스아이가 투입되어 지상레이더와 피스아이에 의해 상호보완적으로 공중감시가 가능하게 되었다. 또한 공중에서 항적정보를 수집하고 획득된 정보를 육·해·공군 작전부대와 합참, 연합사와 공유가 가능하게 되었다. 그 결과 공군은 지상 지휘통제시스템을 거치지 않고도 전투기에 직접 정보를 전달해 통제할 수도 있게 되었다.

일반적으로 공중조기경보통제기에 탑재된 레이더는 360° 전(全)방위 탐색만 가능하다. 그러나 피스아이에 탑재된 레이더는 레이더 빔의 방향을 순간적으로 바꿀 수 있는 MESA 레이더가 있어서 전(全)방위 탐색과 특정지역에 대한 집중적인 감시도 가능하다. 또한 기체상부에 탑재된 레이더는 3,000여 개의 표적을 동시에 추적할 수 있

---

10 레이더(Radar, Radio Detection And Range) : 전파탐지기를 말하며 무선탐지 및 거리측정장치로서 전자파 에너지를 표적에 송신하여 되돌아온 반사파를 기준으로 표적 또는 물체의 위치를 탐지해내는 원리를 응용한 장치이다. 주로 표적의 탐색, 위치결정, 항해, 유도, 폭격 등에 활용하고 있다.

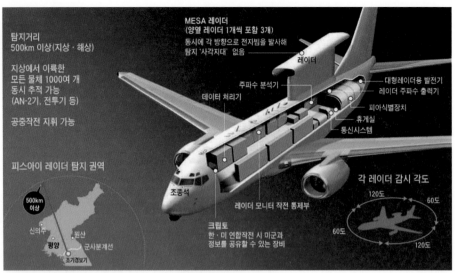

탐지거리
500km 이상(지상·해상)

지상에서 이륙한
모든 물체 1000여 개
동시 추적 가능
(AN-2기, 전투기 등)

공중작전 지휘 가능

피스아이 레이더 탐지 권역

500km
이상

신의주
평양
원산
군사분계선
조기경보기

MESA 레이더
(양옆 레이더 1개씩 포함 3개)
동시에 각 방향으로 전자빔을 발사해
탐지 '사각지대' 없음

레이더

주파수 분석기
데이터 처리기

대형레이더용 발전기
레이더 주파수 출력기
피아식별장치
휴게실
통신시스템

조종석

레이더 모니터 작전 통제부

크립토
한·미 연합작전 시 미군과
정보를 공유할 수 있는 장비

각 레이더 감시 각도
120도   60도
60도   120도

그림 5.34 한국 공군의 피스아이
조기경보통제기 및 내부 모습

으며, 전(全)방위 탐색 시 탐지거리는 약 370km이다. 또한 피스아이는 조종사 2명과 승무원 6~10명을 탑승시키고 마하 0.78의 속력으로 9~12.5km 상공에서 임무를 수행하며, 항속거리는 6,670km, 체공시간은 8시간이다.

우리 육군이 운용하는 중·저고도 무인정찰기를 제외한 고고도 정찰용 무인항공기는 공군에 의해 운용하고 있다. 여기서 대표적인 고고도 무인정찰기는 RQ-4 글로벌호크(Global Hawk)이다. 이 정찰기는 고도 1만 9,500m에서 최대 36시간까지 체공이 가능하며, 20km 상공에서 크기가 30cm인 물체를 식별할 수 있다. 향후 우리 공군은 미군이 운용 중인 글로벌호크 무인정찰기를 도입할 계획이며, 현재는 주한 미군이 운용 중인 U-2 유인정찰기로부터 얻은 정보를 활용하고 있다.

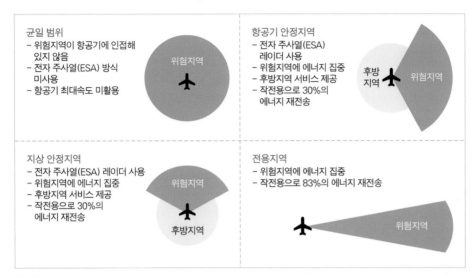

균일 범위
- 위험지역이 항공기에 인접해 있지 않음
- 전자 주사열(ESA) 방식 미사용
- 항공기 최대속도 미활용

위험지역

항공기 안정지역
- 전자 주사열(ESA) 레이더 사용
- 위험지역에 에너지 집중
- 후방지역 서비스 제공
- 작전용으로 30%의 에너지 재전송

후방지역 위험지역

지상 안정지역
- 전자 주사열(ESA) 레이더 사용
- 위험지역에 에너지 집중
- 후방지역 서비스 제공
- 작전용으로 30%의 에너지 재전송

위험지역

후방지역

전용지역
- 위험지역에 에너지 집중
- 작전용으로 83%의 에너지 재전송

위험지역

그림 5.35 MESA 레이더의 주요 기능

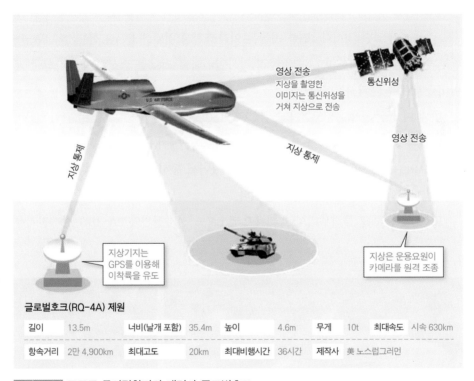

영상 전송
지상을 촬영한 이미지는 통신위성을 거쳐 지상으로 전송

통신위성

지상 통제

영상 전송

지상 통제

지상기지는 GPS를 이용해 이착륙을 유도

지상은 운용요원이 카메라를 원격 조종

글로벌호크(RQ-4A) 제원

길이	13.5m	너비(날개 포함)	35.4m	높이	4.6m	무게	10t	최대속도	시속 630km
항속거리	2만 4,900km	최대고도	20km	최대비행시간	36시간	제작사	美 노스럽그러먼		

그림 5.36 고고도 무인정찰기의 대명사 글로벌호크

5.4.2 전자전기

　'영원한 우방도, 영원한 적국도 없다.'는 말은 비단 냉전시대의 얘기가 아니라 현대의 세계 무기시장에도 그대로 적용할 수 있다. 반드시 우방국에게만 무기를 판매하지 않기 때문에 자국의 이익에 따라 무기체계의 거래는 활발히 이루어진다. 그러나 이들 중에서 전자전 장비는 비록 우방국일지라도 수출을 통제하는 경우가 대부분이다. 그 이유는 전자전 기술을 확보한 국가는 아무리 많은 무장을 한 적의 전투기라도 쉽게 무력화할 수 있기 때문이다.

　한편 전자전의 중요성은 1991년 걸프전쟁과 2003년 이라크전쟁 때 이미 드러났다. 걸프전쟁 첫날 이라크군은 영공방어를 위해 100여 기의 레이더를 가동했었다. 그러나 미군은 EF-111, EA-6B, EC-130 등의 전자전기를 동원해 레이더를 기만하고 탐지기능을 마비시켰다. 역시 미군은 이라크전쟁 이전에 장기간에 걸쳐서 이라크군에서 운용 중이었던 러시아제 레이더들의 신호특성을 수집하고 분석하여 전자전 대응능력을 갖추었던 것이다. 또한 미군은 이라크전쟁 첫날에 F-4G 전투기와 FA-18 전투기에서 500기 이상의 레이더 공격 미사일(AGM-88 HARM)을 발사하여 이라크군 레이더를 대부분 파괴시켰다.

　현재 미 공군은 RC-135 전자전기와 EC-130H 콤파스 콜(Compass Call) 원격통신교란기 등 약 200대의 전자전기를 운용하고 있다. 그중에서 EC-130H 원격통신교란기는 SPEAR(Special Emitter Array) 포드가 탑재되어 있어서 동시에 4개의 재밍 빔(방해 전파)을 방사시켜 적의 레이더를 교란시킬 수 있다.

　또한 미 공군은 공격부대의 호위용으로 EA-6 전자전기와 EA-18G 전자전기를

그림 5.37 레이더 공격미사일 AGM-88 HARM과 F-16에서 발사되는 모습

그림 5.38 미 공군의 콤파스 콜과 미 해군의 EA-18G의 재밍장비(엔진 사이 원통)

100여 대 정도 운용하고 있다. 특히 EA-18G는 모의전투실험에서 미군의 최신예 전투기인 F-22를 재머로 마비시키고 AIM-120 미사일로 격추시킨 사례가 있을 정도로 가공할 위력을 갖고 있다.

한편 러시아는 2006년 이후 Su-32 호위용 전자교란기 수십 대를 운용하고 있다. Su-32는 미국의 EA-6B와 동급의 전자전기이며, 양 날개에 2개의 ECM 포드를 장착시켰다. 이 전자교란기는 주날개에 2개의 L175V 고출력 재머와 2대의 Kh-31 레이더 공격용 미사일이 장착되어 있기 때문에 적의 대공망을 제압할 수 있다.

우리 공군은 미국에서 개발한 구형 재밍포드 ALQ-88을 성능 개량한 ALQ-88K를 개발하여 F-4 전폭기에 장착하여 운용 중에 있다. 이 전자교란기는 적군의 요격기, 대공포, 레이더, 대공미사일 등의 추적을 회피하기 위해 운용하고 있다. 하지만 이는 재밍 전자파를 발사시켜 위협요소로부터 전투기를 보호하기 위한 방어용이다.

5.4.3 공군 전술 C⁴I체계

공군의 전술 C^4I체계인 AFCCS(Air Force Command and Control System)는 MCRC를 근간으로 전장기능을 통합하는 것을 목표로 하고 있다. 육·해군과 마찬가지로 합동 C^4I체계인 KJCCS(Korean Joint Command and Control System)는 방공부대의 임무수행을 위한 계획 및 지시, 조정 등을 자동화시킨 첨단 지휘통제체계이다.

5.5 스텔스 기술

스텔스 기술은 상대방에게 탐지될 가능성이 높은 전자 신호, 적외선 신호, 음향 신호, 광학 신호 등의 위협 신호를 체계적으로 관리하여 적에게 탐지되지 않도록 하는 기술이다. 오늘날 이 기술은 무기체계의 생존성을 향상시키는 데 매우 중요한 비중을 차지하고 있다.

이 때문에 한국과 미국 등 세계 각국은 개인병사의 위장으로부터 전차, 장갑차, 군함, 전투기를 개발할 경우 다양한 스텔스 기술을 활용하고 있다. 특히 미국은 스텔스 기술을 신호관리기술(Signature control technologies) 분야로 분류하여 적극적으로 관련 기술을 보호하고 있다.

5.5.1 스텔스 기술의 분류

스텔스 기술은 크게 음향신호 감소기술, 광학적 신호 감소기술, 적외선 신호 감소기술, 전자적 신호 감소기술의 4가지로 분류할 수 있다.

그중에서도 전자적 신호 감소기술과 적외선 신호 감소기술은 항공기, 함정, 미사일 등과 같은 무기의 레이더 피탐 단면적(RCS, Radar Cross Section)[11]을 최소화시켜 이들 비행체의 생존성을 보장하는 데 필요한 핵심기술이다.

스텔스 기술의 대표적인 예로서, 스텔스 미사일 또는 스텔스 전투기는 일반 유도탄 및 전투기와 달리 적의 레이더 탐지에 의한 RCS가 작다. 이 때문에 적의 레이더 탐지반경을 짧게 하여 방공망을 무력화시키게 된다. 그 결과 이들 스텔스 무기가 적의 지대공 유도탄이나 대공포의 위협을 회피할 수 있다.

---

[11] 레이더 피탐 단면적(RCS, Radar Cross Section) : 어떤 물체(반사체)에서 반사되어 돌아온 전자파의 양을 평가하기 위한 기준 면적을 뜻한다. 통상 반사체의 형상에 따라 모든 경우에 대해 반사량을 따로 정할 수 없으므로, 그 반사량을 평평한 금속판으로 가정하고 동등한 반사량을 가지는 금속판 면적(cross section)을 RCS라 한다.

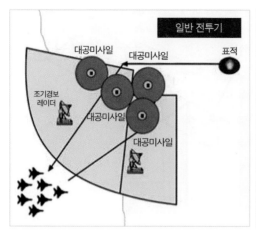
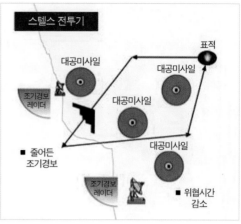

그림 5.39 스텔스 기능의 유·무에 따른 전투기의 공격임무 양상

5.5.2 전자신호 및 적외선 신호 감소기술

전자신호의 감소기술 중에서 RCS 감소기술은 스텔스 형상설계기술, 전자파 흡수재료(RAM, Radar Absorbing Material) 및 전자파 흡수도료(RAP, Radar Absorbing Paint) 제조기술, 전자파 흡수구조(RAS, Radar Absorbing Structure) 설계기술 등이 있다.

첫째, 스텔스 형상설계 기술은 비행체에 입사되는 레이더 전파를 레이더의 방향이 아닌 다른 방향으로 산란시키도록 비행체의 외부 및 구조물 형상을 설계하는 기술이다. 이 기술은 RCS에 큰 영향을 미치는 비행체의 외형과 공기흡입구 설계 시에 적용된다. 예를 들어 비행체 외형 설계는 적의 레이더 전파를 원래의 방향으로 반사시키지 않도록 유도탄과 전투기의 동체의 단면경사각을 조정한다. 그 대표적인 예가 미국에서 개발하였던 F-117 스텔스 전투기이다. 이 스텔스기는 기체형상을 무수한 경사면으로 제작하여 레이더 반사각을 조절하는 데 형상설계기술을 적용하였다.

공기흡입구 설계는 주로 미사일 및 항공기 외부에서 육안으로 엔진이 노출되지 않도록 한다. 그리하여 적의 레이더 전파가 이들 무기에 장착된 엔진에 입사되지 않도록 설계하는 것이다. 이러한 설계기술은 주로 미사일에는 공기흡입구를 함몰형으로 설계하며, 미국의 최신예 F-22 스텔스 전투기의 'S'형 설계 기술이 적용된다. 특히, F-22는 엔진의 공기흡입구로 유입되는 전자파가 되돌아가지 않도록 엔진 앞쪽에

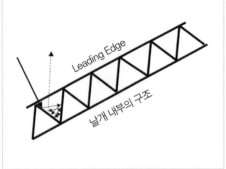

그림 5.40 스텔스 성능을 획기적으로 향상시킨 F-22 랩터와 RAS의 날개 구조

라이더 차폐(Radar Blocker)를 설치하거나 공기흡입 덕트(duct) 내벽에 RAM으로 도색하는 기술을 적용하였다. 또한 F-22, F-35 스텔스 전투기에는 동체의 하부 또는 측면의 무장고에 미사일 등을 탑재함으로써 RCS를 최소화시켰다.

둘째, RAM, RAP, RAS기술은 스텔스 형상설계 기술만으로 무기의 RCS를 감소시키는 데 한계가 있어서 이를 보완할 수 있는 기술이다. 이 기술은 비행체의 외형과 구조물에 전파 흡수물질인 RAM이나 RAP를 도포하여 레이더 전파 에너지를 흡수하여 열에너지로 변환, 흡수 및 소멸시켜 생존성을 향상시킬 수 있다. 한편 RAS 기술은 전자파 흡수기능을 갖는 구조물로써 입사된 레이더 전파를 다른 방향으로 반사시키거나 내부구조물에 의해 전자파 강도를 약화 또는 흡수시키도록 하는 기술이다. 이때 내부구조물은 보통 섬유강화 복합재료를 이용하는데 레이더 전파가 통과하는 유리섬유복합소재에 탄소나노튜브 등을 첨가한 흡수층과 레이더 전파를 반사하는 탄소섬유복합소재로 이루어진 반사층으로 구성된다.

셋째, 적외선 신호 감소기술은 주로 고열이 발생하는 엔진과 노즐에서 방사되는 적외선 신호를 감소시키거나 엔진에서 나오는 연소가스의 냉각시켜 적외선 신호를 감소시킬 때 적용한다. 또한 항공기가 공기와의 마찰열이나 햇빛에 의해 기체의 표면온도가 상승하지 못하게 할 경우에도 적용한다.

공기흡입구 상부배치　　　　'S' 덕트
(AGM-86(상), B-2(하))　　(AGM-158(상), F-35(하))

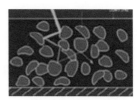

스텔스 외형　　　　동체 내부 무장고　　　전자파 흡수재료 적용
(F-117, AGM-129,　　　(F-35)
F-22, AGM-158

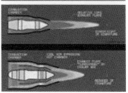

Tailpipe 및 추력 편향 노즐　　동체 상부 배치 배기구　　배기가스 냉각
(F-35(상), F-22(하))　　　(B-2)　　　(BGM-109 토마호크)(상),
　　　　　　　　　　　　　　　　바이패스 냉각공기 이용
　　　　　　　　　　　　　　　　(F-35)(하)

그림 5.41 RCS 감소를 위한 기술적용(상)과 적외선 신호 감소를 위한 기술적용(하) 사례

연 습 문 제

1. 정보 및 지휘통제의 발전과정과 중요성에 대해 간단히 설명하시오.

2. 1991년 걸프전쟁과 2003년 이라크전쟁에서 미군이 운용하였던 공중조기경보통제기의 주요 제원 및 작전운용 사례에 대해 간단히 설명하시오.

3. 인간정보(Human Intelligence)와 전장감시장비로 획득한 정보의 장단점을 비교하시오.

4. 열상감시장비(TOD)와 지상감시레이더(RASIT)의 작동원리와 특성을 비교하여 설명하시오.

5. 수동형 감시장비와 능동형 감시장비의 차이점과 이들 장비의 전술적 운용 측면에서 장단점을 설명하시오.

6. 우리 육군에서 운용 중인 신형 TOD인 TAS-815K의 주요 제원 및 특성에 대해 설명하시오.

7. 한국형 지상감시레이더(KGS)와 RASIT의 주요 특성과 전술적 운용 시 장단점을 비교하여 설명하시오.

8. C⁴I체계의 개념과 중요성에 대해 이라크전쟁에서 미군의 활용사례에 대해 간단히 설명하시오.

9. 우리 군에서 운용 중인 대(對)포병 레이더의 종류와 이들 레이더의 탐지원리와 특성을 간단히 비교하여 설명하시오. 그리고 이들 레이더 중에서 실전에서 활용한 사례에 대해 설명하시오.

10. 일반적으로 적의 포탄공격 시에 표적처리 과정에 대해 간단히 설명하시오.

11. 영국의 음향표적탐지장비 할로(HALO)와 우리나라가 자체 개발한 에이플러스(APLUS)의 운용 개념을 그림을 그려서 간단히 설명하시오.

12. 무인항공기(UAV)와 원격조종 무인정찰기(RPV)의 차이점과 장단점에 대해 설명하시오.

13. 무인항공기를 운용목적과 항속거리 및 특성에 따라 분류하시오. 그리고 무인항공기를 운용하기 위한 구성 장비와 각각의 주요 기능에 대해 설명하시오.

14. 우리 군에서 운용 중인 군단급 무인정찰기와 미군의 MQ-1 프레데터 무인기의 주요 제원과 특성에 대해 비교하여 설명하시오.

15. 이스라엘에서 개발한 하피(Harpy) 무인항공기의 주요 제원과 작동원리 그리고 운용목적에 대해 간단히 설명하시오.

16. 우리 군의 전술지휘통제체계인 ATCIS와 TICN 그리고 B2CS의 차이점과 활용 분야를 비교하여 설명하시오.

17. 미 해군의 정보 및 지휘통제용 무기체계 중에서 E-2C 공중조기경보기의 주요 제원과 특징에 대해 간단히 설명하시오.

18. 영국 해군의 조기경보기사업 추진배경과 현재 운용 중인 조기경보체계에 대해 간단히 설명하시오.

19. 해상초계기기와 구축함의 차이점을 설명하시오. 그리고 해상초계에 탑재하여 활용하는 잠수함 탐지장비 중에서 자기편차탐지기(MAD), 역합성개구레이더(ISAR), 라이더(LIDAR)의 탐지원리와 특성에 대해 간단히 설명하시오.

20. 우리나라 해군이 운용 중인 P-3C 계열 해상초계기의 주요 임무와 탑재장비 및 주요 특성에 대해 간단히 설명하시오.

21. 대잠초계 헬리콥터에 탑재된 잠수함 탐지장비 중에서 디핑소나(dipping sonar)와 부유소나의 운용방법과 특성에 대해 간단히 설명하시오.

22. 우리나라 해군의 전술 C^4I체계의 종류와 운용 개념을 간단히 설명하시오.

23. 우리나라 공군이 운용 중인 주요 정찰수단에 대해 간단히 설명하시오. 그리고 이들 중에서 금강정찰기와 백두정찰기의 주요 제원 및 특성을 설명하시오.

24. MESA 레이더의 주요 기능 및 특성에 대해 간단히 설명하시오.

25. 미군이 운용 중인 글로벌호크(Global Hawk) 무인정찰기의 주요 제원과 운용 개념에 대해 간단히 설명하시오.

26. 현대 전쟁에서 전자전의 중요성을 설명하고, 미군이 운용 중인 전자전기의 종류 및 특성에 대해 간단히 설명하시오.

27. 스텔스 기술이란 무엇이며, 이 기술을 크게 4가지로 분류하시오. 그리고 전자신호 및 적외선 신호 감소방법에 대해 간단히 설명하시오.

28. 미국의 F-22, F-35 스텔스 전투기와 중국의 J-31 스텔스 전투기의 주요 제원 및 특성에 대해 간단히 설명하시오.

6

작전지속지원

6.1 서론

현대전쟁의 양상은 정확한 정보를 획득한 후, 고속기동으로 적의 중심을 정밀하게 타격하여 단시간 내에 전쟁을 종결시키는 추세이다. 이에 따라 각국에서는 화력, 기동, 정보 분야를 중심으로 첨단 무기체계를 확보하는 데 많은 투자를 하고 있다. 그러나 아무리 첨단무기체계를 보유한 국가라 할지라도 전투지속지원[1]이 원활하지 못하면 전쟁에서 승리하기 어렵다. 예를 들어, 1950년 6·25전쟁 당시 미국의 맥아더 장군은 "원활하지 못한 군수지원은 전쟁에서 작전수행을 어렵게 만들며, 패배의 원인이 된다."고 말하였다. 즉, 전쟁의 승패를 가늠하는 여러 요소 중에서 가장 핵심은 '원활한 군수지원'임을 강조한 대표적인 사례이다.

이와 관련된 사례를 살펴보면, 6·25전쟁 시 미군의 군수지원 작전이 그 대표적인 성공사례이다. 당시 우리나라는 북한군에 의해 개전 초기에 서울이 함락되었고, 우리 국군은 한강 이남으로 철수하면서 다량의 군수물자를 잃게 되었다. 그러나 우리나라에 있었던 미국 군사고문단이 신속하게 본국에 탄약지원을 요청한 결과 미군은 1950년 6월 28일에 C-54 수송기로 119톤의 탄약을 한국에 공수해올 수 있었다.

그림 6.1 6·25전쟁 당시 미군의 M4 전차 하역 모습과 장진호 전투에 투입된 C-47 수송기

---

1   전투지속지원(Combat Service Support): 전술 및 전략에 포함되지 않는 군사 면의 제반 지원. 즉 행정 및 군수 분야 활동으로서 전투, 전투지원, 전투근무지원 부대에 대하여 임무수행에 필요한 모든 자원, 즉 인원, 장비, 물자, 시설 및 자금을 통제 관리 및 제반 근무를 제공하는 것을 뜻한다.

이후 1950년 7월부터 선박을 통해 전쟁물자들이 우리나라에 도착했다. 또한 미군은 1951년에는 매일 1만 1,400톤, 1952년에는 1만 6,250톤의 탄약을 수송하였다. 이와 같이 개전 초기에 미군의 군수지원이 없었다면 우리나라는 역사 속으로 사라졌을지도 모른다.

미군은 오늘날에도 세계에서 군수지원체계를 가장 잘 갖추었다고 평가받고 있다. 특히, 미군은 1991년 걸프전쟁에서 얻은 경험을 토대로 물류시스템을 획기적으로 개선시켰다. 그 결과 걸프전쟁 당시에 미 본토에서 이라크까지 수송시간이 약 8일 정도 소요되었으나 2003년 이라크전쟁에서는 약 40시간 이내로 단축시킬 수 있었다. 또한 그들은 모든 군수물자의 보급우선순위를 신속, 정확하게 결정이 가능하도록 전술 C^4I체계와 군수자동화체계를 링크시켜 운용 중이다.

6.2 육군의 작전지속지원용 무기체계

육군의 작전지속지원용 무기체계에는 군용차량, 탄약운반차량, 전개형 의무시설 등이 있다. 이들 무기체계의 운용실태와 무기의 특성을 살펴보면 다음과 같다.

6.2.1 한국군의 군용차량

육군의 군용차량은 전투력 발휘에 있어서 매우 큰 비중을 차지하는 무기체계이다. 이러한 군용차량은 신뢰성 측면에 있어서 민수용 차량에 비해 엄격한 설계기준이 적용되며, 사용목적에 따라 매우 종류가 다양하다.

군용차량은 최초에는 일반 차량과 거의 비슷한 구조와 성능을 갖춘 차량이었다. 그러나 오늘날 군용차량은 민수용 차량에는 없는 다양한 무기와 장비가 탑재되어 있고, 화생방 방호 기능, 험로 주행기능 등 다양한 첨단기능이 추가되어 있다. 특히, 군용차량 개발 시에는 일반적으로 다음과 같이 크게 5가지의 설계요소를 충족해야 한

표 6.1 현재 운용 중인 한국형 전술차량 주요 제원

제원	K311A1	K511A1	K711A1	K917
형상				
휠구성	4×4	6×6	6×6	8×8
좌석수	1+1	1+2	1+2	1+1
전장	5,460mm	6,800mm	7,790mm	11,000mm
전폭	2,180mm	2,500mm	2,500mm	3,000mm
전고	2,450mm	2,900mm	3,000mm	3,600mm
중량	3,150kg	6,500kg	10,000kg	18,000kg
최고속도	100km/h	90km/h	85km/h	90km/h
등판	60%	60%	60%	60%
도섭	760mm	760mm	760mm	760mm
최소회전반경	8.5m	11.0m	12.9m	12.0m
항속거리	700km	600km	600km	700km
엔진	4기통 디젤	6기통 디젤	6기통 디젤	6기통 디젤
엔진용량	3,907cc	7,412cc	11,149cc	12,920cc
최고출력(ps@rpm)	130@2,900	183@2,900	270@2,200	450@1,900
변속기어	수동 5단	수동 5단	수동 5단	자동 16단

다. 첫째, 최고의 전술효과를 발휘할 수 있어야 한다. 둘째, 유지비가 저렴해야 한다. 셋째, 전술적 기동성이 있어야 한다. 넷째, 내구성 및 신뢰성이 있어야 한다. 다섯째, 혹한기 및 혹서기(-32~50℃)에서도 제 성능을 발휘해야 한다.

참고로 현재 우리 군은 K131 지휘차량(1/4톤), K311 전술차량(5/4톤), K511 트럭(2.5톤), 작전지휘차량(렉스턴 W모델, 코란도 스포츠모델) 등을 운용 중에 있다. 그러나 2018년부터 한국형 소형 전술차량(LTV, Light Tactical Vehicle)[2]과 중형 전술차량(FMTV, Family of Medium Tactical Vehicles)[3] 등 세계 최고 수준의 전술차량으로 대체되고 있다.

---

2   소형 전술차량(LTV, Light Tactical Vehicle) : 대략 적재중량이 1톤급 수준인 차량으로서 지휘, 통신, 화기탑재 및 구급 등의 목적으로 운용된다. 이러한 차량은 고기동성, 생존성 제고, 화기 탑재 등의 특성을 갖고 있다.

6.2.1.1 작전지휘차량

우리 군이 운용 중인 1/4톤 작전지휘차량은 민수용 차량을 군사용에 적합하도록 1998년에 개발한 것이다. 이 차량은 4인용 구형 K111 지휘차량에 비해 탑승 가능 인원을 6명으로 증가하였다. 특히, 이 차량은 4개의 바퀴를 구동시킬 수 있는 4륜구동식이다. 이 때문에 늪지 및 경사지에서의 등판능력과 눈길에서 주행능력이 우수하다. 또한 순간가속능력이 우수하여 적의 미사일 공격 시 8초 이내에 17m 이상의 거리로 회피기동이 가능하다. 그리고 바퀴에는 전술타이어가 장착되어 있어서 소총탄 또는 기관총탄, 포탄 파편 등을 맞아도 45km/h의 속도로 48km 이상의 거리까지 이동이 가능하다. 참고로 우리 군은 토우(TOW) 미사일, 106mm 무반동총, K4 고속유탄발사기 등을 탑재한 다양한 모델을 운용 중이다.

한편, 우리 군은 2012년부터 민수용인 렉스턴 W 차량과 코란도스포츠 차량을 개조한 소형 전술차량을 보급하고 있다. 이 모델은 지휘 및 순찰임무에 적합하도록 개조된 차량이다. 특히, 이 차량은 험로에서 주행이 용이하도록 비포장용 타이어가 장착되어 있으며, 저속주행이 용이하도록 국산 e-XDi200 LET 엔진을 장착하였다. 또한 이 차량에는 자동변속기, ABS 브레이크, 운전석/조수석용 에어백, 에어컨 등이 장착되어 승무원의 안전성과 편의성이 우수하다.

그림 6.2 K131 1/4톤 지휘차량과 신형 소형 전술차량

---

3   중형 전술차량(FMTV, Family of Medium Tactical Vehicles) : 대략 적재중량이 5톤급 수준인 차량을 말한다. 주로 장비 및 인원 수송에 운용되며 고기동성 및 호환성 등의 특성을 갖고 있다.

6.2.1.2 소형 전술차량

우리 군이 운용 중인 대부분의 소형 전술차량은 1950년대 미군이 사용하던 M계열 전술차량을 기본모델로 설정하여 설계된 차량이다. 이 때문에 현대전쟁에서 요구되는 성능을 충족시키기에 다소 미흡하다. 그러나 이 차량은 K4 고속유탄발사기, 81mm 박격포 등의 다양한 무기를 탑재할 수 있으며, 계열화 설계로 정비성이 우수하다.

우리 군은 2018년부터 K311 5/4톤 전술차량을 차세대 소형 전술차량으로 대체하고 있다. 이 신형 전술차량은 지휘용, 기갑수색정찰용, 근접정비지원(Close Maintenance Support)[4]용, 포병관측용 등의 다양한 모델을 개발할 계획이다. 특히, 이들 차량은 최대 주행속도가 100km/h 이상이며, 76cm 깊이의 하천도 도하가 가능하며, 저연비 엔진과 자동변속기, 전자식 전(全)륜구동시스템, 독립현가장치[5], 런 플랫 타이어(Run flat Tire)[6], 전자파 차폐차체 등의 첨단 기능을 갖출 예정이다.

그림 6.3 K311 전술차량과 차세대 소형 전술차량

---

4 근접정비지원(Close Maintenance Support): 속전속결의 현대전 양상에 부응하여 전투부대의 고장장비에 대한 후송 부담을 없애고 신속하게 장비를 수리 복구할 수 있도록 2계단 정비능력을 갖춘 부대가 가능한 한 입고정비를 지양하고, 전투부대에 근접하여 장비가 고장 난 현장에서 실시하는 정비지원을 말한다.

5 독립현가장치: 차량의 모든 바퀴가 지면에 접지한 상태에서 차체를 수평으로 유지할 수 있는 현가장치를 말한다. 이 장치가 장착된 차량은 지면의 굴곡이 심해도 차체를 평형상태로 유지하기 때문에 탑승인원이 안정적인 자세로 운행을 할 수 있다. 그 결과 피로도 감소는 물론이고 작전 시에 유리하다.

6 런 플랫 타이어(Run-Flat Tire): 일반타이어에 비해 타이어 내부에 특수고무가 내장되어 있다. 펑크가 탄이어 내부에 있는 특수고무가 충격을 흡수할 수 있기 때문에 일정한 거리까지 운행이 가능하다.

표 6.2 한국의 차기 소형 전술차량의 주요 제원

주요 제원	표준형	확장형
전장×전폭×전고	5×2.2×2m	6×2.2×2m
전투중량	5,700kg	7,000kg
최고속도	130km/h	130km/h
등판	60%	60%
도섭	760mm	760mm
최저지상고	400mm	380mm
최소회전반경	8m	9m
항속거리	600km	600km

표 6.3 한국의 차기 소형 전술차량의 계열화 모델

지휘용(8인승)	기갑수색정찰용	근접정비지원용	포병관측용

참고로 〈표 6.2〉는 한국군의 표준형과 확장형 차기 소형 전술차량의 주요 제원을 비교한 것이다. 그리고 〈표 6.3〉과 〈그림 6.4〉는 이들 차량의 계열화 모델의 형상과 기동능력을 나타낸 것이다.

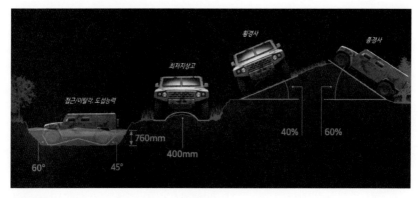

그림 6.4 차세대 소형 전술차량의 기동능력

6.2.1.3 중형 전술차량

우리 군의 대표적인 중형 전술차량으로는 2.5톤 K511 전술차량이 있으며, 주로 작전지역으로 병력을 신속히 전개시키거나 전투물자를 수송하는 데 활용하고 있다. 이 차량은 160마력 디젤엔진을 탑재하였으며, 최대속도는 96km/h, 작전반경은 450km, 등판능력은 60%이다. 참고로 K511은 1970년대 후반 미국에서 수입한 부품으로 아시아자동차 회사에서 조립한 차종이다. 이후 1980년대부터 이들 부품을 점차 국산화시켜 1980년 중반 이후에 완전히 국산화시켰다.

한편, 우리 군이 운용하고 있는 K511 전술차량은 적의 위협이 존재하는 지역에서 작전하기에는 위험부담이 많았다. 이 때문에 우리 군은 소화기 공격 시 병력을 보호할 수 있는 한국형 중형 전술차량을 전력화할 계획이다. 차기 중형 전술차량은 자동변속기, 상시 전륜(全輪)구동, ABS & ASR, 에어컨, 후방카메라, 각종 계기류 및 조작장

그림 6.5 K511 전술차량과 차세대 한국형 중형 전술차량

그림 6.6 차세대 중형 전술차량

표 6.4 차기 중형 전술차량의 주요 제원

주요 제원	2.5톤 전술차량	5톤 전술차량
전장×전폭×전고	7.1×2.5×3m	7.5×2.5×3m
전투중량	10,500kg	14,800kg
최고속도	100km/h	100km/h
등판	60%	60%
도섭	1,000mm	1,000mm
최저지상고	300mm	300mm
최소회전반경	10m	10.5m
항속거리	800km	700km

치 등이 민수용 트럭과 동일하게 제작되어 현재보다 사용자 편의성을 획기적으로 개선할 예정이다. 만일 이 계획이 성공적으로 추진된다면, 최소 2개 분대 이상의 병력이 탑승이 가능하며, 병력을 신속하고 보다 안전하게 작전지역으로 전개시킬 수 있을 것이다.

6.2.1.4 군용차량의 발전추세

최근 군용차량의 발전추세를 살펴보면, 기동성 향상, 생존성 증대, 수송차량의 대형화, 다목적 차량의 개발, 정비체계의 단순화 등 5가지로 요약할 수 있다.

첫째, 기동성 측면에서 군용차량은 어떤 지형조건(습지, 모래, 진흙, 눈, 언덕, 도랑, 계곡, 늪지 등)에서도 고속기동이 가능한 차량을 개발하는 추세이다. 이를 위해 선진국들은 차량의 소형화 및 경량화, 고성능 엔진 탑재, 자동변속기와 독립현가장치 장착, 차체의 높은 지상고와 접근각 및 이탈각의 차체설계 등을 추구하고 있다.

둘째, 다양한 화기의 탑재하고, 소총 또는 대전차 로켓 등의 위협으로부터 방호능력을 강화하는 등 생존성을 강화시키는 추세이다. 또한, 과거에는 군용차량을 주로 후방지원용으로 활용하였으나 오늘날에는 전투지역 내의 근접지원이 가능하도록 차체의 방호능력을 강화하는 추세이다.

셋째, 무기체계가 복잡해지고 대형화됨에 이들 무기를 지원할 수 있는 대형 차량의 필요성이 증대되고 있는 추세이다. 또한 고강도 차체 설계, 주행안정성을 고려한 차체 설계, 대형 크레인 설치 등에 중점을 두고 연구개발을 하고 있는 추세이다.

넷째, 기본차량에 최소한의 구조변경으로 다양한 모델을 생산할 수 있도록 계열화 및 공통모듈화 설계기술을 적용하고 있는 추세이다. 이러한 설계기법은 획득비와 운용유지비가 저렴할 뿐만 아니라 정비성이 우수한 장점이 있다.

다섯째, 유사 모델의 차량을 통합시킴으로써 모델의 종류를 단순화시키는 추세이다. 그 결과, 보급 및 정비체계를 단순화시켜 운용유지비를 절감시킬 수 있는 효과를 얻을 수 있다. 또한 상용차량을 저비용으로 개조하여 군용으로 사용함으로써 민수용 차량의 부품과의 호환성을 유지하는 추세로 발전하고 있다.

6.2.2 K10 탄약운반차량

구경 155mm K9 자주포는 최대사거리가 40km이고, 대량으로 화력을 집중시킬 수 있고 공세적인 화력을 운용할 수 있다. 그러나 이러한 우수한 성능의 자주포에도 반드시 뒷받침되어야 하는 것이 있다. 즉, 48발의 탄약 적재가 가능한 K9가 전장에서 지속적으로 화력지원 임무를 수행하려면 적시적소에서 탄약을 재보급받아야 한다. 통상 K9 자주포 1문이 4~7일 동안 주공격 임무를 수행하려면 400~700발의 탄약을 공급받아야 하며, 이 역할을 하기 위해 개발된 차량이 K10 탄약운반차량이다.

한편 탄약운반차량은 다음과 같이 차량의 성능에 따라 3세대로 구분할 수 있다. 제1세대 탄약운반차량은 제1, 2차 세계대전과 6 · 25전쟁, 베트남전쟁 시에 탄약을 운반하였던 트럭을 말하며, 당시에는 일반 군용트럭과 차이점이 없었다.

제2세대 탄약운반차량은 1980년 이후 미국을 중심으로 한 서방국가에서 M109 계열의 155mm 자주포의 탄약을 공급하기 위해 사용하였던 트럭과 탄약운반용 장갑차를 말한다. 그러나 이들 차량은 기동성과 방호 측면에서 임무수행에 많은 제한이 있었다. 이 때문에 미군은 1984년에 M109 자주포용으로 M992 탄약운반차량을 전력화하였다. 참고로 M992는 M109 자주포와 동일한 차체를 사용하며, 중량은 26톤이고, 93발의 탄약과 99발의 장약을 적재할 수 있다. 또한 이 차량의 차체는 일부 방호장갑으로 보호되어 있어서 종전의 트럭에 비해 방호기능이 크게 향상되었다. 그러나 M109 자주포와의 상호운용성이 낮은 단점을 갖고 있다.

퓨즈　적재기　발사체(탄) 선반

컨베이어

탄약 칸막이

그림 6.7 미군의 M548 탄약운반 궤도차량과 내부 조감도

　　제3세대 탄약운반차량은 2005년에 세계 최초로 개발한 완전자동식 K10 탄약운반차량을 말한다. 이 차량의 특징을 살펴보면, 차체는 K9 차체와 동일하기 때문에 K9의 신속한 진지변환 시에도 탄약지원이 가능하며, 104발의 탄약과 약 504유닛(unit)의 장약을 적재할 수 있다. 한편 〈그림 6.8〉에서 보는 바와 같이 K10에서 K9 자주포로 탄약을 보급하는 과정을 살펴보면 다음과 같다. 먼저 K10의 컨베이어를 K9의 뒤쪽 탄약투입구로 접속시킨다. 그 다음 K10 내의 탄약은 차례차례 자동적으로 1발씩 컨베이어로 옮겨져 K9에 있는 탄약적치대로 이송된다. 이와 같이 완전자동식 탄약공급 시스템 덕분에 분당 12발씩, 약 37분 내에 K10에 적재를 완료할 수 있다. 또한, K10에서 K9 자주포로 약 28분 내에 재보급을 완료할 수 있다.

　　앞으로 개발될 제4세대 탄약운반차량이 있다면, 이 차량에는 탄약뿐만 아니라 유

그림 6.8 컨베이어를 이용한 K10 탄약운반차량의 탄약 보급 장면

류를 보급할 수 있는 기능이 추가될 가능성이 높다. 뿐만 아니라 탄약을 재보급하면서도 동시에 자주포처럼 사격도 가능한 하이브리드형 탄약차량이 탄생할 것으로 예상된다.

6.2.3 전개형 의무시설

최초의 근접의무지원 부대는 제1차 세계대전 시 최전방 지역에서 발생한 부상자를 치료하기 위해 편성되었다. 그 결과 이들 부대가 수행하였던 근접의무지원이 전투력을 보존하는 데 매우 효과적임이 입증되었다. 이후 미군은 이들 부대를 더욱 발전시켜 제2차 세계대전 당시에 전방지역에서 이동외과병원을 운영하였다. 그 결과 미군은 부상자를 신속하게 응급처치할 수 있게 되어 사망률을 12~25% 수준으로 낮추는 데 성공하였다. 이에 따라 미국 등 여러 나라에서 근접의무지원 방법과 이동형 의무지원시설에 관한 연구가 활발히 진행되었다.

현재 우리 군의 야전부대의 의무시설은 천막형 텐트가 대부분이고, 전시에는 주둔지역에 위치한 시설을 활용할 계획이다. 그러나 천막형 의무시설은 기본적인 의무시설 및 장비를 설치하기에는 제한사항이 많다. 특히, 천막형은 첨단 의료장비를 운용하기 위한 전원 및 급수 공급 등이 어렵다. 또한 텐트 내에 양압을 유지하기 위한 공조시설이 없어 공기오염에 의해 환자들이 감염되기 쉬우며 화생방 방호가 매우 어렵다. 이 때문에 미군은 전개형 의무시설(DEPMEDS, DEPloyable MEDical Systems)을 개발하여 1991년 걸프전쟁에서 활용하였다. 그 이후 독일, 노르웨이 등에서 미국의 전개형 의무시설과 유사한 시설을 개발하여 운용 중이다.

현재 미군은 컨테이너 형태의 전개형 의무시설도 운영하고 있으며, 이 시설을 전투지원병원, 야전병원, 일반지원병원 등의 용도로 활용하고 있다. 예를 들어, 미군의 이동식 야전병원은 20~80개의 컨테이너와 20~100개의 공기팽창식 텐트로 구성되어 있으며, 최대 300명의 환자를 수용할 수 있다. 이 시설은 설치 후 2시간 30분 이내에 환자를 치료할 수 있으며, 완벽하게 설치하려면 36~72시간이 소요된다.

한편 우리 군은 2006년부터 전개형 의무시설 전력화 사업을 시작하여 2008년부터 전방사단에 초도보급(Initial Supply)[7]되었다. 이 시설은 5톤 트럭으로 운반 가능한 컨

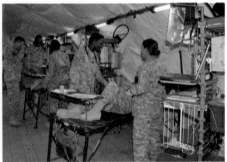

그림 6.9 미군의 전개형 의무시설(DEPMEDS)과 그 내부 모습

그림 6.10 우리나라의 전개형 의무
시설과 이동 중인 컨테이너

테이너 형태이다. 또한 간이병원인 의무 쉘터는 $23m^2$ 규모의 응급실과 $16m^2$ 방사선실, $13m^2$ 임상병리실 등 3개의 컨테이너로 구성되어 있어 분리나 합체가 가능하다.

---

7   초도보급(Initial Supply) : 창설부대나 증편부대에 대하여 초도소요품으로 인가된 물자나 인가 건의하여 인가를
     득한 물자를 해당 보급지원부대에서 보급하는 최초 보급품을 말한다.

6.3 해군의 작전지속지원용 무기체계

육군의 경우 산재해 있는 보급시설을 이용해 탄약 및 유류, 물자의 보급이 비교적 원활하게 이루어지고 있다. 그러나 해·공군의 경우는 작전지역의 특이성으로 인해 그러지 못한 것이 현실이다. 특히, 해군은 항속거리 때문에 작전활동이 제한되며, 수상에서의 기동속도로 인해 원하는 작전시간에 적절한 보급이 이루어지려면 사전에 충분한 계획이 수립되어야만 한다.

한편, 장기간의 작전 시 해상군수지원의 중요성은 포클랜드전쟁, 걸프전쟁, 이라크전쟁 등에서도 찾아볼 수 있다. 예를 들어, 2003년 이라크전쟁은 대규모 병력과 장비 및 물자가 투입된 대규모의 물량전쟁이었다. 당시 해상군수지원은 고속수송선 8척, 화물선 217척, 유조선 70척 등 총 388척의 선박들이 투입되어 장비, 지원품, 연료 등을 수송하였다. 이때 지원물품의 총 규모는 화물 340만 톤, 연료 680만 톤이었으며, 수송전력은 병력 1만여 명, 전차 2,000여 대, 장갑차 2,000여 대, 헬리콥터 1,000여 대 등이었다. 참고로 1991년 걸프전쟁 시 해상군수지원은 전체 화물이송의 95%를 담당하였다.

6.3.1 해상군수지원 방법

해상에서의 군수지원 방법은 육상근접지원과 해상근접지원이 있다. 먼저 육상근접지원은 작전부대가 직접 모기지에서 물자를 적재하는 방법이다. 이 방법은 제한된 시간과 장소의 보급과 정비만으로는 최상의 전투력을 유지하기가 어렵다는 단점이 있다.

다음으로 해상근접지원이란 작전을 수행하는 함정과 군수지원함이 함께 기동하면서 보급임무를 수행하는 방법이며, 통상 이 방법을 해상기동군수지원이라고 부른다. 이때 해상근접지원은 항해 중 군수지원과 정지한 상태에서 실시하는 계류군수지원 방법으로 구분된다. 여기서 항해 중 군수지원은 군수지원함과 군수품 수급함이 항해하면서 액체 또는 고체화물 등을 이송하고 보급하는 군수지원 방법을 말한다.

그림 6.11 미국의 군수지원함에서 이루어지고 있는 RAS와 헬기를 이용한 보급

이 방법은 두 함정 간에 밧줄이나 쇠사슬, 유류호스를 연결하여 수평으로 화물 및 유류를 이송하는 수평보급과 헬리콥터를 이용하여 수직으로 화물을 이송하는 수직보급이 있다.

여기서 수평보급에는 FAS(Fueling At Sea)와 RAS(Replacement At Sea)가 있다. 먼저 FAS란 군수지원함의 유류공급호스와 수급함의 유류수급장치를 연결하고, 군수지원함에 적재된 유류를 수급함에 이송하는 방법이다. FAS 보급소의 개수는 유류보급의 속도를 결정하는 중요한 요소로 FAS 보급소의 개수가 많을수록 신속한 유류지원이 가능하다. RAS란 고체화물을 공급하는 군수지원함의 RAS 보급소와 수급함의 화물이송장치 연결을 통해 이루어지는 것을 뜻한다. 이 방법은 주로 식료품, 고체화물, 유도탄 등의 고가의 무기 등을 안전하고, 신속하게 이송할 때 이용한다.

수직보급은 헬기를 이용한 해상보급 방법으로서 화물을 신속하게 이동시킬 수 있다는 장점이 있다. 미 해병대에서는 기동성, 신속성 및 생존성 향상을 위해 이 방법을 적극 활용하고 있다. 계류 군수지원이란 정지 상태에서 지원함과 수급함이 해상에 계류하여 군수지원을 하는 방법을 말한다. 이 방법은 항해 중 군수지원을 통해 공급 또는 수급할 능력을 갖추지 못한 함정 간에 해상보급이 필요할 경우에 이용한다. 또는 항해 중 군수지원으로 보급이 불가하거나 비효율적인 품목을 해상에서 보급할 경우에도 이용한다.

6.3.2 군수지원함

군수지원함(Combat Support Ship)은 해상에서 작전 중인 수상전투함에 유류와 탄약, 식량 등을 보급하는 함정을 말한다. 참고로 군수지원함의 군수지원 방법은 계류 군수지원보다는 항해 중 군수지원이 더 중요시되고 있는 추세이다. 따라서 오늘날 군수지원함의 능력은 함정의 속도와 크기 그리고 유류보급소의 개수에 의해 결정된다. 한편 우리나라를 비롯한 미국과 일본의 군수지원함의 운용 실태와 특징을 살펴보면 다음과 같다.

먼저 미 해군은 군수지원단이라는 별도의 부대를 운용하고 있으며, 주로 기동함대와 함께 동조기동을 하면서 기동군수지원 임무를 수행하고 있다. 그리고 군수지원단은 군수지원함, 급유함, 탄약지원함, 잡화보급함, 병원선, 수리함 등 다양한 함정을 보유하고 있다. 미 해군의 대표적인 군수지원함은 1만 9,000톤급 대형 군수지원함이 있다. 이 함정은 최대 적재량 4만 9,000톤이며, 가스터빈엔진 4기를 탑재하여 25노트 이상의 고속기동이 가능하다. 특히, 이 함정의 적재능력은 연료 1만 8,300톤, 탄약 1,800톤, 식량 400톤, 잡화 250톤 이상을 적재할 수 있어 기동함대의 장기간 작전을 지속적으로 지원할 수 있다.

일본 해상자위대는 태평양전쟁에서 패한 큰 원인 중의 하나를 군수지원의 부족으로 인식하고 있어 군수지원체계 발전에 많은 노력을 기울이고 있다. 1962년 AOR 하마나(Hamana)급 함정을 최초로 군수지원함의 건조가 시작되었다. 이후 1979년에는 5,000톤의 유류보급뿐만 아니라 탄약, 식량, 수리부속 등을 공급하는 사가미(Sagami)

그림 6.12 항모로 연료보급을 실시하고 있는 미 해군의 AOE와 일본의 마슈급 AOE

그림 6.13 우리나라의 화천함과 천지함

급 군수지원함을 건조하였다. 또한 최근 일본은 1만 3,000톤급 마슈(Mashu)급 대형 군수지원함이 있으며, 유류 1만 톤과 청수 1,000톤을 적재할 수 있고, 필요 시 최대 2만 5,000톤까지 적재 가능하다. 이 함정의 최대속도는 24노트이며, 생존성을 높이기 위해 스텔스 능력까지 보유하고 있다.

우리 해군은 천지함, 대청함, 화천함 등 3척의 군수지원함(AOE)을 운용하고 있다. 그리고 미 해군과 다르게 별도의 군수지원전단이 없다. 대신에 해군작전사령부 예하의 전단에 배속되어 1함대, 2함대, 3함대의 작전함정을 지원하고 있다.

만약 우리 해군이 기동전단을 운영할 때 전시 또는 원해작전 시 약 한 달간의 작전기간이 소요될 것으로 예상하는데, 그럴 경우 군수지원함의 적재능력은 1만 톤 이상 요구된다. 또한 25노트 이상의 속도를 내는 이지스 구축함과의 동조기동도 어려

표 6.5 한국의 일반 군수지원함의 주요 제원

구분		제 원
톤수		5,000톤 이하(최대적재량: 9,000톤)
속도		20노트 이하
엔진		총 10,000마력
적재능력	연료유	4,000톤 이상
	탄약	400톤 이상
	식량	10톤
	기타	10톤
비 고		수직보급 및 컨테이너 적재능력 부족

그림 6.14 한국이 건조할 영국의 항모용 군수지원함과 한국형 차기 군수지원함

위 작전상황에서 기동성과 생존성에 제약이 많다. 하지만 우리나라는 발달된 조선기술로 영국에 항공모함용 군수지원함 4척을 수주하였는데, 이 함정은 최대 적재 시 3만 7,000톤의 유류, 식량, 식수를 보급할 수 있는 것으로 알려졌다.

이처럼 우리는 우수한 기술력을 바탕으로 충분히 함정을 건조할 능력을 가지고 있다. 다만 국방예산의 제약으로 그동안 미루어져왔는데 최근 차기 한국형 군수지원함 AOE-2의 도입을 적극 추진하여 최근 소양함이 해군에 인도되었다. 차기 군수지원함의 경우 1만 톤 이상의 유류를 보관하고 탄약과 식료품 보급도 1,000톤 이상 가능하다. 또한, 최대 적재 시 최소한 2,000톤 이상의 적재능력이 있기 때문에 일본의 마슈급과 동등한 수준이 될 것으로 예상된다.

한편, 우리 해군이 운용 중인 '독도함'은 2007년에 취역한 1만 8,500톤급 대형 강습상륙함정이다. 이 함정은 상륙함 또는 군수지원함으로 분류할 수 있다. 이 함정의 주요 제원을 살펴보면, 전장이 199m, 선폭이 31m, 최대 속도는 23노트로 약 330명의 승무원이 탑승한다. 또한 주요 무장은 RIM-116 RAM 1문, 근접방어체계(CIWS) 골키퍼 2문 등을 탑재하고 있다. 그리고 수송능력은 강습헬기 7대, K계열 전차 6대, 중형 전술차량 10대, 야포 3문, 대대급 무장병력 700여 명을 수송할 수 있다.

6.3.3 소해함

기뢰(Sea Mine)는 함정으로부터 발생하는 주요 신호특성인 음향, 자기, 압력, 지진파 및 전기장 등을 탐색 및 식별해 파괴하는 무기이다. 이 무기는 크기가 작고 설치가 간단하며 저가로 대량 생산이 가능한 반면에 그 효과는 매우 커서 함정에는 매우 위협적이다.

일반적으로 기뢰는 기폭장치의 작동방식에 따라 접촉기뢰, 감응기뢰(음향, 자기, 압력, 복합) 등으로 나뉜다. 그리고 기뢰의 부설위치에 따라 부유기뢰, 계류기뢰 및 해저기뢰로 분류할 수 있다. 그러나 최근에는 함정이 통과한 후 일정 시간 후에 작동하는 기뢰, 해저에 부설되어 있다가 함정이 통과할 때 수면으로 부상(Rising)하는 기뢰, 표적함이 접근하면 기뢰를 발사하여 표적을 공격하는 호밍(Homing) 기뢰, 고속으로 공격하는 로켓추진 기뢰 등 그 종류가 다양화 · 지능화되고 있는 추세이다.

오늘날 미국, 한국 등은 해군의 원활한 작전을 위해 기뢰를 효과적으로 제거할 수 있는 소해함(MCM, Mine Counter Measures ship)을 운용하고 있다. 대부분의 군함은 강철과 알루미늄 합금을 이용해 선체 등을 제작한다. 이때 강철은 값이 저렴하면서도 튼튼하고 알루미늄 합금은 가벼워 선박 재료에 적합하다. 하지만 소해함은 유리섬유 강화플라스틱(FRP)이나 심지어 나무로 건조한다. 이는 자기감응기뢰의 공격을 회피할 수 있기 때문이다.

한편, 소해함은 비전투함으로 분류되기도 하며, 선박의 크기가 작아 눈에 잘 띄지는 않지만 우리나라처럼 해상운송에 대한 의존이 심한 국가에는 반드시 필요한 군함이다. 특히, 우리나라는 6 · 25전쟁을 통해 소해(Minesweeping)[8] 전력의 필요성을 절감했기 때문에 일찍부터 다수의 소해함을 운용해왔다. 먼저 1960~70년대 우리 해군은 미 해군의 블루버드급(Bluebird class) 소해함을 도입해 금산급, 남양급이란 이름으로 사용했고, 1986년 '강경함'(MHC-561)을 시작으로 2004년 '해남함'(MSH-573)까지 모두 9척의 소해함을 도입해 운용 중이다. 이 중 금산급과 남양급 소해함은 선체가 나무이며, 1950년대에 취역한 탓에 노후화가 심했기 때문에 1990년대 말 모두 퇴역했다.

강경함은 최초의 국산 소해함이며, 이 함정과 동급인 6척의 자매함이 건조되었다. 이 함정의 주요 특성을 살펴보면, 선체 길이는 50m, 만재배수량(Full Load Displacement)[9]

---

8   소해(Minesweeping): 물리적으로 기뢰를 제거, 파괴하며 감응 작용케 하여 기폭시키기 위한 기계적 또는 폭발 장치를 사용하여 기뢰를 탐색 및 제거하는 기술을 말한다.

9   만재배수량(Full Load Displacement): 배수량(Displacement)은 배가 물 위에 떠 있을 때 밀어내는 물의 중량을 뜻한다. 어떤 물체가 바다 같은 액체 위에 떠 있을 경우, 그 물체의 중량은 밀어내는 액체의 중량과 같다는 아르키메데스의 원리를 적용해 배의 중량을 표시하는 것이 바로 배수량이다. ① 경하배수량(Light Displacement)은 기본 선체에서 거의 고정적인 항목들을 포함한 중량을 의미한다. 고체 혹은 액체로 된 영구적인 밸러스트, 함상 수

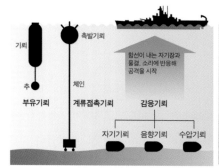

그림 6.15 기뢰의 종류와 목재로 만들어진 우리나라의 초기 남양급 소해함

은 520톤으로 선체의 크기가 작아서 기뢰에 탐지될 확률이 낮다. 또한 선체는 자기감응기뢰를 피하기 위해 FRP로 제작되었으며, 가까운 거리에서 기뢰가 폭발하더라도 효과적으로 충격을 흡수할 수 있도록 늑골이 없는 선체구조로 설계되었다. 그리고 함정에 설치된 모든 장비로부터 발생하는 소음과 전자기파를 차폐시켰다. 특히, 스크루가 아닌 수면과 수평으로 돌아가는 수차방식의 추진기를 탑재하여 저소음 항해와 제자리에서 선회가 가능하다. 그 밖에 이 함정에는 기뢰탐색용 소나와 원격조종 소해기

그림 6.16 강경급 소해함과 무인기뢰 제거기에 의한 소해작전

리 부품, 기계류의 구동유체 등이 포함될 뿐 연료나 탄약 등 소모성 항목은 포함되지 않은 것이 특징이다. 기본적인 선체의 중량만을 의미하는 것이 바로 경하배수량이다. ② 표준배수량(Standard Displacement)은 과거 해군 군함의 크기를 규제하기 위한 워싱턴조약에 따른 배수량 기준으로, 탄약이나 승조원의 무게는 포함되어 있지만 연료나 청수 등은 포함시키지 않았을 때의 배수량이다. ③ 만재배수량은 경하배수량에 하중(payload)을 포함한 중량이다. 즉, 모든 면에서 운항준비가 갖추어진 상태의 중량이 바로 만재배수량이다. 승조원과 탄약, 연료는 물론이고 저장탱크 속의 각종 액체나 해수 밸러스트까지 포함한 중량이 만재배수량이다.

(MDV), 기뢰절삭기 등이 탑재되어 있다.

6.3.4 소해 헬리콥터

최초의 헬리콥터를 이용한 소해작전은 베트남전쟁 중이던 1973년에 미 해군이 시도하였다. 그 이후 각국에서는 소해 헬리콥터에 대한 관심이 증가하게 되었다.

현재 미 해군은 소해 헬리콥터를 기동함대에서 운용하고 있기 때문에 기뢰전(Mine Warfare)[10] 시 신속한 대(對)기뢰작전이 가능하게 되었다. 또한 미 해군은 MH-60S 다목적 중(重)형 소해 헬리콥터를 운용할 계획이며, 탑재될 소해장비는 크게 5가지이다.

첫째, LDMS(AN/AES-1) 레이저기뢰 탐색장비로 해수에서 사용하기 적합한 블루-그린(Blue-Green) 레이저를 이용하여 부유기뢰 및 수면 가까이에 부설된 계류기뢰(Moored Mine)[11]를 시간당 15km^2 이상 신속하게 탐색이 가능할 것으로 예상된다. 둘째, RAMICS

그림 6.17 미 해군의 MH-60S 소해헬기용 5종 임무 장비

---

10 기뢰전(Mine Warfare) : 기뢰의 전략적 및 전술적 활용과 그에 대한 대항책으로서 이는 기뢰 부설과 기뢰에 대한 방어를 위하여 가능한 모든 공격적 및 방어적인 방법을 포함한다.

11 계류기뢰(Moored Mine) : 부력을 가진 기뢰 몸통을 닻에 부착한 계류삭(mooring rope)에 의하여 미리 정한 수심에 위치하도록 설계된 기뢰로서, 접촉 또는 감응 발화장치에 의해 폭발하도록 고안된 기뢰이다.

그림 6.18 헬기에 장착된 레이저기뢰 탐색장비 (ALMDS)

(AN/AWS-2) 기뢰제거용 30mm 기관포로 수중에서 고속운동이 가능한 초공동탄자 (Supercavitating projectile)를 발사하여 부유기뢰 또는 계류기뢰를 제거할 수 있을 것으로 예상된다. 이 기관포는 포탑안정화 장치가 있으며, 기뢰를 제거하는 데 20~50발의 탄을 사용하는 것으로 알려졌다.

셋째, AMHS(AN/AQS-20A) 기뢰탐색용 소나(Sonar)로 수중에 부설된 해저기뢰 및 계류기뢰를 탐색할 수 있다. 넷째, AMNS(AN/AQS-235) 무인기뢰제거기는 광케이블로 연결되어 원격으로 조종된다. 이 장비에는 비디오 카메라와 소나가 장착되어 있으며, 이를 이용하여 사전에 탐색된 해저 및 부유기뢰에 접근하여 폭발시킬 수 있는 소모성 MDV(Mine Disposal Vehicle) 4기를 탑재하고 있다. 마지막은 OASIS(AN/ALQ-220) 감응기뢰 소해장비로 헬기에 의해 예인된다. 수중에서 함정과 유사한 자기 또는 음향 신호를 방출시켜 시속 40노트까지의 함정을 모의함으로써 수심 약 25m 이내에 부설된 자기

그림 6.19 무인기뢰제거기(AMNS)와 감응기뢰 소해장비(OASIS)

기뢰와 음향기뢰(Acoustic Mine)[12]의 기폭장치가 작동되도록 하는 장비이다.

6.4 공군의 작전지속지원용 무기체계

공군은 해군과 마찬가지로 광범위한 작전지역을 고려해볼 때, 전투기나 수송기 등의 급유를 비롯한 정비지원은 필수적인 작전지속지원의 요소라 할 수 있다. 그중 공중급유는 주로 비행 중인 항공기에 연료를 공급하여 급유를 받은 항공기의 순항거리를 획기적으로 늘이고 이륙 시 더 많은 물자를 탑재하기 위해 사용하는 방법이다.

군사적 측면에서 살펴보면, 공중급유 방법은 전술적으로 크게 3가지의 이점이 있다. 첫째, 공격기, 전투기, 폭격기가 원래는 도달할 수 없는 먼 곳까지 갈 수 있게 해준다는 점이다. 둘째, 정찰기가 더 오래 공중에 머물 수 있게 해준다는 점이다. 셋째, 공중급유는 전투기가 단지 소량의 연료를 채우고, 대신 더 많은 무장을 할 수 있게 해준다. 참고로 항공기의 최대 이륙중량은 비행이 가능한 최대 중량보다 가볍다.

6.4.1 공중급유의 방법과 특성

일반적인 공중급유 방식은 플라잉 붐 방식(Flying and Boom)과 드로그 앤 프로브 방식(Drogue and Probe), 그리고 지금은 거의 사용하지 않는 날개와 날개를 연결하는 윙식(Wing-to-Wing) 방법이 있다.

먼저 플라잉 붐 방식은, 붐이라는 길고 단단한 속이 빈 축(shaft)을 이용하는 것이다. 붐은 주로 급유기의 꼬리 부분에 장착되어 있는데, 주유 시에 이 붐이 길게 늘어나며 끝부분에 달린 연료주입조절밸브를 통해 급유하는 방식이다. 붐의 끝부분에는 러더베이터(rudevators)라는 작은 날개가 있는데 이 날개가 붐이 피급유기를 향해 가도

---

12 음향기뢰(Accoustic Mine): 음향의 변화가 생기면 폭발하도록 설계된 기뢰로서 함선이 이 기뢰에 접근하게 되면 추진기를 포함한 함선의 각종 기기의 작동소음이 기뢰의 장치를 작동시켜 폭발함으로써 손상을 입힌다.

그림 6.20 미 공군의 KC-135R 급유기에 장착된 붐과 러더베이터 및 급유 중인 F-15/16 전투기

록 하는 역할을 한다. 반면 피급유기의 공급부인 리시버는 비행기의 윗부분, 주로 조종석의 뒤나 앞쪽 가까이에 장착되어 있다. 리시버는 연료탱크에 연결된 둥근 주입구로 급유를 받지 않을 때에 연료가 새지 않고, 먼지나 잡다한 것들이 들어가지 않게끔 밸브가 달려있다. 공중급유를 위해 공중급유기와 피급유기는 고도를 유지한 채 일정한 속도로 비행하고, 두 비행기의 급유준비가 완료되면 붐과 리시버의 전기적인 신호로 노즐과 연결되고 주입구로 들어가는 노즐을 통해 급유가 이루어진다. 이 방식은 미 공군에 의해 주로 사용되고 있으며, 네덜란드(KDC-10)와 이스라엘(보잉 707을 개조한 공중급유기)에서도 사용되고 있다.

다음으로 드로그 앤 프로브 방식은 급유기의 드로그(Drogue)와 피급유기의 프로브(Probe)를 이용하는 것이다. 드로그는 플라스틱 셔틀콕과 닮은 바스켓으로 밸브로 조작이 가능하며, 연료호스의 끝에 달려있다. 프로브는 피급유기의 기수의 한쪽에 달린 것으로 이를 통해 급유를 받는데, 급유기의 드로그가 조종 가능한 것이 아니라서 피급유기의 조종사가 프로브를 드로그에 결합하여야 한다. 이 방식의 장점은 급유용 호스가 무겁지 않아 비교적 작은 항공기에도 급유가 가능하고, 심지어 전투기끼리도 급유호스가 달린 연료탱크를 통해 급유가 가능하다. 또한 여러 개의 급유호스를 탑재해 동시에 여러 항공기에게 공중급유를 할 수도 있다.

그림 6.21 프로브와 드로그 및 이를 통해 급유를 받는 FA-18F 수퍼호넷

6.4.2 공중급유기의 운용현황

2012년 기준으로 공중급유기를 운용 중인 국가는 미국, 러시아, 중국을 비롯해 영국, 프랑스, 이탈리아, 호주, 인도 등으로, 총 33개국에서 약 900여 대가 운용 중이다.

영국은 드로그 방식의 빅커스(Vickers) VC-10, 록히드사의 트라이스타(TriStar) 공중급유기를 운용 중이다. VC-10과 함께 트라이스타는 영국 공군의 공중급유 전대(Squadron)[13]를 구성하였으며 걸프전쟁에서도 운용되었다.

프랑스는 미라지(Mirage) IV의 항속거리를 향상시키려고 1960년대 초부터 공중급

그림 6.22 영국의 트라이스타 공중급유기와 세계적으로 널리 보급된 KC-135R 공중급유기

---

13 전대(Squadron): 2개 분대 이상의 함정이나 둘 이상의 비행편대로서 구성되는 편성체. 통상 동일형의 함정이나 항공기로 구성된 부대이다.

그림 6.23 KC-135 공중급유기를 이용한 한국의 첫 공중급유(F-15K) 훈련

유기의 도입을 검토했었다. 이후 프랑스 공군은 걸프전쟁 및 발칸전쟁에서 528회의 작전임무를 수행하였다. 현재 프랑스는 보잉(Boeing) C-135FR과 KC-135R 공중급유기를 운용 중에 있다.

이탈리아는 걸프전쟁에서 공중급유의 운용경험이 부족하여 작전에 실패하였다. 이후 1992년에 포르투갈항공사에서 4대의 중고 보잉 707-328B를 획득하여 공중급유 및 수송기로 개조하여 운용 중에 있다. 이후 발칸 지역의 NATO 작전에서 실전 경험을 축적하였다.

미국은 KC-135 600대, KC-10 59대, 해군의 KC-130 73대, 해병대의 KC-130 75대 등 총 800여 대의 세계적으로 가장 많은 공중급유기를 운용하고 있다.

우리 공군은 10년 넘게 공중급유기의 도입을 추진했으나 예산확보의 문제로 지연을 거듭하다, 최근 에어버스사의 A330 MRTT(Multi Role Tanker Transport) 공중급유기 4기를 2018년부터 도입하기로 결정했다. 이 기종은 111톤의 항공유를 탑재하고 3,000해리 반경을 비행하면서 33톤의 연료를 공중급유할 수 있다. 이는 미국의 차기 공중급유기인 KC-46A(항공유 96톤 탑재)보다 우수한 성능이다. 보다 많은 연료를 탑재할 수 있는 A330 MRTT은 연료를 절반 정도 소모한 F-15 전투기 21대와 KF-16 전투기 41대에 대하여 공중급유가 가능하다. A330 MRTT의 도입으로 우리 공군의 F-15K 및 KF-16 전투기의 작전반경이 비약적으로 증가할 것으로 예상된다.

6.4.3 공중급유기의 발전방향

공중급유기의 발전추세를 종합적으로 분석하면 다음과 같이 크게 4가지이다.

첫째, 공중급유 임무와 병행하여 인원 및 화물 공수가 가능한 다목적 형태로 발전될 것으로 예상된다.

둘째, 한 급유기에 드로그 앤 프로브 시스템과 플라잉 붐 시스템을 모두 갖춘 형태로 발전될 것이다. 그리고 급유기와 수급기가 고속으로 비행하면서도 단시간 내에 다수의 수급기에 공중급유를 할 수 있는 하이브리드 주유시스템을 장착할 것으로 예상된다. 예를 들어, 플라이 붐 방식의 급유기가 드로그 앤 프로브 방식의 수급기에 공중급유를 할 수 있는 붐-드로그 어댑터(BDA, Boom-to-Drogue Adapter) 방식이 있다.

셋째, 미사일 경보수신기, 채프/플레어, 데이터링크 등의 장비가 기본적으로 탑재될 것이다.

넷째, 유인항공기뿐만 아니라 무인항공기에도 공중급유가 가능할 것이다. 이와 관련하여, 미 공군은 글로벌호크와 프레데터 무인항공기 등에 자동공중급유(Automated Aerial Refueling) 기능을 추가시키는 사업을 진행 중에 있다.

그림 6.24 BDA와 A310-MRTT 급유기를 이용한 듀얼 급유

연 습 문 제

1. 전투수행기능 중에서 작전지속지원의 개념을 설명하고, 6·25전쟁 시 미국의 작전지속지원에 의한 성공사례를 간단히 설명하시오.

2. 우리 육군의 작전지속지원용 무기체계 중에서 작전 지휘차량의 주요 제원 및 특성을 설명하시오.

3. 우리 군의 소형 전술차량의 주요 제원을 간단히 설명하시오. 또한 미래의 군용차량에 대부분 장착될 독립현가장치와 런 플렛 타이어의 원리 및 장착 시 효과에 대해 간단히 설명하시오.

4. 우리 군의 대표적인 중형 전술차량의 주요 제원 및 특징을 설명하시오. 또한 차세대 중형 전술차량에 대해 미국 등 선진국의 개발동향에 대해 간단히 설명하시오.

5. 군용차량의 발전추세를 기동성, 생존성, 수송능력, 활용성, 정비성 측면에서 간단히 설명하시오.

6. 세계 최초로 개발한 완전자동식 탄약운반차량인 K10 탄약운반차량의 주요 제원 및 특성에 대해 설명하시오. 그리고 탄약운반차량의 발전과정을 세대별로 그 특징과 대표적인 차량에 대해 설명하시오.

7. 전개형 의무시설이과 그 필요성에 대해 설명하시오. 또한 우리 군과 미군의 전개형 의무시설의 주요 특징과 운용사례에 대해 설명하시오.

8. 해상근접지원의 개념을 설명하고, 수평보급과 수직보급의 장단점을 비교하시오.

9. 군수지원함(Combat Support Ship)이란 무엇이며, 해상의 군수지원 방법에 대해 간단히 설명하시오. 또한 우리 해군의 대표적 군수지원함의 주요 제원 및 특징에 대해 설명하시오.

10. 소해함(Mine Counter Measures ship)과 일반 함정과의 차이점이 무엇이며, 우리나라에서 소해(Minesweeping)작전의 중요성에 대해 설명하시오.

11. 함정의 크기를 나타내는 지표인 만재배수량(Full Load Displacement)과 표준배수량(Standard Displacement)에 대해 간단히 설명하시오.

12. 소해 헬리콥터와 소해함정의 용도와 주요 탑재장비를 설명하고, 각각의 장단점을 비교하시오.

13. 전술적 측면에서 공중급유 방법의 이점을 설명하시오. 또한 플라잉 붐(Flying and Boom) 급유방식과 드로그 앤 프로브(Drogue and Probe) 급유방식의 차이점은 무엇인지 비교하시오.

14. 공중급유기의 발전추세에 대해 설명하고, 우리 공군의 공중급유기 획득사업에 대해 간단히 설명하시오.

부록

부록 1: 무기체계 관련 Q&A

1. 무기체계 개요

전투수행기능이 왜 필요한가?

전쟁 또는 전투의 시행절차를 살펴보면, 전쟁(전투)은 탐지, 결심, 타격, 평가의 절차를 거치게 된다. 즉, 적을 탐지하기 위해서는 적을 볼 수 있는 무기체계(정보)가 필요하고, 지휘관의 결심사항과 이를 전파하여 전투력을 운용하기 위해서는 C^4I체계와 같은 지휘통제 기능이 필요하다. 다음으로 적을 타격하기 위해서는 전투력을 움직이고(기동), 물리력을 투사(화력, 방호)할 수 있어야 한다. 그리고 이러한 전투력을 운용하기 위해 소요되는 탄약, 유류 지원 등과 같은 작전지속지원의 기능이 반드시 필요하다. 이러한 기능을 '전투수행기능'이라 하며 각각의 기능에 대한 세부적인 설명은 주 교재를 참고하기 바란다.

무기와 무기체계의 차이점은 무엇인가?

많은 사람들이 무기체계를 단순히 미사일, 로켓 등과 같은 것으로 생각하는 경우가 많다. 하지만 이러한 요소들만으로는 효과적인 전쟁(전투)을 수행하기에는 제약이 있다. 결국 미사일은 탄두, 유도장치, 추진장치와 같은 각각의 요소(element)로 구성되어 있다. 그리고 이들 요소 중에서 탄두는 신관, 작약과 같은 각각의 구성품(component) 등이 결합된 하나의 체계(system)가 구성되어야만 전투수행기능을 발휘할 수 있는 무기의 전술적 운용이 가능하다. 이러한 관점에서 무기체계에 대한 이해가 필요하다.

무기체계의 범위에는 전력지원체계도 포함된다고 하는데 전력지원체계란 무엇인가? 그리고 무기의 획득 역시 무기체계에 포함되는가?

전력지원체계란 무기체계 이외의 장비, 부품, 시설, 소프트웨어, 그 밖의 물품 등 제반 요소를 말한다. 따라서 넓은 의미에서 무기체계는 무기를 운용하는 데 필요한 인적 요소와 물적 요소를 포함하는 것이라 할 수 있다. 하지만 무기의 획득은 무기체계의 범위에 포함되지 않는다. 이는 일련의 사업 절차로서 무기의 획득과 관련된 세부사항은 주 교재의 내용을 참고하기 바란다.

2. 기동무기체계

2.1 육군 기동무기체계

전격전이란 무엇인가?

제2차 세계대전 당시 독일의 구데리안 장군이 사용한 전법으로서 속전속결을 달성하기 위하여 기동과 기습을 최대로 이용한 전법이다. 제1차 세계대전 당시만 해도 전쟁의 양상은 기관총, 소총 위주의 전쟁에서 금속재료의 발달과 함께 화포가 대량 생산되는 등 화력무기체계의 발달로 인해 이를 방어하기 위한 방법으로 참호전 양상을 띠게 된다. 이러한 참호전을 극복하기 위해 전차가 출현하게 되고 항공기의 발달과 함께 기동과 기습을 효과적으로 이용한 전격전이 등장하게 되었다.

대전차 성형작약탄의 라이너 재료는 무엇인가?

성형작약탄은 1940년대 개발된 이후 라이너의 소재로 주로 구리를 사용해왔다. 그 이유는 구리의 높은 밀도($8.92\ g/cm^3$)와 우수한 연신율(쇠붙이 따위가 끊어지지 않고 늘어나는 비율)로 인해 높은 관통성능을 구현할 수 있기 때문이다. 하지만 현대에 이르러서는 성형작약탄의 관통능력을 획기적으로 향상시킬 수 있도록 텅스텐-구리 복합 소재인 고밀도 라이너(liner)를 사용하고 있다.

전차의 파워팩(power pack)이란 무엇인가?

전시 상황에서 모든 무기체계는 피해 또는 고장 발생에 대한 신속한 정비가 이루어져야 한다. 전차와 같이 40~50톤이나 나가는 기동무기체계에 있어서 핵심부품인 엔진과 변속기의 경우 각각 분리하여 정비하기에는 시간이 많이 소요된다. 따라서 정비시간의 단축 효과와 평시부터 효율적인 장비 관리를 도모하기 위하여 엔진과 변속기를 하나의 파워팩이라는 구성품으로 묶어 관리하게 되었다.

전차의 엔진 성능을 결정짓는 기준인 값 중의 하나인 토크와 마력은?

토크(torque)와 마력(horse power)은 자동차의 성능을 평가할 때 많이 사용하는 단위이다. 먼저, 토크란 엔진에서 발생한 힘이 바퀴와 연결된 구동축을 돌려서 실제로 바퀴가 굴러가게 만드는 힘을 뜻한다. 즉 축을 돌리는 힘, 비틀기의 힘이라고 할 수 있다. 단위는 $kg_f \cdot m$ 또는 $N \cdot m$(1$kg_f \cdot m$ = 9.8$N \cdot m$)로 표기하며, 하나의 축에 1m 길이의 막대를 직각으로 달고 그 끝에 무게가 $1kg_f$인 추를 달았을 때 축에 전달되는 회전력이 $1kg_f \cdot m$로 정의된다. 만약 엔진의 토크가 $10kg_f \cdot m$/5,000rpm일 때 이는 엔진 회전수가 분당 5,000회일 때 크랭크축에서 1m의 막대 끝에 $10kg_f$의 회전력이 걸린다는 뜻이다. 즉, 토크는 엔진을 돌리는 힘이므로 토크가 높다는 것은 가속이 빠르다는 것을 의미한다.

마력이란 보통 한 마리의 말이 끌 수 있는 힘이라고 알고 있다. 하지만 마력의 정확한 물리적인 표현은 $75kg_f$의 무게를 1초 동안 1m 움직일 수 있는 일의 수치를 나타낸 단위이다. 즉 마력이란 동력이나 일률을 측정하는 단위이다. 이와 같은 마력은 주로 엔진·터빈·전동기 따위에 의해 이루어지는 일의 비율이나, 구동하고 있는 기계에 의해 흡수되는 일의 비율을 나타내는 데 사용한다. 마력은 단위계의 종류에 따라 영국마력(기호 HP)과 프랑스 마력(기호 PS)로 표현할 수 있다. 따라서 1마력이라 함은 일/시간 = 힘×거리/시간 = 힘×속도(단위: $kg_f \cdot m/s$, $lb_f \cdot m/s$)로 나타낼 수 있으므로 1HP(영국마력) = $76kg_f \cdot m/s$ = $641kcal/h$, 1PS(프랑스 마력) = $75kg_f \cdot m/s$ = $632kcal/h$이 된다. 즉, 마력이 높다는 것은 일정시간당 일을 할 수 있는 능력이 우수하여 최고속도가 높다는 것을 의미한다.

디젤엔진과 가스터빈엔진의 차이점은 무엇인가?

엔진이란 열에너지를 기계적인 일로 바꾸는 장치이다. 전차에서 사용되는 엔진은 디젤엔진과 가스터빈엔진 2가지 종류의 엔진이 사용된다. 디젤엔진은 열가스의 팽창에 의한 직선운동을 회전운동으로 바꾸어 동력을 발생시킨다. 가스터빈엔진은 열가스의 팽창에 의한 힘으로 터빈을 회전시켜 동력을 얻는다.

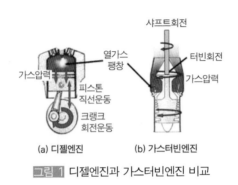

(a) 디젤엔진   (b) 가스터빈엔진

그림 1 디젤엔진과 가스터빈엔진 비교

〈그림 2〉에서 보는 것처럼 디젤엔진은 고온에서 연료의 분사/폭발로 발생한 팽창 가스의 압력이 피스톤의 직선운동을 발생시켜 크랭크축의 회전운동으로 변환시켜 동력을 발생시킨다. 즉 공기의 흡입 → 압축 → 연료분사/폭발 → 팽창가스 배출의 과정을 연속적으로 반복하여 엔진을 작동시킨다.

디젤엔진은 엔진이 크고 무거운 것이 단점이나 경유를 사용함으로써 연료소모율이 낮아 상대적으로 항속거리가 길며, 연료의 인화성이 낮으므로 피탄 시 화재발생

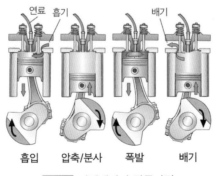

흡입   압축/분사   폭발   배기

그림 2 디젤엔진의 작동과정

률이 적다.

　가스터빈엔진의 작동원리는 〈그림 3〉에 나타나 있듯이 압축기로 공기를 압축하고 압축된 공기를 연소실에서 계속적으로 분사되는 연료와 함께 연소시킨다. 이때 발생한 고온 고압의 팽창가스가 터빈을 회전시켜 샤프트를 통해 동력을 전달하는 구조이다.

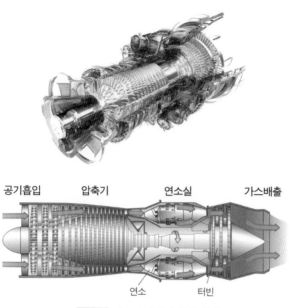

공기흡입　　압축기　　　연소실　　　가스배출

연소　　터빈

그림 3 가스터빈엔진 작동원리

　한편 가스터빈엔진은 디젤엔진에 비해 출력이 높고 진동이 적다. 그리고 가스터빈엔진은 디젤엔진에 비해 상대적으로 경량이며 저온에서의 시동성이 좋을 뿐만 아니라 구조가 간단하여 엔진의 관리 및 유지보수가 유리하다. 하지만 가스터빈엔진은 디젤엔진에 비해 생산 단가가 높고 소음이 크다. 참고로 현대 전차는 주로 디젤엔진을 장착하고 있다. 이는 연비 측면에서 디젤엔진이 훨씬 유리하기 때문이다. 실제로 가스터빈엔진을 탑재한 미국의 M-1 전차와 디젤엔진을 탑재한 독일의 레오파드 전차의 100km당 연료소비율은 각각 920L, 500L이다. 따라서 미군처럼 충분한 작전지속지원능력을 갖춘 일부 국가에서만 전차에 가스터빈엔진을 채택하고 있다.

전차의 탄약 종류에는 날개안정분리철갑탄, 성형작약탄 이외 어떤 것이 있는가?

교재에 명시된 탄약 이외 열화우라늄 탄약, 탠덤(Tandem) 탄약과 같은 종류의 탄약이 있다. 열화우라늄 탄약은 관통력을 증가시키기 위해 밀도가 큰 열화우라늄을 탄두의 재료로 사용한 운동에너지탄으로 미군이 걸프전쟁에서 최초로 사용하였다. 참고로 열화우라늄이란 원자력 발전에 필요한 원료를 얻기 위해 천연우라늄을 추출하고 남은 우라늄을 말한다. 즉 핵연료로 사용하고 남은 찌꺼기이다. 열화우라늄은 높은 밀도로 인해(강철 재료의 5배) 탄약의 운동에너지가 증가하여 관통력이 동일구경의 운동에너지 탄약보다 50mm 이상 증가하게 된다. 하지만 열화우라늄 탄약은 전차의 장갑에 닿는 순간 매우 강한 열과 함께 녹게 되고 이때 방사능을 방출하기 때문에 인체 및 환경오염 등으로 사용을 금지해야 한다는 국제적인 비난 여론이 많다.

한편 탠덤 탄약은 개량형 대전차고폭탄으로서 반응장갑으로 인한 탄약의 위력이 감소하는 것을 극복하기 위해 이중탄두를 장착한 탄약이다. 즉, 2개의 성형작약을 직렬로 배열하여 탄자가 반응장갑에 도달하는 순간에 앞부분의 성형작약을 먼저 추진시켜 반응장갑을 무력화시킨 후 연속적으로 두 번째 성형작약이 장갑을 관통하는 원리로 제작되었다. 일반 성형작약탄이 탄두직경의 약 4~6배를 관통하는 것에 비해 이 탄약은 탄두 직경의 약 10배를 관통시킬 수 있다.

북한의 대표적인 대전차 화기는 무엇이 있는가?

북한군이 주로 사용하는 대전차 화기는 RPG-7이다. RPG-7은 구소련이 1961년에 개발한 대전차 로켓 발사기로서 북한에서는 이를 수입하여 7호 발사관이라는 이름으로 운용 중에 있다. 이 화기의 주요 제원으로는 구경 40mm, 길이 95cm, 무게 6.3kg, 최대사거리 963m, 유효사거리 500m, 관통력 최대 750mm이다.

전차에 장착된 반응장갑은 적의 소총탄이나 기관총탄을 맞아도 반응을 하는가?

반응장갑에 쓰이는 폭약은 메탈제트(metal jet)에만 반응할 수 있도록 민감도를 낮추어야 대전차 화기에 의한 공격을 방호할 수 있다. 하지만 이 장갑의 개발 초기에는 반응장갑이 총탄만 맞아도 바로 폭발하였다. 이때에 초기 모델의 반응장갑을 장착한 전차를 공격할 경우에는 군이 대전차화기로 공격할 필요가 없었다. 왜냐하면 소총으로 반응장갑을 명중시키면 반응장갑이 폭발하기 때문이다. 구소련과 아프가니스탄 전쟁 시에 무자헤딘들이 전차를 기습할 때 자동소총으로 구소련군 전차에 장착된 반응장갑을 명중시킨 후에 이어서 RPG-7로 공격함으로써 전차를 파괴시킨 사례도 있다. 그 이후에 1990년대 초에 러시아는 이러한 문제를 개선시킨 신형 반응장갑을 개발하였다. 이 반응장갑은 기관총탄에 맞아도 폭발하지 않을 뿐만 아니라 낙뢰에도 폭발하지 않는 둔감화약을 적용하였다. 반면에 이러한 신형 반응장갑을 무력화시킬 수 있는 탠덤 탄두를 장착한 대전차무기가 새롭게 등장하였다.

장갑차가 출현하게 된 배경은 무엇인가?

초기의 장갑차는 전장에서 보병에게 기동력과 방호력을 제공하기 위해 개발되었다. 또한 전차만으로는 전투 시 탈취한 목표를 계속으로 확보하기 곤란하여 전차와 협동작전을 수행할 수 있는 보병이 필요하여 최초에는 보병을 수송하기 위한 장갑차를 개발하게 되었다.

그 이후 제2차 세계대전에 독일은 중 유럽 동부전선에서 얻은 경험을 토대로 전차와 동반한 보병이 적의 강력한 저항을 제압하려면 탑승한 상태에서 전투를 할 수 있어야 유리하다는 점을 강조하여 '탑승전투'의 새로운 전술개념을 적용하였다. 이에 따라 세계 각국은 장갑차에 총안구와 관측구 등을 설치하여 개인화기를 사용할 수 있도록 설계하였다. 그리고 장갑차에 화력을 보강하여 탑승전투가 가능하고 적의 장갑차를 파괴하거나 하차보병에 대한 화력지원과 도하작전 시에 교두보를 확보할 수 있는 '보병용 전투장갑차'로 발전시키게 되었다. 따라서 지상전에서 효율이 높은 보전포(보병, 기갑, 포병) 협동 및 입체 고속기동작전과 적의 강력한 기계화부대와 전투를 수행할 수 있다. 또한 장갑차의 발전 추세는 전술 및 전략적 요구, 획득 및 운용경제성, 전투지형 조건 등을 고려하고, 전장의 임무가 다변화됨에 따라 요구 성능을 만족시키기 위하여 계열화 개념이 적용되고 있다.

일반적으로 보병 전투장갑차의 운용개념은 다음과 같이 요약할 수 있다. ① 기갑 및 기계화부대의 기계화보병대대에 편성하여 단독/보전포 협동작전 수행, ② 대(對)장갑차량 파괴 및 인원살상을 주 임무로 하고 필요시 대공사격임무 수행, ③ 포탑을

탑재하여 운용요원 및 기계화보병 1개 분대 탑승 운용, ④ 탑승 전투수행 및 대장갑
파괴 가능한 무장탑재 운용, ⑤ 기동 간 및 주야간 전천후 운용, ⑥ 수상 및 고온 또는
저온 하에서의 운용, ⑦ 계열화 고려 등이다.

구경과 구경장의 차이점은 무엇인가?

구경(caliber)이란 총(포)구의 지름을 뜻한다. 따라서 우리가 흔히 말하는 5.56mm 소총,
81mm 박격포, 155mm 자주포 등의 수치는 총 또는 포의 지름, 즉 구경을 의미하는
것이다.

구경장은 구경을 1단위로 하여서 포신의 길이를 나타내는 단위이다. 즉, 120mm
55구경장이라고 하면 구경이 120mm이고 포신의 길이가 120mm×55＝6,600mm＝
6.6m임을 뜻한다. 물론 구경장이란 용어는 소화기에는 사용하지 않으며 자주포, 전
차포 등의 중화기에 사용하는 용어다. 다른 조건이 같을 때 포의 사거리는 포신의 길
이에 비례하니 당연히 같은 구경에 구경장이 긴 편이 고성능이다.

헬기는 종류에 따라 어떻게 분류하는가?

헬기는 임무에 따라 기동헬기, 정찰헬기, 공격헬기, 수송헬기로 구분할 수 있다. 기동
헬기는 공지작전을 위한 소규모 인원수송이나 작전지휘 등 다목적으로 운용되는 헬
기이며, 정찰헬기는 첨단 열상장비 등을 탑재하여 적의 핵심표적을 탐지ㆍ식별할 목
적으로 운용되는 헬기이고, 공격헬기는 대전차미사일, 로켓, 기관포 등을 탑재하여
적의 핵심표적 공격을 목적으로 운용되는 헬기이며, 수송헬기는 대규모 인원이나 화
물 수송을 목적으로 하는 헬기이다.

이러한 군용 헬기는 각국마다 독특한 명명법을 가지고 있으며 우리 군은 주로 미
국으로부터 구입한 헬기를 다수 운용 중이므로 미국의 헬기 명명법을 기준으로 설명
하겠다. 미군의 헬기 명명법은 다음과 같이 알파벳 문자와 숫자의 조합으로 구성되
어 있다.

예를 들어 'AH-64D'이란 모델 명칭을 보면, 첫 번째 알파벳은 개량임무부호, 두
번째 알파벳은 기본임무부호, 숫자는 헬기가 개발된 순번, 마지막 알파벳은 그 헬기

개량임무부호	기본임무부호
• A(Attack): 공격 • C(Cargo): 수송 • H(search&Rescue): 탐색/구조 • O(observation): 관측 • R(Reconnaissance): 정찰 • U(Utility): 다용도	• A(Attack): 공격기 • B(Bomber): 폭격기 • C(Cargo/Transport): 수송기 • F(Fighter): 전투기 • H(Helicopter): 헬기 • O(Observation): 관측기 • U(Utility): 다용도기

가 개량된 순번을 나타낸다. 예를 들면 AH-64D는 공격용 헬기로서 64번째 개발되었으며 'D'는 4번째 개량형임을 의미한다.

2.2 해군 기동무기체계

전함을 분류하는 기준에 있어 만재배수량이란 무엇인가?

배수량(Displacement)이란 배가 물 위에 떠 있을 때 밀어내는 물의 중량을 뜻한다. 어떤 물체가 바다 같은 액체 위에 떠 있을 경우, 그 물체의 중량은 밀어내는 액체의 중량과 같다는 아르키메데스의 원리를 적용해 배의 중량을 표시하는 것이 바로 배수량이다.

배수량을 측정하는 기준 중 경하배수량(Light Displacement)은 기본 선체에서 거의 고정적인 항목들을 포함한 중량을 의미한다. 고체 혹은 액체로 된 영구적인 밸러스트, 함상 수리부품, 기계류의 구동유체 등이 포함될 뿐 연료나 탄약 등 소모성 항목은 포함되지 않은 것이 특징이다. 쉽게 설명하자면 기본적인 선체의 중량만을 의미하는 것이 바로 경하배수량이다.

표준배수량(Standard Displacement)은 과거 해군 군함의 크기를 규제하기 위한 워싱턴 조약에 따른 배수량 기준으로, 탄약이나 승조원의 무게는 포함되어 있지만 연료나 청수 등은 포함시키지 않았을 때의 배수량이다. 만재배수량(Full Load Displacement)은 경하배수량에 하중(payload)을 포함한 중량으로, 달리 설명하자면 모든 면에서 운항준비가 갖추어진 상태의 중량이 바로 만재배수량이다. 이렇듯 전함을 분류할 때 만재배수량을 기준으로 한다는 것은 전함의 종류별 작전범위가 다르다는 것을 뜻한다. 즉, 연안, 원양, 대양과 같은 작전범위에 따라 전함의 크기가 달라져야 하기 때문이다.

이렇게 분류된 전함을 육군의 부대 규모와 비교해보면, 연안용 임무수행을 위한 고속정의 경우 지휘관이 대위급으로 편성되어 육군의 중대급 부대 규모에 해당한다고 할 수 있으며, 초계함은 중령급 지휘관으로서 육군의 대대급, 구축함은 대령급 함장이 지휘함으로써 육군의 연대급 부대 규모에 해당한다 할 수 있다.

KDX 사업이란 무엇인가?

미국에서 도입한 미국산 구축함 대신 국내에서 설계·건조한 한국산 구축함을 가동하기 위한 사업을 말한다. 우리나라는 1963~1978년에 미 해군 구축함 12척을 도입해 사용하다가 2000년 말 광주함, 강원함을 마지막으로 미국산 구축함을 모두 퇴역시켰다. 이에 앞서 해군은 1980년대 초부터 단계별로 국내에서 설계·건조된 KDX-I, KDX-II를 취역시킨 바 있으며, 이지스 체계를 갖춘 KDX-III 함정으로 발전시켜왔다.

① KDX-I(광개토대왕함, 을지문덕함, 양만춘함)

1986년부터 시작된 'KDX-I 계획'의 결과로 건조된 한국형 구축함(KDX)은 3,000톤급 전투전대 주력 전투함으로서 자체 대공방어능력을 확보하고 있으며, 자함 방어용 단거리 함대공 유도탄 씨스패로(Sea Sparrow)를 탑재한 것이 특징이다.

② KDX-II(충무공 이순신함, 문무대왕함, 대조영함, 왕건함)

한국형 구축함 KDX-II는 4,000톤급 전투전대 지휘통제함으로서 호송 전단 및 전투전대 대공엄호능력을 갖추고 있으며, 구역방어용 중거리 함대공 유도탄 SM-II을 탑재한 것이 특징이다.

③ KDX-III(세종대왕함, 율곡 이이함, 서애 유성룡함)

KDX-III 사업은 2012년까지 7,000톤급 이지스 구축함(DDG) 3척을 건조하는 사업으로 총 3조 원이 투입되었다. 이 구축함에 장착할 첨단 전투체계에는 미국 록히드마틴사의 이지스 체계가 선정되었다.

이러한 전함 이름은 삼국시대부터 현대까지 외국의 침략을 격퇴한 장수나 유공

자, 국가 발전에 지대한 공로를 세운 국가원수, 외적 격퇴 혹은 국토를 확장한 장수나 왕의 이름으로 사용하고 있다. 일반적으로 잠수함은 통일신라~조선 말 바다에서 큰 공을 세운 인물이나 주요 독립운동가 및 국가 발전에 기여한 인물의 이름을 붙인다. 구축함은 과거부터 현재까지 영웅으로 추앙받는 역사적 인물(왕, 장수)과 호국인물의 이름을 따 명명된다. 그리고 호위함이나 초계함 등은 도·광역시·도청 소재지 명 또는 시 단위급 중소도시의 이름이 붙여진다.

우리나라 잠수함 전력 현황은?

우리나라는 1990년대 독일 기술을 도입하여 독자적으로 생산기술을 확보하고 있으며, 13척의 잠수함을 운용하고 있다. 그러나 대부분 1,200~1,800톤의 디젤잠수함이어서 작전 반경에 한계가 있으며 탄도미사일을 장착하기엔 제한적이다. 하지만 우리 해군은 2015년 2월 잠수함 사령부를 창설했고, 2020년부터 3,000톤급 잠수함 9척을 도입할 계획이므로 향후 SLBM 운용도 가능하게 될 것이다. 북한은 상대방이 갖지 못한 비교우위 전력인 비대칭전력 강화 차원에서 잠수함 전력 증강에 집중하고 있다. 북한은 우리보다 30여 년 일찍 잠수함을 운영했고 SLBM을 탑재한 소련의 골프급 잠수함을 90년대 중반 들어와 연구해오고 있다. 최근 언론보도에 따르면 SLBM 시험발사를 한 신포급 잠수함 1척을 건조 중이라서 얼마든지 추가할 수 있다고 한다.

또한 대양 진출을 시도하는 중국도 원자력 추진 핵잠수함 등 70여 척의 잠수함을 보유하고 있다. 특히 최근에는 핵무기를 탑재한 전략핵잠수함도 실전 배치했다. 러시아 역시 과거 영광의 재현을 꿈꾸며 1만 9,400톤급 핵잠수함 2척과 최신 공격형 핵잠수함을 추가했다. 중국 견제에 나서고 있는 미국은 핵무기를 탑재한 전략핵잠수함이 14척으로 가장 많고, 공격형핵잠수함 60척과 특수임무용 핵잠수함 4척을 운용 중이다. 군사 영향력 확대를 추구하고 있는 일본은 22척의 잠수함이 있지만 실제로는 20년이 지나면 신형으로 교체하고 있으므로 잠수함 전력에 대한 철저한 관리로 언제라도 작전에 투입시킬 수 있도록 관리하고 있다.

2.3 공군 기동무기체계

전투기 세대를 구분하는 기준은 무엇인가?

전투기 세대 구분은 명확한 기준이 있는 것은 아니지만 개발시기와 성능에 따라 주로 나뉜다. 세대별 전투기의 핵심기능을 기준으로 분류하자면 1세대 전투기는 제트엔진을 장착한 전투기를 말하며, 2세대 전투기는 초음속 비행이 가능한 전투기, 3세대 전투기는 레이더가 장착되어 시계외 전투가 가능한 전투기, 4세대는 본격적인 가시거리 밖 전투능력과 전자 제어장비를 탑재하고 있는 것이 특징이며, 4.5세대 전투기는 반스텔스 기능을 갖춘 전투기, 5세대 전투기는 완전한 스텔스 기능과 추력 편향 노즐과 같은 기능을 갖춘 전투기들이다.

3. 화력무기체계

3.1 육군 화력무기체계

스마트탄(Smart bomb)과 지능형탄(Brilliant bomb)의 차이점은 무엇인가?

스마트탄이란 표적과 경로에 대한 정보를 획득해 분석한 후 장애물을 회피하고 비행경로를 수정, 표적을 다양한 방법으로 정확히 타격할 수 있는 탄약을 뜻한다. 한편 지능형탄이란 원거리에 있는 목표물을 스스로 탐색하고 판단해 원하는 목표물을 정확히 선별 타격하고, 의도되지 않은 주변 시설물과 민간인의 피해를 최소화할 수 있는 탄약이다. 이러한 지능형 탄약의 특징은 탄이 화포에서 발사된 이후 비행 중 획득된 표적 정보에 기초해 특정 표적을 향해 방향을 전환, 정확히 타격을 가할 수 있다는 점이다.

반자동소총과 자동소총의 차이점은 무엇인가?

소총은 '수포 → 화승총 → 수석총 → 충격식 총'의 과정으로 발달되어왔으며 충격식 총의 원리를 이용하여 현재의 뇌관을 타격하는 방식의 현대식 소총으로 발전했다.

2차 세계대전 당시 미국은 세계 최초의 반자동소총인 M1 소총을 제작하여 전쟁에 사용하였으며 M1 소총은 한국전 당시에도 보병의 주된 소화기로 사용되었다. 여기서 반자동소총이란 탄환 1발을 쏘면 다음 탄이 자동으로 장전돼서 방아쇠를 당길 때마다 격발되는 방식이다. 이러한 반자동소총이 더 발전하여 탄창 혹은 탄띠에서 탄환이 자동으로 장전되어 방아쇠를 당기고 있으면 탄환을 연속으로 발사하는 자동소총으로 발전하게 되어 등장한 화기가 바로 M16 소총이다. 이러한 M16 소총은 현재 우리 군에서도 후방지역 향토사단 및 군수지원부대 등에서 사용 중이며, 우리나라의 특성에 부합되도록 더욱 개발된 한국형 자동소총이 바로 K2 소총이다.

소총의 유효사거리가 460m인 이유는 무엇인가?

유효사거리란 적을 조준하여 방탄헬멧을 관통시킬 수 있는 거리를 말한다. 따라서 소총의 유효사거리는 과거 전쟁을 통한 통계적 수치와 방탄헬멧을 관통하는 데 필요한 에너지를 고려하여 설정한다. 제2차 세계대전, 6 · 25전쟁, 베트남전쟁 등의 전쟁에 대한 기록을 분석한 결과 대부분 소총의 교전사거리는 40m 이내라는 결론을 통계적 수치를 통해 확인할 수 있었다. 즉, 소총을 가지고 적과 싸우는 거리는 95% 이상이 사거리 400m 이내에서 이루어지므로 소총의 유효사거리는 400~500m 정도면 충분하다는 뜻이다.

또한 소총탄이 적의 방탄헬멧을 관통하기 위해 필요한 에너지는 420J이다. 소총에서 발사된 탄자는 최초 총구 밖을 빠져나올 때 1,764J의 운동에너지를 가지게 된다. 하지만 탄자는 비행하면서 공기의 저항을 받아 에너지가 감소하게 되며 460m까지 비행했을 때 약 420J의 에너지를 유지하게 되며 이 거리가 소총의 유효사거리가 된 것이다.

일반 소총과 저격용 소총의 차이점은 무엇인가?

저격소총은 저격에 사용되는 소총을 말한다. 특정 크기의 목표를 선택적으로 파괴할 수 있는 정확성을 가지는 소총이라고 정의 내릴 수도 있다. 보통 소총은 보통 3~6 MOA(Minute Of Arc)의 정확성을 갖도록 만들어진다. 여기서 1MOA라고 하면 보통 100

야드에서 1인치 내에 탄환이 맞는 것을 의미한다. 센티로 환산하면 100m에서 2.9cm에 해당한다. 반면 저격소총은 1MOA 이하의 정확도를 요구하게 된다. 저격소총은 통상 1MOA 이하의 정확도를 갖추고 10배율급의 망원조준경과 사격경기용 정밀탄환을 사용한다. 저격소총이 군이나 경찰의 소형무기와 차별화되는 가장 큰 특징은 망원조준경의 장착이다. 이 망원조준경은 소총이나 경기관총의 광학조준장치와 비교적 쉽게 구별이 된다. 망원조준경은 목표물을 확대해 보여주기 때문에 보다 정확히 조준할 수 있으므로 정확도가 높아진다. 저격소총에 사용되는 망원조준경은 다른 광학조준장치와 달리 고배율(4배 이상, 최대 10-20배)과 밝은 이미지를 제공한다.

그동안 우리 군은 군과 부대별로 저격용 소총을 별도로 수입해 사용해왔다. 하지만 수입 저격용 소총은 소모품 조달 등의 어려움을 겪어야만 했다. 이러한 이유로 인해 국내 순수기술로 개발한 저격용 소총이 바로 K14 저격소총이다.

K14의 무게는 5.5kg로 MSG-90 저격소총(6.40kg)보다 가벼워 기동성도 높였다. 특히 인체공학적 설계를 장점으로 내걸고 있다. 또한 다목적 레일을 장착해 부수기재 사용이 용이하고 조준경의 망선 밝기가 조정 가능하며, 배율을 3배 이상으로 높였다.

K11 복합소총의 공중폭발 유탄이 표적의 상공에서 정확히 폭발하는 원리는 무엇인가?

K11 복합소총은 국방과학연구소가 8년간 185억 원을 들여 개발한 차기 복합형 소총으로 5.56mm 자동소총과 20mm 공중폭발탄 발사기를 모두 사용할 수 있도록 제작된 복합형 소총이다. K11 복합소총은 레이저 거리측정기를 이용하여 조준점을 잡으면 마이크로프로세서가 표적과의 거리를 탄환의 회전수로 환산해 공중폭발탄을 정확한 조준점 상공에서 터뜨릴 수 있도록 설계되어 있다.

박격포와 곡사포는 탄도학적 차이를 제외하고 어떤 차이점이 있는가?

박격포는 재래식 화포에 비해 구조가 단순하고 운용이 간편하다. 따라서 제작비용이 저렴하고 유지 보수가 용이하기 때문에 일반 보병부대에서 쉽게 운용할 수 있다. 또한 포구장전 방식을 사용함으로써 빠른 발사속도를 얻을 수 있고 고각 탄도 특성을 이용하여 고지 후방이나 참호에 대한 효과적인 공격을 할 수 있는 장점을 가지고 있다. 특히 이러한 박격포의 고각사격으로 인한 살상효과는 곡사포보다 우수하다. 즉 박격포탄은 땅에 떨어질 때 수직에 가까운 각도를 이루게 되어 파편의 비산이 거의 운형 모양을 형성하기 때문에 그 피해효과가 더욱 크다. 반면에 낮은 각도로 떨어지는 포병탄약은 파편의 비산 모양이 완전한 원을 이루지 못하고 하트 모양을 하게 되며 파편 자체도 지면으로 흡수되어 손실되는 파편이 많다.

또한 박격포는 포병탄약보다 사거리가 짧은 거리의 표적을 대상으로 운용한다. 따라서 박격포탄은 동일한 구경의 포병탄보다 상대적으로 낮은 사격압력 때문에 탄체의 두께를 더 얇게 설계할 수 있어서 폭발 시 파편이 더 많이 생길도록 설계할 수 있는 장점이 있다.

이러한 박격포의 고각사격과 얇은 탄체로 인해 동일한 구경의 포병탄약보다 박격포탄이 더 살상범위가 넓어지는 것이다.

화포는 점차 자주화 추세로 발전하고 있는데 아직까지 많은 견인포가 야전에서 운용되고 있다. 견인포가 자주포에 비해 상대적인 장점은 무엇인가?

견인포는 한국전쟁 이전부터 지금까지 60여 년이 넘도록 사용 중인, 우리 육군에서 가장 오래된 화포이다. 창설 당시 우리 육군은 필요한 장비의 대부분을 미국의 군사원조에 의존하였으며 한국전쟁 중 미군으로부터 M2 견인포를 지원받아 본격적으로 105mm 견인포를 운용하게 된다. 육군의 주력 화포였던 105mm 견인포는 155mm 견인포와 자주포에 밀려 서서히 도태 중이지만, 자주포와 비교 시 저렴한 가격과 가벼운 무게로 인해 자주포가 기동하지 못하는 상황에서 요긴하게 사용될 수 있다. 현재 육군은 105mm 견인포의 성능개량 사업을 추진 중이며 105mm 견인포는 사격통제장치를 보유한 차량 탑재형 자주포로 개량되고 있다.

대기 중 비행하는 포탄의 안정을 유지하는 방법은 무엇이 있는가?

포탄이 비행하는 동안 안정을 유지하는 방법은 포탄을 회전시키는 방법과 포탄 후미 날개를 부착하여 안정을 유지하는 2가지 방법이 있다.

① 회전안정법

회전하지 않을 때는 뾰족한 침으로 서지 못하는 팽이도 빠른 회전운동이 주어지면 안정된 자세를 유지하는 것과 같은 원리로, 포탄도 포강 내에 강선을 설치하여 회전시킴으로써 안정된 비행이 가능하다.

② 날개안정법

포탄의 길이가 단면직경보다 6배 이상 될 때는 회전에 의한 안정화는 불가능하다. 즉 길이에 비해 단면적이 큰 팽이는 쉽게 회전을 하여 회전축의 방향이 잘 흐트러지지 않지만 길이가 길고 단면적이 작은 연필은 쉽게 넘어지는 것을 볼 수 있다. 따라서 박격포탄과 같이 포탄 후미에 날개를 부착하여 안정시키는 방법은 금속의 화살촉에 가벼운 화살대를 달고 그 끝에 깃털 날개를 부착하여 안정시키는 원리를 적용한 것으로 박격포탄, 로켓탄, 유도미사일 등이 이 방법에 해당된다.

K9 자주포의 동시탄착사격(MRSI) 기능이란 무엇인가?

동시탄착사격이란 여러 발의 포탄이 1개의 표적에 동시에 타격할 수 있도록 하는 사격방법을 말한다. 즉 포탄의 비행시간을 조절하여 순차적으로 고각을 변화시켜 표적지역에 포탄이 동시에 떨어질 수 있도록 하는 것이다. K9 자주포는 표적 위치를 입력하면 자동으로 사격제원이 산출되고 포신을 표적 방향으로 지향 및 조준하며 자동장전장치를 이용하여 탄약을 자동송탄 및 장전함으로써 사격요구 접수 후 30초 이내 사격이 가능하도록 분당 발사속도를 증가시켰다. 또한 각종 비표준요소(화포의 상태, 외부 요인 등)에 대한 사격 제원의 수정 양을 적용할 수 있도록 사격 제원 산출시스템을 적용함으로써 이러한 기능이 가능해진 것이다.

로켓과 미사일의 차이점은 무엇인가?

로켓(rocket)은 배출가스를 빠르게 분사함으로써 그 반작용으로 추력을 얻는 비행체를 말한다. 한편 미사일은 로켓 · 제트엔진 등으로 추진되며, 유도장치로 목표에 도달할 때까지 유도되는 무기를 말한다. 즉, 유도가 된다는 점이 로켓과 미사일을 나누는 주요한 차이점이며, 유도가 된다는 점으로 인해 예측 사격으로는 맞추기 힘든 빠른 속도로 이동하며 멀리 떨어져 있는 목표를 정밀하게 공격하는 것이 주요한 장점이다.

미사일의 종류는 크게 순항미사일과 탄도미사일로 구분할수 있는데 각각의 특징은 무엇인가?

미사일은 비행방식에 따라 순항(크루즈)미사일과 탄도미사일로 구분한다.

순항미사일의 기체의 크기는 무인항공기의 기체와 같이 작으며 대부분의 비행시간 동안 대기로부터 산소를 빨아들여야 하는 공기흡입엔진(제트엔진)에 의해 추진된다. 또한 컴퓨터로 목표까지의 지도를 기억시켜 레이더로 본 지형과 대조하면서 진로를 수정하는 TERCOM(terrain contour matching)이라는 유도방식의 채용으로 명중정밀도가 매우 높아졌다. 이 유도방식은 인공위성을 사용해서 미리 표적까지의 지형을 입체사진으로 촬영하고, 그것을 수 km 간격으로 바둑판처럼 구획해서 미사일에 기억시켜 두면, 발사된 미사일은 비행하면서 계속 지형을 측정하고, 기억한 지형과 대조하면서 궤도를 수정하므로 거의 백발백중의 명중률을 기대할 수 있다. 순항미사일은 속력이 음속(音速) 이하이지만 초저공비행이 가능하여 탄도미사일보다도 레이더가 포착하기 힘들다. 순항미사일은 독일이 2차 세계대전 당시 개발한 V-1 미사일이 시초이고 미국의 토마호크가 순항미사일의 대표적인 예이다.

탄도미사일은 발사 초기에는 로켓의 추진력으로 비행하며 대기권 내외를 탄도를 그리면서 날아가다가 최종단계에서 자유낙하하는 미사일을 말한다. 탄도미사일의 로켓은 연료와 산소를 내장하므로 연소를 위한 공기가 필요 없기 때문에 대기권 외에서도 작동하며 큰 추진력을 낼 수 있어 대륙 간 목표의 공격, 우주에 쏘아 올리는 데 적합하다. 사정거리에 따라 6,400km 이상인 대륙간탄도미사일(ICBM), 2,400~6,400km인 중거리 탄도미사일(IRBM), 800~2,400km인 준중거리 탄도미사일(MRBM), 800km 이하인 단거리탄도미사일(SRBM) 등으로 구별되며, 그 밖에도 공중발사 탄도미사일(ALBM), 잠수함발사 탄도미사일(SLBM) 등이 있다.

전략탄도미사일과 전술탄도미사일의 차이점은 무엇인가?

미사일은 운용 기준에 따라 전술미사일과 전략미사일로 구분할 수도 있다. 사거리가 길면 대부분 전략미사일이지만, 특정 사거리만을 기준으로 전술과 전략을 구분하기에는 각 국가마다 처한 환경이 너무 다르다. 미국의 경우는 300km 사거리의 ATCAMS 미사일이 전술미사일로 분류될 수 있지만, 우리나라처럼 작은 나라에서는 전략미사일로 분류할 수 있다.

전략이라는 용어의 개념은 상대방의 수도나 중요지역을 타격할 수 있으면 적용 가능하다. 또 상대방에게 중대한 영향을 줄 수 있는 것이라면 그것이 무엇이든 전략이라는 용어를 적용할 수 있다. 이와 비교해 지역적이고 국지적인 작전에 적용하는 미사일이라면 전술미사일로 분류한다. 이렇게 볼 때 서울을 타격할 수 있는 북한의 장사정포는 거리가 50km 전후이지만 한국의 안보상황에서는 핵무기와 마찬가지로 전략무기체계로 볼 수 있는 것이다. 결론적으로 전술미사일과 전략미사일의 분류는 각국의 상황에 맞추어 다르게 적용할 수 있는 것이다.

MLRS와 ATCAMS의 차이점은 무엇이며 각각 어떻게 운용되는가?

MLRS와 ATCAMS는 주요 축선별 포병여단에 사격대 단위로 운용되며 군단작전 시 로켓탄과 미사일 화력을 제공하고 야전 포병부대의 화력을 증원하는 임무를 수행하고 있다.

MLRS는 일명 다련장 로켓이라고도 하며 미국이 1976년 바르샤바 조약군과의 전력 격차를 줄이기 위하여 개발에 착수한 것으로, 고성능 사격통제장치와 이동식 발사대를 하나의 시스템으로 통합한 혁신적인 포병무기이다. MLRS는 2개의 6열 로켓 발사관으로 구성되어 있으며 발사대에는 3명의 승무원이 차량 안에서 60초 이내 12발의 로켓을 발사할 수 있다. 또한 로켓 1발(구경 227mm)의 화력은 155mm 곡사포 18문이 동시에 사격하는 것과 동등한 위력을 갖고 있을 뿐만 아니라 3분 안에 재장전이 가능하며 궤도식 차량으로 야지에서도 기동성이 우수하다.

ATCAMS는 소련군 전차부대를 제압하기 위해 만들어진 기존의 랜스 단거리 미사일을 대체하기 위해 1985년 미국에 의해 개발 착수되었으며 1991년에 전술핵 전면

폐기라는 조치에 따라 재래식 중(단)거리 유도무기로 본격적으로 양산되고 있는 비핵탄두 미사일이다.

MLRS 6발이 들어가는 미사일 포드에 ATCAMS 1발이 탑재되어 MLRS와 동일한 발사대로 2발의 미사일 발사가 가능하다. 미사일 포드는 별도의 정비가 필요하지 않도록 밀폐되어 있으며, 약 100m의 거리에서 보았을 경우 MLRS가 장전되어 있는 것처럼 위장되어 있는 효과를 볼 수 있다.

ATCAMS 블록 II에 내장되어 있는 BAT 자탄은 블록 I의 자탄과 어떤 차이가 있는가?

ATCAMS 블록 I은 텅스텐 합금으로 만들어진 M47 자탄을 내장하고 있으며 950개의 자탄이 550m²의 범위를 초토화시킬 수 있다. 하지만 이 ATCAMS 블록 I은 중동의 걸프전 등을 통해서 그 효용성과 위력을 증명했으나 몇 가지 문제가 있었다. 첫째, 움직이는 물체에 대해서 능동적으로 대처를 못한다는 것과, 둘째, 장갑 투과능력이 약하다는 것이었다. 이에 따라서 전차, 장갑차량 등을 공격하기 위해 개발된 BAT(Brilliant Anti-Armor Submunition) 자탄은 무동력 활공형의 유도자폭탄으로 길이 0.92m, 직경 0.15m, 중량은 20kg이다. ATACMS뿐만 아니라 토마호크, M26 로켓 등에 탑재가 가능하며, 음향 및 적외선 센서를 이용해 목표를 추적하고 상공에서 성형작약탄두를 폭발시켜 목표를 파괴한다.

3.2 해·공군 화력무기체계

해군에서 사용하는 함포와 육군의 화포 간의 차이점은?

육군의 화포를 군함에 장착한 것이 최초의 함포이다. 하지만 함포는 대공, 대함 및 상륙군에 대한 화력지원 등 다목적으로 사용될 수 있어야 한다. 따라서 해상에서 빠른 발사속도와 함정의 움직임에 따른 정확성이 요구되어야 하므로 육군의 화포보다 더욱 진화한 화력무기체계라 할 수 있다. 이를 위해 자동장전장치를 사용해 발사속도를 높이고 고성능의 화력제어장치와 연계되어 명중률을 높이고 있다. 또한 점차 경량화 및 무인화를 추구하고 있는 추세이다.

미사일 지침에 의해 탄도미사일의 탄두중량을 규정하는 이유는 무엇인가?

핵탄두의 최소 무게는 1톤 내외로 알려져 있으며 사거리 500km 이상의 탄도미사일은 1톤 내외의 탄두를 탑재 가능하기 때문에 탄도미사일의 경우 사거리와 탄두중량의 제한이 있다.

이에 따라 우리나라는 2001년 한·미 간에 합의된 미사일 지침에 따라 포물선 궤도로 비행하는 탄도미사일의 경우 사거리 300km, 탄두중량 500kg 이하로 제한되어 있었다. 그리고 이후 2012년 개정된 미사일 지침에 따라 탄도미사일의 경우 최대사거리를 300km에서 우리나라 남부지역에서도 북한 전 지역 타격이 가능한 800km로 늘렸다. 최근 3차 협정에서는 탄두중량 500kg에 대한 부분이 삭제되고, 개정 이전 '대한민국은 사거리 800km, 탄두중량 500kg을 초과하는 고체로켓을 개발하지 않는다.'라는 조항이 '대한민국은 사거리 800km를 초과하는 고체로켓을 개발하지 않는다.'로 수정되었다. 이에 반해 수평비행을 하는 순항미사일의 경우 사거리 300km 범위 내에서는 탑재중량에 제한이 없고, 탑재중량이 500kg을 초과하지 않는 한 사거리는 제한이 없다.

기뢰와 폭뢰, 어뢰의 차이점은 무엇인가?

기뢰는 수중에 설치되어 함선이 접근 또는 접촉했을 때, 자동 또는 원격 조작에 의해 폭발하는 수중 병기이다. 한마디로 '물속의 지뢰'다. 바다 위를 떠다니는 부유기뢰, 부력을 가진 기뢰 본체를 무거운 추에 줄로 연결하여 수중에 설치하는 계류기뢰, 기뢰 자체의 무게에 의해 바다에 가라앉게 하는 침저기뢰 등 다양한 종류가 있다. 폭발방식도 직접 부딪혀야 폭발하는 접촉방식, 배의 자기 등을 감지해 터지는 감응방식 등이 있다.

폭뢰는 대(對)잠수함작전(ASW) 무기의 일종으로, 잠수함을 파괴하거나 손상시켜 강제로 부상하도록 하는 목적으로 이용된다. 대잠수함작전의 가장 기본적인 무기다. 통상적으로 사용되는 것은 무게 100kg 내외의 드럼통형이다. 안에 폭약과 기폭장치 등이 내장되어 있으나 추진장치는 없는 것이 일반적이다. 투사기라고 불리는 장치를 통해 바닷속으로 투하되는데 항공기에서 투하하는 경우도 있다. 폭뢰를 떨어뜨리면 바닷속 일정한 깊이에 다다른 후 자동적으로 폭발해 잠수함 등을 파괴시킨다. 통상 사용하는 폭뢰의 가해거리는 10m 정도이다.

어뢰는 자체적으로 추진하는 폭발성 발사체 무기로, 수면 위 또는 수면 아래로 발사되어 물속에서 추진하여 표적을 향하며, 충돌할 때나 표적에 접근할 때 폭파되도록 설계된다.

4. 방호무기체계

이스라엘의 아이언돔은 미사일방어체계에 속하는가?

아이언돔(Iron Dome)은 이스라엘 라파엘사에서 개발한 로켓포 및 야포 방어시스템 (C-RAM)이다. C-RAM은 'Counter Rocket, Artillery, and Mortar'의 약자로서, 적이 발사한 로켓, 야포, 박격포를 근거리에서 공중요격하는 무기시스템이다.

2002년 이스라엘-레바논 전쟁에서 헤즈볼라는 4,000발의 카추사 로켓으로 이스라엘을 공격했다. 이로 인해 이스라엘 민간인 44명이 사망했고, 25만 명이 대피하였다. 또한 2000년부터 2008년까지 하마스는 가자지구에서 약 4,000여 발의 로켓포와 4,000발의 박격포를 이스라엘 이내에 발사하였다. 이에 대응하여 2007년 이스라엘 국방장관 아미르 페레츠는 아이언돔으로 이러한 단거리 로켓 공격을 방어하기로 결정하고 2억 1,000만 달러를 들여 개발하게 되었다. 그 결과 2012년 11월 15일부터 17일까지 하마스가 발사한 가자지구에서 이스라엘을 향해 발사된 로켓 737발 중 273발에 대해 격추를 시도해 245발을 요격했다. 이는 약 90%의 요격성공률을 보였다. 이 중 464발은 중요한 위협이 아니어서 요격이 시도되지 않았다. 아이언돔 시스템은 레이더/중앙제어 컴퓨터(탐지거리 4~350km, 분당 1,200개 목표물 처리), 타미르 미사일(무게 80kg, 사거리 4~70km, 적외선 유도, 근접신관 사용)로 이루어져 있다. 이는 미국의 이지스 시스템과 비교하면, 레이더는 저출력 소형화하여 탐지거리를 절반 이하로 줄였다. 미사일도 1,500kg에

서 80kg으로 줄였다. 미국 이지스 전투시스템의 슈퍼컴퓨터도 일반 컴퓨터로 소형화
했다.

현재 레이저를 이용한 무기체계의 개발현황은 어떠한가?

전 세계적으로 레이저 무기의 개발이 가장 활발히 진행되고 있는 나라는 미국이다.
현재 미국에서 개발하고 있는 고에너지 레이저 무기는 ABL, ATL, THEL 등이 있다.

전장의 위협으로는 많은 요소들이 있으나 그중 로켓이나 미사일 또는 무인항공
기, 위성 등과 같은 전술적 또는 전략적 위협에 대해서는 대공포 또는 미사일방어체
계로 대응하기 위한 체계를 구축하고 있으나 많은 제한사항이 있으므로 이와 더불어
고에너지 레이저를 이용하여 보다 완벽한 방호체계 구축을 위해 보완하려 시도하고
있다.

① ABL(Airborne Laser)

ABL은 레이저를 항공기에 탑재하여 적의 탄도미사일을 추진단계에서 탐지,
추적 및 요격을 하기 위한 요소들로 구성되어 있다. ABL이 탑재하는 레이저의
사거리는 320km 이상으로 알려져 있다.

② ATL(Airborne Tactical Laser)

ABL체계와 함께 항공기 탑재용으로 개발 중인 레이저 체계가 전술용 항공기
탑재레이저(ATL)이다. ATL체계는 주로 특수작전 수행을 위한 공대지 요격 역
할에 비중을 두고 개발되어왔다. 사거리는 20km 이내이며 항공기뿐만 아니라
지상차량에 탑재할 수 있는 것으로 알려져 있다.

③ THEL(Tactical High Laser)

지상차량 탑재 레이저로 대표되는 체계가 바로 THEL이다. THEL은 로켓, 야
표, 박격포 등의 제한적인 위협에 대응하기 위한 요격체계로서 기본적으로 레
이더 탐지체계와 레이저 추적기, 그리고 빔 조준기로 구성되어 있으며 사거리
는 10km로 알려져 있다. THEL은 체적 및 중량이 매우 커서 고정용으로 활용
하고 있으므로 주로 고정된 고가치 표적/핵심시설 방호를 위해 운용 중이다.

킬 체인과 미사일방어체계는 어떻게 다른가?

킬 체인은 북한 전역의 차량탑재 탄도미사일과 핵미사일 기지 등을 30분 내 탐지해 파괴할 수 있는 선제적이고 적극적인 대북 핵미사일 억제시스템이다. 민군 위성과 무인정찰기(UAV)가 북한 미사일의 발사 징후를 탐지 식별한 뒤 지상과 공중, 해상에서 각종 미사일을 발사해 해당 표적을 파괴하는 방식으로 진행된다.

한국형 미사일방어체계(KAMD, Korea Air and Missile Defense)는 킬 체인에서 살아남은 북한의 중단거리 탄도미사일을 패트리어트 미사일(PAC-3) 등으로 하층(저고도)에서 요격하는 한반도 맞춤형 미사일방어(MD) 시스템으로 우리 군은 2023년을 목표로 방어체계 구축사업을 추진하고 있다.

〔시행 2018. 5. 29.〕〔법률 제15051호, 2017. 11. 28., 일부개정〕
국방부(전력정책과) 02-748-5612

제1장 총칙

제1조(목적) 이 법은 자주국방의 기반을 마련하기 위한 방위력 개선, 방위산업육성 및 군수품 조달
등 방위사업의 수행에 관한 사항을 규정함으로써 방위산업의 경쟁력 강화를 도모하며 궁극적
으로는 선진강군(先進强軍)의 육성과 국가경제의 발전에 이바지하는 것을 목적으로 한다. 〔전
문개정 2010. 3. 31.〕

제2조(기본이념) 이 법은 국가의 안전보장을 위하여 방위사업에 대한 제도와 능력을 확충하고, 방
위사업의 투명성 · 전문성 및 효율성을 증진하여 방위산업의 경쟁력을 강화함으로써 자주국방
태세를 구축하고 경제성장 잠재력을 확충함을 기본이념으로 한다. 〔전문개정 2010. 3. 31.〕

제3조(정의) 이 법에서 사용하는 용어의 정의는 다음과 같다. 〈개정 2009. 4. 1., 2014. 5. 9., 2016.
1. 19., 2017. 3. 21.〉

1. "방위력개선사업"이라 함은 군사력을 개선하기 위한 무기체계의 구매 및 신규개발 · 성능개
량 등을 포함한 연구개발과 이에 수반되는 시설의 설치 등을 행하는 사업을 말한다.
2. "군수품"이라 함은 국방부 및 그 직할부대 · 직할기관과 육 · 해 · 공군(이하 "각군"이라 한다)
이 사용 · 관리하기 위하여 획득하는 물품으로서 무기체계 및 전력지원체계로 구분한다.
3. "무기체계"라 함은 유도무기 · 항공기 · 함정 등 전장(戰場)에서 전투력을 발휘하기 위한 무
기와 이를 운영하는데 필요한 장비 · 부품 · 시설 · 소프트웨어 등 제반요소를 통합한 것으로
서 대통령령이 정하는 것을 말한다.
4. "전력지원체계"라 함은 무기체계 외의 장비 · 부품 · 시설 · 소프트웨어 그 밖의 물품 등 제반
요소를 말한다.
5. "획득"이라 함은 군수품을 구매(임차를 포함한다. 이하 같다)하여 조달하거나 연구개발 · 생
산하여 조달하는 것을 말한다.
6. "절충교역"이라 함은 국외로부터 무기 또는 장비 등을 구매할 때 국외의 계약상대방으로부
터 관련 지식 또는 기술 등을 이전받거나 국외로 국산무기 · 장비 또는 부품 등을 수출하는
등 일정한 반대급부를 제공받을 것을 조건으로 하는 교역을 말한다.

7. "방위산업물자"라 함은 군수품 중 제34조의 규정에 의하여 지정된 물자를 말한다.

8. "방위산업"이라 함은 방위산업물자를 제조ㆍ수리ㆍ가공ㆍ조립ㆍ시험ㆍ정비ㆍ재생ㆍ개량 또는 개조(이하 "생산"이라 한다)하거나 연구개발하는 업을 말한다.

9. "방위산업체"라 함은 방위산업물자를 생산하는 업체로서 제35조의 규정에 의하여 지정된 업체를 말한다.

9의2. "일반업체"란 방위산업과 관련된 업체로서 방위산업체가 아닌 업체를 말한다.

9의3. "방위산업과 관련없는 일반업체"란 군수품을 납품하는 업체로서 방위산업체 또는 일반업체가 아닌 업체를 말한다.

10. "전문연구기관"이라 함은 방위산업물자의 연구개발ㆍ시험ㆍ측정, 방위산업물자의 시험 등을 위한 기계ㆍ기구의 제작ㆍ검정, 방위산업체의 경영분석 또는 방위산업과 관련되는 소프트웨어의 개발을 위하여 방위사업청장의 위촉을 받은 기관을 말한다.

10의2. "일반연구기관"이란 전문연구기관이 아닌 연구기관을 말한다.

11. "방위산업시설"이라 함은 방위산업체 및 전문연구기관에서 방위산업물자의 연구개발 또는 생산에 제공하는 토지 및 그 토지상의 정착물(장비 및 기기를 포함한다)을 말한다.

12. "군수품무역대리업"이란 외국기업과 방위사업청장 간의 계약체결을 위하여 계약체결의 제반과정 및 계약이행과정에서 외국기업을 위해 중개 또는 대리하는 행위를 하는 업을 말한다.

제4조(다른 법률과의 관계) 방위사업에 관하여 다른 법률에 특별한 규정이 있는 경우를 제외하고는 이 법이 정하는 바에 의한다.

제2장 방위사업수행의 투명화 및 전문화

제5조(정책실명제 및 정보공개) ① 국방부장관 및 방위사업청장은 방위사업에 대한 주요정책의 결정 또는 집행과 관련하여 이에 참여한 자의 소속ㆍ직급ㆍ성명 및 의견, 각종 계획서ㆍ보고서, 회의ㆍ공청회 등의 토의내용 및 결정내용 등에 관한 사항을 기록ㆍ보존하는 정책실명제를 실시하여야 한다.

② 국방부장관 및 방위사업청장은 방위사업을 추진함에 있어서 의사결정 과정 및 내용에 관한 정보를 공개하여야 한다. 이 경우 정보공개에 관하여는 「공공기관의 정보공개에 관한 법률」이 정하는 바에 의한다.

③ 제1항의 규정에 의한 정책실명제의 실시방법 등에 관하여 필요한 사항은 대통령령으로 정한다.

④ 국방부장관 및 방위사업청장은 제23조 및 제24조에 따라 실시한 분석ㆍ평가 결과 중 총사업비 5천억원(연구개발의 경우 500억원) 이상의 방위력개선사업에 대한 분석ㆍ평가 결과 및 정책반영 결과를 지체 없이 국회 해당 상임위원회에 제출하여야 한다. 〈신설 2010. 3. 31., 2014. 5. 9.〉

제6조(청렴서약제 및 옴부즈만제도) ① 국방부장관 및 방위사업청장은 대통령령이 정하는 바에 따라 방위사업의 수행에 있어서 투명성 및 공정성을 높이기 위하여 다음 각 호의 자에 대하여는 청렴서약서를 제출하도록 하여야 한다. 이 경우 제6호의 자에 대하여는 하도급계약 또는 재하도급계약을 체결하는 때 청렴서약서를 각각 제출하도록 하여야 한다. 〈개정 2014. 5. 9., 2016. 1. 19., 2016. 12. 20., 2017. 3. 21.〉

1. 국방부에 소속된 공무원 중 국방부장관이 정하는 사람과 방위사업청에 소속된 공무원

2. 제9조 및 제10조에 따른 방위사업추진위원회, 분과위원회 및 실무위원회의 위원

3. 「국방과학연구소법」에 의한 국방과학연구소(이하 "국방과학연구소"라 한다) 및 제32조의 규정에 의한 국방기술품질원의 임 · 직원

4. 해당 방위사업에 참가하는 다음 각 목의 업체 또는 연구기관의 대표 및 임원

　　가. 방위산업체(이하 "방산업체"라 한다)

　　나. 일반업체

　　다. 방위산업과 관련없는 일반업체

　　라. 전문연구기관

　　마. 일반연구기관

5. 군수품무역대리업체의 대표 및 임원

6. 방위력개선사업 또는 군수품 획득에 관한 계약(이하 "방위사업계약"이라 한다)을 체결하는 방산업체, 일반업체, 방위산업과 관련없는 일반업체, 전문연구기관 또는 일반연구기관과 방위사업계약에 관한 하도급계약(매매계약을 포함하고 계약금액이 10억원 이상으로서 대통령령으로 정하는 금액 이상인 경우에 한정한다)을 체결하는 수급업체(매매계약의 경우에는 공급업체)의 대표와 임원 및 그 업체와 방위사업계약에 관한 재하도급계약(매매계약을 포함하고 계약금액이 10억원 이상으로서 대통령령으로 정하는 금액 이상인 경우에 한정한다)을 체결하는 수급업체(매매계약의 경우에는 공급업체)의 대표와 임원

② 제1항의 규정에 의한 청렴서약서에는 다음 각 호의 사항이 포함되어야 한다.

1. 금품 · 향응 등의 요구 · 약속 및 수수 금지 등에 관한 사항

2. 방위사업과 관련된 특정정보의 제공 금지 등에 관한 사항

3. 그 밖에 방위사업의 투명성 및 공정성을 높이기 위하여 대통령령이 정하는 사항

③ 국방부장관은 제9조제4항의 규정에 의하여 방위사업추진위원회의 위원으로 위촉된 자가 청렴서약서의 내용을 지키지 아니하는 경우에는 해촉하여야 한다.

④ 방위사업청장은 방위사업수행에 있어 투명성 및 공정성을 높이기 위하여 방위사업수행과정에서 제기된 민원사항에 대하여 조사하고 시정 또는 감사요구 등을 할 수 있는 옴부즈만제도를 운영할 수 있다.

⑤ 옴부즈만이 될 수 있는 자는 다음 각 호의 어느 하나에 해당하는 자격을 갖추어야 한다. 다만, 옴부즈만으로 위촉을 받기 전 2년 이내에 본인 · 배우자 또는 직계존비속이 방산업체 · 일반업체, 방위산업과 관련없는 일반업체, 전문연구기관, 일반연구기관 또는 군수품무역대리업체의

임직원으로 재직한 경우에는 옴부즈만이 될 수 없다. 〈신설 2010. 3. 31., 2016. 1. 19.〉

1. 「고등교육법」 제2조에 따른 학교에서 방위사업 관련 학과, 회계학과, 법학과 또는 행정학과
   의 부교수 이상의 직에 있거나 있었던 자

2. 변호사·회계사·기술사 또는 변리사 자격이 있는 자로서 3년 이상 해당 분야의 실무 경험
   이 있는 자

3. 중앙행정기관의 4급 이상 공무원(고위공무원단에 속하는 공무원을 포함한다)으로 있었던
   자로서 청렴성이 높은 자

4. 그 밖에 방위사업 분야에 전문지식 및 경험이 풍부하고 학식과 덕망을 갖춘 자

⑥ 옴부즈만은 제4항에 따라 민원사항을 조사하고 방위사업청장에게 시정 또는 감사요구 등을
할 수 있다. 다만, 다음 각 호의 어느 하나에 해당하는 사항에 대하여는 조사할 수 없다. 〈신설
2010. 3. 31.〉

1. 행정심판, 행정소송, 헌법재판소의 심판 등 다른 법률에 따라 불복·구제 절차가 진행 중인
   사항

2. 판결·결정·재결·화해·조정 또는 중재 등에 의하여 확정된 사항

3. 감사원 등 국가기관에서 감사를 하였거나 감사 중인 사항

4. 수사기관에 의하여 수사가 진행 중인 사항

⑦ 옴부즈만이 제6항에 따라 조사를 하려면 관계 직원에 대한 진술청취, 관계 서류의 열람 또는
현장확인 등을 할 수 있다. 다만, 관계서류 등이 「공공기관의 정보공개에 관한 법률」 제9조제1
항제2호 및 제5호에 해당되어 열람을 할 수 없는 경우 관계 직원에게 의견진술이나 설명을 요구
할 수 있다. 〈신설 2010. 3. 31.〉

⑧ 옴부즈만은 다음 각 호의 어느 하나에 해당하는 직을 겸할 수 없다. 〈신설 2010. 3. 31.,
2016. 1. 19.〉

1. 국회의원 또는 지방의회의원

2. 정당의 당원이나 정치활동을 주된 목적으로 하는 단체의 구성원

3. 방산업체, 일반업체, 방위산업과 관련없는 일반업체, 전문연구기관, 일반연구기관 또는 군
   수품무역대리업체의 임직원

⑨ 옴부즈만의 구성 등 제4항에 따른 옴부즈만제도의 운영에 필요한 사항은 대통령령으로 정한
다. 〈개정 2010. 3. 31.〉

제7조(보직자격제) ① 방위사업청장은 방위사업의 수행에 있어 효율성 및 전문성을 향상하기 위
하여 특별히 전문성이 필요하다고 인정되는 직위에는 이에 상응한 자격을 갖춘 자를 임명하여
야 한다.

② 제1항의 규정에 의한 직위의 범위 및 자격기준 그 밖에 필요한 사항은 대통령령으로 정한다.

제8조(방위사업에 대한 법률적 문제 등 검토) 방위사업청장은 방위사업을 수행함에 있어 국가에
재정적인 손해를 끼칠 수 있는 행위를 사전에 방지하고 방위사업의 원활한 수행을 위하여 계약

또는 협상 등 대통령령이 정하는 사항에 대하여는 미리 법률전문가 등으로 하여금 법률적 문제 등에 대한 검토를 거치게 한 후 추진하여야 한다.

제9조(방위사업추진위원회) ① 국방부장관 소속하에 방위사업의 추진을 위한 주요정책과 재원의 운용 등을 심의·조정하기 위하여 방위사업추진위원회(이하 "위원회"라 한다)를 둔다.

② 위원회는 다음 각 호의 사항을 심의·조정한다. 〈개정 2014. 5. 9.〉

1. 방위사업과 관련된 주요 정책 및 계획에 관한 사항

2. 제13조제3항의 규정에 의한 방위력개선사업분야의 중기계획수립에 관한 사항

3. 제14조제1항의 규정에 의한 방위력개선사업의 예산편성에 관한 사항

4. 제17조의 규정에 의한 방위력개선사업의 추진방법결정에 관한 사항

5. 구매하는 무기체계 및 장비 등의 기종결정에 관한 사항

6. 제20조의 규정에 의한 절충교역에 관한 사항

7. 제23조 및 제24조의 규정에 의한 분석·평가 및 그 결과의 활용에 관한 사항

8. 제26조 및 제28조의 규정에 의한 군수품의 표준화 및 품질보증에 관한 사항

9. 군수품의 조달계약에 관한 사항

10. 제30조의 규정에 의한 국방과학기술진흥에 관한 중·장기정책의 수립에 관한 사항

11. 제33조의 규정에 의한 방위산업육성기본계획의 수립에 관한 사항

12. 제34조 및 제35조의 규정에 의한 방위산업물자(이하 "방산물자"라 한다) 및 방산업체의 지정에 관한 사항

13. 제36조의 규정에 의한 사업조정 및 조치요구에 관한 사항

14. 그 밖에 국방부장관 및 방위사업청장이 위원회의 심의·조정이 필요하다고 인정하는 사항

③ 위원회는 위원장 1명을 포함한 25명 이내의 위원으로 구성한다. 이 경우 제4항제5호에 해당하는 사람 4명 이내와 제4항제6호에 해당하는 사람 3명이 각각 포함되어야 한다. 〈개정 2016. 12. 20., 2017. 11. 28.〉

④ 위원회의 위원장은 국방부장관이 되고, 부위원장은 방위사업청장이 되며, 위원은 다음 각 호의 자가 된다. 〈개정 2008. 2. 29., 2013. 3. 23., 2014. 5. 9., 2017. 3. 21., 2017. 7. 26.〉

1. 국방부차관

2. 국방부·방위사업청·합동참모본부 및 각군의 실·국장급 공무원 또는 장성급(將星級) 장교 중에서 대통령령으로 정하는 사람

3. 기획재정부·과학기술정보통신부·산업통상자원부의 고위공무원단에 속하는 일반직공무원 중 소속 기관의 장이 지명하는 사람

4. 국방과학연구소장, 제32조에 따른 국방기술품질원의 장 및 「한국국방연구원법」에 따른 한국국방연구원의 장

5. 국회 해당 상임위원회에서 추천한 사람 중에서 국방부장관이 위촉하는 사람

6. 방위사업에 관한 전문지식과 경험이 풍부하거나 학식과 덕망을 갖춘 사람으로서 방위사업청장이 추천하는 사람 중에서 국방부장관이 위촉하는 사람

⑤ 위원회의 구성·운영과 위원의 임기 등에 관하여 필요한 사항은 대통령령으로 정한다.

제10조(분과위원회, 실무위원회 및 전문위원) ① 위원회의 업무를 효율적으로 수행하기 위하여 분야별로 분과위원회를 둔다.

② 분과위원회가 위원회로부터 위임받은 사항 또는 대통령령이 분과위원회의 소관사항으로 정한 사항에 관하여 심의·조정을 한 경우에 위원회가 필요하다고 판단되는 사안에 대하여는 재심의·조정을 할 수 있다.

③ 분과위원회에 그 업무를 지원하기 위하여 실무위원회를 둘 수 있다. 〈신설 2016. 12. 20.〉

④ 위원회와 분과위원회의 주요 심의사항에 관한 자문을 구하기 위하여 위원회의 위원장은 방위사업에 관한 전문지식 및 경험이 있는 사람 중에서 전문위원을 위촉할 수 있다. 〈개정 2016. 12. 20.〉

⑤ 전문위원은 위원회 및 분과위원회에 출석하여 발언할 수 있으며, 필요한 경우 위원회에 서면으로 의견서를 제출할 수 있다. 〈개정 2016. 12. 20.〉

⑥ 분과위원회 및 실무위원회의 구성·운영 및 전문위원의 임기 등에 관하여 필요한 사항은 대통령령으로 정한다. 〈개정 2016. 12. 20.〉

〔제목개정 2016. 12. 20.〕

제3장 방위력개선사업

제1절 방위력개선사업 수행의 원칙

제11조(방위력개선사업 수행의 기본원칙) 방위사업청장은 방위력개선사업을 수행하는 경우 다음 각 호의 원칙을 준수하여야 한다.
1. 국방과학기술발전을 통한 자주국방의 달성을 위한 무기체계의 연구개발 및 국산화 추진
2. 각군이 요구하는 최적의 성능을 가진 무기체계를 적기에 획득함으로써 전투력 발휘의 극대화 추진
3. 무기체계의 효율적인 운영을 위한 안정적인 종합군수지원책의 강구
4. 방위력개선사업을 추진하는 전 과정의 투명성 및 전문성 확보
5. 국가과학기술과 국방과학기술의 상호 유기적인 보완·발전 추진
6. 제18조의 규정에 의한 연구개발의 효율성을 높이기 위한 국제적인 협조체제의 구축

제12조(통합사업관리제) ① 방위사업청장은 방위력개선사업의 효율적인 수행을 위하여 필요한 경우 단위사업별로 그 단위사업을 관리하는 자로 하여금 계획수립·예산편성·기종결정·협상·계약관리·품질보증관리 및 기술관리 등 각 기능별 전문인력을 통합구성하여 그 단위사업의 모든 과정을 관리하는 통합사업관리제를 시행하도록 하여야 한다.

② 제1항의 규정에 의한 통합사업관리제의 운영방법·절차 등에 관하여 필요한 사항은 방위사

업청장이 정한다.

제2절 국방중기계획 및 예산

제13조(국방중기계획 등) ① 국방부장관은 합리적인 군사력 건설을 위하여 방위력개선사업분야 및 전력운영분야 등에 관한 중기계획(이하 "국방중기계획"이라 한다)을 대통령의 승인을 얻어 수립한다. 〈개정 2014. 5. 9.〉

② 방위사업청장은 무기체계에 대한 소요의 우선순위와 국가재정운용계획 등을 고려하여 방위력개선사업에 대한 중기계획 요구서를 작성하고 국방부장관에게 제출하여야 한다. 이 경우 국회 해당 상임위원회가 중기계획 요구서에 대한 보고요구를 한 때에는 이를 보고하여야 한다. 〈개정 2014. 5. 9.〉

③ 국방부장관은 방위사업청장으로부터 방위력개선사업에 관한 중기계획 요구서를 제출받아 무기체계 등에 대한 소요의 적절성을 검증하여 미리 위원회의 심의 · 조정을 거쳐 국방중기계획을 수립한다. 〈개정 2014. 5. 9.〉

④ 국방부장관은 국방중기계획을 수립하였을 때에는 즉시 그 내용을 국회 해당 상임위원회에 보고하여야 한다. 〈개정 2014. 5. 9.〉

⑤ 제1항 및 제3항에 따른 국방중기계획의 수립 및 소요의 검증 등에 필요한 사항은 대통령령으로 정한다. 〈신설 2014. 5. 9.〉

제14조(예산편성 및 집행) ① 방위사업청장은 국방중기계획 및 국방부장관의 예산편성지침을 근거로 방위력개선사업분야 예산을 편성하고 국방부장관에게 보고한다.

② 방위사업청장은 방위력개선사업분야 예산의 효율적인 집행 및 관리를 위하여 예산집행계획과 운용방안을 수립하여야 한다.

③ 제1항 및 제2항의 규정에 의한 예산편성 및 집행에 관하여 필요한 사항은 대통령령으로 정한다.

제3절 소요의 결정 및 수정

제15조(소요결정) ① 합동참모의장은 각군, 국방부 직할부대, 관련 기관에서 제기한 방위력개선사업의 소요에 대하여 합동참모회의의 심의를 거쳐 무기체계 등의 소요를 결정한다. 이 경우 합동참모의장은 방위사업청장의 의견을 들어야 하며, 민간전문가 및 이해관계인의 의견을 대통령령으로 정하는 바에 따라 수렴하여야 한다. 〈개정 2014. 5. 9., 2017. 11. 28.〉

② 합동참모의장은 제1항에 따른 소요의 결정이 객관적 · 합리적으로 이루어질 수 있도록 이와 관련된 업무를 수행하는 인력이 각군별로 균형있게 편성되도록 하여야 한다. 〈개정 2014. 5. 9.〉

③ 제1항에 따른 소요 결정의 절차 등은 대통령령으로 정한다. 〈개정 2014. 5. 9.〉

제16조(소요의 수정) ① 합동참모의장은 제15조제1항의 규정에 의하여 결정된 무기체계 등의 소요를 합동참모회의의 심의를 거쳐 수정할 수 있다. 〈개정 2014. 5. 9.〉

② 제1항의 규정에 의하여 무기체계 등의 소요를 수정하는 경우에는 제15조제1항의 규정을 준용한다. 다만, 대통령령이 정하는 경미한 사항을 수정하는 경우에는 그러하지 아니하다.

제4절 방위력개선사업의 수행

제17조(방위력개선사업의 추진방법 등) ① 방위사업청장은 제15조제1항의 규정에 의하여 방위력개선사업을 위한 무기체계 등의 소요가 결정된 경우에는 당해 무기체계에 대한 연구개발의 가능성 · 소요시기 및 소요량, 국방과학기술수준, 방위산업육성효과, 기술적 · 경제적 타당성, 비용대비 효과 등에 대한 조사 · 분석을 한 선행연구(先行研究)를 거친 후 방위력개선사업의 추진방법을 결정하여야 한다. 다만, 전시 · 사변 · 해외파병 등 방위력개선사업에 대한 긴급한 무기체계 등의 소요가 있는 경우에는 그러하지 아니하다.

② 제1항의 규정에 의한 선행연구를 함에 있어서 필요한 경우에는 국방과학연구소, 각군 및 관계 부처 등의 의견을 반영하여야 한다.

③ 제1항의 규정에 의한 방위력개선사업의 추진방법은 연구개발 또는 구매로 구분하여 수행한다.

제18조(연구개발) ① 방위사업청장은 제17조제3항의 규정에 의한 무기체계의 연구개발에 필요한 핵심기술을 미리 연구개발하여 확보할 수 있도록 하여야 한다.

② 방위사업청장은 연구개발을 수행함에 있어서 효율적인 예산의 집행과 효과적인 군사력의 강화를 위하여 무기체계 중 전략적으로 가치가 있는 무기와 제1항의 규정에 의한 핵심기술을 우선적으로 추진하여야 한다.

③ 방위사업청장은 정부가 무기체계 및 핵심기술의 연구개발에 필요한 비용의 전부 또는 일부를 부담하는 경우에는 연구개발 주관기관을 선정하여 이를 추진할 수 있다.

④ 방위사업청장은 무기체계 및 핵심기술의 연구개발을 수행하는 경우에는 연구 또는 시제품의 항목 · 방법 · 규모 그 밖에 필요한 사항을 정하여 방산업체 · 일반업체 · 전문연구기관 또는 일반연구기관으로 하여금 연구 또는 시제품생산을 하게 할 수 있다. 〈개정 2009. 4. 1.〉

⑤ 방위사업청장은 제4항에 따른 연구 또는 시제품생산을 하게 한 때에는 연구비 또는 시제품 생산비를 지급하여야 한다. 〈개정 2009. 4. 1.〉

⑥ 방위사업청장은 무기체계의 연구개발에 필요한 경우에는 신기술을 활용한 시범사업을 실시할 수 있다. 〈신설 2009. 4. 1.〉

⑦ 방위사업청장이 제3항 및 제4항에 따라 연구개발 주관기관 또는 시제품 생산업체를 선정하는 경우 기술력을 갖춘 중소기업을 육성하기 위하여 방위사업청장이 정하여 고시하는 품목에 대하여는 중소기업자(「중소기업기본법」 제2조에 따른 중소기업자를 말한다. 이하 같다)를 우선 선정할 수 있다. 〈신설 2009. 4. 1.〉

⑧무기체계 및 핵심기술의 연구개발의 절차 등에 관하여 필요한 사항은 국방부령으로 정한다. 〈개정 2009. 4. 1.〉

제19조(구매) ① 방위사업청장은 국내에서 생산된 군수품을 우선적으로 구매한다. 다만, 국내구매가 곤란한 경우에는 국외에서 생산된 군수품을 구매할 수 있다.

② 방위사업청장은 구매사업의 효율적인 수행을 위하여 필요한 경우에는 위원회의 추천을 받아 국제계약관련 분야에서 근무한 경력이 있는 자 등 대통령령이 정하는 민간전문가를 구매절차에 참여하게 할 수 있다.

③ 방위력개선사업의 추진을 위한 구매절차 등에 관하여 필요한 사항은 대통령령으로 정한다.

제20조(절충교역) ① 방위사업청장은 제19조제1항의 규정에 의하여 국외로부터 군수품을 구매하는 경우에 대통령령이 정하는 금액 이상의 단위사업에 대하여는 절충교역을 추진하는 것을 원칙으로 한다.

② 방위사업청장은 절충교역을 통하여 확보할 수 있는 기술 등을 선정하고자 하는 경우에는 제30조제1항의 규정에 의한 국방과학기술진흥에 관한 중·장기정책 및 실행계획과 연계되도록 하여야 한다.

③ 방위사업청장이 절충교역을 추진하고자 하는 경우에는 다음 각 호의 어느 하나에 해당하는 조건을 충족하여야 한다. 〈개정 2009. 4. 1.〉

1. 방위력개선사업에 필요한 기술의 확보
2. 구매하는 무기체계에 대한 군수지원능력의 확보
3. 계약상대국에서 생산하는 무기체계의 개발 및 생산에의 참여
4. 방산물자 등 군수품의 수출
5. 계약상대국의 무기체계에 대한 정비물량의 확보
6. 군수품 외의 물자의 연계 수출 등 대통령령으로 정하는 사항의 추진(제1호부터 제5호까지의 어느 하나에 해당하는 조건을 충족한 경우에 한한다)

제21조(시험평가) ① 국방부장관은 무기체계 및 핵심기술의 시험평가를 위하여 평가의 기준·항목·방법 및 시기 등이 포함된 시험평가계획을 수립하여야 한다. 〈개정 2014. 5. 9.〉

② 각군과 각 기관(국방과학연구소·방산업체·일반업체·전문연구기관 및 일반연구기관을 말한다. 이하 이 조에서 같다)은 제1항의 규정에 의한 시험평가계획에 따라 무기체계 및 핵심기술의 시험평가를 실시한다. 이 경우 시험평가 결과를 국방부장관에게 통보하여야 한다. 〈개정 2014. 5. 9.〉

③ 제1항 및 제2항에 따른 무기체계 및 핵심기술의 시험평가 중 연구개발에 대한 시험평가는 개발시험평가와 운용시험평가로 구분하여 실시한다. 〈신설 2016. 1. 19.〉

1. 개발시험평가: 개발장비의 시제품에 대하여 요구성능 및 개발목표 등의 충족 여부를 검증하기 위한 시험평가
2. 운용시험평가: 개발장비의 시제품에 대하여 작전운용성능 충족 여부 및 군 운용 적합 여부를

확인하기 위한 시험평가

④ 제1항 및 제2항에 따른 무기체계의 시험평가 중 무기체계의 구매를 위한 시험평가는 다음 각 호의 어느 하나를 실시하거나 각 호의 방법을 상호 보완하여 실시할 수 있다. 이 경우 제1호에 의한 방법을 실시하는 것을 원칙으로 하되, 무기체계가 개발 중인 경우 등 대통령령으로 정하는 바에 따라서는 제2호에 의한 방법을 실시할 수 있다. 〈신설 2016. 1. 19.〉

1. 실물에 의한 시험평가: 개발이 완료된 무기체계 또는 시제품을 대상으로 하는 시험평가

2. 자료에 의한 시험평가: 제안한 성능에 대하여 업체가 제시한 자료를 대상으로 하는 시험평가

⑤ 국방부장관은 시험평가의 전문성과 투명성을 높이기 위하여 필요한 경우에는 위원회의 추천을 받아 민간전문가를 시험평가에 참여하게 할 수 있다. 〈개정 2014. 5. 9., 2016. 1. 19.〉

⑥ 국방부장관은 제2항의 규정에 따라 통보받은 시험평가 결과를 근거로 당해 무기체계 및 핵심기술이 시험평가기준 등을 충족하는지 여부를 판정하고, 위원회에 보고한다. 〈개정 2014. 5. 9., 2016. 1. 19.〉

⑦ 그 밖에 시험평가계획의 수립과 시험평가의 방법 및 절차 등에 관하여 필요한 사항은 대통령령으로 정한다. 〈개정 2016. 1. 19.〉

제22조(성능개량) ① 방위사업청장은 운용 중인 무기체계 또는 생산단계에 있는 무기체계의 성능 및 품질향상을 위하여 성능개량을 추진할 수 있다.

② 제1항의 규정에 불구하고 무기체계의 운용환경이 현저히 변경되거나 무기체계의 중대한 운용성능이 변경되는 경우에는 제15조의 규정에 의한 소요결정절차에 따라 추진한다.

③ 제1항의 규정에 의한 성능개량의 추진절차 등에 관하여 필요한 사항은 국방부령으로 정한다.

제5절 분석·평가

제23조(분석·평가의 실시) ① 방위력개선사업을 수행함에 있어서 의사결정의 합리성을 도모하고 재원을 효율적으로 사용하기 위하여 방위력개선사업의 분석·평가체계를 확립하고, 이에 따라 분석·평가를 실시하여야 한다. 〈개정 2010. 3. 31.〉

② 방위사업청장은 다음 각 호에 관한 분석·평가를 실시한다. 〈개정 2014. 5. 9.〉

1. 당해 사업의 예산이 집행되기 전까지의 방위력개선사업분야의 중기계획 요구서 작성 및 예산편성 등에 필요한 분석·평가

2. 당해 사업의 예산이 집행되고 있는 과정에서 사업의 중간성과 등에 관한 분석·평가

3. 당해 사업의 예산집행이 완료된 후 사업의 집행성과 등에 관한 분석·평가

③ 국방부장관은 제2항 각 호에 규정된 것 외에 방위력개선사업에 대한 소요결정, 중기계획수립 및 배치된 무기체계의 전력화 등에 관한 분석·평가를 실시한다. 이 경우 합동참모의장 또는 각군 참모총장으로 하여금 실시하게 할 수 있다. 〈개정 2014. 5. 9.〉

④ 국방부장관 및 방위사업청장은 분석·평가의 신뢰성을 높이기 위하여 필요한 경우에는 민간전문기관을 분석·평가에 참여하게 할 수 있다.

⑤ 제2항 내지 제4항의 규정에 의한 분석·평가의 방법 및 절차 등은 국방부령으로 정한다.

제24조(분석·평가 결과의 활용) ① 방위사업청장은 방위력개선사업을 효율적으로 수행하기 위하여 제23조제2항제1호 및 제2호의 규정에 의한 분석·평가의 결과가 당해 방위력개선사업의 추진단계별 의사결정에 활용되도록 하여야 한다.

② 방위사업청장은 제23조제2항제3호의 규정에 의한 분석·평가의 결과가 방위력개선사업의 정책결정에 활용되도록 하여야 한다.

③ 국방부장관은 제23조제3항의 규정에 의한 분석·평가의 결과가 방위력개선사업의 소요결정 등에 활용되도록 하여야 하며, 제23조제2항의 규정에 의한 분석·평가 결과에 대하여 군의 작전환경 및 기술변화 등을 고려하여 필요한 경우 방위사업청장에게 재분석·평가 또는 시정조치를 요구할 수 있다.

제4장 조달 및 품질관리

제25조(조달계획 및 방법) ① 방위사업청장은 국방부장관의 지침에 의하여 군수품의 조달계획을 수립하고 이에 따라 군수품을 조달한다.

② 군수품은 국방예산의 효율적인 집행을 위하여 방위사업청에서 일괄적으로 조달한다. 다만, 대통령령이 정하는 바에 따라 각군에서 직접 조달하거나 조달청에 요청하여 구매할 수 있다.

제26조(표준화) ① 방위사업청장은 군수품을 효율적으로 획득하기 위하여 군수품의 표준화에 대한 계획을 수립하여야 한다. 이 경우 「산업표준화법」 제12조에 따른 한국산업표준을 적용할 수 있는 사항에 대하여는 이를 반영하여야 한다. 〈개정 2007. 5. 25.〉

② 방위사업청장은 제1항의 규정에 의하여 수립된 계획에 따라 표준품목을 지정 또는 해제하고, 군수품의 규격을 제정·개정 또는 폐지하며, 군수품의 물리적 또는 기능적 특성을 식별하여 관리하여야 한다.

③ 제2항의 규정에 의한 표준품목의 지정 또는 해제, 군수품 규격의 제정·개정 또는 폐지와 군수품의 물리적 또는 기능적 특성에 따른 관리에 관하여 필요한 사항은 대통령령으로 정한다.

제27조(군수품목록정보) ① 방위사업청장은 제26조의 규정에 의한 표준화에 따라 군수품을 분류하여 품명 및 재고번호를 부여하고 특성 등을 작성하여 이를 군수품목록정보로 관리하여야 한다.

② 방위사업청장은 제1항의 규정에 의한 군수품목록정보를 관리하고 이용하기 위한 계획을 수립·시행하여야 하며, 군수품목록정보의 국제교류를 위하여 노력하여야 한다.

제28조(품질보증) ① 방위사업청장은 군수품을 획득하고자 하는 때에는 연구개발 및 구매의 각 단계별로 당초 사용자가 요구한 조건에 부합하는지 여부를 확인하기 위하여 군수품의 품질을 검사하고 그에 따른 미비점에 대한 수정·보완방안이 포함된 품질보증에 대한 계획을 수립·

시행한다.

②제1항의 규정에 의한 각 단계별 품질보증에 대한 구체적인 방법 등은 국방부령으로 정한다.

제29조(품질경영) ① 방위사업청장은 산업통상자원부장관과 협의하여 방산물자의 생산에 있어서 그 품질을 보장하기 위하여 방산업체 또는 전문연구기관의 책임경영 및 자원관리 등에 관한 기준을 정한다.〈개정 2008. 2. 29., 2013. 3. 23.〉

②방산업체 또는 전문연구기관은 제1항의 규정에 의한 기준에 따라 방산물자의 품질경영에 필요한 조치를 하여야 한다.

③산업통상자원부장관과 방위사업청장은 협의하여 방산물자의 연구개발·구매 및 생산을 함에 있어서 필요한 경우에는 방산업체 또는 전문연구기관으로부터 보고를 받거나, 방위산업시설(이하 "방산시설"이라 한다) 그 밖에 필요한 장소에 관계 공무원 등을 파견하여 품질경영 또는 기술지도를 하게 할 수 있다.〈개정 2008. 2. 29., 2013. 3. 23.〉

④제3항의 규정에 의하여 파견된 관계 공무원 등은 방산업체 또는 전문연구기관의 경영자에게 방산물자의 품질경영 등에 대한 필요한 조치를 요구할 수 있다.

제29조의2(품질경영체제인증) ① 방위사업청장은 다음 각 호의 어느 하나에 해당하는 업체(이하 "방산업체등"이라 한다)가 국방부령으로 정하는 품질경영체제인증기준(이하 "품질경영인증기준"이라 한다)에 따라 군수품의 품질을 보장할 수 있는 품질경영체제를 구축한 경우 그 방산업체등에 대하여 품질경영체제인증(이하 "품질경영인증"이라 한다)을 할 수 있다.

1. 방산업체

2. 일반업체

3. 방위산업과 관련 없는 일반업체(제26조제2항에 따른 군수품의 규격에 따라 군수품을 납품하는 경우로 한정한다)

②품질경영인증을 받으려는 방산업체등은 방위사업청장에게 신청하여야 한다.

③품질경영인증의 유효기간은 그 인증을 받은 날부터 3년으로 하고, 품질경영인증을 받은 방산업체등이 그 인증을 유지하려는 경우에는 유효기간이 끝나기 전에 인증을 갱신하여야 한다.

④방위사업청장은 제3항에 따른 유효기간 중에 품질경영인증을 받은 방산업체등이 품질경영인증기준에 적합한지 여부를 심사(이하 "사후관리심사"라 한다)할 수 있고, 심사결과가 품질경영인증기준에 맞지 아니하다고 인정할 때에는 시정에 필요한 조치를 명할 수 있다.

⑤품질경영인증의 신청·심사·갱신 및 사후관리심사 등에 대한 방법 및 절차 등에 관하여 필요한 사항은 국방부령으로 정한다.

〔본조신설 2016. 12. 20.〕

제29조의3(품질경영인증의 취소) 방위사업청장은 품질경영인증을 받은 방산업체등이 다음 각 호의 어느 하나에 해당하는 경우에는 그 인증을 취소할 수 있다. 다만, 제1호에 해당하는 경우에는 그 인증을 취소하여야 한다.

1. 거짓이나 그 밖의 부정한 방법으로 품질경영인증을 받은 경우

2. 품질경영인증기준에 적합하지 아니하게 된 경우

3. 사후관리심사를 정당한 사유 없이 받지 아니하거나 심사결과에 따른 시정조치 명령을 이행하지 아니한 경우

4. 폐업 등의 사유로 방산물자 등의 생산이 불가능하다고 판단되는 경우

〔본조신설 2016. 12. 20.〕

제29조의4(인증업체에 대한 인센티브 부여) ① 방위사업청장은 품질경영인증을 받은 방산업체 등에 대하여 군수품의 조달 또는 방산물자의 연구개발 등을 위한 계약을 체결하는 경우 가산점 부여 등의 인센티브를 부여할 수 있다.

② 제1항에 따른 인센티브 부여의 내용, 방법 및 절차 등에 관하여 필요한 사항은 방위사업청장이 정한다.

〔본조신설 2016. 12. 20.〕

제5장 국방과학기술의 진흥

제30조(국방과학기술진흥에 관한 정책의 수립 및 집행) ① 국방부장관은 국방과학기술진흥에 관한 중·장기정책을 수립하며, 방위사업청장은 이에 관한 실행계획을 수립하고 집행한다. 이 경우 대통령령이 정하는 사항에 대하여는 「국가과학기술자문회의법」에 따른 국가과학기술자문회의의 심의를 거쳐야 한다. 〈개정 2013. 3. 23., 2018. 1. 16.〉

② 제1항의 규정에 의한 중·장기정책 및 실행계획의 수립에 관하여 필요한 사항은 대통령령으로 정한다.

제31조(국방과학기술정보의 관리) ① 방위사업청장은 국방과학기술과 관련이 있는 다음 각 호의 정보를 체계적으로 종합·관리하여야 한다. 〈개정 2011. 7. 25.〉

1. 연구개발을 통하여 확보한 기술정보

2. 주요 방산물자의 생산을 위하여 국외로부터 도입한 기술정보

3. 절충교역에 의하여 국외 계약상대방으로부터 이전받은 기술정보

4. 「산업교육진흥 및 산학연협력촉진에 관한 법률」 제2조제2호의 규정에 의한 산업교육기관, 연구기관 및 산업체 등과 협력을 통하여 연구개발한 기술정보

5. 특허권·실용신안권 등 산업재산권목록과 제품규격서·설계도면 등에 관한 정보

6. 그 밖에 정부가 국내외에서 수집한 국방과학기술자료정보

② 방위사업청장은 제1항의 규정에 의하여 관리하는 국방과학기술정보중 군사목적상 공개하기가 곤란하다고 인정되는 것을 제외한 정보에 대하여는 「과학기술기본법」에 의한 국가과학기술지식·정보의 관리·유통에 관한 시책에 따라 관리·유통될 수 있도록 하여야 한다.

③ 각군 또는 정부출연연구기관은 보유하고 있는 국방과학기술을 방위사업청장의 승인을 얻어

국내의 관련 업체 또는 기관 등에 유상 또는 무상으로 이전할 수 있다.

④ 방위사업청장은 제1항의 규정에 의한 국방과학기술정보의 체계적 관리를 위하여 무기체계 별 기술 보유현황 및 주요 선진국과 비교한 국내기술수준에 대한 조사를 3년마다 실시하여야 한다.

제31조의2(무기체계 및 핵심기술의 지식재산권의 소유 등) ① 방위사업청장은 제18조제3항에 따라 무기체계 및 핵심기술의 연구개발비의 전부 또는 일부를 부담하는 때에는 그 연구개발의 수행과정에서 얻어지는 지식재산권에 대하여 국가안보상 필요한 경우 계약 등에 따라 국가 또는 국방과학연구소의 소유로 할 수 있다.

② 방위사업청장은 제1항의 지식재산권을 계약 등에 따라 국가 또는 국방과학연구소와 그 연구 개발에 참여한 다음 각 호의 기관의 공동 소유로 할 수 있다.

1. 「고등교육법」 제2조에 따른 학교

2. 「과학기술분야 정부출연연구기관 등의 설립·운영 및 육성에 관한 법률」 제8조제1항에 따 라 설립된 정부출연연구기관

3. 「특정연구기관 육성법」 제2조에 따른 특정연구기관

4. 그 밖에 「민법」 또는 다른 법률에 따라 설립된 비영리법인인 연구기관

③ 방위사업청장 또는 국방과학연구소는 무기체계 및 핵심기술에 관한 국가 또는 국방과학연 구소 소유의 지식재산권에 대하여 전문연구기관, 방산업체 및 일반업체에 실시권을 허락할 수 있다. 다만, 해당 무기체계 및 핵심기술의 연구개발에 참여한 업체에는 그 실시권을 허락하여 야 한다.

④ 제2항에 따라 지식재산권이 공동 소유인 경우 각 공유자가 그 지식재산권을 활용하고자 하 는 자에게 실시권을 허락하고자 하는 때에는 다른 공유자의 동의를 얻어야 한다. 다만, 국가안 보상 필요한 경우 국가 또는 국방과학연구소는 공동 소유 기관의 동의 없이 그 지식재산권을 활 용하고자 하는 자에게 실시권을 허락할 수 있다.

⑤ 제1항부터 제4항까지의 규정에 따른 지식재산권의 관리, 공동 소유에 관한 지분율, 소유권 행사의 범위 및 실시권의 허락 등에 필요한 사항은 대통령령으로 정한다.

〔본조신설 2015. 3. 27.〕

제32조(국방기술품질원의 설립) ① 국방과학기술 및 군수품에 관한 정보의 확보·유통·관리와 품질보증 등의 업무를 효율적으로 수행하기 위하여 국방기술품질원을 설립한다. 〈개정 2014. 5. 9.〉

② 국방기술품질원은 법인으로 한다.

③ 국방기술품질원은 그 주된 사무소가 있는 곳에서 설립등기를 함으로써 성립한다.

④ 국방기술품질원의 정관에는 다음 각 호의 사항을 기재하여야 한다.

1. 목적

2. 명칭

3. 주된 사무소의 소재지

4. 사업 및 재정에 관한 사항

5. 임원에 관한 사항

6. 이사회에 관한 사항

7. 정관변경에 관한 사항

8. 해산에 관한 사항

⑤ 국방기술품질원이 정관을 작성 또는 변경하고자 하는 때에는 방위사업청장의 인가를 받아야 한다. 이 경우 방위사업청장은 인가를 하기 전에 국방부장관의 승인을 얻어야 한다.

⑥ 국방기술품질원은 다음 각 호의 사업을 수행한다.

1. 국방과학기술의 기획에 대한 업무지원과 국방과학기술에 대한 조사 · 분석

2. 방위력개선사업에 대한 조사 · 분석 · 평가에 대한 업무지원

3. 핵심기술개발사업의 수행기관 선정 및 수행결과 평가 등에 대한 지원

4. 국방과학기술 및 무기체계에 관한 정보의 통합관리

5. 군수품의 품질보증 및 방산물자의 품질경영 등에 대한 업무지원과 이에 관하여 방위사업청장이 위탁하는 사업

6. 방위사업을 수행하는 과정에서 요구되는 군수품의 표준화 및 시험평가 등에 대한 기술지원

7. 중앙행정기관 및 지방자치단체 등과 협력하여 추진하는 부품국산화 등 국방기술협력사업에 대한 기술지원

8. 군수품에 대한 수출 · 수입가격정보의 수집 및 제공에 관한 사항

9. 그 밖에 국방과학기술의 관리 등과 관련하여 대통령령이 정하는 사항

⑦ 정부는 국방기술품질원의 설립 · 운영에 필요한 경비를 출연한다.

⑧ 국방기술품질원의 운영 및 감독 등에 필요한 사항은 대통령령으로 정한다.

⑨ 국방기술품질원에 관하여 이 법에 규정되지 아니한 사항에 대하여는 「민법」 중 재단법인에 관한 규정을 준용한다.

제32조의2(국유재산의 양도 또는 대부 등) 정부는 국방기술품질원의 운영을 위하여 필요한 경우 국방기술품질원에 대하여 「군수품관리법」 또는 「국유재산법」에도 불구하고 군수품 또는 국유재산을 대통령령으로 정하는 바에 따라 무상으로 사용허가 · 대부 또는 양여할 수 있다.

〔본조신설 2015. 9. 1.〕

제6장 방위산업육성

제33조(방위산업육성기본계획의 수립) ① 방위사업청장은 방위산업을 합리적으로 지원 · 육성하기 위하여 방위산업육성기본계획(이하 "기본계획"이라 한다)을 수립하여야 한다.

② 기본계획에는 다음 각 호의 사항이 포함되어야 한다.

1. 방위산업육성의 기본정책에 관한 사항

2. 방위산업 생산설비의 합리화에 관한 사항

3. 방산물자의 연구개발 및 구매에 관한 사항

4. 방산물자의 국산화 추진에 관한 사항

5. 방산물자의 생산능력 판단에 관한 사항

6. 방위산업 관련 인력의 개발 및 기술수준에 관한 사항

7. 방위산업의 국제협력 및 수출에 관한 사항

8. 그 밖에 방위사업청장이 방위산업의 육성을 위하여 필요하다고 인정하는 사항

③ 기본계획의 수립에 관하여 필요한 사항은 대통령령으로 정한다.

제34조(방산물자의 지정) ① 방위사업청장은 산업통상자원부장관과 협의하여 무기체계로 분류된 물자중에서 안정적인 조달원 확보 및 엄격한 품질보증 등을 위하여 필요한 물자를 방산물자로 지정할 수 있다. 다만, 무기체계로 분류되지 아니한 물자로서 대통령령이 정하는 물자에 대하여는 이를 방산물자로 지정할 수 있다. 〈개정 2008. 2. 29., 2013. 3. 23.〉

② 방산물자는 주요방산물자와 일반방산물자로 구분하여 지정한다.

③ 제2항의 규정에 의한 주요방산물자와 일반방산물자의 구분 그 밖에 방산물자의 지정에 관하여 필요한 사항은 대통령령으로 정한다.

제35조(방산업체의 지정 등) ① 방산물자를 생산하고자 하는 자는 대통령령이 정하는 시설기준과 보안요건 등을 갖추어 산업통상자원부장관으로부터 방산업체의 지정을 받아야 한다. 이 경우 산업통상자원부장관은 방산업체를 지정함에 있어서 미리 방위사업청장과 협의하여야 한다. 〈개정 2008. 2. 29., 2013. 3. 23.〉

② 산업통상자원부장관은 제1항의 규정에 의하여 방산업체를 지정하는 경우에는 주요방산업체와 일반방산업체로 구분하여 지정한다. 다음 각 호의 어느 하나에 해당하는 방산물자를 생산하는 업체를 주요방산업체로, 그 외의 방산물자를 생산하는 업체를 일반방산업체로 지정한다. 〈개정 2008. 2. 29., 2013. 3. 23.〉

1. 총포류 그 밖의 화력장비

2. 유도무기

3. 항공기

4. 함정

5. 탄약

6. 전차 · 장갑차 그 밖의 전투기동장비

7. 레이더 · 피아식별기 그 밖의 통신 · 전자장비

8. 야간투시경 그 밖의 광학 · 열상장비

9. 전투공병장비

10. 화생방장비

11. 지휘 및 통제장비

12. 그 밖에 방위사업청장이 군사전략 또는 전술운용에서 중요하다고 인정하여 지정하는 물자

③ 방산업체의 매매·경매 또는 인수·합병, 그 밖의 사유로 경영 지배권의 실질적인 변화가 예상되는 경우로서 대통령령이 정하는 기준에 해당되는 때에는 당해 방산업체와 경영상 지배권을 실질적으로 취득하고자 하는 자는 대통령령이 정하는 바에 따라 관계서류를 제출하여 미리 산업통상자원부장관의 승인을 얻어야 한다. 다만, 「외국인투자 촉진법」 제6조제1항부터 제4항까지의 규정에 의하여 산업통상자원부장관의 허가를 받은 경우에는 그러하지 아니하다. 〈개정 2008. 2. 29., 2013. 3. 23., 2016. 1. 27.〉

④ 산업통상자원부장관은 제3항 본문의 규정에 의한 승인을 하고자 하는 때에는 미리 방위사업청장과 협의하여야 한다. 〈개정 2008. 2. 29., 2013. 3. 23.〉

⑤ 제1항 및 제2항의 규정에 의한 지정에 관하여 필요한 사항은 대통령령으로 정한다.

제36조(사업조정제도 등) ① 방위사업청장은 방위사업과 관련된 업체로서 「대·중소기업 상생협력 촉진에 관한 법률」 제2조제2호에 따른 대기업(이하 "대기업자"라 한다)이 중소기업자를 인수·합병하려고 하거나 방산업체 간에 중복투자가 발생하는 경우로서 다음 각 호의 어느 하나에 해당하는 경우에는 산업통상자원부장관과 협의하여 대기업자와 중소기업자 간 또는 방산업체 간 사업을 조정할 수 있다. 이 경우 방위사업청장은 당사자 간 합의를 권고할 수 있다. 〈개정 2009. 4. 1., 2013. 3. 23.〉

1. 방위사업청장이 인수·합병 또는 중복투자가 방위산업의 효율성을 현저히 해칠 우려가 있다고 판단하는 경우

2. 인수·합병 대상 중소기업자의 사업조정 신청이 있는 경우

② 방위사업청장은 제1항의 규정에 의하여 사업조정을 하는 경우 위원회의 심의를 거쳐 다음 각 호의 사항을 권고할 수 있다. 〈개정 2009. 4. 1.〉

1. 대기업자에 대하여 사업의 인수·개시 또는 확장의 시기를 3년 이하의 기간을 정하여 연기하거나 생산품목·생산수량 또는 생산시설 등의 축소

2. 방산업체에 대하여 투자의 시기 또는 규모를 조정하거나 중복투자의 제한

③ 방위사업청장은 대기업자가 「독점규제 및 공정거래에 관한 법률」 제23조제1항의 규정에 의한 불공정거래행위를 하였다고 인정하는 때에는 위원회의 심의를 거쳐 산업통상자원부장관에게 이를 통보하고, 동법 제24조 및 제24조의2의 규정에 따라 필요한 조치를 하여 줄 것을 공정거래위원회에 요구할 수 있다. 이 경우 공정거래위원회는 지체 없이 필요한 조치를 하여야 한다. 〈개정 2008. 2. 29., 2013. 3. 23.〉

④ 방위사업청장은 제1항에 따른 사업조정을 하려는 경우에는 사실조사를 하고, 그 결과를 위원회에 보고하여야 한다. 〈개정 2009. 4. 1.〉

⑤ 방위사업청장이 제2항의 규정에 의한 권고를 하였음에도 정당한 사유 없이 권고사항을 이행하지 아니하는 경우에는 그 내용을 공표하고, 공표 후 3월이 경과하여도 권고사항을 이행하지 아니하는 경우에는 당해 대기업자 또는 방산업체에 그 이행을 명할 수 있다.

⑥ 제5항에 따른 이행권고 사항의 공표내용은 다음 각 호와 같다. 〈신설 2009. 4. 1.〉

1. 이행권고의 대상이 되는 업체의 명칭

2. 이행권고의 내용

3. 이행권고 불이행에 따른 후속조치

4. 그 밖에 권고의 이행 등을 위하여 필요한 사항

⑦ 방위사업청장은 제5항에 따른 이행명령을 한 후 그 이행 전에 그 사유가 변경되었거나 소멸되었다고 인정할 때에는 위원회의 심의를 거쳐 조정내용의 전부 또는 일부를 철회하여야 한다. 〈신설 2009. 4. 1.〉

⑧ 방위사업청장은 제1항의 규정에 의하여 사업조정을 하고자 하는 경우에는 당해 대기업자 또는 방산업체로 하여금 위원회의 심의를 거칠 때까지 당해 사업의 인수·개시·확장 또는 투자를 일시 정지할 것을 권고할 수 있다. 〈개정 2009. 4. 1.〉

⑨ 제4항 및 제5항의 규정에 의한 사실조사 및 공표의 방법·절차 등에 관하여 필요한 사항은 대통령령으로 정한다. 〈개정 2009. 4. 1.〉

제37조(보호육성) ① 방산업체는 정부로부터 방산물자의 생산 및 조달에 관한 보장을 받는다.

② 정부는 주요방산물자를 생산하는 방산업체에 대하여는 다음 각 호의 사항을 우선적으로 지원한다. 〈개정 2009. 4. 1.〉

1. 제18조제4항에 따른 연구 또는 시제품생산

2. 제38조제1항에 따른 자금의 융자

3. 그 밖에 방산업체를 보호육성하기 위하여 대통령령으로 정하는 사항

제38조(자금융자) ① 정부는 방위산업의 육성을 위하여 필요한 때에는 방산업체에 대하여 다음 각 호의 어느 하나에 해당하는 자금을 장기 저리로 융자(방산업체가 금융기관으로부터 자금융자를 받는 경우에는 그 이자와 방위사업청장이 정하는 이자의 차액을 지원하는 것을 포함한다. 이하 같다)할 수 있다. 다만, 제3호부터 제6호까지에 해당하는 자금(제6호의 경우 연구개발을 위하여 필요한 자금에 한정한다)은 일반업체에 대하여도 이를 융자할 수 있다. 〈개정 2009. 4. 1., 2017. 11. 28.〉

1. 방산시설의 설치·이전·개체(改替)·보완 또는 확장에 필요한 자금

2. 원자재의 구매 및 비축에 필요한 자금

3. 방산물자 그 밖의 군수품의 국산화를 위한 개발자금

4. 방산물자와 방산물자에 준하는 물자로서 대통령령으로 정하는 물자(이하 "방산물자등"이라 한다)의 수출을 위한 자금

5. 핵심기술 및 부품 개발에 필요한 자금

6. 연구개발 및 유휴시설 유지를 위하여 필요한 자금

7. 그 밖에 방산업체의 운영에 필요한 자금

② 제1항에 따른 자금융자 신청절차 등에 필요한 사항은 대통령령으로 정한다. 〈신설 2009.

4. 1.〉

제39조(보조금의 교부 등) ① 방위사업청장은 방위산업의 육성을 위하여 필요하다고 인정되는 때에는 방산업체 또는 전문연구기관에 대하여 다음 각 호의 사항에 소요되는 비용의 전부 또는 일부를 예산의 범위 안에서 보조할 수 있다. 다만, 일반업체가 제2호 중 무기체계와 관련한 연구개발을 수행하려는 경우 그 비용의 전부 또는 일부를 예산의 범위에서 보조할 수 있다. 〈개정 2016. 1. 19.〉

1. 방위산업 전용기기의 구매 또는 설치
2. 연구개발 또는 기술도입
3. 군수품의 품질검사 또는 방산물자의 품질경영
4. 그 밖에 방위산업의 육성을 위하여 대통령령으로 정하는 사항

② 방산업체 · 일반업체 또는 전문연구기관은 제1항의 규정에 의한 보조금에 의하여 취득하거나 그 효용이 증가된 재산을 방위사업청장의 승인을 얻지 아니하고 양도 · 교환 또는 대부하여서는 아니된다. 〈개정 2016. 1. 19.〉

제40조(기술인력의 처우 등) ① 국방부장관과 방위사업청장은 국방과학연구소 · 국방기술품질원 · 방산업체 · 전문연구기관 · 군정비부대(군정비창을 포함한다. 이하 같다) 또는 군조달부대에 종사하는 기술인력이나 우수한 방산물자 및 그에 관한 핵심기술을 연구개발한 자에 대하여는 대통령령이 정하는 바에 따라 예산의 범위 안에서 장려금 등을 지급할 수 있다. 〈개정 2014. 5. 9.〉

② 방산업체 또는 전문연구기관은 기술인력을 확보하고 방산물자의 시제품생산 또는 공급의 원활을 기하여야 한다.

제41조(방위산업지원) ① 방위사업청 · 각군 · 국방과학연구소 · 국방기술품질원 및 군정비부대는 방산물자의 연구개발 또는 생산을 위하여 방산업체 또는 전문연구기관의 비용부담으로 방산업체 또는 전문연구기관에 대한 기술지원 및 생산지원을 할 수 있다. 〈개정 2017. 3. 21.〉

② 국방부장관 및 방위사업청장은 방산업체 · 일반업체 · 전문연구기관 및 일반연구기관의 무기체계 및 그와 연관된 기술의 연구개발에 필요하다고 인정할 때에는 방위사업청장이 정하는 방법과 절차에 따라 방산업체 · 일반업체 · 전문연구기관 및 일반연구기관이 국방과학연구소의 시험평가 관련 시설 · 설비 및 정보를 공동으로 활용하게 할 수 있다. 〈신설 2017. 3. 21.〉

제42조(협회 등의 설립 등) ① 방산업체 · 일반업체 · 전문연구기관 · 일반연구기관 및 방위사업 관련 학회 등은 방위산업의 건전한 발전을 위하여 대통령령이 정하는 바에 따라 협회 또는 단체를 설립할 수 있다.

② 제1항의 규정에 의하여 설립되는 협회 또는 단체는 법인으로 한다.

③ 제1항의 규정에 의한 협회 또는 단체를 설립하고자 하는 자는 방위사업청장의 허가를 받아야 한다.

④ 제1항 및 제2항의 규정에 의한 협회 또는 단체에 대하여 이 법에 규정되지 아니한 사항에 관

하여는 「민법」 중 사단법인에 관한 규정을 준용한다.

⑤ 제1항의 규정에 의한 협회 또는 단체의 기능 및 감독 등에 관하여 필요한 사항은 대통령령으로 정한다.

제43조(보증기관의 지정) ① 방위사업청장은 방산업체 등의 재정적인 부담을 경감하고 방산업체 등이 보증기관을 편리하게 이용할 수 있도록 하기 위하여 방위사업과 관련된 제2항 각 호의 규정에 의한 보증업무를 수행하는 기관(이하 "보증기관"이라 한다)을 지정할 수 있다.

② 보증기관의 보증업무의 범위는 다음 각 호와 같다. 〈개정 2009. 4. 1.〉

1. 제38조제1항에 따른 자금융자에 대한 지급보증

2. 제46조제1항의 규정에 의한 방산물자의 조달·연구 및 시제품생산계약의 입찰보증금·계약보증금 및 하자보증금에 대한 지급보증

3. 제46조제2항의 규정에 의한 착수금 및 중도금에 대한 지급보증

4. 「군수품관리법」 제24조의 규정에 의한 관급품에 대한 지급보증

5. 제55조의 규정에 의한 원자재의 비축을 위하여 필요한 자금의 대부보증

6. 그 밖에 방산업체 등이 방위사업을 수행함에 있어 필요한 보증

③ 보증기관의 지정요건·지정방법 및 지정절차 등에 관하여 필요한 사항은 대통령령으로 정한다.

제44조(방산물자등의 수출지원) ① 방위사업청장은 국방부장관의 승인을 얻어 방산물자등 및 국방과학기술의 수출진흥을 위하여 필요하다고 인정하는 때에는 대통령령이 정하는 바에 따라 방위산업의 투자촉진과 수출시장의 확대 등을 위하여 필요한 조치를 할 수 있다. 〈개정 2009. 4. 1.〉

② 방위사업청장은 제1항의 규정에 의한 수출진흥을 위하여 필요하다고 인정하는 때에는 다음 각 호의 어느 하나에 해당하는 자(법인 및 단체로 한정한다)에게 대통령령이 정하는 바에 따라 예산의 범위 안에서 재정적인 지원을 하거나 물적·인적 지원을 할 수 있다. 〈개정 2009. 4. 1.〉

1. 방산물자등의 수출을 추진하는 자

2. 수출진흥을 위한 자문·지도·대외홍보·전시·연수 또는 상담알선 등을 업으로 하는 자

3. 국내·외에서 방산물자등과 관련한 전시장을 설치·운영하거나 전시장에 방산물자등을 출품하는 자

4. 방산물자등의 수출을 위한 국제협력을 추진하는 자

③ 방위사업청장은 제1항에 따라 조치를 하는 경우 외국정부 및 방산물자등을 수출하는 자가 요청할 때에는 요청한 자의 부담으로 다음 각 호의 어느 하나에 해당하는 조치를 할 수 있다. 〈신설 2009. 4. 1.〉

1. 방산물자등의 수출에 따른 후속군수지원 업무관리

2. 수출용 방산물자등의 개조·개발에 대한 기술지원 및 사업관리

3. 수출을 위한 시험평가

④ 방위사업청장은 제1항 및 제2항의 규정에 의한 수출진흥업무를 추진하기 위하여 필요한 경우 주요 수출국에 수출협력을 위하여 소속 공무원을 파견할 수 있다. 〈개정 2009. 4. 1.〉

〔제목개정 2009. 4. 1.〕

제45조(국유재산의 양여 또는 대부 등) ① 정부는 방위사업의 수행을 위하여 필요한 국유재산과 물품(군수품을 포함한다. 이하 같다)에 대해서는 「국유재산법」, 「물품관리법」 및 「군수품관리법」에도 불구하고 다음 각 호의 구분에 따라 매각, 대부 또는 사용허가를 할 수 있다. 〈개정 2015. 3. 27.〉

1. 일반재산과 물품: 수의계약의 방법으로 방산업체에 매각하거나 유상 또는 무상으로 대부
2. 행정재산: 대통령령으로 정하는 바에 따라 무상으로 사용허가

② 정부는 방산업체 또는 전문연구기관에 대하여 방산물자의 생산·연구·시제품생산을 위하여 필요한 때에는 「물품관리법」에도 불구하고 대통령령이 정하는 바에 따라 필요한 전용기기 또는 물품을 유상 또는 무상으로 대부 또는 양여할 수 있다. 〈개정 2015. 3. 27.〉

③ 방산업체 또는 전문연구기관은 제1항 또는 제2항의 규정에 의하여 유상 또는 무상으로 양여·대부 또는 사용허가를 받은 국유재산이나 물품을 그 용도 외로 사용하여서는 아니된다. 〈개정 2015. 3. 27.〉

④ 정부는 방산업체가 수출을 목적으로 국가가 보유한 방산시설 또는 방산물자의 양여·대부·사용허가 또는 교환 등을 요청하는 경우에는 다른 법령의 규정에 불구하고 군 작전 및 전력유지에 지장이 없는 범위 안에서 그 방산시설 또는 방산물자를 유상 또는 무상으로 양여·대부 또는 사용허가를 하거나 방산업체 소유의 방산물자와 교환 등을 할 수 있다. 〈개정 2015. 3. 27.〉

⑤ 제4항의 규정에 의하여 방산시설이나 방산물자의 교환 등을 하는 경우에 그 가격이 서로 동일하지 아니한 때에는 그 차액을 금전으로 정산하여야 한다.

⑥ 중앙관서의 장은 제4항에 따라 국유재산에 해당하는 방산시설을 양여하려는 때에는 미리 기획재정부장관과 협의하여야 한다. 〈신설 2015. 3. 27.〉

⑦ 제4항 및 제5항의 규정에 의한 방산시설 또는 방산물자의 양여·대부·사용허가 또는 교환 등에 관하여 필요한 사항은 대통령령으로 정한다. 〈개정 2015. 3. 27.〉

〔제목개정 2015. 3. 27.〕

제46조(계약의 특례 등) ① 정부는 방산물자와 무기체계의 운용에 필수적인 수리부속품을 조달하거나 제18조제4항에 따라 연구 또는 시제품생산(이와 관련된 연구용역을 포함한다)을 하게 하는 경우에는 단기계약·장기계약·확정계약 또는 개산계약을 체결할 수 있다. 이 경우 「국가를 당사자로 하는 계약에 관한 법률」 및 관계법령의 규정에 불구하고 계약의 종류·내용·방법, 그 밖에 필요한 사항은 대통령령으로 정한다. 〈개정 2009. 4. 1.〉

② 제1항의 규정에 의한 계약을 체결하는 경우에 그 성질상 착수금 및 중도금을 지급할 필요가 있다고 인정되는 때에는 당해연도 예산에 계상된 범위 안에서 착수금 및 중도금을 지급할 수 있다. 이 경우 지급된 착수금 및 중도금은 당해 계약의 수행을 위한 용도 외에 사용하여서는 아니

된다.

③ 제1항의 규정에 의한 계약을 체결하는 경우에 원가계산의 기준 및 방법과 제2항의 규정에 의한 착수금 및 중도금의 지급기준·지급방법 및 지급절차는 국방부령으로 정한다. 이 경우 국방부장관은 미리 기획재정부장관과 협의하여야 한다. 〈개정 2008. 2. 29.〉

④ 제1항의 규정에 의한 계약중 장기계약을 체결한 경우에 지급되는 착수금 및 중도금에 대하여는 「국가를 당사자로 하는 계약에 관한 법률」 및 관계법령의 규정에 불구하고 계약물품을 최종납품할 때까지 정산을 유예할 수 있다.

⑤ 방위사업청장은 국방부 및 그 직할부대·직할기관과 각군이 필요로 하는 전력지원체계를 구매·공급하기 위하여 필요한 경우에는 대통령령으로 정하는 바에 따라 품질·성능 등이 같거나 비슷한 물품을 공급하는 2인 이상의 다수자를 계약상대자로 하는 단가계약을 체결할 수 있다. 〈신설 2014. 6. 11.〉

제46조의2(성실한 연구개발 수행의 인정) ① 방위사업청장은 제18조제4항에 따른 핵심기술의 연구개발을 수행하는 자가 연구개발을 성실하게 수행한 사실이 인정되는 경우에는 「국가를 당사자로 하는 계약에 관한 법률」 제26조 및 제27조제1항제1호(계약을 이행함에 있어서 부실·조잡하게 한 경우에 한정한다)에도 불구하고 지체상금을 면제하거나 입찰 참가자격 제한도 하지 아니할 수 있다.

② 제1항에 따른 연구개발을 성실하게 수행한 사실의 인정 기준 및 절차 등에 관하여 필요한 사항은 대통령령으로 정한다.

〔본조신설 2017. 3. 21.〕

제47조(방산업체 지정의 결격사유) 다음 각 호의 어느 하나에 해당하는 경우에는 방산업체의 지정을 받을 수 없다.

1. 제48조제1항의 규정에 의하여 방산업체 지정의 취소를 받은 방산업체의 임원(임원의 배우자 및 직계존비속을 포함한다)이었던 자가 그 취소를 받은 날부터 3년이 경과하지 아니하고 지정을 받고자 하는 업체의 임원인 경우

2. 제48조제1항의 규정에 의하여 방산업체 지정의 취소를 받은 날부터 6월이 경과하지 아니하고 동일한 장소에서 동일한 시설을 이용하여 방산업체로 지정을 받고자 하는 경우

제48조(지정의 취소 등) ① 산업통상자원부장관은 방산업체가 다음 각 호의 어느 하나에 해당된 때에는 방위사업청장과 협의하여 그 지정을 취소할 수 있다. 〈개정 2008. 2. 29., 2009. 4. 1., 2013. 3. 23., 2014. 5. 9., 2016. 12. 20.〉

1. 방산업체의 대표 및 임원이 제6조의 규정에 의한 청렴서약서의 내용을 위반한 때

2. 제35조제1항의 규정에 의한 시설기준 및 보안요건에 미달하게 된 때

3. 제35조제3항의 규정에 의한 승인을 얻지 못한 때

4. 정당한 사유없이 정부에 대한 방산물자의 공급계약을 거부 또는 기피하거나 이행하지 아니한 때

5. 제36조제5항의 규정에 의한 이행명령을 이행하지 아니한 때

6. 거짓 또는 부정한 방법으로 제38조제1항에 따른 자금융자를 받거나 융자받은 자금을 그 용도 외에 사용한 때

7. 거짓 또는 부정한 방법으로 제39조제1항의 규정에 의한 보조금을 지급받거나 지급받은 보조금을 그 용도 외에 사용한 때

8. 제39조제2항의 규정에 의한 승인을 얻지 아니하고 재산을 처분한 때

9. 제45조제3항의 규정을 위반하여 국유재산이나 물품을 용도 외에 사용한 때

10. 제49조제1항의 규정에 의한 시설의 개체·보완·확장 또는 이전에 필요한 조치명령을 이행하지 아니한 때

11. 제53조제1항의 규정에 의한 명령에 위반한 때

12. 허위 그 밖에 부정한 내용의 원가자료를 정부에 제출하여 공급계약을 체결한 때

13. 제59조의2제2항을 위반하여 취업이 제한되거나 취업승인을 받지 아니한 취업심사대상자를 고용한 때

14. 방산업체가 부도·파산 그 밖의 불가피한 경영상의 사유로 정상적인 영업이 불가능한 경우에 관련서류를 첨부하여 산업통상자원부장관에게 방산업체 지정의 취소를 요청한 때

② 방위사업청장은 방산업체가 제1항제1호 내지 제12호의 어느 하나에 해당된 때에는 산업통상자원부장관에게 그 지정의 취소를 요청할 수 있다. 〈개정 2008. 2. 29., 2013. 3. 23.〉

③ 방위사업청장은 방산물자가 다음 각 호의 어느 하나에 해당하게 된 때에는 산업통상자원부장관과 협의하여 그 지정을 취소할 수 있다. 〈개정 2008. 2. 29., 2013. 3. 23.〉

1. 2개 이상의 업체에서 조달이 용이하고 품질을 보증할 수 있다고 인정된 때

2. 군의 소요가 없거나 편제장비가 삭제된 때

3. 비밀등급이 저하되어 「군사기밀보호법」 제2조의 규정에 의한 군사기밀이 요구되지 아니하게 된 때

4. 연구개발 또는 구매의 계획변경·취소 등으로 방산물자지정의 취소가 필요하거나 방산물자 지정을 계속 유지할 필요가 없는 때

④ 방위사업청장은 보증기관이 정관에 정한 목적 외의 사업을 하거나, 지정조건을 위반하는 행위를 하는 때에는 보증기관의 지정을 취소할 수 있다.

⑤ 산업통상자원부장관 및 방위사업청장은 제1항 및 제4항의 규정에 의하여 방산업체 및 보증기관의 지정을 취소하고자 하는 경우에는 청문을 실시하여야 한다. 〈개정 2008. 2. 29., 2013. 3. 23.〉

⑥ 제1항·제3항 및 제4항의 규정에 의한 지정취소의 절차 등에 관하여 필요한 사항은 대통령령으로 정한다.

제7장 보칙

제49조(시설의 개체·보완·확장 또는 이전) ① 산업통상자원부장관은 전시·사변 또는 이에 준하는 비상시에 있어서 국방상 긴요한 필요가 있는 때에는 방위사업청장의 요청에 의하여 방산업체를 경영하는 자에 대하여 그 방산업체가 방산물자의 생산에 직접 제공하는 시설의 개체·보완·확장 또는 이전에 필요한 조치를 할 것을 명할 수 있다. 〈개정 2008. 2. 29., 2013. 3. 23.〉

② 산업통상자원부장관은 제1항의 명령에 의한 시설의 개체·보완·확장 또는 이전으로 인하여 발생하는 손실에 대하여는 이를 보상하여야 한다. 〈개정 2008. 2. 29., 2013. 3. 23.〉

③ 제1항의 규정에 의한 개체·보완·확장 또는 이전의 명령이 있는 시설이 속하는 사업을 승계한 자는 그 명령에 따른 제1항 및 제2항의 권리·의무를 승계한다.

제50조(비밀의 엄수) 다음 각 호의 어느 하나에 해당하는 자는 방위사업과 관련하여 그 업무수행 중 알게 된 비밀을 누설하거나 도용하여서는 아니된다. 〈개정 2010. 3. 31.〉

1. 제6조제1항제1호·제2호의 자 및 그 직에 있었던 자

2. 제6조제9항에 따라 옴부즈만으로 위촉된 자

3. 국방기술품질원·방산업체·일반업체·전문연구기관 또는 일반연구기관의 대표, 임·직원 및 그 직에 있었던 자

4. 국방기술품질원·방산업체·일반업체·전문연구기관 또는 일반연구기관에서 방산물자의 생산 및 연구에 종사하거나 종사하였던 자

제50조의2(국가 전략무기사업 등 참여의 승인) ① 국방과학기술의 해외유출을 방지하기 위하여 외국기업 또는 외국인이 경영상 지배권을 실질적으로 취득한 업체가 국가 전략무기사업 또는 그에 준하는 사업에 참여하고자 할 때에는 미리 방위사업청장의 승인을 받아야 한다.

② 제1항에 따른 승인대상 사업의 종류, 승인 절차 및 시기, 경영상 지배권의 실질적 취득에 대한 기준 등은 대통령령으로 정한다.

〔본조신설 2010. 3. 31.〕

제51조(방산물자의 생산 및 매매계약에 관한 협의 등) ① 정부기관 또는 정부기관 외의 자가 국내 치안유지·경계·연구·시험 또는 검사 등의 목적에 사용하기 위하여 방산물자를 필요로 하는 경우에는 방산업체와 방산물자의 생산·매매계약을 체결하여 구매할 수 있다.

② 정부기관은 제1항에 따라 방산물자를 구매하는 경우 미리 방위사업청장과 협의하여야 하며, 정부기관 외의 자는 관계 중앙행정기관의 장의 추천을 거쳐 방위사업청장의 승인을 받아야 한다. 다만, 제53조제1항에 따라 군용총포·도검·화약류 등에 대한 제조업 허가를 받은 업체 및 방산업체의 경우에는 관계 중앙행정기관의 장의 추천을 필요로 하지 아니한다.

〔전문개정 2009. 4. 1.〕

제51조의2(수수료) ① 다음 각 호의 어느 하나에 해당하는 자는 수수료를 납부하여야 한다.

1. 제29조의2제2항에 따라 품질경영인증을 받고자 하는 자

2. 제29조의2제3항에 따라 품질경영인증을 갱신하고자 하는 자

② 제1항에 따른 수수료의 부과대상, 금액, 납부방법 및 납부기간 등에 필요한 사항은 방위사업청장이 정한다.

〔본조신설 2016. 12. 20.〕

제52조(기술료의 징수 및 사용) ① 국방과학기술을 보유한 각군, 방위사업청, 정부출연연구기관(이하 "기술보유기관"이라 한다)의 장은 해당 국방과학기술을 이용하려는 자와 기술 이용에 관한 계약을 체결하고 그 기술을 이용하는 자로부터 기술료를 징수하여야 한다. 다만, 해당 국방과학기술의 연구개발에 참여한 업체가 그 연구개발에서 확보한 기술을 활용하고자 하는 경우에는 기술료를 징수하지 아니할 수 있다. 〈개정 2015. 3. 27.〉

② 기술보유기관이 제1항에 따라 징수한 기술료(각군과 방위사업청이 징수한 기술료는 제외한다)는 다음 각 호의 용도에 사용되어야 한다. 〈개정 2015. 3. 27.〉

1. 연구개발에의 재투자

2. 국방과학기술과 관련된 지식재산권 출원 및 관리 등에 관한 비용

3. 참여연구원이나 기술 확산에 기여한 직원 등에 대한 보상금

4. 해당 국방과학기술을 보유한 기관의 운영경비

5. 수출을 위한 방산물자등의 개조ㆍ개발에의 재투자

③ 기술보유기관은 국방과학기술의 민수활용 촉진, 방산물자등의 수출촉진 및 중소기업ㆍ중견기업의 육성 등을 위하여 제1항에 따른 기술료의 전부 또는 일부를 감면할 수 있다. 〈신설 2015. 3. 27.〉

④ 제1항 및 제3항의 규정에 따른 기술료의 산정ㆍ징수방법, 징수절차 및 감면 등에 관하여 필요한 사항은 방위사업청장이 정하여 고시한다. 〈개정 2015. 3. 27.〉

제53조(군용총포ㆍ도검ㆍ화약류 등의 제조 등에 관한 특례) ① 군용총포ㆍ도검ㆍ화약류 등에 대하여는 다른 법령의 규정에 불구하고 대통령령이 정하는 바에 따라 방위사업청장이 그 제조ㆍ수입ㆍ수출ㆍ양도ㆍ양수ㆍ소지ㆍ사용ㆍ저장ㆍ운반 및 폐기 등에 관한 허가와 감독을 행하며, 이에 필요한 명령을 발하거나 조치를 한다.

② 군용총포ㆍ도검ㆍ화약류 등에 대하여 제1항에 규정된 사항을 제외하고는 「총포ㆍ도검ㆍ화약류 등의 안전관리에 관한 법률」의 규정을 준용한다. 〈개정 2015. 1. 6.〉

제54조(매도명령 등) ① 방위사업청장은 전시ㆍ사변 또는 이에 준하는 비상시에 국방상 긴요한 필요가 있거나, 방산업체를 경영하는 자 또는 판매를 위하여 방산물자를 소유하고 있는 자가 정당한 이유없이 방산물자의 생산 또는 판매를 거부하여 국가의 안전보장에 중대한 위협을 초래하는 경우 등에는 방산업체를 경영하는 자 또는 판매를 위하여 방산물자를 소유하고 있는 자에 대하여 양도의 시기ㆍ가격, 대가의 지급시기ㆍ지급방법 그 밖에 필요한 사항을 정하여 방산물자를 정부에 양도할 것을 명할 수 있다.

② 방위사업청장은 방산물자의 소유자를 알 수 없어 제1항의 규정에 의한 양도명령을 할 수 없

는 경우에는 정당한 권리에 의하여 당해 방산물자를 점유하는 자에게 인도의 시기·가격, 대가의 지급시기·지급방법 그 밖에 필요한 사항을 정하여 이의 인도를 명할 수 있다.

③ 제1항의 규정에 의한 양도가격을 정하는 경우에는 생산원가 및 기업이윤 등을 참작하여야 한다.

제55조(원자재의 비축) ① 방산업체는 방산물자의 생산을 위한 원자재를 비축하여야 한다.

② 제1항의 규정에 의한 원자재의 비축관리 그 밖에 필요한 사항은 대통령령으로 정한다.

제56조(휴업 및 폐업) 방산업체가 당해 업을 휴업 또는 폐업하고자 하는 때에는 미리 산업통상자원부장관의 승인을 얻어야 한다. 이 경우 산업통상자원부장관은 방위사업청장과 협의하여야 한다.〈개정 2008. 2. 29., 2013. 3. 23.〉

제57조(수출 허가 등) ① 방산물자 및 국방과학기술을 국외로 수출하거나 그 거래를 중개(제3국 간의 중개를 포함한다)하는 것을 업으로 하고자 하는 자는 대통령령이 정하는 바에 따라 방위사업청장에게 신고하여야 한다.〈개정 2015. 3. 27.〉

② 방산물자 및 국방과학기술을 국외로 수출하거나 그 거래를 중개하고자 하는 경우에는 대통령령이 정하는 바에 따라 방위사업청장의 허가를 받아야 한다. 다만, 방산물자 및 국방과학기술을 국외로 수출하는 경우로서 해외에 파병된 국군에 제공하는 등 대통령령으로 정하는 경우에는 그러하지 아니하다.〈개정 2008. 2. 29., 2013. 3. 23., 2015. 3. 27., 2016. 12. 20.〉

③ 주요방산물자 및 국방과학기술의 수출허가를 받기 전에 수출상담을 하고자 하는 자는 국방부령이 정하는 바에 따라 방위사업청장의 수출예비승인을 얻어야 하며, 국제입찰에 참가하고자 하는 자는 국방부령이 정하는 바에 따라 방위사업청장의 국제입찰참가승인을 얻어야 한다.

④ 방위사업청장은 대통령령이 정하는 바에 따라 관계행정기관의 장과 협의하여 방산물자 및 국방과학기술의 수출을 제한하거나 조정을 명할 수 있다.〈개정 2015. 3. 27.〉

⑤ 제2항 단서에 따라 방위사업청장의 허가를 받지 아니하고 방산물자 및 국방과학기술을 수출한 자는 수출 후 7일 이내에 방위사업청장에게 수출거래 현황을 제출하여야 한다.〈개정 2016. 12. 20.〉

〔제목개정 2015. 3. 27.〕

제57조의2(군수품무역대리업의 등록) ① 군수품무역대리업을 하려는 자는 대통령령으로 정하는 바에 따라 방위사업청장에게 군수품무역대리업의 등록을 하여야 한다. 다만, 다음 각 호의 어느 하나에 해당하는 자는 등록을 할 수 없다.

1. 미성년자·피성년후견인 또는 피한정후견인

2. 금고 이상의 실형을 선고받고 그 집행이 끝나거나(집행이 끝난 것으로 보는 경우를 포함한다) 면제된 날부터 5년이 지나지 아니한 자

3. 금고 이상의 형의 집행유예 또는 선고유예를 받고 그 유예기간 중에 있는 자

4. 제57조의3제1항에 해당되어 등록이 취소된 지 2년이 경과하지 아니한 자

② 제1항에 따라 군수품무역대리업의 등록을 한 자가 대통령령으로 정하는 중요사항을 변경하

고자 하는 경우에는 변경등록을 하여야 한다.

③ 제1항 및 제2항에 따른 등록 및 변경등록을 하는 경우 방위사업청장은 신청인에게 등록증을 교부하여야 한다.

④ 제1항에 따른 등록의 유효기간은 등록일부터 3년으로 한다.

⑤ 제1항부터 제3항까지의 규정에 따른 등록 및 변경등록의 절차 및 방법, 등록증의 교부 등에 관하여 필요한 사항은 대통령령으로 정한다.

〔본조신설 2016. 5. 29.〕

제57조의3(군수품무역대리업의 등록취소) ① 방위사업청장은 군수품무역대리업을 등록한 자가 다음 각 호의 어느 하나에 해당하는 경우에는 군수품무역대리업의 등록을 취소할 수 있다. 다만, 제1호에 해당하는 경우에는 그 등록을 취소하여야 한다. 〈개정 2016. 12. 20.〉

1. 거짓이나 그 밖의 부정한 방법으로 등록 또는 변경등록을 한 경우

2. 등록한 사항 중 제57조의2제2항에 따른 중요한 사항이 변동되었는데도 이를 변경하여 등록하지 아니하고 군수품무역대리업을 한 경우

3. 제6조제1항에 따라 제출한 청렴서약서의 내용을 지키지 아니한 경우

4. 제57조의4제1항 또는 제2항을 위반하여 중개수수료 신고 또는 변경 신고를 하지 아니하거나 거짓으로 신고 또는 변경 신고한 경우

② 제1항에 따라 군수품무역대리업의 등록이 취소되는 경우라도 이미 해당 군수품무역대리업자가 계약의 이행과정에서 군수품무역대리업자로 참여하고 있는 경우에는 그 계약이 종결하는 범위에서 군수품무역대리업자로 본다.

③ 제1항 및 제2항에서 정한 사항 외에 군수품무역대리업의 등록 취소에 필요한 사항은 대통령령으로 정한다.

〔본조신설 2016. 5. 29.〕

제57조의4(중개수수료의 신고 등) ① 군수품무역대리업을 하는 자는 대통령령으로 정하는 규모 이상의 사업에 대하여 중개 또는 대리 행위를 통하여 외국기업과 수수료 등의 대가(이하 "중개수수료"라 한다)에 관한 계약을 체결한 경우에는 중개수수료를 방위사업청장에게 신고하여야 한다.

② 제1항에 따라 신고를 한 자는 신고한 내용이 변경된 경우에는 그 변경사항을 방위사업청장에게 신고하여야 한다.

③ 방위사업청 소속 직원 또는 소속 직원이었던 사람은 직무상 알게 된 중개수수료 정보를 직무상 목적 외에 부정한 목적을 위하여 사용해서는 아니 된다.

④ 중개수수료 신고의 방법 및 절차, 신고기한 등에 필요한 사항은 대통령령으로 정한다.

〔본조신설 2016. 12. 20.〕

제58조(부당이득의 환수 등) ① 방위사업청장은 방산업체·일반업체, 방위산업과 관련없는 일반업체, 전문연구기관 또는 일반연구기관이 허위 그 밖에 부정한 내용의 원가계산자료를 정부에

제출하여 부당이득을 얻은 때에는 대통령령이 정하는 바에 따라 부당이득금과 부당이득금의 2배 이내에 해당하는 가산금을 환수하여야 한다. 〈개정 2016. 1. 19., 2016. 12. 20.〉

② 제1항에 따른 가산금의 산정 기준 및 방법은 부정한 행위의 정도와 자진신고 여부 등을 고려하여 대통령령으로 정한다. 〈신설 2016. 12. 20.〉

〔제목개정 2016. 12. 20.〕

제59조(청렴서약위반에 대한 제재) 국방부장관과 방위사업청장은 제6조제1항제4호에 해당하는 자가 청렴서약서의 내용을 지키지 아니한 경우에는 대통령령이 정하는 바에 따라 해당 방산업체·일반업체, 방위산업과 관련없는 일반업체, 전문연구기관 및 일반연구기관에 대하여 5년의 범위 안에서 입찰참가자격을 제한하는 등의 제재를 할 수 있다. 〈개정 2014. 5. 9., 2016. 1. 19., 2016. 12. 20.〉

제59조의2(방산업체 취업심사대상자에 대한 확인 등) ①「공직자윤리법」 제17조제1항제1호에 해당하는 방산업체는 방위사업청 퇴직자로서 같은 법에 따른 등록의무자 중 같은 법 제17조제1항에 따른 취업제한기간을 적용받는 사람(이하 "취업심사대상자"라 한다)을 고용하려는 경우에는 취업심사대상자로부터 같은 법 제18조에 따른 취업제한 여부의 확인 요청 또는 취업승인의 신청에 대한 심사 결과를 제출받아 확인하여야 한다.

② 제1항에 따른 방산업체는 「공직자윤리법」 제17조제1항 각 호 외의 부분 본문에 따라 취업이 제한되거나 같은 항 각 호 외의 부분 단서에 따른 취업승인을 받지 아니한 취업심사대상자를 고용해서는 아니 된다.

〔본조신설 2016. 12. 20.〕

제60조(공무원 의제 등) ① 위원회, 분과위원회 및 실무위원회의 위원 중 공무원이 아닌 위원, 제6조제9항에 따라 옴부즈만으로 위촉된 자는 「형법」 그 밖의 법률에 의한 벌칙의 적용에 있어서는 이를 공무원으로 본다. 〈개정 2010. 3. 31., 2016. 12. 20.〉

② 국방기술품질원의 임원 및 직원에 대하여는 「국가공무원법」 제7장 복무에 관한 규정 및 「공무원직장협의회의 설립·운영에 관한 법률」을 준용하며, 「형법」 그 밖의 법률에 의한 벌칙의 적용에 있어서는 이를 공무원으로 본다.

제61조(권한의 위임·위탁) ① 국방부장관은 이 법에 의한 권한의 일부를 대통령령이 정하는 바에 의하여 방위사업청장에게 위임할 수 있다.

② 방위사업청장은 이 법에 의한 권한의 일부를 대통령령이 정하는 바에 의하여 국방과학연구소장 및 국방기술품질원의 장에게 위탁할 수 있다.

③ 방위사업청장은 제42조에 따라 설립된 협회 또는 단체에 다음 각 호의 업무를 위탁할 수 있다. 〈신설 2015. 3. 27.〉

1. 제26조의 표준화 및 제27조의 군수품목록정보 관리와 관련한 조사·분석

2. 제33조의 방위산업육성기본계획의 수립과 관련한 조사

3. 제38조의 자금융자 지원대상에 대한 분석

제8장 벌칙

제62조(벌칙) ① 거짓 또는 부정한 방법으로 제38조제1항 또는 제39조제1항에 따른 융자금 또는 보조금을 받거나 융자금 또는 보조금을 그 용도 외에 사용한 자는 10년 이하의 징역이나 금고에 처하거나 융자 또는 보조받은 금액의 10배 이하에 상당하는 벌금에 처한다. 〈개정 2009. 4. 1., 2014. 5. 9.〉

② 거짓 또는 부정한 방법으로 제53조 또는 제57조제2항 본문에 따른 허가를 받거나 허가를 받지 아니하고 당해 행위를 한 자는 10년 이하의 징역이나 금고 또는 1억원 이하의 벌금에 처한다. 〈개정 2014. 5. 9., 2016. 12. 20.〉

③ 제50조의 규정을 위반하여 그 업무수행중 알게 된 비밀을 누설하거나 도용한 자는 5년 이하의 징역이나 금고 또는 5천만원 이하의 벌금에 처한다. 〈개정 2014. 5. 9.〉

④ 다음 각 호의 어느 하나에 해당하는 자는 3년 이하의 징역이나 금고 또는 3천만원 이하의 벌금에 처한다. 〈개정 2014. 5. 9.〉

1. 제39조제2항의 규정을 위반하여 방위사업청장의 승인을 얻지 아니하고 재산을 양도·교환 또는 대부한 자
2. 제46조제2항의 규정에 의하여 지급받은 착수금 또는 중도금을 그 용도 외에 사용한 자
3. 제48조제1항제12호의 행위를 한 자
4. 제49조제1항·제53조 또는 제54조의 규정에 의한 명령에 위반한 자

⑤ 다음 각 호의 어느 하나에 해당하는 자는 1년 이하의 징역 또는 1천만원 이하의 벌금에 처한다. 〈개정 2009. 4. 1., 2014. 5. 9., 2016. 5. 29., 2016. 12. 20.〉

1. 제35조제3항 본문의 규정에 의한 승인을 얻지 아니하고 경영상 지배권을 실질적으로 취득한 자
2. 제45조제3항의 규정을 위반하여 국유재산이나 물품을 용도 외에 사용한 자
3. 제51조제1항에 따라 생산·매매계약을 체결하여 구매한 방산물자를 그 목적 외에 사용한 자
4. 제56조의 규정에 의한 승인을 얻지 아니하고 휴업·폐업한 자
5. 제57조의2제1항 또는 제2항을 위반하여 등록 또는 변경등록을 하지 아니하고 군수품무역대리업을 하거나, 거짓이나 그 밖의 부정한 방법으로 등록 또는 변경등록을 한 자
6. 제57조의4제1항 또는 제2항을 위반하여 중개수수료 신고 또는 변경 신고를 하지 아니하거나 거짓으로 신고 또는 변경 신고한 자
7. 제57조의4제3항을 위반하여 중개수수료 정보를 부정한 목적으로 사용한 사람

⑥ 다음 각 호의 어느 하나에 해당하는 자는 500만원 이하의 벌금에 처한다. 〈개정 2015. 3. 27.〉

1. 정당한 사유없이 제55조의 규정에 의한 방산물자의 생산을 위한 원자재를 비축하지 아니한 자
2. 제57조제1항의 규정에 의한 신고를 하지 아니하고 방산물자의 수출업을 영위하거나 허위 그

밖에 부정한 방법으로 방산물자의 수출업의 신고를 한 자

제63조(양벌규정) 법인의 대표자나 법인 또는 개인의 대리인, 사용인, 그 밖의 종업원이 그 법인 또는 개인의 업무에 관하여 제62조의 위반행위를 하면 그 행위자를 벌하는 외에 그 법인 또는 개인에게도 해당 조문의 벌금형을 과(科)한다. 다만, 법인 또는 개인이 그 위반행위를 방지하기 위하여 해당 업무에 관하여 상당한 주의와 감독을 게을리하지 아니한 경우에는 그러하지 아니하다.
〔전문개정 2009. 4. 1.〕

제64조(과태료) ① 제59조의2제1항을 위반하여 심사 결과를 확인하지 아니한 자에게는 500만원 이하의 과태료를 부과한다.
② 제1항에 따른 과태료는 대통령령으로 정하는 바에 따라 방위사업청장이 부과·징수한다.
〔본조신설 2016. 12. 20.〕

부칙 〈제15344호, 2018. 1. 16.〉 (과학기술기본법)

제1조(시행일) 이 법은 공포 후 3개월이 경과한 날부터 시행한다.
제2조 생략
제3조(다른 법률의 개정) ①부터 ⑪까지 생략
⑫ 방위사업법 일부를 다음과 같이 개정한다.
제30조제1항 후단 중 "「과학기술기본법」 제9조의 규정에 의한 국가과학기술심의회"를 "「국가과학기술자문회의법」에 따른 국가과학기술자문회의"로 한다.
⑬부터 ㉙까지 생략
제4조 생략

부록 3: 방위사업법 시행령

〔시행 2018. 10. 26.〕〔대통령령 제29257호, 2018. 10. 26., 일부개정〕
국방부(전력정책과) 02-748-5613

제1장 총칙

제1조(목적) 이 영은 「방위사업법」에서 위임된 사항과 그 시행에 관하여 필요한 사항을 규정함을 목적으로 한다.

제2조(무기체계의 분류) 「방위사업법」(이하 "법"이라 한다) 제3조제3호의 규정에 의한 무기체계는 다음 각 호와 같다. 〈개정 2013. 12. 17., 2016. 2. 29.〉

  1. 통신망 등 지휘통제 · 통신 무기체계

  2. 레이다 등 감시 · 정찰무기체계

  3. 전차 · 장갑차 등 기동무기체계

  4. 전투함 등 함정무기체계

  5. 전투기 등 항공무기체계

  6. 자주포 등 화력무기체계

  7. 대공유도무기 등 방호무기체계

  8. 모의분석 · 모의훈련 소프트웨어, 전투력 지원을 위한 필수장비 등 그 밖의 무기체계

제2장 방위사업수행의 투명화 및 전문화

제3조(정책실명제의 실시) ① 법 제5조제1항의 규정에 의하여 정책실명제를 실시하여야 하는 주요정책은 법 제9조제2항의 규정에 의하여 방위사업추진위원회(이하 "위원회"라 한다)의 심의 · 조정의 대상이 되는 사항을 말한다.

② 국방부장관 및 방위사업청장은 제1항의 규정에 의한 주요정책에 관한 계획서 · 보고서 등이 작성되는 경우에는 처리부서로 하여금 참여한 자의 소속 · 직급 · 성명 및 의견, 계획서 · 보고서 등의 내용을 기록 · 보존하게 하여야 하며, 정책의 결정 또는 집행과정에서 수정 또는 변경이 되는 때에는 수정 또는 변경을 하게 된 경위, 관련자 및 관련 내용을 기록하게 하여야 한다.

③ 국방부장관 및 방위사업청장은 제1항의 규정에 의한 주요정책의 결정을 위하여 공청회 · 세

미나 및 관계자 회의 등을 개최하는 경우에는 주관부서로 하여금 개최일시·참석자·발언 내용 및 표결내용 등을 기록하게 하여야 한다.

제4조(청렴서약서의 제출 및 내용) ① 국방부장관은 위원회 및 법 제10조제1항의 규정에 의한 분과위원회의 위원을 임명 또는 위촉한 경우에 청렴서약서를 제출하도록 하여야 한다.

② 국방부장관은 국방부 방위사업 관련 부서에 소속된 공무원으로서 국방부장관이 정하는 사람이 최초임용, 승진 또는 진급, 전보 또는 보직변경된 경우에 청렴서약서를 제출하도록 하여야 한다. 〈신설 2014. 11. 4.〉

③ 방위사업청장은 방위사업청에 소속된 공무원, 국방과학연구소 및 국방기술품질원의 임·직원이 최초임용, 승진 또는 진급, 전보 또는 보직변경된 경우에 청렴서약서를 제출하도록 하여야 한다. 〈개정 2014. 11. 4.〉

④ 방위사업청장은 법 제6조제1항제4호에 따른 방산업체, 일반업체(이하 "방산업체등"이라 한다), 방위산업과 관련없는 일반업체 또는 연구기관이 방위사업에 참가하여 입찰등록을 하는 경우에 청렴서약서를 제출하도록 하여야 한다. 〈개정 2014. 11. 4., 2016. 7. 19.〉

⑤ 방위사업청장은 법 제6조제1항제5호에 따른 군수품무역대리업체가 방위사업에 참가하는 외국기업과 중개 또는 대리 행위에 관한 계약을 체결하는 경우에 청렴서약서를 제출하도록 하여야 한다. 〈신설 2016. 7. 19.〉

⑥ 법 제6조제1항제6호에서 "대통령령으로 정하는 금액"이란 각각 10억원을 말한다. 〈신설 2017. 9. 22.〉

⑦ 방위력개선사업 또는 군수품 획득에 관한 계약(이하 "방위사업계약"이라 한다)을 체결한 방산업체등, 방위사업과 관련없는 일반업체, 전문연구기관 또는 일반연구기관이 법 제6조제1항제6호에 따른 방위사업계약에 관한 하도급계약을 수급업체(매매계약의 경우에는 공급업체를 말하며, 이하 "하도급자"라 한다)와 체결하려는 경우 또는 하도급자가 법 제6조제1항제6호에 따른 방위사업계약에 관한 재하도급계약을 체결하려는 경우에는 계약상대자에게 법 제6조제1항에 따라 방위사업청장에게 청렴서약서를 제출하여야 하는 사실을 미리 통보하여야 한다. 〈신설 2017. 9. 22.〉

⑧ 법 제6조제2항제3호의 규정에 의하여 청렴서약서에 포함되어야 할 사항은 다음 각 호와 같다. 〈개정 2014. 11. 4., 2016. 7. 19., 2017. 9. 22.〉

1. 본인의 직위를 이용한 본인 또는 제3자에 대한 부당이익 취득금지에 관한 사항
2. 공정한 직무수행을 저해하는 알선·청탁의 금지에 관한 사항
3. 입찰가격의 사전공개 및 특정인의 낙찰을 위한 담합 등 입찰의 자유경쟁을 저해하는 불공정한 행위의 금지에 관한 사항
4. 불공정한 하도급의 금지에 관한 사항

제5조(옴부즈만의 구성 및 임기 등) ① 법 제6조제4항에 따른 옴부즈만은 3명 이내로 구성한다. 〈개정 2010. 10. 1.〉

② 제1항의 규정에 의한 옴부즈만은 「비영리민간단체 지원법」 제2조의 규정에 의한 비영리민간단체(이하 "비영리민간단체"라 한다)가 추천하는 자 중에서 방위사업청장이 위촉한다.

③ 삭제〈2010. 10. 1.〉

④ 옴부즈만의 임기는 2년으로 하되, 1차에 한하여 연임할 수 있다.

⑤ 제2항의 규정에 의하여 위촉된 옴부즈만은 자신의 의사에 반하여 해촉되지 아니한다. 다만, 방위사업청장은 옴부즈만이 제2호 내지 제4호의 어느 하나에 해당하는 경우에는 해촉할 수 있으며, 제1호·제5호 또는 제6호에 해당하는 경우에는 해촉하여야 한다. 〈개정 2010. 10. 1.〉

1. 직무수행과 관련하여 금품이나 향응을 수수한 경우

2. 책임감의 결여로 업무를 태만히 하거나 고의로 업무수행을 기피하는 경우

3. 업무수행 중 보안에 위반된 행위를 한 경우

4. 제7조제5항 단서의 규정을 위반한 경우

5. 신체 또는 정신상의 이상으로 정상적인 업무수행이 곤란하다고 인정되는 경우

6. 옴부즈만으로 위촉된 후에 법 제6조제5항 단서에 따른 사유가 밝혀지거나 법 제6조제8항 각 호의 직을 겸직하게 된 경우

〔제목개정 2010. 10. 1.〕

제6조(대표옴부즈만) ① 옴부즈만제도의 효율적인 운용을 위하여 대표옴부즈만을 둘 수 있다.

② 대표옴부즈만은 옴부즈만 중에서 호선한다.

③ 대표옴부즈만은 옴부즈만을 대표하며, 옴부즈만의 업무를 총괄한다.

④ 대표옴부즈만이 일시적으로 그 직무를 수행할 수 없는 때에는 대표옴부즈만이 미리 지명한 옴부즈만이 그 직무를 대행한다.

⑤ 대표옴부즈만은 옴부즈만의 반기별 활동실적을 매 반기가 종료된 후 1월 이내에 방위사업청장에게 제출하여야 한다.

제7조(민원조사 처리절차 등) ① 옴부즈만이 법 제6조제6항 본문에 따라 시정 또는 감사요구 등을 할 때에는 옴부즈만 전원이 합의하여 대표옴부즈만이 한다.

② 옴부즈만은 민원사항에 대한 조사결과 시정 또는 감사요구를 하여야 할 정도에 이르지 아니하나, 제도나 정책 등의 개선이 필요하다고 인정되는 경우에는 방위사업청장에게 이에 대한 합리적인 개선을 권고하거나 의견을 표명할 수 있다.

③ 옴부즈만이 법 제6조제7항에 따라 조사과정에서 관계 서류의 원본을 받았을 때에는 받은 날부터 7일 이내에 이를 반환하여야 한다.

④ 방위사업청장은 제1항에 따라 대표옴부즈만으로부터 시정 또는 감사요구 등을 받았을 때에는 시정 또는 감사요구 등을 받은 날부터 30일 이내에 그 처리결과를 대표옴부즈만에게 통보하여야 한다.

⑤ 대표옴부즈만은 제1항에 따른 시정 또는 감사요구 등의 내용과 제4항에 따른 처리결과 내용을 공표할 수 있다. 다만, 「공공기관의 정보공개에 관한 법률」 제9조에 따라 비공개대상에 해당

하는 정보는 그러하지 아니하다.

⑥ 방위사업청장은 옴부즈만의 원활한 활동을 위하여 예산의 범위에서 수당과 여비, 그 밖에 필요한 경비를 지급하고 사무실 등을 지원할 수 있다.

〔전문개정 2010. 10. 1.〕

제8조 삭제〈2010. 10. 1.〉

제9조 삭제〈2010. 10. 1.〉

제10조 삭제〈2008. 10. 20.〉

제11조(주요직위의 범위 및 자격기준) ① 법 제7조제1항의 규정에 의한 특별히 전문성이 필요하다고 인정되는 직위(이하 "주요직위"라 한다)는 방위사업청과 그 소속기관의 국장·부장 및 통합사업관리팀장에 해당하는 직위를 말한다.

② 법 제7조의 규정에 의하여 주요직위에 임명될 수 있는 자는 다음 각 호의 어느 하나에 해당하는 자격을 갖추어야 한다. 다만, 「군인사법」제57조제1항 및 「공무원 징계령」제1조의2의 규정에 의한 중징계 처분 또는 금고 이상의 형의 선고를 받고 5년이 경과되지 아니한 자는 주요직위에 임명될 수 없다. 〈개정 2009. 3. 18.〉

1. 임명예정직위와 관련한 분야에서 3년 이상의 근무경력자

2. 방위사업 관련 분야의 자격증 또는 학사 이상의 학위소지자

3. 방위사업과 관련된 분야의 교육이수자

③ 제2항의 규정에 의한 임명예정 직위와 관련된 분야의 범위, 자격증, 학위 및 교육의 종류 등에 관하여 필요한 사항은 방위사업청장이 정한다.

제12조(방위사업에 대한 법률적 문제 등 검토) 법 제8조의 규정에 의하여 계약 또는 협상 등을 함에 있어 미리 법률적 검토를 거쳐야 할 사항은 다음 각 호와 같다. 〈개정 2010. 10. 1.〉

1. 총사업비 100억원 이상의 방위력개선사업에 대한 사업추진의 기본전략에 관한 사항

2. 방위사업에 관한 사업제안요청서의 작성 및 그 제안서의 평가에 관한 사항

3. 방위사업 관련 각종 계약서

4. 방위사업청장이 정하는 방위력개선사업의 주요의사결정에 관한 사항

5. 법 제31조제3항의 규정에 의한 국방과학기술의 이전에 관한 사항

6. 법 제48조에 따른 방위산업체(이하 "방산업체"라 한다), 방위산업물자(이하 "방산물자"라 한다) 또는 보증기관의 지정취소에 관한 사항

7. 제63조의 규정에 의한 전문연구기관의 위촉해지에 관한 사항

8. 그 밖에 방위사업의 원활한 수행을 위하여 방위사업청장이 필요하다고 인정하는 사항

제12조의2(자체감독기구의 운영) ① 방위사업청장은 방위사업 전반에 대한 검증·조사, 방위사업과 관련한 정보수집 및 비리예방과 제12조에 따른 사항에 대한 법률적 검토 등을 위하여 「방위사업청과 그 소속기관 직제」등 관계 법령에서 정하는 바에 따라 자체감독기구를 설치·운영

할 수 있다.

② 방위사업청장은 방위사업의 투명성을 확보하기 위하여 제1항에 따른 자체감독기구의 업무 수행에 있어서 독립성을 최대한 보장하여야 한다.

③ 제1항에 따른 자체감독기구의 운영 등에 필요한 사항은 국방부령으로 정한다.

[본조신설 2016. 3. 31.]

제13조(위원회의 구성 등) ① 법 제9조제4항제2호에 따른 위원은 다음 각 호와 같다. 〈개정 2010. 12. 7., 2013. 12. 17., 2014. 11. 4.〉

1. 국방부 전력자원관리실장

2. 방위사업청 차장 및 각 본부장

3. 합동참모본부 전략기획본부장

4. 육군, 해군 및 공군(이하 "각군"이라 한다) 참모차장 및 해병대 부사령관

② 법 제9조제4항제5호 및 제6호에 따라 위촉된 위원의 임기는 2년으로 하며, 한 차례만 연임할 수 있다. 〈개정 2014. 11. 4.〉

[전문개정 2010. 10. 1.]

제14조(위원회의 운영) ① 위원회의 위원장(이하 "위원장"이라 한다)은 위원회를 대표하고, 그 사무를 총괄한다.

② 위원장이 부득이한 사유로 직무를 수행할 수 없는 때에는 부위원장이 그 직무를 대행한다.

③ 위원회는 재적위원 3분의 1이상의 요구가 있거나 위원장 또는 부위원장이 필요하다고 인정할 때 소집한다.

④ 위원회의 회의는 재적위원 과반수의 출석으로 개의하고, 출석위원 과반수의 찬성으로 의결하되, 표결은 기명으로 한다.

⑤ 삭제 〈2013. 12. 17.〉

⑥ 위원회에서 국가정보원과 관련된 사업에 대한 사항을 심의·조정하기 위하여 필요한 경우에는 국가정보원의 관계공무원을 참석시켜 의견을 들을 수 있다. 〈개정 2010. 10. 1.〉

⑦ 그 밖에 위원회의 운영에 관하여 필요한 사항은 위원회의 의결을 거쳐 위원장이 정한다. 〈개정 2010. 10. 1.〉

제14조의2(위원의 제척·기피·회피) ① 위원회의 위원이 다음 각 호의 어느 하나에 해당하는 경우에는 해당 안건의 심의·조정에서 제척(除斥)된다.

1. 위원 또는 위원이 속한 법인·단체 등과 이해관계가 있는 경우

2. 위원의 배우자, 4촌 이내의 혈족, 2촌 이내의 인척인 사람이 이해관계인인 경우

3. 그 밖에 해당 안건의 의결과 직접적인 이해관계가 있다고 인정되는 경우

② 위원회가 심의·조정하는 사항과 직접적인 이해관계가 있는 자는 위원에게 공정한 직무집행을 기대하기 어려운 사정이 있는 경우 위원회에 기피신청을 할 수 있으며, 위원회는 기피신청이 타당하다고 인정하면 의결로 기피를 결정하여야 한다. 이 경우 기피 신청의 대상인 위원은

그 의결에 참여할 수 없다.

③ 위원회의 위원은 제1항 각 호의 사유에 해당하는 경우에는 위원회에 그 사실을 알리고 스스로 해당 안건의 심의를 회피(回避)하여야 한다.

〔본조신설 2017. 6. 20.〕

제14조의3(위원의 해촉) 국방부장관은 위촉 위원이 다음 각 호의 어느 하나에 해당하는 경우에는 해당 위원을 해촉할 수 있다.

1. 심신장애로 인하여 직무를 수행할 수 없게 된 경우
2. 직무와 관련된 비위사실이 있는 경우
3. 직무태만, 품위손상이나 그 밖의 사유로 인하여 위원으로 적합하지 아니하다고 인정되는 경우
4. 제14조의2제1항 각 호의 어느 하나에 해당하는 데에도 불구하고 회피하지 아니한 경우
5. 위원 스스로 직무를 수행하는 것이 곤란하다고 의사를 밝히는 경우

〔본조신설 2017. 6. 20.〕

제15조(분과위원회) ① 법 제10조의 규정에 의한 분야별 분과위원회와 각 분과위원회의 심의·조정사항은 다음 각 호와 같다. 〈개정 2014. 11. 4.〉

1. 전력정책분과위원회: 법 제9조제2항제2호·제10호 및 제14호에 관한 사항
2. 정책·기획분과위원회 : 법 제9조제2항제1호·제3호·제4호·제11호 및 제14호에 관한 사항
3. 사업관리분과위원회 : 법 제9조제2항제5호 내지 제7호 및 제14호에 관한 사항
4. 군수조달분과위원회 : 법 제9조제2항제8호·제9호 및 제12호 내지 제14호에 관한 사항

② 각 분과위원회는 위원장 1명을 포함하여 5명 이상 20명 이내의 위원으로 성별을 고려하여 구성한다. 〈개정 2017. 6. 20.〉

③ 각 분과위원회의 위원장은 위원회의 위원 중에서 부위원장의 제청으로 위원장이 임명하고, 각 분과위원회의 위원은 다음 각 호의 자 중에서 부위원장의 제청으로 위원장이 임명 또는 위촉한다. 〈개정 2013. 12. 17., 2015. 4. 14., 2017. 6. 20.〉

1. 국방부, 합동참모본부, 각군 본부 및 해병대사령부 소속의 위원회 위원이 해당기관의 국장급 공무원 또는 장성급 장교 중에서 추천하는 자
2. 방위사업청 소속의 국장급 이상의 공무원 또는 장성급 장교
3. 법 제9조제4항제3호 및 제4호의 위원이 해당기관의 국장급 공무원 또는 임·직원 중에서 추천하는 자
4. 법 제9조제4항제5호 및 제6호에 따라 위촉된 자

④ 제3항제1호 내지 제3호의 규정에 의하여 위촉된 분과위원회 위원의 임기는 그 직에 있는 동안 재임하고, 동항제4호의 규정에 의하여 임명된 위원의 임기는 위원회 위원의 임기동안 재임한다.

⑤ 각 분과위원회의 운영에 관하여는 제14조제1항부터 제4항까지 및 제7항, 제14조의2 및 제14

조의3을 준용한다. 이 경우 "위원회"는 "각 분과위원회"로, "위원장"은 "각 분과위원회 위원장"으로, "부위원장"은 "각 분과위원회 위원장이 미리 지명한 위원"으로 본다. 〈개정 2017. 6. 20.〉

제15조의2(실무위원회) ① 법 제10조제3항에 따라 제15조제1항에 따른 분과위원회(전력정책분과위원회는 제외한다)에 분야별로 필요한 실무위원회를 둔다.

② 각 실무위원회는 해당 분과위원회의 심의·조정 전에 사전 검토가 필요한 사항과 그 밖에 분과위원회의 업무를 지원하기 위하여 필요한 사항을 심의·조정한다.

③ 각 실무위원회는 위원장 1명을 포함하여 5명 이상 20명 이내의 위원으로 성별을 고려하여 구성한다.

④ 각 실무위원회 위원장은 방위사업청의 국장급 공무원 또는 장성급 장교 중에서 방위사업청장이 임명하는 사람이 되고, 그 밖의 위원은 다음 각 호의 사람이 된다.

1. 국방부, 방위사업청, 합동참모본부, 각군 본부 및 해병대사령부 소속의 과장급 이상 공무원 또는 장교 중에서 소속 기관의 장이 지명하는 사람

2. 법 제9조제4항제3호의 위원이 소속된 기관의 과장급 이상 공무원 중에서 해당 기관의 장이 지명하는 사람

3. 법 제9조제4항제4호의 위원이 소속 임직원 중에서 추천하는 사람

4. 방위사업에 관한 전문지식과 경험이 풍부한 전문가로서 방위사업청장이 위촉하는 사람

⑤ 각 실무위원회는 실무위원회 위원장이 필요하다고 인정할 때 소집한다.

⑥ 각 실무위원회의 운영에 관하여는 제14조제1항·제2항·제4항, 제14조의2 및 제14조의3을 준용한다. 이 경우 "위원회"는 "각 실무위원회"로, "위원장"은 "각 실무위원회 위원장"으로, "국방부장관"은 "방위사업청장"으로, "부위원장"은 "각 실무위원회 위원장이 미리 지명한 위원"으로 본다.

⑦ 제1항부터 제6항까지에서 규정한 사항 외에 각 실무위원회의 구성과 운영 등에 필요한 사항은 방위사업청장이 정한다.

〔본조신설 2017. 6. 20.〕

제16조(전문위원) ① 법 제10조제4항에 따른 전문위원은 2명 이상 5명 이내로 하고, 위원장이 부위원장의 추천을 받아 위촉한다. 〈개정 2017. 6. 20.〉

② 제1항의 규정에 의한 전문위원의 임기는 1년으로 하되, 연임할 수 있다. 다만, 전문위원이 특정한 사안에 대한 자문에 응하기 위하여 위촉된 경우에는 그에 관한 자문이 종료된 때에 해촉된 것으로 본다.

제17조(자료제출요청 등) ① 위원회, 분과위원회 또는 실무위원회가 심의·조정을 함에 있어 필요한 경우에는 국방부, 방위사업청, 합동참모본부, 각군, 국방과학연구소, 국방기술품질원 및 방산업체등에 자료의 제출 또는 의견의 제시를 요구할 수 있다. 〈개정 2014. 11. 4., 2017. 6. 20.〉

② 제1항의 규정에 의하여 자료의 제출 또는 의견의 제시를 요구받은 기관은 정당한 사유가 없

는 한 이에 협조하여야 한다.

제18조(수당·여비) 위원회, 분과위원회 및 실무위원회에 출석한 위원, 전문위원 및 제17조에 따라 위원회, 분과위원회 및 실무위원회에 출석하여 의견을 제시한 자에게는 예산의 범위 안에서 수당과 여비를 지급할 수 있다. 다만, 공무원이 당해 직무와 직접 관련하여 출석한 경우에는 그러하지 아니하다. 〈개정 2017. 6. 20.〉

제3장 방위력개선사업

제1절 방위력 개선사업 수행의 원칙

제19조(인력 등의 지원요청) 방위사업청장은 방위력개선사업을 수행함에 있어 법 제12조의 규정에 의한 통합사업관리제의 효율적인 운영을 위하여 각군·국방부직할기관(국방부직할부대를 포함한다. 이하 같다)·국방과학연구소 및 국방기술품질원 등 관련 기관의 인력이 필요할 경우에는 위원회의 심의를 거쳐 관련 기관에 인력지원을 요청할 수 있다. 이 경우 각군 및 국방부직할기관 소속의 인력에 대하여는 국방부장관에게 인력지원을 요청하여야 한다.

제2절 국방중기계획 및 예산

제20조(국방중기계획 등의 수립) ① 국방부장관은 법 제13조제1항의 규정에 의한 국방중기계획의 수립을 위하여 국방중기계획에 관한 작성지침(이하 "국방중기계획작성지침"이라 한다)을 마련하여야 한다.
② 국방부장관이 제1항의 규정에 의한 국방중기계획작성지침을 마련하고자 하는 경우에 방위력개선사업분야에 관하여는 미리 방위사업청장으로부터 이에 관한 의견서를 받아 이를 반영할 수 있다.
③ 국방부장관이 국방중기계획작성지침을 마련하거나 방위사업청장이 제2항의 규정에 의하여 의견서를 작성하고자 할 때에는 다음 각 호의 사항을 고려하여야 한다.
1. 제22조제3항제1호 내지 제5호에 관한 사항
2. 합동 군사전략에 관한 목표를 달성하기 위한 무기체계의 소요 우선순위
3. 법 제30조의 규정에 의한 국방과학기술진흥에 관한 중·장기정책
④ 방위사업청장이 법 제13조제2항의 규정에 의한 방위력개선사업분야에 관한 중기계획 요구서를 작성하고자 하는 경우에는 각군 본부, 해병대사령부 및 국방부직할기관으로부터 제28조제1항의 규정에 의한 전력화지원요소에 대한 소요를 제출받아야 한다. 〈개정 2013. 12. 17., 2014. 11. 4.〉

제20조의2(소요검증) ① 법 제13조제3항에 따른 무기체계 등에 대한 소요의 적절성 검증(이하 "소요검증"이라 한다)은 법 제15조제1항에 따라 결정된 무기체계 등의 소요 중 국방부장관이

국방중기계획 수립을 위하여 검증이 필요하다고 판단하는 소요를 대상으로 실시한다.

② 소요검증은 제20조의3에 따른 소요검증위원회의 심의를 거쳐야 한다.

③ 제1항 및 제2항에서 규정한 사항 외에 소요검증의 방법 및 절차 등에 관하여 필요한 사항은 국방부장관이 정한다.

〔본조신설 2014. 11. 4.〕

제20조의3(소요검증위원회) ① 소요검증의 심의를 위하여 국방부장관 소속으로 소요검증위원회 (이하 "검증위원회"라 한다)를 둔다.

② 검증위원회는 위원장 1명을 포함하여 21명 이내의 위원으로 구성한다.

③ 검증위원회의 위원장은 국방부차관이 되고, 부위원장은 국방부 전력자원관리실장이 되며, 위원은 다음 각 호의 사람으로 한다. 〈개정 2017. 7. 26.〉

1. 합동참모본부 전략기획본부장, 각군 참모차장 및 해병대 부사령관

2. 방위사업청 차장

3. 기획재정부 · 과학기술정보통신부 · 산업통상자원부 실 · 국장급 공무원으로서 소속기관의 장이 지정한 사람

4. 한국국방연구원 부원장, 국방과학연구소 부소장 및 국방기술품질원 기술기획본부장

5. 「정부출연연구기관 등의 설립 · 운영 및 육성에 관한 법률」에 따라 설립된 정부출연연구기관 소속 임 · 직원으로서 소속기관의 장이 추천하는 사람 중에서 국방부장관이 위촉하는 사람

6. 무기체계 등의 소요, 방위사업 또는 경제 · 산업에 관한 전문지식과 경험이 풍부한 사람으로서 국방부장관이 위촉하는 사람

④ 국방부장관은 검증위원회의 업무를 효율적으로 수행하기 위하여 소요검증실무회의를 구성하여 운영할 수 있다.

⑤ 검증위원회의 회의, 소요검증실무회의의 구성 · 운영, 그 밖에 검증위원회의 운영에 필요한 사항은 국방부장관이 정한다.

〔본조신설 2014. 11. 4.〕

제21조(예산편성) ① 국방부장관은 법 제14조제1항의 규정에 의한 예산편성지침을 작성하고자 하는 경우에 방위력개선사업분야에 관하여는 미리 방위사업청장으로부터 이에 관한 의견서를 받아 이를 반영할 수 있다.

② 방위사업청장은 방위력개선사업분야에 대한 예산을 편성하고자 할 경우에는 각군 본부, 해병대사령부 및 국방부직할기관으로부터 제28조제1항의 규정에 의한 전력화지원요소에 관한 예산편성자료를 제출받아야 한다. 〈개정 2013. 12. 17.〉

제3절 소요의 결정 및 수정

제22조(소요결정 절차 등) ① 합동참모의장은 법 제15조제1항에 따라 무기체계 등의 소요를 결정하려면 미리 국방부, 방위사업청, 합동참모본부, 각군 본부, 해병대사령부 및 국방부직할기관

(이하 "소요제기기관"이라 한다)으로부터 다음 각 호의 사항이 포함된 소요제기서를 제출받아야 한다. 〈개정 2014. 11. 4.〉

1. 필요성

2. 운영개념

3. 작전운용에 요구되는 능력

4. 그 밖에 무기체계 등의 소요 및 전력화지원요소 판단을 위한 참고자료

② 합동참모의장은 제1항에 따라 소요제기기관으로부터 제출받은 소요제기서를 기초로 다음 각 호의 사항이 포함된 전력소요서안을 작성하여야 한다. 이 경우 전력소요서안에 기술발전 추세를 고려하여 작전운용에 필요한 무기체계 등의 성능(이하 "작전운용성능"이라 한다)을 진화적(進化的)으로 발전시키는 방안을 포함할 수 있다. 〈개정 2014. 11. 4.〉

1. 무기체계의 필요성 · 운영개념 · 전력화시기 · 소요량

2. 작전운용성능

3. 제28조제1항에 따른 전력화지원요소

③ 소요제기기관 및 합동참모의장은 제1항에 따른 소요제기서 및 제2항에 따른 전력소요서안을 작성할 때에는 다음 각 호의 사항을 고려하여야 한다. 〈개정 2014. 11. 4.〉

1. 국방정책의 기본방향

2. 국내외 국방정세를 분석한 정보

3. 안보상황과 군사전략 등을 고려하여 합동참모본부가 수립한 군사력 건설의 구현방향

4. 국방과학기술의 개발 및 확보 수준

5. 방산업체등의 적정가동률 및 생산능력

6. 무기체계의 유지 · 정비에 관한 사항

7. 합동성 및 상호운용성

④ 국방과학연구소, 국방기술품질원, 방산업체등 또는 법 제6조제1항제4호에 따른 연구기관은 소요제기기관의 장과 합동참모의장에게 소요에 관한 의견을 제출할 수 있다. 〈개정 2018. 5. 28.〉

⑤ 합동참모의장은 법 제15조제1항 후단에 따라 이 조 제2항에 따른 전력소요서안을 과학적 · 계량적으로 작성하기 위하여 필요하면 다음 각 호의 기관 등의 소요에 관한 의견을 듣거나 제1호 및 제2호의 기관 소속 공무원 및 직원과 제4호의 전문가로 구성된 통합개념팀을 운영하여야 한다. 이 경우 통합개념팀의 구성 및 운영에 필요한 사항은 합동참모의장이 정한다. 〈개정 2018. 5. 28.〉

1. 국방부, 방위사업청, 합동참모본부 및 각군

2. 한국국방연구원, 국방과학연구소 및 국방기술품질원

3. 방산업체등의 이해관계인

4. 방위산업 분야 민간전문가

⑥ 합동참모의장은 법 제15조제1항 후단에 따라 이 조 제2항에 따른 전력소요서안에 관하여 합

동참모회의의 심의 전에 방위사업청장의 의견을 들어야 한다. 〈신설 2018. 5. 28.〉

⑦ 제1항부터 제6항까지에서 규정한 사항 외에 소요결정의 절차에 관하여 필요한 사항은 국방부령으로 정한다. 〈개정 2018. 5. 28.〉

〔전문개정 2013. 12. 17.〕

제23조(경미한 사항의 소요수정) ① 법 제16조제2항의 단서에서 "대통령령이 정한 경미한 사항"이라 함은 다음 각 호의 사항을 말한다.

1. 법 제13조제1항 및 법 제14조의 규정에 의하여 국방중기계획을 수립하거나 예산을 편성 · 집행함에 있어서 재원의 변동을 이유로 한 무기체계 등에 대한 연도별 물량 또는 전력화시기의 수정

2. 무기체계 등에 대한 기술적이고 부수적인 성능의 수정

3. 제28조제1항의 규정에 의한 전력화지원요소의 확보계획 수정

② 위원회 또는 분과위원회에서 방위력개선사업의 중기계획 또는 예산 등을 심의 · 조정하는 과정에서 제1항 각 호의 사항에 대한 수정이 있는 경우에는 그에 대한 소요수정이 있은 것으로 본다.

제4절 방위력개선사업의 수행

제24조(방위력개선사업의 사업추진방법) ① 방위사업청장은 법 제17조제1항의 규정에 의한 선행연구가 완료된 경우에는 방위력개선사업 추진의 기본전략을 수립하여 위원회의 심의를 거쳐야 한다.

② 제1항의 규정에 의한 사업추진의 기본전략에는 다음 각 호의 사항이 포함되어야 한다.

1. 연구개발 또는 구매 결정에 관한 검토내용

2. 연구개발의 형태 또는 구매의 방법 등에 관한 사항

3. 연구개발 또는 구매에 따른 세부 추진방향

4. 시험평가 방안

5. 사업추진일정

6. 무기체계의 전체 수명주기에 대한 관리방안

7. 무기체계의 작전운용성능을 진화적으로 향상시킬 경우 그 단계별 개발목표 및 개발전략

8. 합동전장 환경에서의 각군 무기체계간의 상호 운용성

③ 제2항제2호의 규정에 의한 연구개발의 형태는 다음 각 호로 구분하여 수립한다.

1. 국내연구개발(국제기술 협력을 받는 경우를 포함한다) 또는 국제공동연구개발

2. 정부투자연구개발, 방산업체등 투자연구개발 또는 정부 · 방산업체등 공동투자연구개발

3. 국방과학연구소주관 연구개발 또는 공개입찰에 의한 방산업체등 주관 연구개발

④ 제2항제2호에 따른 구매의 방법은 국내구매, 국외구매 및 임차로 구분하여 수립한다. 〈신설 2010. 10. 1.〉

제24조의2(구매의 방법) ① 방위사업청장은 법 제19조제1항 본문에 따라 국내에서 생산된 군수품을 구매할 때에는 국내에서 개발 중이거나 개발된 무기체계를 일부 개조하여 구매할 수 있다.

② 방위사업청장은 법 제19조제1항 단서에 따라 국외에서 생산된 군수품을 구매할 때에는 외국에서 운용 중이거나 개발 중인 무기체계를 일부 개조하여 구매할 수 있다. 〈개정 2018. 5. 28.〉

③ 방위사업청장은 국내구매 또는 국외구매에 드는 비용보다 경제적이거나 전력화 시기의 충족 등을 위하여 필요하다고 인정되면 군수품을 임차할 수 있다.

〔본조신설 2010. 10. 1.〕

제24조의3(국제계약지원관 및 국외사업현장감독관) ① 방위사업청장은 법 제19조제1항 단서에 따라 국외에서 생산된 군수품을 구매하기 위하여 필요한 경우에는 소속 공무원으로 하여금 국외에서 협상, 계약체결 지원 및 이행관리 등의 업무를 수행하게 할 수 있다. 〈신설 2018. 5. 28.〉

② 방위사업청장은 다음 각 호의 어느 하나에 해당하는 업무를 수행하기 위하여 필요한 경우에는 「국가를 당사자로 하는 계약에 관한 법률」 제13조에 따라 소속 공무원으로 하여금 국외에서 해당 계약의 이행을 감독하게 할 수 있다. 〈개정 2018. 5. 28.〉

1. 제24조제3항제1호에 따른 국제공동연구개발(국제기술 협력을 받는 국내연구개발을 포함한다)

2. 제24조제4항에 따른 국외구매

③ 방위사업청장은 제1항 및 제2항에 따른 업무를 수행하는 소속 공무원에게 예산의 범위에서 경비를 지급할 수 있다. 〈개정 2018. 5. 28.〉

〔본조신설 2014. 11. 4.〕

〔제목개정 2018. 5. 28.〕

제25조(협상참가자의 자격 등) ① 법 제19조제2항의 규정에 의하여 군수품의 구매절차에 참여하게 할 수 있는 민간전문가는 다음 각 호의 어느 하나에 해당하는 자로 한다.

1. 공무원으로서 국제계약 또는 국제협상 부서에서 5년 이상 근무한 경력이 있는 자

2. 변호사 · 변리사 또는 공인회계사로서 국제계약 또는 국제협상관련 분야에서 3년 이상 종사한 경력이 있는 자

3. 국제무역학 및 국제통상학 등 국제계약 또는 국제협상과 관련된 분야의 석사 이상 학위를 소지한 자로서 국제계약 또는 국제협상 업무에 5년 이상 종사한 경력이 있는 자

4. 과학기술분야에서 10년 이상 종사한 경력이 있는 자

② 방위사업청장은 위원회의 추천을 받아 제1항의 규정에 의한 민간전문가를 15명의 범위 안에서 미리 선정하여 군수품을 구매할 경우 필요한 자를 참여하게 할 수 있다.

제25조의2(국내 구매절차) ① 법 제19조제1항 본문에 따라 국내에서 생산된 군수품을 구매하는 절차는 다음 각 호의 순서에 따른다.

1. 구매계획 수립

2. 입찰공고

3. 시험평가, 적격심사 등에 의한 계약대상자 선정

4. 구매계약 체결

② 제1항제3호에 따른 계약대상자 선정에 관한 세부 절차는 구매계약의 특성을 고려하여 방위사업청장이 정한다.

〔본조신설 2013. 12. 17.〕

〔종전 제25조의2는 제25조의3으로 이동〈2013. 12. 17.〉〕

제25조의3(국외 구매절차) ① 법 제19조제1항 단서에 따라 국외에서 생산된 군수품을 구매하는 절차는 다음 각 호의 순서에 따른다.〈개정 2013. 12. 17.〉

1. 구매계획 수립

2. 입찰공고

3. 제안서 접수 및 평가

4. 시험평가(법 제21조에 따른 시험평가를 말한다. 이하 이 조에서 같다)대상 무기체계 또는 장비의 선정

5. 시험평가 및 협상

6. 구매대상 무기체계 또는 장비의 기종결정

7. 구매계약 체결

② 제1항제4호에 따른 시험평가 대상 무기체계 또는 장비는 제1항제3호의 제안서 평가 결과에 따라 선정하고, 평가 결과에 따른 우선순위는 부여하지 않는다.

③ 제1항제5호에 따른 협상은 구매가격, 무기체계 및 장비의 성능, 절충교역, 그 밖에 계약조건 등에 관한 협상으로 시험평가와 동시에 진행할 수 있다.〈개정 2013. 12. 17.〉

④ 제1항제6호의 구매대상 무기체계 또는 장비의 기종은 시험평가 및 협상결과를 종합하여 결정한다.

⑤ 제4항에 따른 기종결정을 위한 평가방법 및 그 밖에 구매절차에 관하여 필요한 사항은 방위사업청장이 정한다.

〔본조신설 2010. 10. 1.〕

〔제목개정 2013. 12. 17.〕

〔제25조의2에서 이동〈2013. 12. 17.〉〕

제26조(절충교역의 기준) ① 법 제20조제1항의 규정에 의하여 절충교역을 추진하여야 하는 군수품의 단위사업별 금액은 1천만 미합중국달러 이상으로 한다. 다만, 다음 각 호의 어느 하나에 해당하는 경우에는 절충교역을 추진하지 아니할 수 있다.〈개정 2013. 12. 17.〉

1. 수리부속품을 구매하는 경우

1의2. 법 제18조에 따른 무기체계의 연구개발에 사용하기 위한 핵심부품을 구매하는 경우

2. 유류 등 기초원자재를 구매하는 경우

2의2. 외국정부와 계약을 체결하여 군수품을 구매하는 경우

3. 그 밖에 국가안보·경제적 효율성 등을 고려하여 위원회의 심의를 거친 경우

② 법 제20조제3항제6호에서 "군수품 외의 물자의 연계 수출 등 대통령령으로 정하는 사항"이란 다음 각 호의 사항을 말한다. 〈신설 2009. 7. 1., 2013. 3. 23., 2013. 12. 17., 2017. 7. 26.〉

1. 군수품 외의 물자로서 산업통상자원부장관 또는 중소벤처기업부장관의 추천을 받아 방위사업청장이 선정한 물자의 연계 수출

2. 방위사업청장이 방위산업의 경쟁력 향상을 위하여 산업통상자원부장관과 협의하여 정하는 외국인투자(「외국인투자 촉진법」 제2조제1항제4호에 따른 외국인투자에 한정한다)의 유치

③ 절충교역의 추진절차 등 그 밖에 절충교역의 추진에 관하여 필요한 사항은 방위사업청장이 정한다. 〈개정 2009. 7. 1.〉

제27조(시험평가계획의 수립 등) ① 국방부장관은 법 제21조제1항 및 제3항에 따라 무기체계 및 핵심기술의 시험평가 중 연구개발에 대한 시험평가계획을 수립하려는 경우에는 다음 각 호의 사항이 포함된 시험평가기본계획을 수립하여야 한다. 다만, 국방부장관이 정하는 바에 따라 시험평가기본계획을 수립할 필요가 없다고 인정되는 경우에는 수립하지 아니한다. 〈개정 2016. 7. 19.〉

1. 시험평가 대상 체계의 개요

2. 법 제21조제3항제1호에 따른 개발시험평가(이하 이 조에서 "개발시험평가"라 한다)의 개요

3. 법 제21조제3항제2호에 따른 운용시험평가(이하 이 조에서 "운용시험평가"라 한다)의 개요

4. 시험평가에 필요한 자원

5. 그 밖에 시험평가에 필요한 사항

② 국방부장관은 제1항에 따른 시험평가기본계획을 기준으로 개발시험평가계획 및 운용시험평가계획을 수립하여야 한다. 다만, 국방부장관이 개발시험평가 및 운용시험평가를 모두 거칠 필요가 없다고 인정하는 경우에는 일부 계획을 수립하지 아니한다. 〈개정 2016. 7. 19.〉

③ 국방부장관은 법 제21조제1항 및 제4항에 따라 무기체계의 시험평가 중 무기체계의 구매를 위한 시험평가계획을 수립하려는 경우에는 같은 조 제4항 각 호의 구분에 따라 시험평가계획을 수립하여야 한다. 〈신설 2016. 7. 19.〉

④ 제2항 및 제3항의 규정에 의한 시험평가계획에는 다음 각 호의 사항이 포함되어야 한다. 〈개정 2016. 7. 19.〉

1. 시험평가 대상장비 및 수량

2. 시험평가 실시시기·장소 및 방법

3. 시험평가 항목 및 평가기준

4. 시험평가자

5. 시험평가에 소요되는 예산

⑤ 국방부장관이 제2항의 규정에 의한 시험평가계획을 수립하는 경우에는 다음 각 호의 사항을 고려하여야 하며, 제3항의 규정에 의한 시험평가계획을 수립하는 경우에는 제안요청서를 고려하여야 한다. 〈개정 2010. 10. 1., 2013. 12. 17., 2014. 11. 4., 2016. 7. 19.〉

1. 연구개발에 관한 계획서

2. 업체의 연구개발사업 제안서

3. 연구개발기관에서 작성한 개발시험평가 수행계획

4. 소요제기기관에서 작성한 운용시험평가 수행계획

⑥ 국방부장관은 시험평가계획의 수립, 시험평가 진행과정의 확인 및 결과판정 등을 효율적으로 수행하기 위하여 국방부, 합동참모본부, 방위사업청, 각군, 국방기술품질원 및 법 제21조제2항의 규정에 의한 각 기관의 직원으로 구성되는 통합시험평가팀을 운영할 수 있으며, 그 구성 및 운영에 관한 사항은 국방부장관이 정한다. 〈개정 2014. 11. 4., 2016. 7. 19.〉

⑦ 국방부장관은 법 제21조제2항의 규정에 의하여 각군과 각 기관이 무기체계 및 핵심기술의 시험평가를 실시하는 경우에 시험평가의 원활한 수행을 위하여 시험평가에 필요한 예산을 확보하여 지원하여야 한다. 〈개정 2014. 11. 4., 2016. 7. 19.〉

⑧ 법 제21조제4항 각 호 외의 부분 후단에 따라 국방부장관이 자료에 의한 시험평가를 실시할 수 있는 경우는 다음 각 호와 같다. 〈신설 2016. 7. 19.〉

1. 개발 중에 있어 시제품이 없는 무기체계를 구매하는 경우

2. 국내에서 현재 운용 중인 무기체계를 일부 개조하여 구매하는 경우

3. 운용 중인 무기체계를 함정, 항공기 등 복합무기체계와 통합하기 위하여 구매하는 경우

⑨ 시험평가의 절차 등 그 밖에 시험평가의 실시에 관하여 필요한 사항은 국방부령으로 정한다. 〈개정 2016. 7. 19.〉

〔제목개정 2016. 7. 19.〕

제28조(전력화지원요소의 확보 등) ① 방위사업청장 및 소요와 관련된 군, 국방부 직할기관(이하 "소요군(所要軍)"이라 한다)은 무기체계가 획득되어 배치됨과 동시에 운용될 수 있도록 무기체계의 전력화를 위한 다음 각 호의 요소(이하 "전력화지원요소"라 한다)를 확보하여야 한다. 이 경우 방위사업청장은 제1호 가목 및 제2호의 전력화지원요소를 확보하여야 하며, 소요군은 제1호 나목의 전력화지원요소를 확보하여야 한다. 〈개정 2016. 7. 19.〉

1. 획득된 무기체계가 전장에서 즉시 전투력을 발휘할 수 있도록 하기 위한 다음 각 목의 전투발전지원요소

    가. 부대시설, 무기체계의 상호운용에 필요한 하드웨어 및 소프트웨어 등

    나. 군사교리(軍事敎理), 부대편성을 위한 조직·장비, 교육훈련 및 주파수

2. 획득된 무기체계가 효율적이고 경제적으로 운용되기 위하여 필요한 수리부속품 및 사용설명서 등의 종합군수지원요소

② 방위사업청장이 제1항의 규정에 의하여 전력화지원요소를 확보하기 위하여 필요한 경우 소요군에 지원을 요청할 수 있다. 이 경우 소요군은 특별한 사유가 없는 한 이에 협조하여야 한다.

③ 방위사업청장은 무기체계의 배치에 따른 초기 부대편성 또는 교육훈련 등 소요군이 전력화지원요소를 확보하고자 할 때에는 필요한 예산을 지원할 수 있으며, 소요군이 동의하는 경우 일정기간 동안 계약에 의하여 방산업체등으로 하여금 후속적인 군수지원의 전부 혹은 일부를 수

행하도록 할 수 있다.

④ 방위사업청장은 소요군과 협의한 후 주요 무기체계에 대한 목표가동률 등의 성과지표를 제시하여 방산업체등으로 하여금 후속적인 군수지원의 전부 또는 일부를 담당하도록 하고 그 성과에 따라 대가를 지급할 수 있다. 〈신설 2009. 7. 1.〉

제4장 조달 및 품질관리

제29조(조달방법 등) ① 방위사업청장은 법 제25조제2항 본문에 따라 군수품을 일괄적으로 조달할 때에는 국내조달, 국외조달 및 임차의 방법으로 할 수 있다. 이 경우 세부적인 조달 절차는 방위사업청장이 정한다.

② 법 제25조제2항 단서에 따라 각군이 군수품을 직접 조달(이하 "부대조달"이라 한다)할 수 있는 군수품은 다음 각 호와 같다.

1. 군수품을 운용하는 부대에서 직접 개발한 시제품
2. 군 정비부대(군 정비창을 포함한다. 이하 같다)에서 행하는 군수품의 정비와 이에 필요한 부품의 생산에 필요한 소모성 물자
3. 단위 품목당 연간 조달계획금액이 3천만원 미만인 품목과 3천만원 이상 5천만원 미만의 품목 중 부대조달 실적이 있는 단위 품목
4. 제31조제1항에 따른 국방규격이 없고 견본을 제시할 수 없는 품목
5. 전시 · 사변 등으로 긴급한 구매가 필요한 품목
6. 각군이 사용하는 암호화 장비 등 보안유지가 필요한 품목과 사용자의 요구조건이 다양하여 특수한 제작설치가 요구되는 품목
7. 부대조달된 장비와 부품을 업체에 의뢰하여 정비하는 경우 그에 필요한 품목
8. 그 밖에 방위사업청장이 부대조달하는 것이 효율적이라고 판단하여 소요군과 합의한 품목

③ 방위사업청장은 법 제25조제2항 단서에 따라 조달청장에게 요청하여 군수품을 구매하는 경우에는 구매대상 군수품, 구매의 방법 및 절차에 관한 사항을 조달청장과 협의하여 정한다. 이 경우 방위사업청장은 소요군으로부터 이에 관한 의견을 들어야 한다.

〔전문개정 2010. 10. 1.〕

제30조(표준품목의 지정 · 해제) ① 방위사업청장이 법 제26조제1항의 규정에 의하여 전력지원체계에 대한 군수품의 표준화계획을 수립하는 경우에는 이에 관한 국방부장관의 의견을 들어 이를 반영하여야 한다. 〈개정 2014. 11. 4.〉

② 방위사업청장은 군수품의 표준품목을 지정하고자 할 때에는 다음 각 호의 사항을 고려하여야 한다. 이 경우 구매에 의하여 획득하는 전력지원체계에 대하여는 각군의 의견을 받아 표준품목을 지정하되, 연구개발에 의하여 획득하는 전력지원체계의 품목에 대하여는 국방부 또는 각군이 요구하는 바에 따라 표준품목을 지정하여야 한다. 〈개정 2014. 11. 4.〉

1. 각군의 구매요구조건의 적정성 및 표준품목 지정의 필요성

2. 해당군수품의 경제성

3. 전력화지원요소의 충족성

4. 민·군 분야의 활용도

5. 사용 중인 군수품과의 연계성

③ 방위사업청장은 다음 각 호의 경우에는 군수품의 표준품목 지정을 해제하여야 한다.

1. 군수품이 새로운 표준품목으로 대체되는 경우

2. 군사적으로 효용을 충족할 수 없고 경제적으로 부적합하여 표준품목으로 유지할 필요가 없는 경우

3. 군수품을 민간에서 생산·유통되고 있는 품목 등으로 전환할 필요가 있는 경우

④ 제2항 및 제3항의 규정에 의한 표준품목의 지정 및 해제에 관하여 필요한 절차는 방위사업청장이 정한다.

제31조(국방규격의 제정·개정) ① 방위사업청장은 법 제26조제3항의 규정에 의하여 군수품의 규격(이하 "국방규격"이라 한다)을 제정하고자 하는 경우에는 지정된 표준품목을 대상으로 하되, 다음 각 호의 기관으로부터의 제정요구에 의한다. 〈개정 2014. 11. 4.〉

1. 국방과학연구소 주관 연구개발품목의 경우에는 국방과학연구소

2. 업체 주관 연구개발 품목 또는 법 제25조의 규정에 의하여 방위사업청에서 일괄적으로 조달하는 품목 등의 경우에는 해당업체

3. 국방부 또는 각군이 획득하는 전력지원체계 품목의 경우에는 국방부 또는 각군

② 방위사업청장은 국방규격이 제정되어 있지 아니한 품목으로서 부대조달되는 품목에 대하여는 각군으로 하여금 규격을 제정하게 할 수 있다.

③ 방위사업청장은 군수품을 생산하는 국내산업기술의 변화·발전 또는 각군이 요구하는 국방규격의 변경으로 인하여 국방규격의 실효성이 떨어진 경우에는 국방규격을 개정 또는 폐지할 수 있다.

④ 제1항 및 제3항의 규정에 의한 국방규격의 제정·개정 및 폐지에 관하여 필요한 절차는 방위사업청장이 정한다.

제32조(형상의 관리) ① 방위사업청장은 군수품이 그 효용목적을 유지할 수 있도록 하기 위하여 법 제26조제3항의 규정에 의한 군수품의 물리적 또는 기능적 특성(이하 "형상"이라 한다)에 따른 관리를 다음 각 호에 따라 실시한다.

1. 군수품이 각군의 요구성능을 충족하고 운용의 효율성 등을 최대한 발휘하도록 하기 위한 형상의 식별

2. 식별된 형상을 구체적으로 구현하기 위한 설계도 작업 등 형상의 문서화

3. 문서화된 형상을 기준으로 변경되는 형상내용의 확인 및 조정·통제

4. 군수품이 식별된 형상과 합치되는지의 여부확인 및 자료관리

② 군수품에 대한 형상의 관리는 법 제17조의 규정에 의한 무기체계 등의 획득방법에 관한 사업추진방법이 결정된 때부터「군수품관리법」제13조제3항의 규정에 의하여 군수품이 폐기될 때까지 실시한다.

③ 형상의 관리에 필요한 세부적인 절차는 방위사업청장이 정한다.

제33조(군수품목록정보) ① 방위사업청장은 법 제27조제1항의 규정에 의하여 군수품의 재고번호를 부여하고자 할 때에는 도면 · 단가 · 포장단위 · 저장기간 및 생산자에 관한 정보 등에 따라 분류하여 재고번호를 부여한다.

② 방위사업청장이 법 제27조제2항의 규정에 의하여 군수품목록정보의 관리계획을 수립하는 경우에는 이에 관한 국방부장관의 의견을 들어 이를 반영하여야 한다.

③ 각군 · 국방부직할기관 · 국방과학연구소 · 국방기술품질원 등 관련 기관은 군수품목록정보를 수정 또는 보완하여야 할 경우에는 방위사업청장에게 그 내용을 제출하고, 방위사업청장은 수정 · 보완여부를 결정하여 관련 기관에 통보한다.

④ 방위사업청장은 방산물자를 수출하는 경우에는 군수품목록정보를 수출국가에 제공할 수 있는 군수품목록정보에 관한 교류합의서를 체결할 수 있다.

제5장 국방과학기술의 진흥

제34조(국방과학기술진흥에 관한 정책 및 계획의 수립) ① 법 제30조제1항의 규정에 의한 국방과학기술진흥에 관한 중 · 장기정책(이하 "국방과학기술진흥정책"이라 한다)은 매 5년 마다 수립하며, 이에 포함되어야 할 사항은 다음 각 호와 같다.

1. 국방과학기술진흥의 중 · 장기 발전목표 및 기본방향
2. 군사력 혁신에 필요한 국방과학기술에 관한 정책
3. 국방과학기술진흥을 위한 재원배분 및 투자확대에 관한 사항
4. 그 밖에 국방과학기술진흥에 필요한 중요정책

② 국방부장관은 국방과학기술진흥정책을 수립하기 위하여 방위사업청 · 합동참모본부 · 각군 · 국방과학연구소 및 국방기술품질원 등에 필요한 자료의 제출을 요청할 수 있다.

③ 법 제30조제1항의 규정에 의한 국방과학기술진흥에 관한 실행계획은 국방과학기술진흥정책을 기초로 매년 수립하며, 이에 포함되어야 할 사항은 다음 각 호와 같다.

1. 국방과학기술의 확보계획 및 개발방안에 관한 사항
2. 제1항제2호의 규정에 의한 국방과학기술에 관한 정책의 추진계획
3. 국방과학기술의 선진화 및 국제화 추진계획에 관한 사항
4. 국가과학기술과 국방과학기술의 상호 유기적인 보완 · 발전추진 계획에 관한 사항
5. 국방과학기술진흥을 위한 연구개발투자에 관한 사항
6. 국방과학기술의 개발을 위한 시설 및 장비 등 국방과학기술기반 확충에 관한 사항

7. 국방과학기술 인력의 양성 및 처우개선에 관한 사항

④ 법 제30조제1항의 규정에 의하여 국가과학기술자문회의의 심의를 거쳐야 하는 국방과학기술진흥에 관한 정책 등은 다음 각 호와 같다. 〈개정 2008. 2. 29., 2013. 3. 23., 2017. 7. 26., 2018. 4. 17.〉

1. 제1항 각 호에 관한 사항

2. 제3항제1호 · 제4호 · 제6호 및 제7호에 관한 사항

3. 그 밖에 국방부장관이 과학기술정보통신부장관과 협의하여 정하는 사항

제35조(국방과학기술정보의 관리를 위한 업무 등) ① 방위사업청장은 법 제31조의 규정에 의하여 국방과학기술과 관련이 있는 정보를 체계적으로 종합 · 관리하기 위하여 다음 각 호의 업무를 수행한다.

1. 법 제31조제1항 각 호의 규정에 의한 정보의 수집 · 관리 및 목록화

2. 국내 · 외의 기술수준 조사 및 기술발전추세 분석

3. 국방과학기술정보의 유통체제 확립

4. 국방과학기술정보 관련 자료의 발간 · 배포

② 국방과학기술의 연구개발에 따른 지식재산권(법 제31조의2에 따른 무기체계 및 핵심기술의 지식재산권은 제외한다)의 소유에 관하여는 「국방과학연구소법」 제18조 및 「국가연구개발사업의 관리 등에 관한 규정」 제20조에 따른다. 〈개정 2010. 8. 11., 2011. 7. 19., 2015. 9. 22.〉

제36조(국방과학기술의 이전) ① 법 제31조제3항의 규정에 의하여 국방과학기술의 이전(이하 "기술이전"이라 한다)을 받고자 하는 자는 다음 각 호의 서류를 첨부하여 해당기술을 보유한 각군 또는 정부 출연연구기관(이하 "기술보유기관"이라 한다)에 기술이전신청을 하여야 한다.

1. 기술이전의 목적

2. 이전을 받고자 하는 기술내용

3. 이전을 받고자 하는 기술에 대한 활용 계획서

② 기술보유기관은 기술이전신청을 받은 날부터 1월 이내에 다음 각 호의 사항을 검토하여 방위사업청장에게 기술이전승인을 요청하여야 하며, 방위사업청장은 그 요청을 받은 날부터 2개월 이내에 승인여부를 결정하고 기술보유기관에 통보하여야 한다. 〈개정 2009. 1. 7.〉

1. 기술이전의 범위 및 내용

2. 기술이전 신청자의 적격여부

3. 기술이전의 필요성

4. 기술료

5. 기술이전의 절차 및 문제점

6. 기술이전시 기술이전을 받는 기관 등이 준수하여야 할 사항

7. 그 밖에 방위사업청장이 요구하는 사항

③ 기술보유기관은 기술이전을 받고자 하는 자와 기술이전계약에 의하여 기술을 이전하여야

한다. 이 경우 기술이전계약서에 포함되어야 할 사항에 대해서는 방위사업청장이 정한다.

제36조의2(무기체계 및 핵심기술의 지식재산권의 관리 등) ① 방위사업 청장은 법 제31조의2제1항에 따른 지식재산권(이하 "지식재산권"이라 한다)을 체계적으로 관리하기 위하여 다음 각 호의 업무를 수행한다.

1. 지식재산권의 목록화

2. 지식재산권의 활용체계 확립

3. 지식재산권 관련 자료의 발간ㆍ배포

② 법 제31조의2제2항에 따라 지식재산권을 공동 소유로 하는 경우 공동 소유의 지분율은 무기체계 및 핵심기술의 연구개발비의 부담 정도 및 기여도 등을 고려하여 국가 또는 국방과학연구소와 법 제31조의2제2항 각 호의 기관간의 계약으로 정한다.

③ 법 제31조의2제2항에 따라 지식재산권을 공동 소유하는 경우 각 공유자는 다른 공유자의 동의를 받아야만 그 지분을 양도하거나 그 지분을 목적으로 하는 질권을 설정할 수 있다.

〔본조신설 2015. 9. 22.〕

제36조의3(지식재산권의 실시권의 허락) ① 법 제31조의2제3항에 따른 전문연구기관, 방산업체 및 일반업체는 같은 항에 따라 실시권의 허락을 받으려는 경우에는 다음 각 호의 사항이 포함된 서류를 갖추어 방위사업청장 또는 국방과학연구소에 실시권의 허락을 신청하여야 한다.

1. 지식재산권의 실시 목적

2. 실시하고자 하는 내용

3. 실시하고자 하는 지식재산권에 대한 활용계획

② 법 제31조의2제2항에 따라 공동 소유로 한 지식재산권을 활용하려는 자는 같은 조 제4항에 따라 실시권의 허락을 받으려는 경우에는 제1항의 각 호의 서류를 갖추어 방위사업청장, 국방과학연구소 또는 법 제31조의2제2항 각 호의 어느 하나에 해당하는 기관에 실시권의 허락을 신청하여야 한다.

③ 방위사업청장, 국방과학연구소 또는 법 제31조의2제2항 각 호의 어느 하나에 해당하는 기관(이하 이 조에서 "방위사업청장등"이라 한다)은 제1항 또는 제2항에 따라 실시권의 허락의 신청을 받은 날부터 2개월 이내에 다음 각 호의 사항을 검토하여 실시권의 허락 여부를 결정하고, 그 사실을 제1항 또는 제2항에 따라 실시권의 허락을 신청한 자에게 지체 없이 통보하여야 한다.

1. 실시권의 허락을 신청한 자의 적격 여부

2. 지식재산권 실시의 범위 및 내용

3. 실시권에 대한 기술료

④ 법 제31조의2제3항 및 제4항에 따라 실시권의 허락을 받은 자는 방위사업청장등과의 계약에 따라 지식재산권을 실시하여야 한다.

⑤ 국방과학연구소와 법 제31조의2제2항 각 호의 어느 하나에 해당하는 기관은 제4항에 따라 계약을 체결한 경우 계약 내역을 연도별로 방위사업청장에게 제출하여야 한다.

〔본조신설 2015. 9. 22.〕

제37조(국방기술품질원의 운영 및 감독 등) ① 법 제32조제6항제9호에 따라 국방기술품질원이 국방과학기술의 관리 등과 관련하여 수행하는 사업은 방위사업청장이 위탁하는 다음 각 호의 업무로 한다. 〈개정 2016. 7. 19., 2018. 5. 28.〉

1. 선행연구와 관련된 조사·분석 업무

2. 절충교역·성능개량·기술이전·수출허가 등과 관련된 기술지원 업무

② 법 제32조제7항의 규정에 의한 정부의 국방기술품질원에 대한 출연은 방위사업청장이 매년 예산에 계상하여 지급함으로써 행한다.

③ 국방기술품질원장은 매 사업연도의 사업계획과 예산안을 작성하여 당해 사업연도 개시 10월 전에 방위사업청장에게 제출하여 그 승인을 얻어야 하며, 승인받은 사업계획과 예산을 변경하고자 할 때에도 또한 같다.

④ 국방기술품질원장은 매 분기별로 사업계획집행실적을 분기종료 후 1월 이내에 방위사업청장에게 보고하여야 한다.

⑤ 국방기술품질원장은 매 회계연도의 결산서를 방위사업청장이 지정하는 공인회계사의 회계검사를 받아 다음 해 3월말까지 방위사업청장에게 제출하여야 한다.

⑥ 제5항의 경우에 그 결산서의 내용 중 국가기밀에 속하는 사항과 이와 직접 관련된 사항은 공인회계사의 회계검사 대상에서 이를 제외한다.

제37조의2(국유재산의 양도 또는 대부 등) ① 법 제32조의2에 따른 군수품 또는 국유재산의 무상 사용허가·대부 또는 양여는 「군수품관리법」 제6조에 따른 관리기관(이하 이 조에서 "관리기관"이라 한다) 또는 해당 국유재산을 관리하는 「국가재정법」 제6조에 따른 중앙관서의 장과 국방기술품질원 간의 계약에 따른다.

② 제1항에 따라 국방기술품질원이 군수품을 무상으로 대부받거나 양여받으려는 경우에는 다음 각 호의 사항을 구체적으로 밝혀 관리기관에 요청하여야 한다.

1. 대부받거나 양여받으려는 이유

2. 대부 또는 양여의 구분

3. 군수품 명세서

4. 대부 또는 양여의 시기·기간 및 그 밖의 조건

③ 제1항 및 제2항에서 정한 사항 외에 군수품 또는 국유재산의 무상 사용허가·대부 또는 양여에 관하여는 「군수품관리법」 또는 「국유재산법」을 준용한다.

〔본조신설 2016. 2. 29.〕

제6장 방위산업육성

제38조(방위산업육성기본계획의 수립 등) ① 법 제33조의 규정에 의한 방위산업육성기본계획은 매 5년 마다 수립하며, 수정ㆍ보완이 필요한 경우에는 1년 단위로 이를 수정ㆍ보완할 수 있다.

② 방위사업청장이 제1항의 규정에 의하여 방위산업육성기본계획을 수립하고자 할 때에는 법 제33조제2항제2호ㆍ제4호ㆍ제5호 및 제7호의 사항에 대하여는 산업통상자원부장관과 협의하여야 한다. 〈개정 2008. 2. 29., 2013. 3. 23.〉

제39조(방산물자의 지정) ① 법 제34조제1항 단서의 규정에 의하여 무기체계로 분류되지 아니한 물자로서 방산물자로 지정할 수 있는 물자는 다음 각 호와 같다.

1. 군용으로 연구개발 중인 물자로서 연구개발이 완료된 후 무기체계로 채택될 것이 예상되는 물자

2. 그 밖에 국방부령이 정하는 기준에 해당되는 물자

② 법 제34조제2항의 규정에 의한 주요방산물자는 법 제35조제2항 각 호에 해당하는 물자로 하고, 일반방산물자는 그 외의 방산물자로 한다.

③ 군수품을 생산하고 있거나 생산하고자 하는 자는 국방부령이 정하는 바에 따라 당해 물자를 방산물자로 지정하여 줄 것을 방위사업청장에게 요청할 수 있다. 이 경우 방위사업청장은 3월 이내에 그 물자를 방산물자로 지정함이 적합한지 여부를 결정하여 이를 요청인에게 통보하여야 한다.

④ 방위사업청장은 제3항 또는 법 제34조제1항의 규정에 의하여 방산물자를 지정한 경우에는 이를 산업통상자원부장관에게 통보하여야 한다. 〈개정 2008. 2. 29., 2013. 3. 23.〉

제40조(방산물자 지정의 범위 등) ① 방위사업청장은 완제품이나 주요 구성품(두 개 이상의 결합체가 연결되어 한 개의 물체로 구성된 부품을 말한다)의 단위로 방산물자를 지정하여야 한다. 다만, 방산물자와 무기체계 운용의 효율성을 높이기 위하여 핵심기술이 포함되어 있는 군수품의 원활한 조달이 필요한 경우에는 결합체(두 개 이상의 부분품이 서로 연결되어 뭉쳐진 부품을 말한다) 또는 부분품(한 개의 품목으로 더 이상 분해하는 것이 불가능한 최소 단위의 부품을 말한다)의 단위로 방산물자를 지정할 수 있다. 〈개정 2010. 10. 1., 2013. 12. 17.〉

② 방산물자에 사용되는 부품과 방산물자의 운용에 필요한 다음 각 호의 장비는 그 방산물자에 포함되어 지정된 것으로 본다. 다만, 그 부품과 장비가 해당 방산업체에서 제조 또는 정비하는 것이 아니거나 방산물자가 아닌 물자에 사용되는 때에는 그러하지 아니하다. 〈개정 2009. 7. 1., 2010. 10. 1., 2016. 11. 29.〉

1. 시험측정장비

2. 검사장비

3. 교정장비

③ 방위사업청장은 국외에서 도입한 물자를 방산물자로 지정할 때에는 해당 물자를 국내에서

정비하는 경우로 한정하여야 한다. 〈신설 2016. 11. 29.〉

④ 방위사업청장은 국내기술수준을 고려하여 2 이상의 업체에서 생산이 가능할 것으로 판단되는 물자에 대하여는 방산물자의 지정을 하지 아니할 수 있다. 〈개정 2016. 11. 29.〉

〔제목개정 2010. 10. 1.〕

제41조(방산업체의 지정) ① 법 제35조제1항의 규정에 의하여 방산업체의 지정을 받고자 하는 자는 다음 각 호의 서류를 갖추어 산업통상자원부장관에게 신청하여야 한다. 다만, 이미 지정된 방산업체가 다른 방산물자를 추가로 생산하기 위하여 지정받고자 하는 때에는 제1호·제4호 내지 제7호의 서류만을 갖추어 신청할 수 있다. 〈개정 2006. 6. 12., 2008. 2. 29., 2013. 3. 23.〉

1. 신청서

2. 정관(법인의 경우에 한한다)

3. 대차대조표 및 손익계산서

4. 생산시설 및 그 주요 부속시설의 명세와 그 능력설명서

5. 원료의 사용실적 및 조달계획서

6. 생산제품의 종류·규격과 그 생산·판매의 실적 및 계획서

7. 사업계획서

8. 기술자 및 기능사의 양성계획서와 기술능력설명서

9. 안전대책에 관한 계획서 및 설명서

② 산업통상자원부장관은 제1항의 규정에 의한 신청서를 받은 때에는 제42조의 규정에 의한 시설기준에 의하여 신청인의 생산시설 등을 측정하고, 제44조의 규정에 의한 보안요건의 측정을 방위사업청장에게 요청하여야 한다. 〈개정 2008. 2. 29., 2013. 3. 23.〉

③ 산업통상자원부장관은 제2항의 규정에 의하여 방산업체의 지정신청을 받은 경우에는 6월 이내에 방산업체 지정여부를 결정하여 신청인 및 방위사업청장에게 통보하고, 지정하는 경우에는 방산업체지정서를 교부하여야 한다. 〈개정 2008. 2. 29., 2013. 3. 23.〉

④ 제1항에 따라 지정신청을 받은 산업통상자원부장관은 「전자정부법」 제36조제1항에 따른 행정정보의 공동이용을 통하여 법인 등기사항증명서(법인인 경우로 한정한다)를 확인하여야 한다. 〈개정 2006. 6. 12., 2010. 5. 4., 2010. 11. 2., 2013. 3. 23.〉

제42조(시설기준) ① 법 제35조제1항의 규정에 의한 방산업체의 시설기준은 다음 각 호의 인적·물적시설에 관하여 산업통상자원부장관이 정하는 기준에 의한다. 〈개정 2008. 2. 29., 2013. 3. 23.〉

1. 방산물자의 생산에 필요한 일반시설 및 특수시설

2. 방산물자의 품질검사시설

3. 방산물자의 생산에 필요한 기술인력

4. 그 밖에 산업통상자원부장관이 필요하다고 인정하는 시설

② 산업통상자원부장관은 제1항의 규정에 의한 시설기준을 정하는 경우에는 방위사업청장과

협의하여야 한다.〈개정 2008. 2. 29., 2013. 3. 23.〉

제43조(시설기준의 변경) ① 방산업체는 유휴·잉여 생산시설이 발생하여 그 경영에 과중한 부담을 준다고 인정되는 경우에는 관계증거서류를 첨부하여 제42조제1항의 규정에 의한 시설기준의 변경을 산업통상자원부장관에게 요청할 수 있다.〈개정 2008. 2. 29., 2013. 3. 23.〉

② 산업통상자원부장관은 제1항의 요청에 따라 시설기준을 변경하고자 하는 때에는 방위사업청장과 협의하여야 한다.〈개정 2008. 2. 29., 2013. 3. 23.〉

제44조(보안요건 및 측정 등) ① 법 제35조제1항의 규정에 의한 보안요건은 다음 각 호와 같다.

1. 방산시설이 충분히 보호될 수 있는 지역 및 시설에 관한 보안대책
2. 방산업체에 종사하는 인원에 관한 보안대책
3. 비밀문서의 취급 및 보관·관리에 관한 보안대책
4. 방산물자 및 원자재에 관한 보호대책
5. 장비 및 설비의 보호대책
6. 통신시설 및 통신수단에 대한 보안대책
7. 각종 자료의 정보처리과정 및 정보처리 결과자료의 보호대책
8. 보안사고에 대비한 관계정보기관과의 유기적인 통신수단
9. 그 밖에 보안유지를 위하여 방위사업청장이 필요하다고 인정하는 보안대책

② 방위사업청장은 방산업체의 지정 등과 관련한 다음 각 호의 보안요건 측정 및 확인을 국방부장관에게 요청하고, 국방부장관은 그 측정 및 확인결과를 방위사업청장에게 통보하여야 한다.

1. 제41조제2항의 규정에 의한 방산업체의 지정 및 제46조제1항의 규정에 의한 전문연구기관의 위촉에 따른 보안요건 측정
2. 법 제48조제1항제2호의 규정에 의한 방산업체의 지정취소 요건 및 제63조제1항제1호의 규정에 의한 전문연구기관의 위촉해지 요건의 확인

제45조(방산업체의 매매 등) ① 법 제35조제3항의 규정에 의하여 방산업체 경영지배권의 실질적인 변화의 기준은 다음 각 호의 어느 하나에 해당되는 때를 말한다.〈개정 2010. 12. 7.〉

1. 방산업체의 주식 등(지분 그 밖의 모든 재산권을 포함한다. 이하 같다)을 매매, 기업간의 교환·합병, 담보권의 실행, 대물변제의 수령 그 밖의 방식에 의하여 일괄 처분하거나 인수하고자 하는 때
2. 방산업체의 방산물자 생산부문을 분리하여 신규법인을 설립하거나, 매매, 기업간의 교환·합병, 담보권의 실행, 대물변제의 수령 그 밖의 방식에 의하여 일괄 처분하거나 인수하고자 하는 때
3. 동일인이 단독으로 또는 다음 각 목의 어느 하나에 해당하는 자(이하 "동일인관련자"라 한다)와 합하여 방산업체의 주식 등을 100분의 50이상 소유하고자 하는 때(100분의 50미만을 소유한 경우로서 주식 등의 최다소유자가 되면서 동일인이 직접 또는 동일인관련자를 통하여 방산업체의 임원선임이나 경영에 지배적인 영향력을 행사할 수 있게 되는 때를 포함한다)

가. 배우자, 8촌 이내의 혈족, 4촌 이내의 인척

나. 동일인이 직접 또는 가목이나 다목의 자를 통하여 해당 회사의 조직변경 또는 신규사업에의 투자 등 주요 의사결정이나 업무집행에 지배적인 영향력을 행사하고 있는 회사

다. 동일인이 다른 주요 주주와의 계약 또는 합의에 의하여 해당 회사의 대표이사를 임면하거나 임원의 100분의 50 이상을 선임할 수 있는 회사

4. 방산업체의 영업의 전부 또는 주요 부분의 양수·임차 또는 경영의 수임 방식으로 방산업체를 경영하고자 하는 때

② 법 제35조제3항의 규정에 의하여 방산업체의 경영상의 지배권을 취득함에 있어 산업통상자원부장관의 승인을 얻고자 하는 자는 국방부령이 정하는 승인신청서에 제41조제1항제2호 및 제3호의 서류와 방산업체 주식 등의 취득에 관한 증거서류를 첨부하여 산업통상자원부장관에게 제출하여야 한다. 다만, 방산업체를 인수한 이후에 방산물자의 생산시설 또는 보안요건을 변경하여 운영하고자 하는 경우에는 제41조제1항제4호 내지 제9호의 서류를 추가로 첨부하여야 한다. 〈개정 2008. 2. 29., 2013. 3. 23.〉

③ 산업통상자원부장관은 제2항의 규정에 의한 신청을 승인한 때에는 신청인 및 방위사업청장에게 그 사실을 통보하고, 그 승인에 따라 방산업체의 상호, 대표자 또는 주소 등이 변경되는 때에는 방산업체지정서를 재교부하여야 한다. 〈개정 2008. 2. 29., 2013. 3. 23.〉

제46조(전문연구기관의 위촉) ① 방위사업청장은 제44조제1항의 규정에 의한 보안요건을 갖춘 기관 중에서 그 연구시설 및 기술수준을 고려하여 전문연구기관을 위촉한다. 다만, 군사기밀이 아닌 연구개발 사업 등을 수행하기 위하여 전문연구기관을 위촉하는 경우에는 제44조제1항의 규정에 의한 보안요건을 적용하지 아니할 수 있다.

② 방위사업청장은 제1항의 규정에 의하여 전문연구기관을 위촉하고자 할 때에는 당해 기관으로 하여금 다음 각 호의 서류를 제출하게 할 수 있다. 이 경우 제41조제4항의 규정은 전문연구기관의 위촉절차에 관하여 이를 준용한다. 〈개정 2006. 6. 12.〉

1. 정관(법인의 경우에 한한다)

2. 연구시설 및 그 주요부속시설의 명세와 그 능력설명서

3. 사업계획서 및 사업실적

4. 기술능력설명서

③ 방위사업청장은 정부 또는 지방자치단체에서 운영하는 연구기관 또는 정부출연연구기관을 전문연구기관으로 위촉하고자 할 때에는 미리 소관 감독기관과 협의하여야 한다.

④ 방위사업청장은 전문연구기관을 위촉한 때에는 전문연구기관위촉서를 그 전문연구기관에 교부한다. 이 경우 제3항의 규정에 의하여 전문연구기관을 위촉한 때에는 소관 감독기관에게 그 사실을 통보하여야 한다.

제47조(사업조정제도 등) ① 방위사업청장은 법 제36조제1항 후단에 따라 합의를 권고할 때에는 국방부령으로 정하는 서식에 따른 합의안을 제시하여야 한다.

② 법 제36조제1항제2호에 따라 사업조정을 신청하고자 하는 자는 국방부령으로 정하는 서류를 첨부하여 방위사업청장에게 제출하여야 한다.
〔전문개정 2009. 7. 1.〕

제48조(사실조사의 방법 등) ① 방위사업청장이 법 제36조제4항에 따라 사업조정을 위한 사실조사를 하는 경우 미리 다음 각 호의 사항이 기재된 문서를 조사개시 10일 전까지 해당 대기업자·중소기업자 또는 방산업체(이하 "조사대상자"라 한다)에게 통지하여야 한다. 다만, 조사대상자의 자발적인 협조를 얻어 실시하는 경우에는 조사의 개시와 동시에 문서를 제시하거나 조사목적 등을 구두로 통지할 수 있다.

1. 조사목적
2. 조사기간과 장소
3. 조사원의 성명과 직위
4. 조사범위와 내용
5. 제출자료
6. 그 밖에 해당 사실조사와 관련하여 필요한 사항

② 제1항에 따른 사실조사는 해가 뜨기 전이나 해가 진 뒤에는 할 수 없다. 다만, 다음 각 호의 어느 하나에 해당하는 경우에는 그러하지 아니하다.

1. 조사대상자가 동의한 경우
2. 사무소 또는 사업장 등의 업무시간에 사실조사를 실시하는 경우
3. 해가 뜬 후부터 해가 지기 전까지 사실조사를 실시하는 경우에는 조사목적의 달성이 불가능한 경우

③ 제1항과 제2항에 따라 사실조사를 하는 자는 그 권한을 표시하는 증표를 조사대상자에게 제시하여야 한다.

④ 제1항에 따라 사실조사를 하는 경우에 조사대상자의 사무소 또는 사업장에 출입하여 조사를 하는 때에는 해당 사무소 또는 사업장에 관계인을 참석하게 하여야 하며, 사실조사 과정에서 관계인의 진술을 청취하는 경우에는 그 내용을 조서(調書)로 작성하여야 한다.

⑤ 방위사업청장은 사실조사의 결과를 확정한 날부터 7일 이내에 그 결과를 조사대상자에게 통지하여야 한다.

⑥ 방위사업청장은 제1항에 따른 사실조사를 수행할 때에는 다음 각 호의 자를 모두 포함시켜야 한다.

1. 공인회계사
2. 변호사의 자격이 있는 자
3. 전문연구기관의 전문가
〔전문개정 2009. 7. 1.〕

제49조(이행공고의 공표 방법 등) ① 삭제〈2009. 7. 1.〉

②방위사업청장이 법 제36조제5항에 따라 공표를 하는 경우에는 중앙 일간지 등에 2회 이상 게재하여야 하며, 해당 대기업자 또는 방산업체 등에게 그 내용을 서면으로 통지하여야 한다.〈개정 2009. 7. 1.〉

③방위사업청장은 법 제36조제5항의 규정에 의하여 대기업자 또는 방산업체에 대하여 권고사항의 이행을 명할 경우에는 해당 대기업자 또는 방산업체 등에게 그 내용을 서면으로 통지하고 이행상태를 확인하여야 한다.

④방위사업청장은 법 제36조제7항에 따라 조정내용의 전부 또는 일부를 철회한 때에는 그 내용을 해당 대기업자 또는 방산업체에게 서면으로 통지하고 이를 공고하여야 한다.〈신설 2009. 7. 1.〉

⑤방위사업청장은 법 제36조제8항에 따라 사업의 인수·개시·확장 또는 투자의 일시 정지를 권고한 때에는 그 내용을 해당 대기업자 또는 방산업체에게 서면으로 통지하여야 한다.〈신설 2009. 7. 1.〉

제50조(방산업체의 보호육성) ① 정부는 방산업체가 생산하는 방산물자를 우선적으로 구매하여야 한다.

②방위사업청장은 방산물자의 생산계획물량을 매년 해당방산업체에 통보하여야 한다.

③방산업체가 제2항의 규정에 의하여 통보된 생산계획물량 중 당해연도 물량을 당해연도 조달계약 전에 생산하고자 하는 경우에는 방위사업청장의 승인을 얻어야 한다.

④방위사업청장이 제60조제1항에 따라 장기계약을 체결하려는 경우에는 연도별 방산물자의 생산계획물량을 해당 방산업체에 통보하여야 하며, 그 방산업체는 조달계약 체결 전에 방위사업청장의 승인을 받아 해당 연도 예산의 범위에서 원자재 및 부품을 확보할 수 있다.〈신설 2009. 1. 7.〉

⑤방산업체는 제3항에 따라 생산된 물자 및 제4항에 따라 확보한 원자재·부품에 관한 품질확인을 방위사업청장에게 요청할 수 있고, 방위사업청장은 특별한 사유가 없는 한 이에 응하여야 한다.〈개정 2009. 1. 7.〉

⑥방산업체는 제3항의 규정에 의하여 생산된 물자 중 방산업체에 보관하기가 어렵거나 안전사고의 우려가 있는 경우 등에는 그 방산물자를 납품하여야 할 군과 협의하여 당해 참모총장이 정하는 장소에 미리 납품하거나 보관할 수 있다.〈개정 2009. 1. 7.〉

제51조(자금융자) ① 법 제38조제1항제4호에서 "대통령령으로 정하는 물자"란 법 제34조에 따라 방산물자로 지정되지 아니한 물자로서 다음 각 호의 어느 하나에 해당하는 물자를 말한다.〈신설 2009. 7. 1.〉

1. 무기체계
2. 「대외무역법」 제19조에 따라 지정·고시된 전략물자 중 방위사업청장의 수출허가대상 전략물자

3. 그 밖에 방위사업청장이 방위산업의 투자촉진과 수출시장의 확대를 위하여 지정·고시한 물자

② 업체가 법 제38조에 따라 자금을 융자받고자 하는 때에는 방위사업청장의 융자추천을 얻어 해당자금의 취급금융기관에 융자신청을 하여야 한다. 〈개정 2008. 2. 29., 2009. 7. 1.〉

③ 법 제38조제1항 본문에 따라 방위사업청장이 정하는 이자와 제2항에 따른 자금융자 추천방법·절차 등에 관한 세부적인 사항은 방위사업청장이 정하여 고시한다. 〈개정 2009. 7. 1.〉

제52조(보조금의 교부 등) ① 법 제39조제1항제4호의 규정에 의하여 방위산업의 육성을 위하여 보조할 수 있는 비용은 다음 각 호와 같다.

1. 법 제49조제1항의 명령에 의한 방산시설의 이전비용

2. 법 제55조의 규정에 의한 원자재의 비축에 소요되는 자금의 이자

3. 정부의 방산물자 조달의 중단이나 발주량의 현저한 감소로 인하여 유휴화되고 있는 전용기기의 유지비와 종사자의 노무비

4. 천재·지변 그 밖의 재해로 인하여 파괴되거나 멸실된 방산시설 또는 방산물자의 복구 또는 구매비용

5. 정부의 방위산업에 관한 구조조정계획에 의하여 유휴화된 방산물자 생산전용설비·기기의 철거 또는 폐기비용

② 방위사업청장은 법 제39조제1항의 규정에 의한 보조금의 교부 기준 등 그 밖에 필요한 사항을 산업통상자원부장관과 협의하여 정한다. 〈개정 2008. 12. 31., 2013. 3. 23.〉

③ 보조금의 교부를 받고자 하는 자는 다음 각 호의 서류를 갖추어 방위사업청장에게 신청하여야 한다.

1. 신청서

2. 사업계획서

3. 소요자금명세서

④ 방위사업청장은 보조금을 교부함에 있어서 그 보조금으로 인하여 방산업체·일반업체 또는 전문연구기관에 상당한 수익이 생기는 경우에는 그 보조금의 전부 또는 일부에 해당하는 금액을 국가에 반환하게 하는 조건을 붙일 수 있다. 〈개정 2016. 7. 19.〉

제53조(보조금에 의한 재산의 양도 등) ① 법 제39조제2항의 규정에 의하여 보조금으로 취득하거나 효용이 증가된 재산의 처분승인을 받고자 하는 자는 다음 각 호의 서류를 갖추어 방위사업청장에게 신청하여야 한다.

1. 신청서

2. 사유서

② 방위사업청장은 제1항의 규정에 의하여 재산의 처분승인을 받은 경우에는 산업통상자원부장관과 협의를 거쳐 2월 이내에 승인여부를 결정하고 이를 신청인 및 산업통상자원부장관에게 통보하여야 한다. 〈개정 2008. 2. 29., 2013. 3. 23.〉

제54조(기술인력 등에 대한 장려금지급) ① 법 제40조제1항의 규정에 의한 기술인력은 연구개발 또는 부품국산화 업무 등에 종사하는 자로서 국방부장관 및 방위사업청장이 국방과학연구소・국방기술품질원・방산업체・전문연구기관・군정비부대 또는 군조달부대의 필수요원이라고 인정하는 자로 한다. 〈개정 2014. 11. 4.〉

② 법 제40조제1항에 따른 기술인력 및 연구개발자에 대한 장려금의 지급 기준, 지급 절차 및 지급 심사를 위한 위원회의 구성・운영 등에 필요한 사항은 방위사업청장이 정한다. 이 경우 방위사업청장은 국방부장관의 의견을 들어 반영하여야 한다. 〈개정 2014. 11. 4.〉

③ 방위사업청장은 제2항에 따른 장려금의 재원 확보 및 지급 기준을 정할 때에는 기획재정부장관과 협의하여야 한다. 〈신설 2014. 11. 4.〉

제55조(방위산업지원) 방산업체 또는 전문연구기관이 법 제41조의 규정에 의하여 기술지원 또는 생산지원을 받고자 할 때는 다음 각 호의 사항을 기재한 기술 또는 생산지원신청서를 방위사업청장, 각군 참모총장, 국방과학연구소장, 국방기술품질원장 또는 군정비부대의 장에게 제출하여야 한다.

1. 지원내용 및 기간
2. 비용부담 내용 및 조건

제56조(협회 등의 설립 등) ① 법 제42조제1항의 규정에 의한 협회 또는 단체는 회원이 20인 이상이 되어야 하며, 다음 각 호의 업무를 목적으로 하여야 한다.

1. 방위산업에 관한 조사・연구업무
2. 방위산업의 경쟁력 향상을 위한 업무
3. 방위산업의 수출촉진을 위한 업무
4. 그 밖에 방위사업청장이 방위산업발전을 위하여 필요하다고 인정하는 업무

② 제1항의 규정에 의하여 설립되는 협회 또는 단체는 다음 각 호의 사항을 기재한 정관을 작성하여 방위사업청장의 인가를 받아야 한다. 정관내용을 변경하고자 하는 때에도 또한 같다.

1. 목적 및 명칭
2. 주된 사무소의 소재지
3. 업무 및 그 집행에 관한 사항
4. 임원에 관한 사항
5. 회원의 자격에 관한 사항
6. 정관의 변경에 관한 사항
7. 그 밖에 협회 또는 단체의 운영에 필요한 사항

③ 방위사업청장은 제1항의 규정에 의하여 설립되는 협회 또는 단체에 대한 지도・감독을 위하여 필요한 때에는 그 업무에 관한 사항을 보고하게 하거나 자료의 제출 등을 요구할 수 있다.

제57조(보증기관의 지정 등) ① 법 제43조제1항의 규정에 의하여 보증기관의 지정을 받고자 하는 자는 다음 각 호의 요건을 갖추어야 한다.

1. 자본금(비영리법인의 경우에는 기본재산)이 5억원 이상일 것

2. 법 제43조제2항 각 호의 보증업무를 수행하기에 충분한 인력과 물적시설을 갖추고 있을 것

3. 방산업체 등에 대한 보증업무를 수행하는데 필요한 기금(이하 "보증기금"이라 한다)을 확보할 것

② 제1항의 규정에 의하여 지정을 받고자 하는 자는 다음 각 호의 서류를 갖추어 방위사업청장에게 신청하여야 한다. 이 경우 방위사업청장은 「전자정부법」 제36조제1항에 따른 행정정보의 공동이용을 통하여 법인 등기사항증명서를 확인하여야 한다. 〈개정 2007. 6. 28., 2010. 5. 4., 2010. 11. 2.〉

1. 지정신청서

2. 삭제〈2007. 6. 28.〉

3. 제1항 각 호의 요건을 증명할 수 있는 서류

4. 보증기금의 보증범위, 보증계약의 내용, 보증의 한도 및 보증수수료 등 보증규정에 관한 서류

③ 방위사업청장은 제1항의 규정에 의하여 보증기관을 지정한 때에는 이를 공고하여야 한다.

제58조(수출지원을 위한 조치 등) ① 방위사업청장은 법 제44조제1항에 따라 방산물자등(법 제38조제1항제4호에 따른 방산물자등을 말한다. 이하 같다)과 국방과학기술의 수출진흥을 위한 다음 각 호의 조치를 취하거나 관계 행정기관 등의 장에게 필요한 조치를 하여 줄 것을 요청할 수 있다. 〈개정 2009. 7. 1., 2010. 10. 1., 2017. 9. 22.〉

1. 수출하는 방산물자등에 대한 조세감면

2. 방산물자등의 수출에 따라 구매국이 반대급부로 요구하는 대응구매 및 기술이전

3. 해외진출 방산업체 및 방산물자등의 생산업체의 애로사항 조사와 그 해결을 위한 지원

4. 민간통상협력 및 산업협력

5. 교육훈련 및 홍보지원

6. 그 밖에 방산물자등 및 국방과학기술의 수출진흥을 위하여 방위사업청장이 필요하다고 인정하는 조치

② 방위사업청장은 법 제44조제2항에 따라 방산물자등의 수출진흥을 위하여 다음 각 호의 지원을 할 수 있다. 〈개정 2009. 7. 1., 2017. 9. 22.〉

1. 수출진흥을 위한 국·내외 전시회 또는 학술회의의 개최 및 참가 등에 따른 경비의 지원

2. 수출전문인력 양성을 위한 교육비용의 지원

3. 수출교섭을 위한 구매국 방문 및 구매국 주요인사의 초청방문에 대한 지원

4. 방산업체등의 수출경쟁력 강화를 위한 해외시장 조사·분석, 유망수출품목 발굴 및 기술개발의 지원

5. 그 밖에 수출진흥을 위하여 방위사업청장이 필요하다고 인정하는 지원

③ 법 제44조제3항제1호에 따라 방산물자등을 수출하려는 자가 후속군수지원 업무관리 조치를 받으려는 경우에는 다음 각 호의 사항이 모두 기재된 수출 후속군수지원 종합관리계획서를 방위사업청장에게 제출하여야 한다. 〈신설 2009. 7. 1., 2010. 10. 1.〉

1. 수출의 개요 및 범위

2. 구매국 정부가 요청한 후속군수지원 범위

3. 수출업체의 후속군수지원계획[부품 단종(斷種) 대비계획을 포함한다]

4. 정부나 관계기관에서 지원하여야 할 대상, 시기 및 지원에 소요되는 장비나 그 대가의 상환 방법 등

④ 외국정부 및 방산물자등을 수출하는 사람은 법 제44조제3항제2호에 따라 수출용 방산물자 등의 개조·개발에 대한 기술지원을 요청할 때에는 기술보유기관에 대하여 기술이전 신청과 함께 기술지원 요청을 할 수 있다. 〈개정 2010. 10. 1.〉

⑤ 방위사업청장은 법 제44조제3항 각 호의 어느 하나에 해당하는 조치를 위하여 필요한 경우에는 관계 행정기관 등의 장에게 필요한 조치를 하여 줄 것을 요청할 수 있다. 〈신설 2010. 10. 1.〉

제59조(국유재산의 양도 또는 대부 등) ① 법 제45조제1항의 규정에 의하여 무상으로 대부할 수 있는 일반재산은 다음 각 호와 같다. 〈개정 2009. 7. 27.〉

1. 법 제31조제1항의 규정에 의한 국방과학기술정보

2. 법 제49조제1항의 규정에 의한 명령에 의하여 행하는 방산시설의 이전에 직접 제공되는 토지·건물 및 공작물

② 법 제45조제1항의 규정에 의하여 무상으로 사용허가를 할 수 있는 행정재산은 다음 각 호와 같다.

1. 각종 시험장 및 시험시설

2. 폭발물 처리장

3. 사격장

4. 그 밖에 방산물자의 생산 및 시험에 필요한 재산으로서 국방부령으로 정하는 재산

③ 법 제45조제2항의 규정에 의하여 유상 또는 무상으로 대부할 수 있는 전용기기 및 물품은 방산물자의 생산·연구 또는 시제품생산에 사용되는 원자재·장비·치공구(治工具)·측정기기와 검사기기 또는 성능시험 및 검사용의 물품과 그 부분품을 말한다.

④ 제3항의 규정에 의한 전용기기 및 물품으로서 유상 또는 무상으로 대부할 수 있는 경우는 다음 각 호와 같다.

1. 국내에서의 고장수리가 장기간 소요되거나 불가능한 경우 또는 국내구입 및 외국도입이 곤란하여 방산물자 생산에 차질을 초래할 우려가 있는 경우

2. 방산물자의 성능시험용 또는 검사용으로 필요한 경우

3. 천재·지변 그 밖의 재해로 생산시설이 파괴되어 생산이 불가능한 경우

4. 방산물자의 조달계약이나 연구개발 등의 위촉에 있어서 그 대부를 조건으로 약정한 경우

⑤ 법 제45조제2항의 규정에 의하여 무상으로 양도할 수 있는 전용기기 및 물품은 다음 각 호와 같다.

1. 법 제45조제2항의 규정에 의하여 대부된 전용기기 및 물품으로서 제4항제2호 또는 제3호에 해당되어 사용 후 반환이 불가능하거나 부적당한 것

2. 군이 불용 또는 초과품으로 결정한 장비로서 방산업체 또는 전문연구기관이 수리하여 사용하거나 재활용할 수 있는 군수품

⑥ 정부는 다음 각 호의 어느 하나에 해당하는 경우에는 법 제45조제4항에 따라 국가가 보유한 방산시설 또는 방산물자를 무상으로 양도・대부・사용허가를 하거나 방산업체 소유의 방산물자와 교환하는 것을 우선적으로 고려하여야 한다. 〈신설 2013. 12. 17.〉

1. 방산시설 또는 방산물자가 노후 등으로 인하여 사용할 수 없게 된 경우로서 폐기비용이나 처리비용을 고려할 때 무상으로 양도하는 것이 경제적으로 유리한 경우

2. 방산물자가 품질 또는 성능 유지를 위한 적정 순환주기를 초과할 것이 예상되어 새로운 방산물자로 대체가 필요한 경우

3. 무기체계의 변경 등으로 해당 방산물자의 수요가 감소함에 따라 과다한 보유가 예상되어 다른 방산물자로 대체가 필요한 경우

⑦ 방산업체 또는 전문연구기관이 제1항부터 제6항까지의 규정에 따라 국유재산을 사용하거나 대부 또는 양도받고자 하는 때에는 다음 각 호의 서류를 갖추어 방위사업청장의 추천을 받아 당해 재산의 관리청에 신청하여야 한다. 〈개정 2013. 12. 17.〉

1. 신청서

2. 사용계획서

⑧ 제7항에 따라 신청을 받은 관리청은 특별한 사유가 없는 한 그 사용을 허가하거나 대부 또는 양도하여야 한다. 〈개정 2013. 12. 17.〉

제60조(장기계약) ① 방위사업청장은 법 제46조제1항에 따라 다음 각 호의 어느 하나에 해당하는 때에는 계약기간이 2회계연도 이상에 걸치는 계약(이하 "장기계약"이라 한다)을 체결할 수 있다. 〈개정 2009. 7. 1., 2010. 10. 1.〉

1. 법 제18조제4항에 따라 연구 또는 시제품생산을 하게 하거나, 법 제34조에 따라 지정된 방산물자를 조달하는 경우로서 그 계약이행에 수년을 요하는 때

2. 장기조달계획, 장기간 예측되는 반복소요 또는 경제여건 등을 고려할 때에 당해 회계연도 이내에 종료하는 계약을 체결하는 것이 비효율적으로 판단되는 때

②「국가를 당사자로 하는 계약에 관한 법률 시행령」제8조제2항・제37조제1항・제50조제3항 및 제69조의 규정은 방산물자를 장기계약으로 체결하는 경우에 이를 준용한다.

③ 제1항에 따른 장기계약의 체결 등에 필요한 사항은 국방부령으로 정한다. 〈신설 2010. 10. 1.〉

〔제목개정 2010. 10. 1.〕

제61조(계약의 종류・내용 및 방법 등) ① 법 제46조제1항의 규정에 의한 계약은 다음 각 호와 같이 구분하여 체결한다. 〈개정 2009. 7. 1., 2010. 10. 1., 2013. 12. 17.〉

1. 일반확정계약 : 계약을 체결하는 때에 계약금액을 확정하고 합의된 계약조건을 이행하면 계약상대자에게 확정된 계약금액을 지급하고자 하는 경우

2. 물가조정단가계약 : 최근 3년 이내에 원가계산방법에 의하여 예정가격을 결정한 후 계약을

체결한 실적이 있는 품목으로서 새로이 원가계산을 하지 아니하고 최근 계약실적단가에 「한국은행법」 제86조에 따라 한국은행이 수집·작성하는 물가지수 등 국방부령으로 정하는 지수의 등락률 만큼 조정하여 방위사업청장이 정하는 계약금액의 범위 안에서 계약하고자 하는 경우

3. 원가절감보상계약 : 계약을 체결한 후 계약이행기간 중에 새로운 기술 또는 공법의 개발이나 경영합리화 등으로 원가절감이 있는 경우에는 계약금액에서 그 원가절감액을 공제하고 그 원가절감액의 범위 안에서 그에 대한 보상을 하고자 하는 경우

4. 원가절감유인계약 : 계약의 성질상 원가절감을 기대할 수 있거나 수입품의 국산화 대체 등을 위하여 원가절감을 유인할 필요가 있는 경우로서 계약상대자가 원가수준을 통제할 수 있는 비목 또는 그 구성요소에 대해서는 계약을 체결할 때에 이에 대한 목표원가와 목표이익을 정하여 계약을 체결하고, 계약을 이행한 후에 실제발생원가, 목표이익 및 목표원가를 절감한 성과에 대한 유인이익을 합하여 계약대금을 지급하려는 경우

5. 한도액계약 : 계약을 체결하는 때에 무기체계의 운용을 위한 주요장비의 수리부속품 및 정비를 효율적으로 확보하기 위하여 한도액을 설정하고 그 한도액내에서 수리부속품 및 정비를 일정기간 계약업체에 요구하고자 하는 경우

6. 중도확정계약 : 계약의 성질상 계약을 체결하는 때에 계약금액의 확정이 곤란하여 계약을 체결한 후 계약이행기간 중에 계약금액을 확정하고자 하는 경우

7. 삭제〈2013. 12. 17.〉

8. 특정비목불확정계약 : 계약을 체결하는 때에 계약금액을 구성하는 일부 비목의 원가를 확정하기 곤란하여, 원가확정이 가능한 비목만 확정하고 원가확정이 곤란한 일부 비목은 계약을 이행한 후에 확정하고자 하는 경우

9. 일반개산계약 : 계약을 체결하는 때에 계약금액을 확정할 수 있는 원가자료가 없어 계약금액을 계약이행 후에 확정하고자 하는 경우

10. 성과기반계약 : 계약을 체결하는 때에 특정한 성과의 달성을 요구하고 계약 이행 후 그 성과에 따라 대가를 차등 지급하려는 경우

11. 장기옵션계약 : 계약을 체결할 때에 5년을 넘지 아니하는 범위에서 계약기간을 정하고, 예측 소요물량에 대한 가격, 기간 및 계약해지 등에 대한 변경조건을 설정하되, 변경조건을 행사하여 구입하는 물량에 대한 계약은 따로 체결하는 경우

12. 한도액성과계약 : 무기체계 수리부속품에 대한 납품계약을 체결할 때에 5년을 넘지 아니하는 범위에서 계약기간을 정하고 한도액을 설정한 후 그 한도액 내에서 필요에 따라 수리부속품의 납품을 요구하여 그 납품성과에 따라 대가를 차등 지급하려는 경우

② 제1항제3호부터 제6호까지, 제8호부터 제10호까지 및 제12호에 따른 계약을 체결하여 계약의 이행이 완료된 후에는 「국가를 당사자로 하는 계약에 관한 법률 시행령」 제70조제3항의 규정에 의하여 방위사업청장의 승인을 얻어야 한다. 다만, 부대조달로 계약을 체결하여 계약의 이행이 완료된 후에는 「국가를 당사자로 하는 계약에 관한 법률 시행령」 제70조제3항에도 불

구하고 각군 참모총장 또는 국방부직할기관의 장의 승인을 얻어야 한다. 〈개정 2009. 7. 1., 2013. 12. 17.〉

③ 법 제46조제1항 후단에 따른 계약의 방법은 「국가를 당사자로 하는 계약에 관한 법률」 제7조에 따르되, 다음 각 호의 어느 하나에 해당하는 경우에는 수의계약에 의할 수 있다. 〈신설 2009. 7. 1., 2013. 12. 17., 2014. 11. 4., 2015. 4. 14.〉

1. 방산업체와 방산물자 생산(법 제3조제8호의 생산을 말한다)·구매계약을 체결하는 경우

2. 제1항제5호의 한도액계약을 체결하는 경우

3. 제1항제10호의 성과기반계약을 체결하는 경우

4. 제1항제11호의 장기옵션계약에 따른 변경조건을 행사하여 구입하는 물량에 대한 계약을 체결하는 경우

5. 적의 침투·도발 등의 사태에 대응하기 위하여 긴급하게 물자를 조달할 필요가 있는 경우

6. 무기체계의 효율적인 연구개발이나 전력화시기 충족을 위하여 법 제18조제4항에 따른 연구 또는 시제품생산을 양산단계 전까지 현재의 계약상대자가 계속 수행하도록 하는 계약을 체결하는 경우

7. 다음 각 목의 요건을 모두 갖춘 경우로서 나목에 따른 연구과제를 제출한 전문연구기관과 해당 핵심기술의 연구개발에 관한 계약을 체결하는 경우

    가. 전문연구기관이 위촉된 분야에 관하여 법 제18조제8항에 따른 핵심기술의 연구개발의 절차에 따라 연구과제를 제출하였을 것

    나. 방위사업청장이 가목에 따른 연구과제에 대하여 핵심기술의 연구개발을 추진하기로 결정하였을 것

④ 다음 각 호의 어느 하나에 해당하는 계약의 경우에 정당한 이유없이 계약의 이행을 지체한 계약상대자가 납부하여야 하는 지체상금의 총액은 계약금액의 100분의 10에 해당하는 금액을 한도로 한다. 〈신설 2016. 3. 31., 2018. 10. 26.〉

1. 법 제46조제1항에 따라 무기체계 및 핵심기술의 연구개발을 수행하기 위하여 시제품생산(함정 및 전장정보관리체계 등 무기체계의 특성상 시제품 자체가 전력화되는 경우를 포함한다)을 하게 하는 계약

2. 무기체계로 분류된 물자 중에서 법 제34조에 따라 방산물자로 지정된 물자를 방위사업청장이 정하는 바에 따라 최초로 양산하게 하는 계약

⑤ 제1항에 따른 계약의 체결 등에 필요한 사항은 국방부령으로 정한다. 〈신설 2010. 10. 1., 2016. 3. 31.〉

제61조의2(군수품 선택계약) ① 법 제46조제5항에 따른 계약(이하 "군수품 선택계약"이라 한다)의 계약상대자가 되려는 자는 「국가를 당사자로 하는 계약에 관한 법률 시행령」 제12조에 따른 경쟁입찰의 참가자격을 갖추어야 한다. 다만, 「중소기업제품 구매촉진 및 판로지원에 관한 법률」 제6조에 따른 중소기업자간 경쟁 제품에 대한 군수품 선택계약의 계약상대자가 되려는 자는 같은 법 시행령 제9조에 따른 중소기업자간 경쟁입찰의 참여자격을 갖추어야 한다.

② 군수품 선택계약의 계약상대자는 제1항에 따른 자격을 갖춘 자 중에서 방위사업청장이 입찰자의 납품실적, 경영상태, 신인도 등을 평가하여 낙찰자로 결정한 자가 된다.

③ 제1항 및 제2항에서 규정한 사항 외에 군수품 선택계약의 절차에 관하여 필요한 사항은 방위사업청장이 정한다.

〔본조신설 2014. 11. 4.〕

제61조의3(성실한 연구개발 수행의 인정) ① 방위사업청장은 다음 각 호의 기준을 고려하여 법 제46조의2제1항에 따라 연구개발을 성실하게 수행한 사실을 인정할 수 있다.

1. 법 제21조에 따른 시험평가 또는 이에 준하는 평가를 거친 연구개발과제인지 여부

2. 당초 목표를 도전적으로 설정하여 목표를 달성하지 못한 것인지 여부

3. 환경 변화 등 외부요인에 따라 목표를 달성하지 못한 것인지 여부

4. 연구수행 방법 및 과정이 체계적이고 충실하게 수행된 것인지 여부

② 방위사업청장은 법 제46조의2제1항에 따라 연구개발을 성실하게 수행한 사실을 인정하기 위하여 필요한 경우 국방기술품질원장의 의견을 들을 수 있다.

③ 제1항 및 제2항에서 규정한 사항 외에 연구개발을 성실하게 수행한 사실을 인정하기 위하여 필요한 세부 사항은 방위사업청장이 정한다.

〔본조신설 2017. 9. 22.〕

제62조(방산업체 지정의 취소절차) 산업통상자원부장관은 법 제48조제1항의 규정에 의하여 방산업체의 지정을 취소하는 때에는 그 사유를 명시하여 방위사업청장 및 당해 방산업체에 통보하고 방산업체지정서를 회수하여야 한다. 〈개정 2008. 2. 29., 2013. 3. 23.〉

제63조(전문연구기관 위촉의 해지) ① 방위사업청장은 전문연구기관이 다음 각 호의 어느 하나에 해당하게 된 때에는 그 위촉을 해지할 수 있다.

1. 제44조 규정에 의한 보안요건에 미달하게 된 때

2. 정당한 이유없이 방산물자의 연구개발 또는 시제생산 등의 위촉을 거부하거나 이행하지 아니한 때

3. 그 밖에 연구시설 또는 기술수준 등이 미비하여 전문연구기관으로 존속시킬 필요가 없다고 방위사업청장이 인정하는 때

② 방위사업청장은 전문연구기관의 위촉을 해지하고자 하는 때에는 그 사유를 명시하여 전문연구기관 및 소관 감독기관에게 통보하고 전문연구기관위촉서를 회수하여야 한다.

③ 방위사업청장은 제1항의 규정에 의하여 전문연구기관의 위촉을 해지하고자 하는 경우에는 청문을 실시하여야 한다.

제64조(방산물자지정의 취소) ① 방위사업청장은 매 3년마다 전체 방산물자에 대하여 지정의 존속 또는 취소여부를 검토하고 그에 따른 조치를 하여야 한다.

② 방위사업청장은 제1항에 따른 검토를 위하여 방산분야별 국내 기술수준 및 방산물자별 생산 가능업체 유무 등을 분석할 수 있다. 〈신설 2016. 3. 31.〉

③ 방위사업청장은 방산물자의 지정을 취소하고자 하는 때에는 그 사유를 명시하여 산업통상자원부장관 및 당해 방산업체에 통보하여야 한다. 〈개정 2008. 12. 31., 2013. 3. 23., 2016. 3. 31.〉

제64조의2(국가 전략무기사업 등 참여의 승인) ① 법 제50조의2제1항에 따른 승인대상 사업의 종류는 법 제18조에 따라 전략적으로 가치가 있는 무기를 연구개발하는 사업 중에서 방위사업청장이 정하여 고시한다.

② 법 제50조의2제1항에 따라 국가 전략무기사업 또는 그에 준하는 사업(이하 "전략무기사업"이라 한다)에 참여하기 위하여 승인을 받으려는 외국기업 또는 외국인이 경영상 지배권을 실질적으로 취득한 업체(이하 "승인대상업체"라 한다)는 국방부령으로 정하는 승인신청서에 다음 각 호의 서류를 첨부하여 방위사업청장에게 제출하여야 한다.

1. 승인대상업체의 경영상 지배권을 실질적으로 취득한 외국기업(이하 "외국투자기업"이라 한다)과 승인대상업체의 정관, 최근 3년간 대차대조표 및 손익계산서

2. 외국투자기업과 승인대상업체의 최근 5년간 인수·합병 실적

3. 외국투자기업과 승인대상업체의 경영구조 및 자회사 현황

4. 외국투자기업(자회사를 포함한다)의 승인대상업체에 대한 투자실적 및 투자계획

5. 최근 3년간 외국투자기업(자회사를 포함한다)과 승인대상업체 간의 인력교류(파견과 교육을 포함한다) 현황

6. 승인대상업체의 보안과 관련된 다음 각 목의 자료

   가. 관련 시설이 충분히 보호될 수 있는 지역 및 시설에 관한 보안 대책

   나. 승인대상업체에 종사하는 인원에 관한 보안 대책

   다. 비밀문서의 취급, 보관 및 관리에 관한 보안 대책

   라. 생산물자 및 원자재에 관한 보호 대책

   마. 장비 및 설비의 보호 대책

   바. 통신시설 및 통신수단에 대한 보안 대책

   사. 각종 자료의 정보처리 과정 및 정보처리 결과 자료의 보호 대책

   아. 보안사고에 대비한 관계 정보기관과의 유기적인 통신수단

③ 방위사업청장은 제2항에 따라 승인신청서를 접수하면 승인신청서를 접수한 날부터 60일 이내에 승인 여부를 결정하여 신청인에게 통보하여야 하고, 승인을 하였을 때에는 신청인에게 국방부령으로 정하는 승인서를 발급하여야 한다.

④ 승인대상업체는 전략무기사업에 참여하기 위하여 사업제안서를 제출할 때에는 제3항에 따른 승인서를 제출하여야 한다.

⑤ 법 제50조의2제2항에 따른 경영상 지배권의 실질적 취득에 대한 기준은 다음 각 호의 어느 하나에 해당하는 때로 한다.

1. 업체의 주식 등(지분이나 그 밖의 모든 재산권을 포함한다. 이하 같다)을 매매, 기업 간의 교환·합병, 담보권의 실행, 대물변제의 수령, 그 밖의 방법에 따라 일괄 인수한 때

2. 업체의 일부를 분리하여 신규법인을 설립하거나, 분리한 부분을 매매, 기업 간의 교환·합병, 담보권의 실행, 대물변제의 수령, 그 밖의 방법에 따라 일괄 인수한 때

3. 동일인이 단독으로 또는 다음 각 목의 어느 하나에 해당하는 자(이하 "동일인관련자"라 한다)와 합하여 업체의 주식 등을 100분의 50 이상 소유한 때(100분의 50 미만을 소유한 경우로서 주식 등의 최다소유자가 되면서 동일인이 직접 또는 동일인관련자를 통하여 업체의 임원선임이나 경영에 지배적인 영향력을 행사할 수 있게 되는 때를 포함한다)

　가. 배우자, 8촌 이내의 혈족, 4촌 이내의 인척

　나. 동일인이 직접 또는 가목이나 다목의 자를 통하여 해당 회사의 조직변경 또는 신규사업에의 투자 등 주요 의사결정이나 업무집행에 지배적인 영향력을 행사하고 있는 회사

　다. 동일인이 다른 주요 주주와의 계약 또는 합의에 의하여 해당 회사의 대표이사를 임면할 수 있거나, 임원의 100분의 50 이상을 선임할 수 있는 회사

4. 업체의 영업의 전부 또는 주요 부분의 양수·임차 또는 경영의 수임 방식으로 업체를 경영하는 때

〔본조신설 2010. 10. 1.〕

제7장 보칙

제65조(방산물자 생산·매매계약에 관한 협의 등) ① 정부기관 외의 자가 법 제51조의 규정에 의하여 방산업체와 방산물자의 생산 및 매매계약체결승인을 얻고자 하는 때에는 방산물자의 생산 및 매매계약체결승인신청서를 방위사업청장에게 제출하여야 한다.

②방위사업청장은 제1항의 규정에 의하여 승인신청을 받은 때에는 3월 이내에 군의 소요를 고려하여 승인여부를 결정하고 이를 신청인 및 방산업체에 통보하여야 한다.

제66조(군용총포·도검·화약류 등의 제조 등에 관한 허가기준 등) ① 법 제53조제1항에 따라 군용총포·도검·화약류 등(이하 "군용총포등"이라 한다)에 대하여 방위사업청장의 허가를 받아야 하는 경우는 다음 각 호와 같다.

1. 군용총포등의 제조업을 하고자 하는 경우

2. 군용총포등의 제조품목을 추가하고자 하는 경우

3. 군용총포등의 제조시설을 신축 또는 증축하고자 하는 경우

4. 군용총포등의 제조시설이 신축 또는 증축되어 그 시설을 사용하고자 하는 경우

5. 군용총포등을 수입·수출하고자 하는 경우.

6. 다음 각 목 외에 군용총포등을 양도·양수하고자 하는 경우

　가. 법 제51조제2항에 따라 방산물자의 매매계약에 관한 협의 및 승인을 받은 경우

　나. 조달계약에 따라 군에 납품하기 위한 경우

7. 다음 각 목 외에 군용총포등을 소지하고자 하는 경우

가. 제1호에 따라 제조업허가를 받은 자가 제조한 군용총포등을 제조시설 내부에서 소지하는 경우

나. 제5호, 제6호 및 제8호부터 제10호까지의 규정에 따라 수입·수출허가, 양도·양수허가(양도·양수허가를 받지 않고 양도·양수할 수 있는 경우를 포함한다), 저장허가, 운반허가(운반허가를 받지 않고 운반할 수 있는 경우를 포함한다), 폐기허가(폐기허가를 받지 않고 폐기할 수 있는 경우를 포함한다)를 받은 자가 소지하는 경우

8. 제4호에 따라 사용허가를 받은 제조시설 외의 장소에 군용총포등을 저장하고자 하는 경우

9. 다음 각 목 외에 군용총포등을 운반하고자 하는 경우

가. 제4호에 따라 사용허가를 받은 제조시설 내부에서 군용총포등을 운반하는 경우

나. 국방과학연구소에서 개발 중인 군용총포등을 운반하는 경우

다. 방위사업청장이 정하는 양 미만의 군용총포등을 운반하고자 하는 경우

10. 다음 각 목 외에 군용총포등을 폐기하고자 하는 경우

가. 제조과정에서 하자가 발생한 군용총포등을 제4호에 따라 사용허가를 받은 제조시설에서 폐기하는 경우

나. 방위사업청장이 정하는 양 미만의 군용총포등을 폐기하는 경우

② 제1항에 따라 허가를 받고자 하는 자는 국방부령으로 정하는 바에 따라 방위사업청장에게 허가를 신청하여야 한다. 이 경우 제1항제4호에 따라 군용총포등의 제조시설사용허가를 받고자 하는 경우에는 제조시설의 신축 또는 증축이 완료된 날부터 20일 이내에 신청하여야 한다.

③ 방위사업청장은 제2항의 허가신청에 따라 허가(제1항제1호부터 제4호까지 및 제8호에 따른 허가만 해당한다)를 하는 경우에는 다음 각 호의 요건을 고려하여 허가 여부를 결정하여야 한다. 이 경우 군용총포등의 제조시설 및 저장시설(이하 이 항에서 "제조시설"이라 한다)에 대하여는 국방과학연구소장으로 하여금 안전성 검사를 실시하도록 하고 그 결과를 반영하여야 한다.

1. 제조시설 간 및 인접 주거지역까지의 안전거리를 확보할 것

2. 제조시설의 구조 및 부수설비에 관한 안전성을 확보할 것

3. 제조시설의 방호에 관한 안전성을 확보할 것

4. 군의 소요에 따른 적정한 공급의 유지 및 품질보증을 확보할 것

④ 제1항에 따른 군용총포등의 허가절차 및 제3항 각 호의 허가요건 등에 관한 세부적인 사항은 국방부령으로 정한다.

⑤ 방위사업청장은 국가비상사태 또는 보안이 필요하다고 인정되는 경우 국방부장관이 지정하는 군부대의 장에게 군용총포등의 운반을 위한 호송을 의뢰하여 행하게 할 수 있다.

〔전문개정 2009. 7. 1.〕

제67조(원자재의 비축) ① 법 제55조의 규정에 의하여 방산업체가 비축하여야 할 원자재의 종류·수량 그 밖에 필요한 사항은 방위사업청장이 정한다.

② 방위사업청장은 제1항의 규정에 의하여 비축하여야 할 원자재의 내역을 당해 방산업체에게

통보하고, 그에 따라 원자재를 비축하도록 명할 수 있다.

③ 제2항의 규정에 의한 명령을 받은 방산업체는 비축명령을 받은 날로부터 1년 이내에 원자재를 비축하여야 하며, 이 기간 내에 비축을 하지 아니한 때에는 그 사유 및 비축가능예정일을 방위사업청장에게 통보하여야 한다.

제68조(수출 허가 등) ① 법 제57조제1항의 규정에 의한 수출업 또는 중개업을 하고자 하는 자는 수출업 · 중개업신고서에 국방부령이 정하는 서류를 첨부하여 방위사업청장에게 제출하여야 한다. 〈개정 2010. 10. 1.〉

② 제1항의 규정에 의한 신고를 받은 방위사업청장은 신고를 한 자에게 수출업 · 중개업신고확인증을 교부하여야 한다. 〈개정 2010. 10. 1.〉

③ 법 제57조제2항 본문에 따라 방산물자 및 국방과학기술의 수출허가 또는 거래중개 허가를 받으려는 자는 국방부령으로 정하는 수출 허가 신청서 또는 거래중개 허가 신청서에 국방부령으로 정하는 서류를 첨부하여 방위사업청장에게 제출하여야 한다. 〈개정 2015. 9. 22., 2017. 6. 20.〉

④ 법 제57조의 규정에 의하여 수출할 수 있는 방산물자 및 국방과학기술의 범위는 방위사업청장이 정한다.

⑤ 방위사업청장은 제4항의 규정에 의한 방산물자 및 국방과학기술을 수출하는 때에 구매국 정부로부터 계약이행 및 품질에 대한 보증요청이 있는 경우에는 이에 응할 수 있다. 〈개정 2008. 2. 29., 2013. 3. 23., 2015. 9. 22.〉

⑥ 법 제57조제4항에 따라 방위사업청장이 법 제34조제1항에 따른 방산물자 및 국방과학기술의 수출을 제한하거나 조정을 명할 수 있는 경우는 다음 각 호와 같다. 〈개정 2009. 7. 1., 2010. 10. 1., 2015. 9. 22.〉

1. 국제평화 · 안전유지 및 국가안보를 위하여 필요한 경우

2. 방산물자 및 국방과학기술의 수출로 인하여 외교적 마찰이 예상되는 경우

3. 외국과의 기술도입협정 또는 전략물자의 수출통제와 관련하여 정부간에 체결된 협정을 준수하기 위하여 필요한 경우

4. 방산물자 및 국방과학기술을 수출하는 국내업체간의 과당경쟁으로 인하여 국익 손상이 우려되는 경우

5. 품질보증을 받지 아니하였거나 불합격 품목을 수출하는 경우

6. 방산물자의 수출에 따른 후속군수지원에 장애가 발생할 우려가 있는 경우

7. 제36조제3항에 따른 기술이전계약을 위반한 경우

⑦ 법 제57조제2항 단서에서 "해외에 파병된 국군에 제공하는 등 대통령령으로 정하는 경우"란 다음 각 호의 어느 하나에 해당하는 경우를 말한다. 〈신설 2015. 9. 22., 2017. 6. 20.〉

1. 해외에 파병된 우리나라 군에서 사용하는 방산물자 및 국방과학기술을 제공하는 경우

2. 재외공관에서 사용하는 방산물자 및 국방과학기술을 제공하는 경우

3. 우리나라 함정 또는 군용항공기의 안전운항을 위하여 긴급 수리용으로 사용되는 방산물자

및 국방과학기술을 제공하는 경우

⑧ 삭제〈2017. 6. 20.〉

〔제목개정 2015. 9. 22.〕

제68조의2(군수품무역대리업의 등록) ① 법 제57조의2제1항에 따라 군수품무역대리업을 등록하려는 자는 국방부령으로 정하는 군수품무역대리업 등록 신청서(전자문서로 된 등록 신청서를 포함한다)에 다음 각 호의 서류(전자문서를 포함한다)를 첨부하여 방위사업청장에게 제출하여야 한다.

1. 대표자 및 임원의 이력서

2. 전체 직원 수 및 방위사업 관련 직원 수, 성명 등 고용 현황

3. 법 제6조제1항에 따른 청렴서약서

4. 국방부령으로 정하는 보안서약서

② 제1항에 따라 신청서를 제출받은 방위사업청장은 「전자정부법」 제36조제1항에 따른 행정정보의 공동이용을 통하여 다음 각 호의 서류를 확인하여야 한다. 다만, 신청인이 제2호 및 제3호의 확인에 동의하지 아니하는 경우에는 해당 서류(사업자등록증의 경우에는 그 사본을 말한다)를 제출하도록 하여야 한다.

1. 법인의 경우에는 법인 등기사항증명서

2. 개인의 경우에는 주민등록표 등본

3. 사업자등록증

③ 방위사업청장은 제1항에 따라 군수품무역대리업 등록 신청을 받은 경우에는 신청내용이 법 제57조의2제1항 각 호의 어느 하나에 해당하는지 여부와 사실관계의 확인을 거쳐 신청을 받은 날부터 30일 이내에 신청인에게 등록증을 교부하여야 한다.

④ 방위사업청장은 제3항에 따른 사실관계의 확인을 위하여 필요한 경우 15일의 범위에서 교부 처리 기간을 연장할 수 있으며, 신청인에게 연장사유와 연장기간을 통보하여야 한다.

〔본조신설 2016. 11. 29.〕

제68조의3(군수품무역대리업의 변경등록 등) ① 법 제57조의2제2항에서 "대통령령으로 정하는 중요사항"이란 다음 각 호의 사항을 말한다.

1. 대표자 및 임원

2. 상호명(법인명)

3. 사업장의 소재지 및 연락처

② 법 제57조의2제2항에 따라 군수품무역대리업의 변경등록을 하려는 자는 그 변경이 있는 날부터 30일 이내에 국방부령으로 정하는 군수품무역대리업 변경등록 신청서(전자문서로 된 변경등록 신청서를 포함한다)에 다음 각 호의 서류를 첨부하여 방위사업청장에게 제출하여야 한다.

1. 변경사항을 증명하는 서류

2. 등록증(등록증 기재사항을 변경하는 경우만 해당한다)

③ 변경등록의 서류 확인 및 등록증 교부 절차에 관하여는 제68조의2제2항부터 제4항까지의 규정을 준용한다.

④ 군수품무역대리업자가 법 제57조의2제4항에 따른 등록의 유효기간 이후에도 계속하여 군수품무역대리업을 하려는 경우에는 방위사업청장에게 유효기간 만료일 3개월 전부터 1개월 전까지 등록의 갱신을 신청할 수 있다. 이 경우 등록의 갱신 신청 절차 및 등록증 교부에 관하여는 제68조의2를 준용한다.

⑤ 방위사업청장은 등록의 유효기간 만료일 3개월 전까지 해당 군수품무역대리업자에게 문자전송, 전자메일, 팩스, 전화 등의 방법으로 등록의 갱신절차와 기간 내에 갱신을 신청하지 아니하면 유효기간이 만료된다는 사실을 미리 알려야 한다.

〔본조신설 2016. 11. 29.〕

제68조의4(청문) 방위사업청장은 법 제57조의3제1항에 따라 군수품무역대리업의 등록을 취소하려는 경우에는 청문을 실시하여야 한다.

〔본조신설 2016. 11. 29.〕

제68조의5(중개수수료의 신고) ① 법 제57조의4제1항에서 "대통령령으로 정하는 규모 이상의 사업"이란 방위사업청장이 체결하려는 계약의 해당 사업 예산이 2백만 미합중국달러 이상인 사업을 말한다.

② 방위사업청장은 법 제57조의4제1항에 따른 수수료 등의 대가(이하 "중개수수료"라 한다)를 신고하여야 하는 사업(이하 "중개수수료 신고 대상 사업"이라 한다)에 대하여 경쟁입찰을 하는 경우에는 입찰공고에 중개수수료 신고 대상 사업임을 명시하여야 하며, 수의계약을 하는 경우에는 계약 체결 전에 계약상대자나 해당 계약을 중개 또는 대리하는 군수품무역대리업자에게 중개수수료 신고 대상 사업임을 통보하여야 한다.

③ 법 제57조의4제1항에 따라 중개수수료를 신고하려는 자는 경쟁입찰의 경우에는 입찰서(「국가를 당사자로 하는 계약에 관한 법률 시행령」 제43조에 따른 협상에 의한 계약의 경우에는 제안서를 말한다) 제출 마감일까지, 수의계약의 경우에는 계약을 체결하는 날까지 중개수수료에 관한 계약의 당사자 및 중개수수료 등을 기재한 신고서를 방위사업청장에게 제출하여야 한다. 다만, 입찰서·제안서 제출 마감일 또는 수의계약을 체결한 날이 경과한 후 중개수수료에 관한 계약을 체결하는 경우에는 해당 중개수수료 계약 체결 후 30일 이내에 제출하여야 한다.

④ 법 제57조의4제2항에 따라 신고한 내용을 변경하려는 자는 그 변경된 날부터 30일 이내에 변경신고서를 방위사업청장에게 제출하여야 한다.

〔본조신설 2017. 6. 20.〕

제69조(부당이득금등의 환수) ① 방위사업청장은 법 제58조제1항에 따라 부당이득금 및 가산금(이하 "부당이득금등"이라 한다)을 환수하고자 하는 때에는 부당이득사실, 부당이득금등의 금액, 납부기한 및 이의신청방법·기간 등을 명시하여 이를 납부할 것을 서면으로 통지하여야 한다. 〈개정 2017. 6. 20.〉

② 제1항의 규정에 의하여 통지를 받은 자는 통지가 있는 날부터 30일 이내에 부당이득금등을 방위사업청장이 지정하는 기관에 납부하여야 한다.

③ 법 제58조에 따른 가산금의 산정 기준 및 방법은 별표 1과 같다. 〈신설 2017. 6. 20.〉

제70조(입찰참가자격의 제한 등) ① 방위사업청장은 법 제59조의 규정에 의하여 업체 및 연구기관의 대표 및 임원이 청렴서약을 위반하여 다음 각 호의 어느 하나에 해당하는 경우에는 국방부령이 정하는 바에 따라 1개월 이상 5년 이하의 범위 안에서 입찰참가자격을 제한하고, 위반사실과 관련된 계약이 있는 경우에는 이를 해제 또는 해지할 수 있다. 〈개정 2010. 10. 1., 2016. 3. 31., 2017. 6. 20.〉

1. 방위사업과 관련된 의사결정, 입찰, 낙찰 또는 계약체결·이행에 있어서 관계공무원(위원회, 분과위원회 및 실무위원회의 위원과 제16조의 규정에 의한 전문위원을 포함한다)에게 금품·향응 등을 주기로 약속하거나 준 사실이 있는 경우

2. 방위사업과 관련된 특정정보의 제공을 요구하거나 받은 사실이 있는 경우

3. 계약이행과정에서 알게 된 연구성과물 등 특정정보를 임의로 제3자에게 제공하거나 누설한 경우

4. 방위사업과 관련된 하도급계약을 체결하거나 이행하면서 원도급자의 우월한 지위를 이용하여 하도급자로부터 금품을 수수하거나 부당 또는 불공정행위를 한 경우

② 청렴서약의 위반을 이유로 한 입찰참가자격의 제한에 관하여 이 영에 규정되지 아니한 사항에 대하여는 「국가를 당사자로 하는 계약에 관한 법률 시행령」에 의한다.

③ 제1항에 따른 입찰참가자격의 제한 기간 및 그 밖에 필요한 사항은 국방부령으로 정한다. 〈신설 2010. 10. 1.〉

제71조(권한의 위탁) ① 방위사업청장은 법 제61조에 따라 국방과학연구소장에게 다음 각 호의 업무를 위탁한다. 〈개정 2009. 7. 1., 2013. 12. 17.〉

1. 법 제18조제3항의 규정에 의한 핵심기술의 연구개발 주관기관의 선정에 필요한 공고 및 연구개발사업제안서의 접수

1의2. 법 제18조제4항에 따른 연구개발(제24조제3항제3호에 따른 국방과학연구소 주관 연구개발로 한정한다)과 관련된 시제품 생산업체 선정 및 관리

2. 법 제18조의 규정에 의한 핵심기술의 연구개발에 관한 계약 및 관리

3. 제66조제3항 후단에 따른 군용총포등의 제조시설 및 저장시설에 대한 안전성 검사

② 방위사업청장은 법 제61조에 따라 국방기술품질원장에게 다음 각 호의 업무를 위탁한다. 〈개정 2009. 7. 1., 2014. 11. 4., 2016. 3. 31., 2016. 7. 19., 2017. 6. 20., 2017. 9. 22., 2018. 5. 28.〉

1. 법 제17조제1항에 따른 선행연구에 관한 업무 중 제37조제1항에 따른 선행연구와 관련된 조사·분석을 수행하는 연구기관·업체 선정, 계약 및 관리와 선행연구 결과물의 자료 관리

2. 법 제26조제3항 및 이 영 제32조제1항에 따른 형상의 관리에 관한 업무 중 다음 각 목의 업무

가. 전투함 등 함정무기체계의 연구개발, 양산 및 운용유지 단계에서 기성검사 등 형상의 관리에 관한 기술지원

나. 제32조제1항제3호에 따른 형상내용의 통제에 관한 업무 중 양산 및 운용유지 단계에서 군수품(제3호나목에 따른 검사조서 발급 대상으로 한정한다)의 작전운용성능, 전력화 등의 일정 및 비용 등에 영향을 미치지 아니하는 설계상 오류 및 수정 등에 관한 형상내용의 통제

3. 법 제28조에 따른 품질보증에 관한 업무 중 다음 각 목의 업무

가. 전투함 등 함정무기체계의 연구개발, 양산 및 운용유지 단계에서 기성검사 등 품질보증에 관한 기술지원

나. 무기체계 및 방위사업청장이 지정하는 전력지원체계에 대한 검사조서의 발급

4. 법 제29조의2에 따른 품질경영체제인증 신청의 접수, 심사, 갱신 및 사후관리심사

5. 법 제44조제3항제3호에 따른 시험평가에 관한 시험의 수행

6. 법 제53조제1항에 따른 군용총포등의 운반 및 폐기에 대한 감독

7. 제58조제2항제4호에 따른 해외시장 조사 · 분석, 유망수출품목 발굴 및 기술개발의 지원

8. 제67조의 규정에 의하여 방산업체가 비축하여야 할 원자재의 종류 및 수량의 확인

제72조(과태료의 부과기준) 법 제64조제1항에 따른 과태료의 부과기준은 별표 2와 같다.

〔본조신설 2017. 6. 20.〕

부칙 〈제29257호, 2018. 10. 26.〉

제1조(시행일) 이 영은 공포한 날부터 시행한다.

제2조(지체상금 부과의 한도에 관한 적용례) 제61조제4항의 개정규정은 이 영 시행 이후에 계약기간이 만료되어 지체상금이 발생하는 계약부터 적용한다.

〔시행 2017. 9. 22.〕〔국방부령 제935호, 2017. 9. 22., 일부개정〕
국방부(전력정책과) 02-748-5612

제1장 총칙

제1조(목적) 이 규칙은 「방위사업법」 및 동법시행령에서 위임된 사항과 그 시행에 관하여 필요한 사항을 규정함을 목적으로 한다.

제2조(무기체계 및 전력지원체계의 구분) ① 「방위사업법」(이하 "법"이라 한다) 제3조제2호에 따른 무기체계 · 전력지원체계를 구분함에 있어 군수품이 어디에 해당되는지 분명하지 아니한 경우에는 국방부 · 방위사업청 · 각군 및 국방부직할기관(국방부직할부대를 포함한다. 이하 같다)의 요청에 의하여 합동참모의장이 이를 구분 · 결정한다. 〈개정 2014. 11. 7.〉
② 합동참모의장이 제1항에 따라 요청을 받은 경우에는 30일 이내에 이를 결정하여 국방부 · 방위사업청 · 각군 및 국방부직할기관에게 통보하여야 한다.
〔제목개정 2014. 11. 7.〕

제2장 방위사업수행의 투명화 및 전문화

제3조(청렴서약서의 서식) ① 「방위사업법 시행령」(이하 "영"이라 한다) 제4조제1항에 따라 방위사업추진위원회(이하 "위원회"라 한다) 및 분야별 분과위원회(이하 "분과위원회"라 한다)의 위원이 제출하는 청렴서약서는 별지 제1호서식에 따른다. 〈개정 2014. 11. 7.〉
② 영 제4조제2항 및 제3항에 따라 국방부 방위사업 관련 부서 소속공무원으로서 국방부장관이 정하는 사람, 방위사업청 소속공무원, 국방과학연구소 및 국방기술품질원의 임 · 직원이 제출하는 청렴서약서는 별지 제1호의2서식에 따른다. 〈신설 2014. 11. 7.〉
③ 영 제4조제4항 또는 제5항에 따라 방산업체, 일반업체(이하 "방산업체등"이라 한다), 방위산업과 관련없는 일반업체, 연구기관 또는 군수품무역대리업체의 대표 및 임원이 제출하는 청렴서약서는 별지 제2호서식에 따른다. 〈개정 2014. 11. 7., 2016. 7. 20.〉
④ 영 제4조제7항에 따라 방산업체등, 방위사업과 관련없는 일반업체, 전문연구기관 또는 일반연구기관과 방위력개선사업 또는 군수품 획득에 관한 계약(이하 이 조에서 "방위사업계약"이

라 한다)에 관한 하도급계약을 체결하는 수급업체(매매계약의 경우에는 공급업체를 말하며, 이하 이 조에서 "하도급자"라 한다)의 대표와 임원 및 하도급자와 방위사업계약에 관한 재하도급계약을 체결하는 재하도급자의 대표와 임원이 제출하는 청렴서약서는 별지 제2호의2서식에 따른다. 〈신설 2017. 9. 22.〉

제4조(청렴서약 위반사실의 보고) 방위사업청장은 영 제4조제1항에 따라 청렴서약서를 제출한 위원회 및 분과위원회의 위원이 청렴서약서의 내용을 위반한 사실을 발견한 경우에는 즉시 이를 국방부장관에게 보고하여야 한다.

제3장 방위력개선사업의 수행

제5조(방위력개선사업분야 중기계획 수립 등) ① 방위사업청장은 법 제13조제2항에 따라 방위력개선사업분야에 대한 중기계획 요구서를 국방부장관에게 제출하는 때에는 그에 관련된 설명자료 및 산출근거 등을 함께 제출하여야 한다. 〈개정 2014. 11. 7.〉
② 방위사업청장은 방위력개선사업분야의 중기계획에 포함된 사업 중 대규모 예산이 소요되거나 국가정책에 중대한 영향을 미치는 등의 주요사업에 대하여는 미리 대통령 및 국방부장관에게 보고하여야 한다.

제6조(전력화지원요소의 소요제출 등) ① 방위사업청장은 영 제20조제4항에 따라 방위력개선사업분야의 중기계획 요구서에 반영할 전력화지원요소(영 제28조제1항 각 호의 요소를 말한다. 이하 같다)의 소요를 제출받는 경우, 미리 각군 본부, 해병대사령부 및 국방부직할기관(이하 "소요군"이라 한다)에게 당해 무기체계의 운용과 관련하여 추가 또는 변경이 필요한 전력화지원요소를 통보하여야 한다. 〈개정 2014. 1. 14., 2014. 11. 7.〉
② 소요군은 제1항에 따라 방위사업청장으로부터 전력화지원요소를 통보받은 경우 해당 무기체계에 대한 전력화지원요소의 수정 · 보완 사항 등 의견을 반영한 전력화지원요소의 소요를 방위사업청장에게 제출한다. 〈개정 2009. 7. 1.〉

제7조(소요결정의 절차 등) ① 법 제15조제1항에 따른 무기체계 등의 소요결정은 획득시기에 따라 다음 각 호와 같이 구분한다.
1. 장기소요 : 소요결정 당해 회계연도 이후 8년 내지 17년까지의 소요
2. 중기소요 : 소요결정 당해 회계연도 이후 3년 내지 7년까지의 소요
3. 긴급소요 : 소요결정 당해 회계연도 이후 2년 이내의 소요
② 합동참모의장은 법 제15조제1항에 따라 소요를 결정할 때에는 원칙적으로 장기소요로 결정하여야 한다. 다만, 사변 · 해외파병 · 적의 침투 · 도발 또는 테러 등으로 인하여 장기소요로 결정하기 어려운 사정이 있는 경우에는 중기소요 또는 긴급소요로 결정할 수 있다. 〈개정 2014. 1. 14., 2014. 11. 7., 2016. 7. 20.〉

③ 합동참모의장은 장기소요로 결정된 무기체계에 대하여 선행연구 또는 제10조제1항제1호에 따른 탐색개발의 결과를 반영하여 중기소요로 전환할 수 있다. 이 경우 영 제22조제2항에 따른 진화적 작전운용성능의 목표를 결정할 수 있고, 다음 단계의 진화적 작전운용성능의 목표를 잠정적으로 제시할 수 있다. 〈개정 2014. 1. 14.〉

④ 합동참모의장은 제1항에 따른 장기소요와 중기소요를 종합하여 매년 합동군사전략목표기획서를 작성하여 국방부장관의 승인을 얻어 영 제22조제1항에 따른 소요제기기관에 이를 통보한다. 〈개정 2014. 1. 14., 2014. 11. 7.〉

⑤ 합동참모의장은 법 제15조제1항에 따라 무기체계 등의 소요를 결정하기 위한 합동참모회의의 효율적인 심의를 위하여 필요한 경우에는 미리 관련기관 간에 협의를 거치도록 할 수 있다. 이 경우 국방부 및 방위사업청의 관계공무원이 참여할 수 있도록 하여야 한다. 〈개정 2014. 11. 7.〉

제8조(소요의 수정요청) 방위사업청장은 다음 각 호의 어느 하나에 해당되는 경우에는 합동참모의장에게 해당 무기체계 등의 전력화시기, 소요량 및 작전운용성능의 수정을 요청할 수 있다. 〈개정 2014. 1. 14., 2017. 6. 21.〉

1. 방위력개선사업을 추진하는 과정에서 소요 재원의 절감 또는 방산업체등의 경쟁촉진이 필요한 경우
2. 영 제22조제2항에 따라 작전운용성능을 진화적으로 향상시키는 방안이 무기체계 등의 소요에 반영되는 경우
3. 부대시설사업의 추진과정에서 민원 등으로 인하여 그 사업의 계획변경이 필요한 경우
4. 법 제17조제1항 본문에 따른 선행연구 결과, 제10조제1항제1호에 따른 탐색개발 결과, 같은 항 제2호에 따른 체계개발의 설계검토 및 시험평가 등의 결과를 반영하기 위하여 필요한 경우
5. 「국가재정법」 제50조에 따른 타당성재조사 등 예산상 사유로 필요한 경우
6. 해당 무기체계의 운용환경, 합동성 및 상호운용성의 변경이 필요한 경우
7. 그 밖에 방위력개선사업을 추진하는 과정에서 획득 여건의 변화 등의 사유로 필요한 경우

제9조(선행연구의 절차) ① 방위사업청장은 법 제17조제1항에 따라 선행연구를 하는 경우 합동참모본부 및 소요군에게 소요가 결정된 해당 무기체계의 운용환경, 운용개념, 운용절차, 합동성 및 상호운용성 등에 관한 의견을 요청하여야 한다. 이 경우 합동참모본부 및 소요군은 방위사업청장에게 그 의견을 제시하여야 한다. 〈개정 2014. 1. 14.〉

② 방위사업청장은 무기체계 등의 소요결정과 제1항에 따른 의견을 고려하여 선행연구를 실시하되, 필요한 경우 국방과학연구소, 방산업체등 또는 연구기관에 그 일부를 수행하게 할 수 있다. 〈개정 2014. 1. 14.〉

제10조(연구개발의 절차 등) ① 법 제18조에 따른 무기체계의 연구개발은 다음 각 호의 단계에 따라 수행한다. 다만, 기술의 진부화(陳腐化) 방지, 효율적인 연구개발 및 전력화 시기 충족 등을 위하여 필요한 경우에는 위원회의 심의를 거쳐 다음 각 호의 단계를 통합하거나 일부를 생략하

여 수행할 수 있다.

1. 탐색개발단계: 무기체계의 핵심부분에 대한 기술을 개발(기술 검증을 위한 시제품 제작을 포함한다)하고, 기술의 완성도 및 적용 가능성을 확인하여 체계개발단계로 진행할 수 있는지를 판단하는 단계

2. 체계개발단계: 무기체계를 설계하고, 그에 따른 시제품을 생산하여 시험평가를 거쳐 양산에 필요한 국방규격을 완성하는 단계

3. 양산단계: 체계개발단계를 거쳐 개발된 무기체계를 양산하는 단계

② 제1항에도 불구하고 함정 및 전장정보관리체계 등 무기체계의 특성상 시제품생산 등이 곤란하거나 제1항 각 호의 단계를 거칠 수가 없는 무기체계의 연구개발은 방위사업청장이 정하는 절차에 따라 수행한다.

③ 방위사업청장은 제1항 및 제2항에 따른 무기체계의 연구개발을 수행함에 있어 무기체계 간의 합동성 또는 상호 운용성과 관련된 사항에 대해서는 합동참모의장의 의견을 들어야 한다.

④ 방위사업청장은 무기체계 연구개발사업을 효율적으로 수행하기 위하여 전문적인 의견의 청취 등 자문이 필요한 경우에는 무기체계 연구개발사업 관련 분야의 전문지식이나 경험이 있는 민간전문가를 자문위원으로 위촉하여 조언을 받을 수 있다.

⑤ 방위사업청장은 제1항 및 제2항에 따른 무기체계의 연구개발 절차가 완료되면 국방부장관이 법 제23조제3항에 따라 무기체계의 전력화 등에 관한 분석·평가를 하기 전에 최초 생산된 무기체계를 대상으로 야전운용의 적합성, 전력화지원요소 및 형상의 변경 등을 확인하여야 한다. 〈개정 2014. 1. 14.〉

⑥ 방위사업청장은 제1항 및 제2항에 따른 무기체계의 연구개발단계를 수행할 때에는 해당 무기체계의 부품국산화가 최대한 확보될 수 있도록 하여야 한다.

⑦ 방위사업청장은 제6항에 따라 부품국산화가 확보될 수 있도록 하기 위하여 군수지원능력과 국방과학기술의 향상 정도, 부품국산화의 파급 효과 및 경제성 등을 고려하여 다음 각 호의 사항이 모두 포함된 부품국산화 계획을 수립하여 추진하여야 한다.

1. 부품국산화의 대상 품목

2. 부품국산화의 연차별 추진 계획

3. 국산부품 개발의 관리절차

⑧ 방위사업청장은 합동참모본부·국방과학연구소·국방기술품질원·방산업체등 및 연구기관이 제기한 핵심기술의 소요와 선행연구과정에서 도출된 핵심기술의 소요를 반영하여 연구개발이 필요한 핵심기술의 소요를 결정한다. 이 경우 합동참모본부가 핵심기술의 소요를 제기하고자 하는 때에는 각군 및 자체 도출한 소요를 종합하여야 한다.

⑨ 방위사업청장은 제8항에 따라 결정된 핵심기술의 소요를 종합하여 매년 핵심기술기획서를 작성하고 영 제15조제1항제2호에 따른 정책·기획분과위원회의 심의를 거쳐 확정한다. 이 경우 핵심기술기획서의 작성절차 등에 관한 세부적인 사항은 방위사업청장이 정한다. 〈신설 2017. 6. 21.〉

⑩ 방위사업청장은 제9항에 따라 확정된 핵심기술기획서를 합동참모본부, 각군, 국방과학연구소 및 국방기술품질원에 통보한다. 〈신설 2017. 6. 21.〉

⑪ 핵심기술의 연구개발은 기초연구단계, 응용연구단계 및 시험개발단계로 구분하여 수행하며, 단계별 연구개발의 내용은 방위사업청장이 정한다. 〈개정 2017. 6. 21.〉

〔전문개정 2010. 10. 12.〕

제11조(연구개발주관기관의 선정절차) ① 방위사업청장은 법 제18조제3항에 따라 연구개발주관기관을 선정하고자 하는 경우에는 제10조에 따른 연구개발단계별로 선정한다. 다만, 무기체계 및 핵심기술의 효율적인 연구개발이나 전력화시기를 충족하기 위하여 필요한 경우에는 위원회의 심의를 거쳐 연구개발주관기관으로 선정된 방산업체등 또는 연구기관으로 하여금 다음 단계의 연구개발을 계속하여 추진하도록 할 수 있다.

② 방위사업청장이 제1항에 따라 연구개발주관기관을 선정하고자 하는 경우에는 다음 각 호의 사항을 공고하여야 한다. 다만, 군사기밀이 요구되거나 국가의 안전보장을 위하여 필요한 경우에는 그러하지 아니할 수 있다.

1. 연구개발사업의 추진목적 및 사업내용

2. 연구개발주관기관의 선정기준

3. 연구개발사업제안서의 작성기준 또는 계약이행능력 심사자료

4. 그 밖에 방위사업청장이 연구개발주관기관을 공정하게 선정하기 위하여 필요하다고 인정한 사항

③ 방위사업청장은 연구개발주관기관을 선정함에 있어 공정성과 전문성을 기하기 위하여 산업통상자원부ㆍ방위사업청ㆍ각군ㆍ국방과학연구소 및 국방기술품질원의 관계전문가로 구성된 연구개발사업제안서 평가팀을 운영할 수 있다. 〈개정 2008. 3. 4., 2013. 3. 23.〉

제12조(연구 또는 시제품생산 기관 등의 선정) ① 법 제18조제4항에 따라 방산업체등 또는 연구기관으로 하여금 무기체계 및 핵심기술의 연구 또는 시제품생산을 하게 하는 때에는 제10조에 따른 연구개발단계 및 시제품별로 1개의 방산업체등 또는 연구기관을 선정한다. 다만, 연구개발 또는 시제품생산의 효율적인 수행 또는 국방정책상 필요하다고 인정되는 경우에는 2 이상의 방산업체등 또는 연구기관을 선정할 수 있다. 〈개정 2009. 7. 1.〉

② 방위사업청장은 무기체계 및 핵심기술의 효율적인 연구개발이나 전력화시기를 충족하기 위하여 제1항에 따라 선정된 방산업체등 또는 연구기관에 대하여 다음 연구개발단계의 무기체계 및 핵심기술의 연구 또는 시제품생산을 우선적으로 하게 할 수 있다. 〈개정 2009. 7. 1.〉

③ 방위사업청장이 방산업체등에 대하여 제1항에 따라 연구 또는 시제품생산을 선정하는 경우에는 산업통상자원부장관에게 통보하여야 한다. 〈개정 2008. 3. 4., 2009. 7. 1., 2013. 3. 23., 2014. 11. 7.〉

④ 그 밖에 연구 또는 시제품생산을 위한 방산업체등 또는 연구기관의 선정절차에 관하여 필요한 사항은 방위사업청장이 정한다. 〈개정 2009. 7. 1.〉

제12조의2(연구개발에 대한 기술지원) 방위사업청장은 무기체계 및 핵심기술의 연구개발을 효율적으로 추진하는 데에 필요한 경우에는 국방과학연구소와 국방기술품질원으로 하여금 제11조에 따라 선정한 연구개발 주관기관이나 제12조에 따라 선정한 연구 또는 시제품 생산기관에게 기술지원을 하도록 요청할 수 있다.

〔본조신설 2010. 10. 12.〕

제13조(제안요청서의 작성) 방위사업청장이 연구개발 또는 구매계약을 체결하기 위하여「국가를 당사자로 하는 계약에 관한 법률 시행령」의 규정에 따른 제안요청서를 작성하고자 하는 경우에는 소요군의 의견을 반영하여야 한다.

제14조(표준품목지정대상 전력지원체계의 연구개발) 영 제30조제2항에 따라 표준품목의 지정대상이 되는 전력지원체계의 연구개발에 관하여 필요한 사항은 국방부장관이 정한다. 〈개정 2014. 11. 7.〉

〔제목개정 2014. 11. 7.〕

제15조(시험평가계획의 수립 등) ① 국방부장관은 영 제27조제1항에 따른 시험평가기본계획, 같은 조 제2항 및 제3항에 따른 시험평가계획을 수립하는 경우에는 연구개발을 주관하는 기관 및 소요군으로 하여금 다음 각 호의 구분에 따른 계획을 제출하도록 하여야 한다. 이 경우 각 호의 계획에는 전력화지원요소에 관한 사항이 포함되어야 한다. 〈개정 2016. 7. 20.〉

1. 연구개발을 주관하는 기관: 예비시험평가기본계획 및 개발시험평가계획

2. 소요군: 운용시험평가계획 및 구매시험평가계획

② 제1항에서 규정한 사항 외에 세부적인 시험평가계획의 수립 및 제출절차에 관하여 필요한 사항은 국방부장관이 정한다. 〈신설 2016. 7. 20.〉

〔제목개정 2016. 7. 20.〕

제16조(시험평가결과의 제출) 연구개발을 주관한 기관 및 소요군이 법 제21조제2항에 따라 국방부장관에게 시험평가결과를 제출하는 때에는 다음 각 호의 사항을 포함하여야 한다. 〈개정 2014. 11. 7., 2016. 7. 20.〉

1. 영 제27조제4항제1호부터 제3호까지의 사항

2. 시험평가기준에 미달하는 항목 등 시험평가 결과

3. 그 밖에 시험평가에 있어 다른 기관의 협조 또는 보완이 필요한 사항

제17조(시험평가결과의 판정) ① 연구개발하는 무기체계의 시험평가결과는 다음 각 호와 같이 구분하여 판정한다.

1. 개발시험평가: 기준 충족 또는 미달

2. 운용시험평가: 전투용 적합 또는 부적합. 다만, 함정 등 개발 및 설계를 거쳐 최종 생산에 이르기까지 장시간이 소요되는 사업의 경우에는 연구개발 중에 당해 사업의 계속적인 추진 또는 후속 단계로의 진행을 위하여 잠정적으로 전투용 적합 판정을 할 수 있다.

② 구매하는 무기체계의 시험평가결과는 전투용 적합 또는 부적합으로 판정하되, 전투용 적합으로 판정한 무기체계를 재구매하는 경우에는 국방부장관이 정하는 바에 따라 별도의 시험평가 없이 기존의 시험평가결과로 대체하여 판정할 수 있다.〈개정 2016. 7. 20.〉

③ 연구개발하는 핵심기술의 시험평가결과는 다음 각 호와 같이 구분하여 판정한다.〈개정 2010. 10. 12., 2016. 7. 20.〉

1. 개발시험평가 : 기준 충족 또는 미달

2. 운용시험평가: 군사용 적합 또는 부적합. 다만, 연구개발 중에 해당 사업의 계속적인 추진 또는 후속 단계로의 진행을 위하여 잠정적으로 군사용 적합 판정을 할 수 있다.

④ 법 제21조제6항에 따라 국방부장관이 시험평가결과를 위원회에 보고하는 경우에는 다음 각 호의 사항이 포함되어야 한다.〈개정 2014. 11. 7., 2016. 7. 20.〉

1. 무기체계 및 핵심기술의 시험평가결과

2. 기준미달 또는 전투용 부적합으로 판정된 무기체계의 재시험평가 실시여부

3. 삭제〈2016. 7. 20.〉

⑤ 소요군 또는 방산업체등은 전력지원체계에 대한 시험평가결과의 판정을 위한 기술지원 등을 방위사업청장에게 요청할 수 있다.〈개정 2014. 11. 7.〉

제18조(종합군수지원요소) ① 방위사업청장이 영 제28조제1항제2호에 따른 종합군수지원요소를 확보하는 경우 획득된 무기체계가 「군수품관리법」 제13조제3항에 따라 폐기될 때까지 효율적이고 경제적으로 운용될 수 있도록 종합군수지원계획을 수립하고, 이에 따라 종합군수지원요소를 확보하여야 한다.

② 방위사업청장이 제1항에 따라 종합군수지원요소를 확보 · 지원하는 경우 그 내용 · 지원항목 및 범위 등은 국방부 및 각군의 의견을 반영하여 이를 정하여야 한다.

제19조(성능개량) ① 방위사업청장은 법 제22조제1항에 따라 운용 중인 무기체계의 성능개량을 추진하는 경우에는 소요군으로부터 성능개량이 필요한 사항을 미리 제출받아 이를 반영할 수 있다.

② 방위사업청장이 성능개량을 추진하거나 소요군이 제1항에 따라 성능개량이 필요한 사항을 방위사업청장에게 제출하는 경우에 그 성능개량이 무기체계간 합동성 또는 상호운용성에 영향을 미치는 때에는 합동참모의장과 미리 협의하여야 한다.

③ 방위사업청장은 주기적으로 「군수품관리법 시행규칙」 제10조의3제3호에 따른 창정비(민간에 위탁하여 하는 경우를 포함한다)를 하는 무기체계에 대하여 성능개량을 추진할 때에는 가능한 범위에서 창정비와 성능개량을 통합하여 추진하여야 한다.〈신설 2014. 1. 14.〉

제20조(분석 · 평가의 방법 및 절차 등) ① 방위사업청장은 방위력개선사업의 효율적인 수행을 위하여 법 제23조제2항 각 호의 분석 · 평가 단계별로 분석 · 평가가 필요한 사업을 미리 선정하여야 한다.

② 방위사업청장은 예산이 집행되고 있는 과정에 있거나 예산집행이 완료된 사업의 성과를 분

석하는 경우에는 연구개발을 주관한 기관 또는 방산업체등으로부터 비용의 집행실적에 관한 자료를 제공받아 분석 · 평가를 실시할 수 있다.

③ 국방부장관은 법 제23조제3항 후단에 따라 같은 항 전단에 따른 분석 · 평가 중 소요결정 및 배치된 무기체계의 전력화 등에 관한 분석 · 평가에 대해서는 다음 각 호의 구분에 따라 합동참모의장 또는 각군 참모총장으로 하여금 실시하도록 한다. 〈개정 2014. 1. 14., 2014. 11. 7.〉

1. 소요결정에 관한 분석 · 평가는 소요의 타당성, 합리성 및 정책부합성 등을 분석 · 평가하여야 하며, 다음 각 목의 방법 및 절차에 의한다.

　가. 합동참모의장은 소요결정에 관한 분석 · 평가를 실시하고, 그 결과를 국방부장관에게 보고하여야 한다.

　나. 합동참모의장은 소요가 결정되면 소요결정에 관한 분석 · 평가 결과를 방위사업청장에게 통보하여야 한다.

　다. 합동참모의장은 소요결정에 관한 분석 · 평가를 하는 경우에 분석 · 평가의 신뢰성을 높이기 위하여 필요하면 전문 연구기관에 분석 · 평가를 의뢰할 수 있다.

2. 무기체계의 전력화 등에 관한 분석 · 평가는 전력화평가와 전력운영분석으로 구분한다.

3. 전력화평가는 무기체계를 최초로 생산하거나 구매하여 배치한 후 1년 이내 실시하되, 작전운용성능의 달성정도 및 전력화지원요소 등을 확인 · 평가하여야 하며, 다음 각 목의 방법 및 절차에 의한다.

　가. 각군 참모총장은 전력화평가를 위한 계획을 수립하여 국방부장관 · 합동참모의장 및 방위사업청장에게 제출하고, 그에 따른 평가를 실시한다. 이 경우 각군 참모총장은 평가에 필요한 전문인력, 장비 및 시설, 기술 등의 지원을 방위사업청장에게 요청할 수 있다.

　나. 각군 참모총장은 전력화평가 결과를 국방부장관 · 합동참모의장 및 방위사업청장에게 제출하여야 하고, 방위사업청장은 이를 차기 무기체계의 생산 · 개발 등에 반영하여야 한다.

　다. 각군 참모총장은 전력화평가를 하는 경우에 합동참모본부 · 방위사업청 소속직원 및 국방기술품질원 임 · 직원과 해당무기체계를 연구 · 생산한 연구기관 또는 업체의 임 · 직원이 포함된 전력화평가팀을 구성 · 운영할 수 있다.

4. 전력운영분석의 내용은 합동참모의장이 전력화되어 야전에서 운영 중에 있는 무기체계에 대한 합동전력 발휘효과 및 운용실태의 분석으로 하되, 다음 각 목의 방법 및 절차에 의한다.

　가. 합동참모의장은 각군 참모총장의 의견을 들어 전력운영분석에 관한 계획을 수립하여 국방부장관에게 보고한 후 방위사업청장 및 각군 참모총장에게 통보하고, 그에 따라 분석을 실시한다.

　나. 합동참모의장은 전력운영분석결과를 국방부장관에게 보고한 후 방위사업청장 및 각군 참모총장에게 통보한다. 이 경우 무기체계의 성능개량 또는 종합군수지원요소 등의 개선 · 보완이 필요한 때에는 이에 따른 조치 등을 요청할 수 있다.

제21조(분석·평가 결과의 활용) ① 방위사업청장·합동참모의장 또는 각군 참모총장이 방위력 개선사업에 대한 분석·평가를 실시한 경우 연간 분석·평가의 목록정보를 국방부장관에게 제출하여야 하며, 국방부장관은 이를 다른 기관에 통보하여 방위력개선사업에 대한 분석·평가 정보가 공유·활용될 수 있도록 하여야 한다.

② 방위사업청장은 법 제23조제2항에 따른 방위력개선사업의 분석·평가의 결과를 국방부장관에게 보고하여야 한다.

제4장 조달 및 품질관리

제22조(조달계획의 수립절차) ① 국방부장관은 법 제25조제1항에 따라 군수품의 조달계획수립에 관한 지침을 작성하여 방위사업청·각군 및 국방부직할기관에 통보한다.

② 각군 및 국방부직할기관은 제1항의 지침에 따라 사업별·품목별 조달계획요구서를 작성하여 방위사업청장에게 제출하여야 한다.

③ 방위사업청장은 제2항에 따른 조달계획요구서가 제출된 경우 다음 각호의 사항을 검토한 후 당해연도 조달계획을 확정하고 국방부·각군 및 국방부직할기관에 통보하여야 한다.

1. 품목별 조달방법

2. 품목별 단가의 적정성

3. 국방규격·납품시기·납품장소 등 조달요건

4. 그 밖에 군수품의 원활한 조달을 위하여 필요한 사항

제23조(형상관리) 방위사업청장은 영 제32조에 따라 형상을 관리함에 있어 무기체계간 합동성 또는 상호운용성에 관련되는 사항에 대하여는 합동참모의장 및 소요군과 협의하여야 한다.

제24조(품질보증) ① 방위사업청장이 법 제28조에 따라 품질보증업무를 수행하는 경우에는 다음 각 호의 사항을 고려하여 단계별 품질보증의 형태 및 적용기준 등을 정하고, 이에 따라 군수품의 품질을 검사하되, 국방부장관 또는 소요군의 요청이 있는 경우에는 미리 이에 관한 의견을 들어 반영하여야 한다. 〈개정 2009. 7. 1.〉

1. 한국산업표준 등에 대한 국가공인기관의 품질인증의 존재여부

2. 군수품에 적용되는 기술의 난이도

3. 군사력에 미치는 영향의 정도

4. 민군겸용 또는 군전용 품목인지 여부

② 방위사업청장, 각군 참모총장 및 해병대사령관은 유해물질의 안전과 관련된 품질보증의 적용기준이 필요한 군수품을 지정할 수 있다. 이 경우 해당 품질보증의 적용기준은 국방규격 또는 구매요구서에 정한다. 〈신설 2014. 11. 7., 2016. 3. 31.〉

③ 방위사업청장은 제2항에 따라 지정된 군수품에 대하여 유해물질의 안전과 관련된 품질보증

의 적용기준에 따라 품질을 검사하여야 한다. 〈신설 2014. 11. 7.〉

④ 군수품의 계약상대자는 제3항에 따라 검사를 거친 군수품에 대해서는 「국가표준기본법」 제22조의4에 따라 별표 4의 국가통합인증마크를 표시하여야 한다. 〈신설 2014. 11. 7.〉

⑤ 제1항 및 제3항에도 불구하고 각군 참모총장은 영 제29조에 따른 부대조달 군수품에 대하여 그 형상·국방규격의 확인 및 유해물질의 안전과 관련된 검사 등 품질보증에 관련된 업무를 담당한다. 이 경우 필요한 때에는 방위사업청장에게 지원을 요청할 수 있다. 〈개정 2014. 11. 7.〉

제25조(품질경영체제인증) ① 법 제29조의2제1항에 따른 품질경영체제제인증기준(이하 "품질경영인증기준"이라 한다)은 군수품이 갖추어야 할 표준적·물리적·기능적 특성을 고려하여 영 제31조제1항에 따른 국방규격으로 정한다.

② 법 제29조의2제1항에 따른 품질경영체제제인증(이하 "품질경영인증"이라 한다)을 신청하려는 방산업체등은 다음 각 호의 사항을 갖추어야 한다.

1. 품질경영인증기준에 적합한 품질경영체제를 구축하고 6개월 이상 실행할 것

2. 제1호에 따른 품질경영체제의 실행기간 중에 내부심사 및 경영검토를 실시할 것

③ 국방기술품질원장은 방산업체등으로부터 품질경영인증 신청(법 제29조의2제3항에 따른 인증의 갱신 신청을 포함한다)을 받은 경우 품질경영인증기준을 적용하여 서면 및 현장 심사를 실시하여야 한다. 이 경우 인증의 갱신 신청은 현장 심사만 실시할 수 있다.

④ 법 제29조의2제4항에 따라 사후관리심사를 하는 경우 국방기술품질원장은 품질경영체제의 실행이 우수하여 방위사업청장이 정한 포상 등을 받은 방산업체등에 대하여 사후관리심사를 면제할 수 있다.

⑤ 제1항부터 제4항까지 규정된 사항외에 품질경영인증의 신청절차, 심사방법 및 사후관리심사의 면제기준 등에 관하여 필요한 사항은 방위사업청장이 정한다.

〔전문개정 2017. 6. 21.〕

제5장 국방과학기술의 진흥

제26조(국방과학기술진흥 실행계획의 통보) 방위사업청장은 영 제34조제3항 각 호의 사항을 반영한 국방과학기술진흥 실행계획을 수립하고, 위원회의 심의를 거쳐 매년도 말까지 이를 확정한 후 핵심기술의 소요를 제기한 기관 등에 통보하여야 한다.

제6장 방위산업육성

제27조(방산물자의 지정대상) 영 제39조제1항제2호에 따라 방산물자로 지정할 수 있는 물자는 다음 각 호의 어느 하나에 해당되는 물자를 말한다.

1. 군사전략상 긴요한 소량·다종의 품목 또는 군전용 암호장비로서 경제성이 낮아 방산업체 등이 생산을 기피하는 물자
2. 무기체계로 분류되지 아니한 것으로서 사람의 생명에 직접 관련되어 엄격한 품질보증이 요구되는 물자
3. 무기체계로 분류된 물자의 주요부품 또는 방산물자의 주요부품으로서 연구개발이 진행 중이거나 완료된 물자
4. 생산·조달의 중단이 예정되는 장비로서 그 수리부속품이 장기간 계속 필요한 물자
5. 연구개발하여 생산한 물자에 해당되지 아니하나 군사전략상 주요물자로서 정비·재생·개량 또는 개조 등이 필요한 물자

제28조(주요 방산물자) ① 방위사업청장이 법 제35조제2항제12호 및 영 제39조제2항에 따라 군사전략 또는 전술운용상 중요하다고 인정하여 주요방산물자로 지정하고자 하는 경우에는 다음 각 호의 품목을 대상으로 하되, 무기체계 중 완성장비의 주요부품으로서 그 개발 및 생산에 전문적인 기술이 요구되고, 그 생산의 보호·육성이 필요한 품목으로 한다.
1. 민수분야와의 호환성이 적고 그 개발 및 생산에 대규모의 설비투자가 필요하거나 군의 수요만으로는 경제적인 생산규모에 미치지 못하는 품목과 군사전략상 외부에 노출되어서는 아니되는 품목
2. 외국에서의 수입이 제한되어 그 획득이 어려운 품목 또는 국가 정책적으로 국내에서의 개발 및 보호육성이 필요한 품목

제29조(방산물자의 지정 등) ① 영 제39조제1항에 따라 방위사업청장이 방산물자를 지정할 때에는 물자의 형식을 구체적으로 명시하여야 한다. 다만, 형식을 명시할 수 없는 경우에는 그러하지 아니하다.
② 영 제39조제3항에 따른 방산물자 지정요청은 별지 제3호서식에 의한다.

제30조(방산업체의 지정추천 등) ① 방위사업청장은 경영능력과 생산기술이 우수한 업체가 방산업체로 지정될 수 있도록 산업통상자원부장관에게 추천할 수 있다. 〈개정 2008. 3. 4., 2013. 3. 23.〉
② 영 제41조제1항제1호에 따른 방산업체지정 신청서는 별지 제4호서식에 의한다.
③ 영 제41조제3항에 따른 방산업체지정서는 별지 제5호서식에 의한다.

제31조(방산업체의 매매 등의 승인신청) 법 제35조제3항에 따라 방산업체의 경영상의 지배권을 취득하기 위한 승인신청서는 별지 제6호서식에 의한다.

제32조(전문연구기관의 위촉) 영 제46조제4항에 따른 전문연구기관위촉서는 별지 제7호서식에 의한다.

제32조의2(사업조정 합의서 및 신청서 등) ① 법 제36조제1항 후단 및 영 제47조제1항에 따라 대기업자와 중소기업자 간 또는 방산업체 간의 사업조정 합의를 권고하는 경우에는 별지 제7호의

2 서식의 사업조정 합의서에 따른다.

② 방위사업청장은 법 제36조제1항 후단에 따른 합의를 권고한 때에는 그 내용의 요지를 공고해야 한다.

③ 법 제36조제1항제2호 및 영 제47조제2항에 따라 사업조정을 신청하는 경우에는 별지 제7호의3 서식의 사업조정 신청서에 다음 각 호의 서류를 첨부하여 방위사업청장에게 제출하여야한다.

1. 사업조정신청 사유서

2. 법 제36조제1항제2호에 해당하는 사실을 입증하는 서류

3. 방위산업과 관련된 사업을 추진하고 있음을 입증하는 서류

4. 「중소기업기본법」 제2조제1항에 따른 중소기업자임을 입증하는 서류

5. 대리인이 신청하는 경우 그 위임장

6. 그 밖에 사업조정에 필요한 서류나 자료

④ 법 제36조제1항제2호에 따라 사업조정을 신청한 자가 그 신청을 취하하려는 때에는 별지 제7호의4 서식의 사업조정 신청취하서에 다음 각 호의 서류를 첨부하여 방위사업청장에게 제출하여야 한다.

1. 신청취하서

2. 대리인이 신청한 경우 그 위임장

[본조신설 2009. 7. 1.]

제33조(계약전 생산품 등에 대한 품질확인) 영 제50조제5항에 따라 방산업체가 조달계약전에 생산한 물자나 확보한 원자재·부품에 대하여 품질확인을 요청하고자 하는 경우에는 별지 제8호 서식의 품질확인요청서를 방위사업청장에게 제출하여야 한다. 〈개정 2009. 1. 7.〉

제34조(연구개발 장려금의 지급대상) 영 제54조제2항에 따른 연구개발 장려금의 지급대상은 방산물자의 연구개발 또는 생산에 종사하는 자로서 다음 각 호의 어느 하나에 해당하는 연구개발 실적이 있는 자로 한다. 〈개정 2014. 11. 7.〉

1. 군사전략 또는 전술에 이용되는 새로운 방산물자의 개발

2. 첨단 방위산업기술 또는 이에 준하는 방위산업기술의 개발

3. 방위산업에 이용되는 창의적인 소프트웨어의 개발

4. 기존 방산물자의 성능보다 월등한 성능의 방산물자의 개발

5. 방산물자 주요부품의 국산화개발

6. 그 밖에 국방부장관 또는 방위사업청장이 인정하는 연구개발

제35조 삭제 〈2014. 11. 7.〉

제36조(보증기관의 지정) 영 제57조제2항제1호에 따른 보증기관의 지정신청서는 별지 제9호서식에 의한다.

제36조의2(수출에 따른 후속군수지원 절차 등) ① 영 제58조제3항에 따라 수출에 따른 후속군수지원을 요청하려는 자(이하 "후속군수지원요청자"라 한다)는 수출계약을 체결하기 전에 별지 제9호의2서식의 후속군수지원 요청서에 영 제58조제3항에 따른 수출 후속군수지원 종합관리계획서를 첨부하여 방위사업청장에게 제출하여야 한다.

② 제1항에 따라 후속군수지원 요청서를 제출받은 방위사업청장은 관계 행정기관의 장 및 각 군의 참모총장(이하 이 조에서는 "관계 행정기관등의 장"이라 한다)에게 다음 각 호의 사항에 대한 검토를 요청할 수 있다.

1. 후속군수지원 가능 여부

2. 후속군수지원의 범위 및 기간

3. 후속군수지원요소의 유상 · 무상 대여나 양도 가능 여부 및 양도 조건

4. 그 밖에 후속군수지원을 위하여 필요한 사항

③ 제2항에 따라 검토 요청을 받은 관계 행정기관등의 장은 검토 결과를 방위사업청장에게 통보하여야 한다.

④ 제3항에 따라 검토 결과를 통보받은 방위사업청장은 관계 행정기관등의 장과 협의를 거쳐 후속군수지원이 가능한 기관 및 업무범위 등을 확정하고, 그 내용을 관계 행정기관등의 장과 후속군수지원요청자에게 통보한다.

⑤ 제4항에 따라 통보를 받은 후속군수지원요청자는 후속군수지원이 가능한 기관의 장과 계약을 체결하여 필요한 후속군수지원을 받을 수 있다.

⑥ 그 밖에 방산물자등의 수출에 따른 후속군수지원의 세부절차 등에 대하여 필요한 사항은 방위사업청장이 정한다.

〔본조신설 2010. 10. 12.〕

제37조(국유재산의 양도 또는 대부신청) 영 제59조제6항에 따른 국유재산의 사용 · 대부 또는 양도의 신청은 별지 제10호서식의 국유재산의 사용 · 대부 · 양도 신청서에 의한다. 〈개정 2010. 10. 12.〉

제38조(전문연구기관 위촉의 해지) ① 영 제63조제1항제3호에 따라 방위사업청장이 전문연구기관의 위촉을 해지할 수 있는 경우는 다음 각 호의 어느 하나에 해당하는 경우로 한다.

1. 전문연구기관으로서 위촉의 목적을 달성하여 계속적인 위촉이 불필요하게 된 경우

2. 전문연구기관으로 위촉될 당시보다 현저히 시설 또는 기술능력이 미달하여 방위사업청장이 보완요청을 하였으나 이를 이행하지 아니한 경우

② 방위사업청장은 전문연구기관에 대하여 매 3년마다 연구실적 · 경영실태 또는 방위산업의 기여도 등을 평가하여 전문연구기관으로의 위촉의 해지여부를 검토하여야 한다.

제38조의2(국가 전략무기사업 등 참여 승인 신청) 영 제64조의2제2항에 따른 승인신청서는 별지 제10호의2서식에 따르고, 같은 조 제3항에 따른 승인서는 별지 제10호의3서식에 따른다.

〔본조신설 2010. 10. 12.〕

제7장 보칙

제39조(방산물자의 생산 및 매매계약승인신청) 영 제65조제1항에 따른 방산물자의 생산·매매계약 체결승인의 신청은 별지 제11호서식의 방산물자의 생산·매매계약체결승인신청서에 의한다.

제40조(군용 총포·도검·화약류 등의 제조업 등의 허가 신청) ① 영 제66조제1항제1호 및 제2호에 따라 군용 총포·도검·화약류 등(이하 "군용총포등"이라 한다)의 제조업을 하려는 자 또는 군용총포등의 제조품목을 추가하려는 자는 별지 제12호서식의 군용총포등 제조업·제조품목추가 허가 신청서에 다음 각 호의 서류를 첨부하여 방위사업청장에게 제출하여야 한다.

1. 사업계획서 1부

2. 위험 및 재해예방계획서 1부

3. 종사자에 대한 안전교육 및 안전점검계획서 1부

② 영 제66조제1항제3호에 따라 군용총포등의 제조시설을 신축 또는 증축하려는 자는 별지 제13호서식의 군용총포등 제조시설 신축·증축 허가 신청서에 다음 각 호의 서류를 첨부하여 방위사업청장에게 제출하여야 한다.

1. 제조시설의 신축·증축에 따른 사업계획서 1부

2. 위험 및 재해예방계획서 1부

3. 제조시설의 위치도 및 시설배치도 1부

③ 영 제66조제1항제4호에 따라 신축 또는 증축된 제조시설을 사용하려는 자는 별지 제14호서식의 군용총포등 제조시설 사용 허가 신청서에 다음 각 호의 서류를 첨부하여 방위사업청장에게 제출하여야 한다.

1. 시설배치도 1부

2. 제조설비 사양서 1부

④ 제1항부터 제3항까지의 규정에 따른 허가기준 또는 안전성 검사의 기준에 관하여 필요한 사항은 방위사업청장이 정하고, 군용화약류의 제조시설 중 화약류의 제조작업을 위하여 제조소 안에 설치된 건축물의 안전거리 및 구조기준은 별표 1에 따른다.

⑤ 방위사업청장은 법 제53조제1항에 따라 군용총포등의 제조업체 또는 전문연구기관에 대하여 다음 각 호의 사항에 관한 안전점검을 매년 1회 이상 실시한다.

1. 제조시설의 안전관리상태

2. 군용총포등의 제조설비 및 제조시설의 전기·소방 설비의 안전관리상태

〔전문개정 2010. 10. 12.〕

제41조(군용총포등의 수입, 양도·양수 등의 허가 신청) ① 영 제66조제1항제5호에 따라 군용총포등을 수입하려는 자는 별지 제14호의2서식의 수입 허가 신청서에 다음 각 호의 서류를 첨부하여 방위사업청장에게 제출하여야 한다.

1. 최종사용자와 수입업자 간 계약 관계를 증명하는 서류

2. 수입발주서 또는 구매(수입)계약서

3. 수입품목 및 사용 목적 설명서

4. 목적 외 사용 금지 서약서

② 제1항에 따른 수입허가를 받은 후 수입품목의 원산지, 규격 또는 단가의 변경이 있거나 수입 허가의 유효기간을 변경하려는 경우에는 별지 제14호의3서식의 수입허가사항 변경승인 신청 서를 방위사업청장에게 제출하여야 한다.

③ 군용총포등을 수입하려는 자가 상대국의 수출허가를 받아야 하는 경우에는 다음 각 호의 서 류를 첨부하여 방위사업청장에게 최종사용자 증명서 발급을 신청할 수 있다.

1. 수입상대국이 요구하는 최종사용자 증명서 양식

2. 최종사용자와 수입업자 간 계약 관계를 증명하는 서류

3. 수입발주서 또는 구매(수입)계약서

4. 수입품목 및 사용 목적 설명서

④ 영 제66조제1항제6호에 따라 군용총포등을 양도·양수하려는 자는 별지 제14호의4서식의 군용총포등 양도·양수 허가신청서에 군용총포등의 사용 목적을 증명하는 관련 서류를 첨부하 여 방위사업청장에게 제출하여야 한다.

〔전문개정 2010. 10. 12.〕

제42조(군용총포등의 소지·저장 등의 허가 신청) ① 영 제66조제1항제7호에 따라 군용총포등 을 소지하려는 자는 별지 제14호의5서식의 군용총포등 소지 허가 신청서에 다음 각 호의 서류 를 첨부하여 방위사업청장에게 제출하여야 한다.

1. 허가대상품목 사양서 1부

2. 소지 목적을 증명할 수 있는 관련서류(연구개발승인서, 물품구매계약서 등)

3. 보관장소 안전관리 계획서 1부

② 영 제66조제1항제8호에 따라 사용허가를 받은 제조시설 외의 장소에 군용총포등을 저장하 려는 자는 별지 제14호의6서식의 군용총포등 저장 허가 신청서에 다음 각 호의 서류를 첨부하 여 방위사업청장에게 제출하여야 한다.

1. 허가대상품목 사양서 1부

2. 저장시설 안전관리 계획서(저장 및 취급방법, 시설배치도, 시설방호의 안전성 확보 등이 포 함되어야 한다) 1부

〔전문개정 2010. 10. 12.〕

제42조의2(군용총포등의 운반) ① 영 제66조제1항제9호에 따라 군용총포등을 운반하려는 자는 방위사업청장에게 별지 제14호의7서식의 군용총포등 운반 허가 신청서와 군용총포등의 운반 목적을 증명하는 서류를 제출하여 운반 허가를 받은 후 방위사업청장이 허가한 기간 내에 국방 기술품질원장의 감독을 받아 이를 운반하여야 한다.

② 국방기술품질원장은 제1항에 따라 군용총포등을 운반하는 자에 대하여 운반신고필증의 발급 등 운반절차의 이행 여부를 관리·감독하고, 그 결과를 방위사업청장에게 제출하여야 한다.

③ 제1항에 따른 운반 허가의 기간과 그 밖에 운반 허가의 방법 및 절차 등에 관하여 필요한 사항은 방위사업청장이 정하여 고시한다.

〔본조신설 2014. 1. 14.〕

제43조(군용총포등의 폐기) ① 영 제66조제1항제10호에 따라 군용 총포·도검류를 폐기하려는 자는 방위사업청장에게 폐기계획서를 제출하여 폐기 허가를 받은 후 국방기술품질원장의 감독 하에 이를 폐기하고, 다음 각 호의 서류를 첨부하여 폐기 결과를 방위사업청장에게 통보하여야 한다.

1. 폐기확인서 1부

2. 폐기 전 사진 및 폐기 후 사진

② 영 제66조제1항제10호에 따라 군용 화약류를 폐기하려는 자는 별지 제14호의8서식의 군용 화약류 폐기 허가 신청서에 다음 각 호의 서류를 첨부하여 방위사업청장에게 제출하여야 한다. 〈개정 2016. 4. 11.〉

1. 폐기계획서 1부

2. 국유재산의 사용·대부·양도 신청서 1부(군 폭발물처리장을 사용하는 경우만 제출한다)

〔전문개정 2010. 10. 12.〕

제44조(방산물자용 원자재의 비축·관리) ① 방위사업청장은 방산물자용 원자재의 비축을 위하여 필요한 경우에는 각군 참모총장에게 그 비축·관리를 요청할 수 있다.

② 제1항에 따라 각군 참모총장이 방산물자용 원자재의 비축·관리를 요청받은 경우에는 저장시설의 규모, 운반거리 또는 원자재의 성질 등을 고려하여 방위사업청장과 협의를 거쳐 당해 원자재를 비축·관리하는 부대(이하 "비축부대"라 한다)를 지정하여야 한다.

제45조(비축용 원자재의 종류 및 수량) ① 영 제67조제1항에 따른 비축용 원자재의 종류 및 수량은 다음 각 호의 기준에 의한다.

1. 비축대상 원자재

  가. 수입에 의존하는 품목 중 수입기간이 장기간 소요되는 품목

  나. 국산 대체가 가능하더라도 그 공급이 필수소요를 충족할 수 없는 품목

  다. 종류가 많고 수량이 적은 품목으로 경제성이 희박하여 국산화를 위한 연구개발 및 시제 생산이 곤란한 품목

  라. 원자재의 국제가격이 높아지고 있어 미리 구입하는 것이 현저하게 경제성이 있을 것으로 예상되거나, 앞으로 수입이 곤란할 것으로 판단되는 품목

2. 원자재의 비축수량 : 방산물자의 긴급 생산소요에 충당할 수 있을 정도의 수량 또는 원자재의 발주 및 납품 기간 내에 방산업체가 최대의 생산능력으로 사용할 수 있을 정도의 수량

② 제1항제1호에 따라 비축대상이 된 원자재가 변질 등의 우려가 있어서 원래의 형태로 비축하

는 것이 부적합한 경우에는 그 원자재를 사용하여 생산한 부분품을 비축대상으로 할 수 있다.

제46조(규격 및 품질검사) 방산업체의 장은 비축용 원자재를 수입 또는 매입할 경우에는 방위사업청장에게 원자재의 시료, 그 품목에 관한 계약상의 기술자료, 기술시험결과 및 기술제원에 관한 서류 등을 제출하여 규격 및 품질검사를 받아야 한다.

제47조(저장방법 등) ① 방산업체의 장은 원자재의 저장에 있어서 변질·훼손 또는 손실이 없도록 장기간 저장할 수 있는 포장단위로 수입 또는 매입하여야 한다.

② 원자재는 롯트별·포장단위별로 옥내 저장을 원칙으로 하되, 방위사업청장이 정하는 저장유효기간에 따라 품종별로 순환저장을 하여야 하며, 저장장소에는 품목명·저장번호·도면번호·규격서번호·제조연도 및 제조회사명을 기재한 장부를 비치하여야 한다.

③ 방위사업청장은 원자재의 저장상태 등을 연 2회 이상 정기적으로 점검하고 그 결과를 기록하여 유지·관리하여야 한다.

제48조(비축명령) 영 제67조제2항에 따라 방위사업청장이 방산업체에 대하여 원자재의 비축명령을 할 때에는 다음의 사항을 명시하여야 한다.

1. 비축품목·수량 및 기간
2. 비축장소
3. 품질보증기관
4. 소요자금(시료비를 포함한다)에 관한 사항
5. 그 밖에 원자재 비축에 관하여 필요한 사항

제49조(비축용 원자재의 대부) ① 방위사업청장이 법 제45조에 따라 국유재산인 비축용 원자재를 대부하는 경우에는 다음 각 호의 어느 하나에 해당하는 채권보전조치를 하여야 한다. 다만, 전문연구기관에 대부하는 경우에는 그러하지 아니할 수 있다.

1. 은행의 지급보증서
2. 국가를 피보험자로 한 보증보험증권
3. 채권보전능력이 있는 2 이상의 방산업체의 연대보증
4. 법 제43조제1항에 따른 보증기관의 보증

② 제1항에 따른 비축용 원자재의 대부는 별지 제15호서식의 비축용원자재 대부계약서에 의하되, 품질보증기관의 규격 및 품질 등의 기술검사를 거쳐야 한다.

제50조(대부 원자재의 반환) ① 제49조에 따라 비축용 원자재를 대부받은 자가 대부받은 원자재를 반환하고자 할 경우에는 대부받은 원자재와 동종·동량·동질의 원자재로 반환하되, 국내생산이 가능한 원자재는 국내에서 생산된 원자재로, 국내생산이 불가능한 원자재는 수입한 원자재로 반환할 수 있다. 다만, 무기체계의 변경 등으로 반환 품목에 대한 수요가 없을 것으로 예상되거나 장기저장으로 인하여 변질될 우려가 있는 경우 등에는 방위사업청장은 그 대체품목을 지정하여 반환하게 할 수 있다.

② 방위사업청장은 방산물자의 생산을 위하여 긴급한 필요가 있다고 인정하는 경우에는 원자재를 대부받은 자에 대하여 대부기간이 종료되기 전에 그 대부받은 원자재를 반환하게 할 수 있다.

③ 원자재를 대부받은 자가 제2항에 따른 반환을 하지 못할 부득이한 사유가 있는 때에는 그 사유를 방위사업청장에게 지체없이 통보하여야 한다.

④ 방위사업청장은 원자재를 대부받은 자가 대부기간이 종료된 후 그 원자재를 반환하지 못하는 경우에는 반환할 당시의 국내시장가격으로 그 가액을 산정하여 이를 상환하게 할 수 있다. 다만, 국내시장가격이 형성되지 아니하거나 국내시장가격의 적용이 불합리하다고 인정되는 경우에는 반환할 당시의 수입가격을 기준으로 상환하게 할 수 있다.

⑤ 방위사업청장은 부득이한 사유로 대부받은 원자재의 반환이 불가능하다고 인정되는 경우에는 그 대부기간을 연장하거나 그 상환을 유예할 수 있다.

⑥ 반환할 원자재의 규격 및 품질 등에 관한 기술검사에 관하여는 제49조제2항을 준용한다.

제51조(비용부담) 원자재의 대부 또는 반환과 그에 따르는 품질검사 등에 소요되는 각종 비용은 대부받은 자가 부담한다. 다만, 제53조제2항에 따라 방위사업청장이 방산업체 또는 전문연구기관에 대하여 비축용 원자재를 대부받아 우선 사용하게 한 때에는 그 대부 또는 환수에 있어서의 품질검사 비용은 이를 면제한다.

제52조(비축용 원자재의 사용승인) ① 원자재를 비축하고 있는 방산업체는 방산물자의 긴급소요의 발생 등으로 그 비축용 원자재를 사용하고자 할 때에는 다음의 각 호의 서류를 갖추어 방위사업청장의 승인을 얻어야 한다.

1. 사용목적·품목·규격·수량·사용기간 및 사용원자재의 보충계획 등을 기재한 서류 1부
2. 사용의 필요성을 입증할 수 있는 서류 1부

② 제1항에 따른 비축용 원자재의 사용은 당해 방산업체가 비축중인 원자재의 50퍼센트의 범위 안에서 사용함을 원칙으로 한다. 다만, 다음 각 호의 어느 하나에 해당하는 경우에는 그러하지 아니하다.

1. 저장 후 2년이 경과하였거나 변질의 우려가 있는 경우
2. 무기체계의 변경으로 추후소요의 격감 또는 중단이 예상되는 경우
3. 롯트·드럼 및 롤 등의 단위로 비축되어 있어 전량사용이 불가피한 경우
4. 방산물자의 생산을 위하여 원자재를 발주하였으나 원자재의 도입지연으로 방산물자의 적기 납품이 곤란한 경우

③ 제1항에 따라 방산업체가 사용한 원자재의 보충에 관하여는 제50조제1항 및 제3항 내지 제6항을 준용한다. 이 경우 동조 중 "대부기간"은 "보충기간"으로, "대부받은"은 "사용한"으로, "반환"은 "보충"으로 본다.

제53조(비축용 원자재의 대체승인) ① 원자재를 비축하고 있는 방산업체가 계속저장으로 인하여 변질의 우려가 있거나 순환저장의 필요가 있다고 인정되어 그 비축용 원자재를 그와 동종·동량·동질의 보유 원자재와 대체하고자 할 때에는 방위사업청장의 승인을 얻어야 한다.

② 방위사업청장은 국유재산인 비축용 원자재의 점검결과 변질의 우려가 있거나 순환저장의 필요가 있다고 인정되는 경우에는 방산업체 또는 전문연구기관에 대하여 그 비축용 원자재를 대부받아 우선 사용할 것을 요청할 수 있다.

제54조(비축기간의 연장) 방위사업청장은 비축기간이 종료된 후에도 계속하여 원자재를 비축할 필요가 있을 때에는 그 비축기간을 연장하고, 비축용 원자재의 확보를 위한 자금으로 융자한 융자금의 상환을 유예할 수 있다.

제55조(비축현황 통보) ① 비축부대의 장 또는 방산업체의 장은 이 규칙에 의하여 원자재를 비축한 때 또는 비축용 원자재가 변질될 우려가 있는 때 그 밖에 비축된 원자재의 물량에 증감사유가 발생한 때에는 이를 지체없이 방위사업청장에게 통보하여야 한다.

② 비축부대의 장 또는 방산업체의 장은 비축용 원자재의 현황을 매년 6월 30일과 12월 31일을 기준으로 각각 그 다음달 말일까지 방위사업청장에게 통보하여야 한다.

③ 제1항 및 제2항에 따른 통보는 별지 제16호서식의 비축용 원자재현황 통보서에 의한다.

제56조(방산물자 등의 수출허가 등) ① 영 제68조제1항에 따른 방산물자 및 국방과학기술의 수출업·중개업신고서는 별지 제17호서식에 의하며, 그 첨부서류는 다음 각 호와 같다. 다만, 방산업체가 방산물자 수출업·중개업의 신고를 하는 경우에는 제2호 및 제3호의 서류를 생략할 수 있다. 〈개정 2010. 10. 12., 2015. 9. 25., 2017. 6. 21.〉

1. 무역업고유번호증 또는 사업자등록증 사본 1부
2. 업체의 보안측정신청서 및 대표·업무담당자의 신원조회결과서 각 1부
3. 외국업체 또는 외국인의 경우에는 해당 외국정부의 추천서 및 대한민국주재 해당 외국공관 무관의 추천서

② 영 제68조제2항에 따른 수출업·중개업신고확인증은 별지 제18호서식에 의한다. 〈개정 2010. 10. 12.〉

③ 영 제68조제3항에 따른 방산물자 및 국방과학기술의 수출 허가 신청서는 별지 제19호서식에 따르며, 그 첨부서류는 다음 각 호와 같다. 〈개정 2010. 10. 12., 2013. 3. 23., 2014. 11. 7., 2015. 9. 25.〉

1. 수출신용장, 수출계약서, 주문서, 수출가계약서(의향서 및 이에 준하는 서류를 포함한다) 중 1부
2. 별지 제19호의2서식의 최종사용자 증명서 1부
3. 수출품목의 성능과 용도를 표시하는 설명자료 1부
4. 대한민국 소유의 기술을 사용하는 물자의 수출이나 해당기술을 직접 수출하는 경우에는 기술보유기관과 체결한 기술이전계약서 1부
5. 수출하는데 외국정부의 동의나 허가가 필요한 경우에는 해당 국가로부터 받은 동의서 또는 허가서 1부
6. 국방과학기술을 수출하는 경우에는 해당 기술의 수출에 따른 국내외의 파급 효과 설명서 1부

7. 수출품목의 납품일정 설명자료 1부

④ 영 제68조제3항에 따른 방산물자 및 국방과학기술의 거래중개 허가 신청서는 별지 제19호의3서식에 따르며, 그 첨부서류는 다음 각 호와 같다. 〈신설 2015. 9. 25.〉

1. 거래중개계약서 또는 거래중개가계약서(의향서 및 이에 준하는 서류를 포함한다) 중 1부

2. 별지 제19호의2서식의 최종사용자 증명서 1부

3. 거래중개품목의 성능과 용도를 표시하는 설명자료 1부

4. 대한민국 소유의 기술을 사용하는 물자의 거래중개나 해당기술을 직접 중개하는 경우에는 영 제36조에 따라 기술이전을 받고자 하는 자와 기술보유기관이 체결한 기술이전계약서 1부

5. 거래중개를 하는데 외국정부의 동의나 허가가 필요한 경우에는 해당 국가로부터 받은 동의서 또는 허가서 1부

6. 국방과학기술을 거래중개하는 경우에는 해당 기술의 거래중개에 따른 국내외의 파급 효과 설명서 1부

7. 거래중개품목의 인도일정 설명자료 1부

⑤ 방산물자의 견본을 수출하기 위하여 방위사업청장의 허가를 받고자 하는 자는 별지 제20호서식의 방산물자 견본수출허가신청서에 따른다. 〈개정 2015. 9. 25.〉

⑥ 법 제57조제5항에 따른 방산물자 및 국방과학기술 수출거래 현황은 별지 제20호의2서식에 따른다. 〈신설 2015. 9. 25., 2017. 6. 21.〉

〔제목개정 2015. 9. 25.〕

제57조(수출예비승인 및 국제입찰참가승인) ① 법 제57조제3항에 따라 주요방산물자 및 국방과학기술의 수출허가를 받기전에 수출상담을 하고자 하는 자는 별지 제21호서식의 수출예비승인신청서에, 국제입찰에 참가하고자 하는 자는 별지 제22호서식의 국제입찰참가승인신청서에 다음 각 호의 서류를 첨부하여 방위사업청장에게 제출하여야 한다. 〈개정 2017. 9. 22.〉

1. 무역업고유번호증 사본 1부

2. 구매국 정부 또는 그 대행기관이 발행한 구매요구서 1부

3. 구매국의 관례상 제2호의 서류발행이 곤란한 경우에는 구매국 주재 공관장이나 무관 또는 신뢰할 수 있는 기관이 확인한 구매정보 및 이들 정보의 확보경위서 1부

② 방위사업청장은 제1항에 따라 주요방산물자의 수출예비승인 또는 국제입찰참가승인을 함에 있어서 당해 주요방산물자가 제3국으로의 유출에 따른 외교상 또는 안보상의 문제를 발생시킬 우려가 있는 때에는 미리 관계기관의 장과 협의하여야 한다.

③ 방위사업청장은 수출예비승인 또는 국제입찰참가승인을 위하여 필요하다고 인정하는 경우에는 제1항 각 호의 서류 외에 다음의 서류를 제출하게 할 수 있다.

1. 구매국 정부가 발행한 최종소비자증명서 또는 제3국 불판매보증서 1부

2. 제1호의 증명서 또는 보증서에 대한 구매국 주재 공관장이 발행한 확인서 1부

3. 생산업체의 물품공급확약서 1부

④ 수출예비승인 또는 국제입찰 참가승인은 동일한 사항에 대하여 신청인이 2인 이상일 때에는

별표 2의 기준에 따라 1인에게만 승인할 수 있다. 다만, 구매자가 구매품목의 정확한 규격을 결정하지 아니하여 2인 이상의 자가 각기 특성을 달리하는 국내생산 품목으로 신청할 때에는 2인 이상에게 승인할 수 있다.

⑤ 수출예비승인의 유효기간은 승인한 날부터 1년으로 하되, 승인을 얻은 자의 상담활동 등을 평가하여 필요한 경우에는 1회에 한하여 1년의 범위 안에서 연장할 수 있다.

⑥ 국제입찰 참가승인의 유효기간은 당해국제입찰의 종료일까지로 한다. 다만, 당해국제입찰이 연기되는 경우 연장되는 유효기간은 1년을 초과할 수 없다.

제57조의2(군수품무역대리업의 등록 등) ① 영 제68조의2제1항 및 제68조의3제2항·제4항에 따른 군수품무역대리업 등록 신청서, 변경등록 신청서 및 갱신등록 신청서는 별지 제23호서식에 따른다.

② 영 제68조의2제1항제4호에 따른 보안서약서는 별지 제24호서식에 따른다.

③ 영 제68조의2제3항에 따른 군수품무역대리업 등록증은 별지 제25호서식에 따른다.
〔본조신설 2016. 11. 29.〕

제57조의3(중개수수료의 신고) 영 제68조의5제3항 및 제4항에 따른 군수품 무역대리업 중개수수료 신고서 및 변경신고서는 별지 제26호서식을 따르며, 다음 각 호의 구분에 따른 서류를 같이 제출하여야 한다.

1. 신고의 경우: 중개 또는 대리 행위에 관한 외국기업과의 중개수수료 계약서 사본

2. 변경신고의 경우: 변경사항을 증명하는 서류
〔본조신설 2017. 6. 21.〕

제58조(입찰참가자격 제한기준) ① 영 제70조제1항에 따른 입찰참가자격 제한의 세부기준은 별표 3과 같다.

② 방위사업청장은 영 제70조제1항에 따른 입찰참가자격 제한을 하는 경우 그 위반행위의 동기·내용 및 횟수를 고려하여 별표 3의 해당 호에서 정한 기간의 2분의 1의 범위에서 자격제한 기간을 감경할 수 있다. 이 경우 감경 후의 제한기간은 1월 이상이어야 한다.
〔본조신설 2010. 10. 12.〕

부칙 〈제935호, 2017. 9. 22.〉

이 규칙은 2017년 9월 22일부터 시행한다.

참고문헌

공군본부. "포클랜드전 실태분석". 공군교재창, 1984.

공군본부. "현대항공무기체계 총람". 공군교재창, 1993.

공군사관학교. 《항공무기체계》. 1994.

교육사령부. "교육참고 110-5 Gulf전쟁 교훈분석". 1991.

교육참고 101-20-3 방공용어사전.

국방과학연구소. "걸프전 무기체계와 국방과학기술". 1992. 8.

국방과학연구소. "총포 탄약 개발동향". 1992. 12.

국방과학연구소. "C2A개념 형성 연구보고서". 1992.

국방대학원. 《야전무기체계 및 기술》. 1992. 7.

김철환. 《현대무기론(II)》. 1987.

김철환·고순주. "야전무기체계 및 기술". 국방대학원, 1992. 7.

김희상. 《중동전》. 일신사, 1978.

문갑태·양경승. "대구경박격포의 세계적 발전추세", 《국방과 기술》, 1993. 2.

박진구. 《세계의 현대병기》. 한국일보사, 1984.

야전교범 44-2 대공포방공포병(40mm, M-55, M45D).

육군교육사. "기갑부대의 발전동향". 《군사발전》 제39호(부록), 1987.

육군교육사령부. 《군사발전》 제54호(부록 "방공"), 1960.

육군본부. "지상무기체계의 원리(1·2)". 2010.

육군포병학교. 《포병무기 변천사》. 2011.

이남규. 《첨단전쟁: 걸프전과 첨단무기》. 조광출판사, 1992.

이상길 외. 《무기체계학(신편)》. 청문각, 2011.

이진호. 《무기의 이해》. 양서각, 2007.

_____. 《미래전쟁》. 북코리아, 2011.

_____. 《신편 군사과학 개론》. 양서각, 2013.

_____. 《알기 쉬운 무기공학》. 북코리아, 2012.

_____. 《특수부대의 모든 것》. 양서각, 2001.

정진태. 《방위사업학 개론》. 21세기 북스, 2012.

조영갑·김재엽·이종오. 《현대무기체계론》. 선학사, 2009.

최윤대·김윤규·이진호. 《디지털 시대의 무기체계》. 공학사, 2008.

한국방위산업진흥회. 《국방과 기술》, 1979. 11.

한국방위산업진흥회. 《국방과 기술》, 1982. 2.

한국방위산업진흥회. 《국방과 기술》, 1994. 4.

한국방위산업진흥회. 《국방과 기술》, 2006. 11.

한국방위산업진흥회. 《국방과 기술》, 2010. 1.

한국방위산업진흥회. 《국방과 기술》, 2010. 10.

홍우영 외. 《해군 무기체계공학》. 세종출판사, 2011.

황영구. "전방지역 저고도방공 C2A체계 구성에 관한 연구". 국방대학원 석사학위논문, 1991.

황준식. "155미리 사거리연장탄약의 개발 현황 및 발전추세". 《국방과 기술》, 1992. 6.

"육군병기의 변천과 전망". 《월간국방》, 1988. 8.

"합동·연합작전 군사용어사전". 합동참모본부, 2006. 12.

"Armoured Personal Carriers and Mechanized Infantry Fighting Vehicles". *Defense*,
     Vol. II, No. 2, Fed. 1980.

"Developing Tomrrow's Combat Vehicles". Armor, May-June. 1980.

"Future Infantry Armored Vehicles". Armor, Dec. 1978.

"The Infantry Fighting Vehicles". Army, June. 1979.

Jane's Information Group. "Jane's Artillery Weapons 2009-2010".

국방과학연구소 홈페이지.

http://blog.daum.net/dapapr/7672344

http://defence21.hani.co.kr/12837

http://ksg2537.egloos.com/m/3336249

http://www.army-technology.com/projects/thaad/

http://www.boeing.com/defense-space/missiles/jdam/

http://www.defencejobs.gov.au/airforce/technology/orion.aspx

http://www.defense-update.com

http://www.dtaq.re.kr/board-read.do?boardId=weaponForce&boardNo=
     129317968996621&command=READ&page=1&categoryId=-1

http://www.dtaq.re.kr/qm/pumjil6/d6_doc_22.html

http://www.globalsecurity.org/military//systems///aircraft

http://www.globalsecurity.org/military/systems/ground/index.html

http://www.globalsecurity.org/military/systems/munitions

http://www.globalsecurity.org/military/systems/ship

http://www.lockheedmartin.com/us/products/intercontinental-ballistic-mis-
     sile—icbm-.html

찾아보기

저자 소개

이진호(李振鎬)

ROTC 24기 병기장교로 임관하여 경북대에서 기계공학 석·박사 학위를 취득
하였고, 1988년부터 육군3사관학교 기계공학과 교수로 재직 중이다.
저서는 《미래전쟁》, 《알기 쉬운 무기공학》, 《디지털 시대의 무기체계》, 《특수
부대의 모든 것》, 《군사과학기술의 이해》 등이 있으며, 《한국군사과학기술학회
지》, 《대한기계학회지》 등 국내외 학회지에 게재된 100여 편의 연구논문이 있
다. 그리고 국내 유일의 탄약기능시험장 설계, K2 소총의 사격음 차폐장치, 차
기대공포, 차륜형 전투차량 사업 등 약 80여 건의 연구과제를 수행하였다.

김우람(金우람)

육사 60기 기갑장교로 임관하여 Texas A&M 대학교의 J. N. Reddy 교수의
지도 아래 기계공학 석사(2008) 및 박사(2016) 학위를 취득하고 2016년부터
육군3사관학교 기계공학과 교수로 재직 중이다. *Computers & Structures*,
Journal of Applied Mechanics (ASME), *International Journal of
Structural Stability and Dynamics* 등 수치해석 및 진동 분야의 최고급 학
회에 주저자로 SCI 및 SCIE급 논문 10여 편을 게재하였으며, K계열 전차 전술
훈련 장비 선행연구 등 다수의 군 관련 연구를 수행하였다.